물리광학 이론

Physical Optics Theory

김형진 · 이혜정

도서출판 대학서림

머리말

해마다 3월이면 신입생을 맞게 된다. 일부 학생들은 안경광학과의 교육과정을 잘 알고 입학하지만, 반 이상의 학생들은 눈을 검사하고 예쁜 안경을 만들 생각으로 들어온다. 그리고 시간표를 접하게 되면 깜짝 놀란다. 물리광학, 기하광학, 안경광학 등등... 고등학교를 졸업하면 숫자와 결별할 생각이었던 학생들은 전 교육과정의 1/3을 차지하는 광학부분에 때론 좌절하여 학업을 지속해야할지도 고민하게 된다. 물론 대부분의 학생들은 이를 극복하고 무사히 졸업하여 멋진 안경사로 근무하고 있지만, 많은 학생들은 재학 중 이런 고민을 한번쯤은 해 보았을 것이다.

안경사는 광학렌즈를 다루는 전문인이므로 광학을 배우지 않을 수 없다. 이런 관점에서 빛의 특성을 다루는 물리광학은 안경광학의 기초과목으로 매우 중요하다. 그러나 학생들이 '어렵다'고 생각하고, 따라서 국가고시에서 차지하는 비중이 작기 때문에 소홀히 취급되고 때론 포기해도 괜찮은 과목쯤으로 생각한다.

처음 안경광학과가 개설되었을 때는 2년제 학제가 주류를 이루었고, 대부분의 학생들은 안경사가 되기 위한 면허증 취득을 목표로 공부하였다. 그러나, 최근 학제가 3년 및 4년제로 바뀌어 가면서 학생들의 욕구도 다양해졌다. 일부 학생들은 광학회사에 취업을 원하기도 한다. 국가고시 문항도 늘어나면서 이제는 포기해야 할 과목으로 버려둘 수 없다.

이 책은 저자가 오랫동안 안경광학과에서 물리광학을 가르치면서, 물리광학에 대하여 두려움을 가지고 있는 학생들이 쉽게 접근할 수 있도록 알기 쉬운 예를 들어 풀이한 것으로 물리광학을 처음 대하는 학생들에게나 광학을 전공으로 하는 학생들에게도 적합한 교재로 사용할 수 있도록 저술하였다.

이 책의 1장에는 파(wave), 2장에는 중첩 원리, 3장에는 소리 및 빛의 도플러 효과, 4장에는 색, 5장에는 빛, 6장에는 일반적인 빛의 특성, 7장부터 11장까지는 빛의 특성 중 반사, 편광, 간섭, 회절 및 산란과 분산을 나누어서 다루었다.

학생들이 쉽게 접근할 수 있도록 설명하였으니, 일부 학생들은 수식을 보고 여전히 어렵다고 생각할 수도 있다. 그러나, 물리란 '사물의 이치'를, 광학은 '빛의 성질과 현상'을 다루는 학문으로 따라서 물리광학이란 '빛을 파동으로 보고 그 물리현상을 연구하는 학문이다' 물리광학에서 주로 다루는 빛의 특성은 안경렌즈와 밀접한 관계가 있어 이를 모르면 안경렌즈를 이해할 수 없다. 어려운 이론으로만 받아들이지 말고 안경렌즈에 이러한 빛의 여러 특성을 적용시켜 머리 속에 그려가면서 이해하려 노력하면 조금은 쉬워질 것이고, 쉬워지기를 기대한다.

이 책이 물리광학을 배우는 학생들에게 도움이 될 수 있길 바라며, 개념을 될 수 있으면 쉽게 풀어 쓰는데 중점을 두었지만, 그래도 어려운 부분이 있을까 여러 번 읽고 지적해준 경희대학교 화학공학과 이 현정 양에게 감사하고, 책을 출간하는 데 도움을 주신 대학서림의 임직원분들께 감사드린다.

2008년 여름

저자 일동

차 례

Chapter Ⅰ. 파(Wave)

Chapter II. 중첩의 원리(Superposition Principle)

Chapter III. 파의 운동

Chapter Ⅳ. 빛(Light)

Chapter Ⅴ. 빛의 특성 : 굴절(Refraction)

Chapter Ⅵ. 빛의 특성 : 반사(Reflection)

Chapter Ⅶ. 빛의 특성 : 편광(Polarization)

Chapter Ⅷ. 빛의 특성 : 간섭(Interference)

Chapter Ⅸ. 빛의 특성 : 회절(Diffraction)

Chapter X. 산란과 분산(Scattering & Dispersion)

Chapter I

파(Wave)

우리가 일상생활에서 대화를 나눌 수 있는 것은 언어라는 수단이 있기 때문이다. 마찬가지로 우리가 과학이라는 학문을 할 수 있는 것은 수학이라는 객관적이고 논리적인 언어가 있기 때문이다. 이 장에서는 빛을 다루기 위해 사용되는 수학을 알아보자. 무턱대고 아무렇게나 수학을 도입해서 쓸 수 있는 것은 아니고, 빛의 물리적 특징과 일치하는 수학을 사용해야 하기 때문이다. 그러기 위해서 우선 빛의 특성을 알아야 한다.

§ 1. 파는 무엇인가?

(반복적인 에너지 전달)

우리는 일상생활에서 파라는 말을 흔히 사용하며, 흔하게 목격하기도 한다. 이제는 파에 대한 과학적 접근을 해보자. 예를 들어, 잔잔한 호수에 개구리를 피해 돌을 던지게 되면, 마치 바깥쪽으로 퍼져 나가는 듯이 물결(파)이 발생되는 것을 볼 수 있다.[1] 하지만 물결을 구성하는 물분자가 실제로는 아래 위로 쭉 올라갔다가 쑥 내려가는 운동(진동)을 되풀이 하면서 돌이 전한 에너지를 옆에 있던 물분자에게 전달할 뿐, 물분자 자체가 바깥쪽

[1] 이런 예들은 많다. 한쪽 끝이 벽에 고정된 줄을 연상해도 된다. 다른 한쪽 끝을 손에 쥐고 흔들면, 줄이 아래 위로 흔들리면서 파가 생기게 된다. 만일 줄 자체가 앞으로 전진하는 것이라면, 줄이 손아귀로부터 빠져 나가야만 한다. 하지만 줄은 여전히 제자리에서 아래위 진동만 하고, 손이 전달한 에너지가 줄을 타고 앞쪽으로 전달된다. 에너지의 전달이 파라는 형태로 나타나는 것이다. 만일 느슨하게 잡은 손에서 줄이 빠져나갔다면, 줄의 탄력 때문이지, 줄이 앞으로 전진한 것이 아니다. 시합에서 관중들이 파도타기 응원을 할 때 관중들이 일어섰다 앉았다를 반복할 뿐 관중들이 실제로 이동하지는 않는다. 이때는 뜨거운 열기만 옆 사람과 옆 사람을 타고 전달된다.

으로 이동하는 것은 아니다. 이를 직접 확인하기 위해서, 돌을 던질 부근에 나무 잎사귀 하나 미리 띄워 놓으면 된다. 물결은 퍼져 나가지만 잎사귀는 제자리에 떠서 상하 운동만을 되풀이 할 것이다. 이를 과학적인 용어를 써서, 물이라는 매개체의 진동, 즉 매질[2]의 진동을 통해서 에너지가 전파 된다고 표현하며, 에너지가 주변으로 전달되는 것을 (물결) 파라고 부른다.

파가 전파되는 모양새를 보면, 물분자(매질)가 아래위로 오르내리는 운동과 그로부터 에너지가 옆으로 전달되는 운동이 동시에 이루어진다는 것을 알 수 있다. 이들로부터 서로 다른 두 종류의 속도를 얻을 수 있다. 매질이 아래위로 진동하는 속도를 횡속도(v_t : transverse velocity), 이와는 별도로 파가 옆으로 진행해 나가는 속도를 파의 속도(v_w : wave velocity)라고 구분한다.

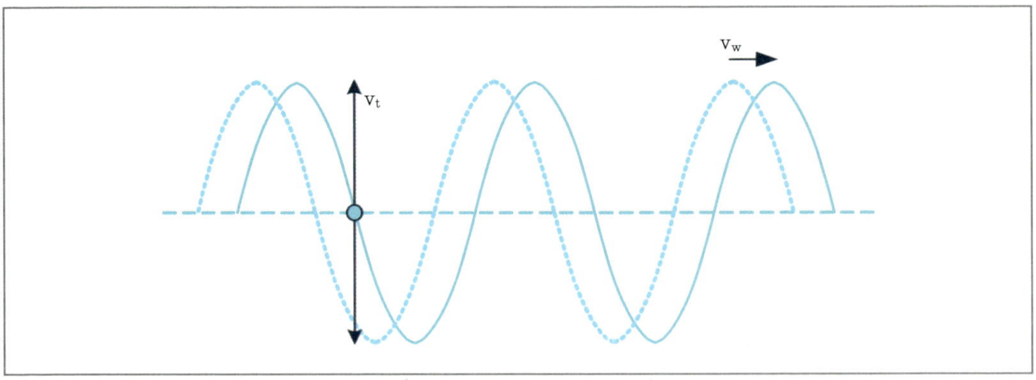

그림 1.1 물결의 전파

산꼭대기를 (산)마루, 그리고 마루와 마루 사이에 푹 꺼진 부분을 골이라고 부르듯이, 물결의 꼭대기를 마루(crest), 그리고 푹 꺼진 곳을 골(trough)이라고 부른다.

이제 파가 어떻게 발생하는가를 이해했으리라 여기고, 다음에는 파의 특성에 대해서 얘기하면서, 횡속도와 파의 속도를 각각 구분해 보자.

[2] 연못의 돌맹이 경우에는 에너지 전달의 역할을 하는 물질인 물을 매질(medium)로 정의했지만, 빛에 있어서는 이보다 더 넓은 개념의 매질이 정의된다. 돌맹이의 에너지를 전달하기 위해서는 매질이 꼭 필요하지만, 빛의 전파에서는 매질을 필요로 하지 않고, 매질이 오히려 빛의 진행을 방해한다. 따라서 빛이 통과하는 물질을 매질로 정의한다. 예를 들어, 빛이 유리를 통과하면 유리가 매질이 된다.

§2. 좌표계 설정

가구가 놓일 방과 가구의 크기를 잴 때 흔히 줄자를 사용한다. 마찬가지로 파의 특성을 알기 위해서는 파가 놓일 공간을 알아야 하는데, 공간을 재는 줄자 역할을 좌표계가 하게 된다.

누구나가 일상생활에서조차 의식하지 못하는 중에도 좌표계를 설정하곤 한다. 예를 들어, 독도의 위치를 보자. 경상북도에서 동쪽으로 216.8 km 떨어져 있다, 또는 동해에 있다, 종종 울릉도에서 남동쪽으로 87.4 km 떨어져 있다는 식의 생각할 수 있을 것이다. 세 가지의 답변 속에서조차 이미 좌표계는 설정되어 있다. 경상북도 동쪽이라는 답변은 경상북도 소속이라는 의미와 경상북도를 기점으로 그 상대적 위치를 더하고 있으며, 동해에 있다는 답변은 독도의 위치를 육지 중심으로 판단한 것이고, 마지막인 답변에서는 한편 울릉도의 위치를 알고 있다는 의미도 된다. 때로 비행기에서 내려다보며 독도가 아래에 있다는 식의 답변도 가능하고, 로보트 태권 V의 위에 있다는 발상도 가능하다. 이렇듯이, 독도에 대한 질문 한 가지에도 다양한 위치 설정, 즉 좌표계 설정이 밑바탕에 깔려 있다. 하지만 좌표계 설정을 달리 했다고 해서 독도의 위치가 변하지 않듯이, 좌표계 설정이 결과에 영향을 미치지 못한다. 여전히 동해(East Sea)에 버티고 있는 섬이 독도(Dok-Do)이기 때문이다.

물리량을 기술하기 위해서는 좌표계의 선정이 최우선 한다. 좌표계를 좀더 물리적인 시각으로 보자. 제일 먼저 좌표계의 기본 구성 성분을 보자. 주사위를 연상해 보면, 높이, 너비, 그리고 폭이라는 성분이 주사위 주변의 3차원 공간을 구성한다는 것을 알 수 있다. 비록 이들을 각기 다른 이름으로 불리지만, 다 같이 길이라는 공통점을 지니고 공간(space)에 속해 있다. 이제 시간(time)을 더해서 4차원의 공간을 완성해 보자. 주사위가 3차원의 공간에서는 땅땅하게 영원히 서 있는 것처럼 보일지라도, 시간을 넘어서는 존재란 없다. 결국 오랜 세월 속에 썩거나 스러져 버릴 것이다. 특이한 것은, 시간이라는 공간에서는 어떠한 것도 잠시라도 멈춰 서는 일이 없다. 하지만 물리에서는 시간이라는 존재도 공간의 일부로 취급한다. 일반 공간을 의미하는 x축, y축, 그리고 z축에 또 다른 하나의 축인 t가 더해지는 것이다. 일반 공간과 다른 점이 있다면, 시간은 한쪽 방향으로만 진행하는 비가역적(irreversible) 흐름이라는 것이다. 우리들의 일상이 일어나는 3차원 공간에 시간이 더해지면서 4차원 세계인 시공간(space-time)이 정의된다.[3]

이제부터는 공간[4]과 시간의 두 좌표계 성분을 별도로 구분해서, 때로는 둘을 접목시키기도 할 것이다. 우선은 파를 공간과 시간이라는 별도의 시각으로 다루어 보자.

§ 3. 파의 특징

사람을 지칭할 때, 이름, 사는 곳, 또는 직업과 같이 그 사람을 대표하는 특징으로 가리키곤 한다. 이는 파에서도 마찬가지이다. 파를 지칭하기 위해서는 파의 특징을 알아야 한다. 파의 가장 기본이 되는 특징이 주기성(periodicity)이다.[5] 같은 운동이 반복된다는 것이다. 이를 공간과 시간이라는 좌표계의 관점에서 보자.

파의 주기성을 공간과 시간이라는 관점에서 보면, 얼마만큼의 거리를 진행한 뒤에 반복이 되는가, 그리고 얼마만큼의 시간을 두고 반복되는가 라는 두 가지의 시각으로 볼 수 있다. 곧 다루겠지만, 반복하기까지 움직이는 거리는 파장과 파수, 그리고 반복하기까지 걸린 시간은 진동수와 주기라는 개념을 불러 오는데, 이들은 파를 구체화하기 위한 특징이 된다.

[3] 물리적으로 특별히 큰 의미는 없지만, 때에 따라 우리가 있는 현재의 공간이 시공간인지 아닌지를 명확히 하고 싶어할 수도 있다. 비록 우리가 살아가는 공간이 3차원이라 하더라도, 매 순간 시간의 흐름을 여전히 실감하며 살기 때문에, 혼란스러울 수 있다. 시간은 쉼 없이 흐르기 때문에, 어떤 존재이든 시공간에서는 한 자리(공간)에 잠시라도 머물 수 있는 방법이 없다. 이것이 3차원 공간과 4차원인 시공간 사이의 가장 큰 차이점이라 할 수 있다. 반면에 우리가 살고 있는 공간에서는 제자리에 멈춰 있을 수도, 움직일 수도 있다. 즉, 우리가 머물고 있는 공간은 4차원이 아닌, 3차원 공간에 해당한다는 결론을 내릴 수 있는 것이다.

[4] 앞으로 우리는 길이를 기본 성분으로 하는 직각 좌표계(rectangular coordinates)를 주로 사용하게 되지만, 각을 기본으로 사용하는 극좌표계(polar coordinates)도 종종 인용하게 된다. 극좌표계에는 구면 극좌표계(spherical polar coordinates), 원통 극좌표계(cylindrical polar coordinates) 등등 여러 다양한 좌표계가 있다. 대상에 따라 어느 좌표계를 써야 더 편리한가 라는 문제일 뿐, 다른 좌표계를 썼다고 해서 결과가 달라지지 않는다.

[5] 모든 파가 꼭 주기적이어야 한다고 말할 수 없다. 하지만 비주기성은 살짝 제쳐 두자.

1. 파의 기본적인 특징

파는 항상 움직이기 때문에, 파의 특징을 우리의 걸음걸이를 비교해서 설명하는 것이 단순하고 이해도 쉬울 것이다. 사람이 걸을 때, 한 발을 먼저 내딛고, 다른 발도 내딛게 된다. 토끼도 아니고, 두 발 모아서 깡충깡충 걷는 사람은 없을 것이다.

1) 공간의 시각

걸을 때 발의 높이를 보면, 발이 지면으로부터 높아졌다가, 다시 지면을 향해 낮아진다. 그러는 와중에 몸은 보폭만큼 전진하게 되고, 걷는 동안 이와 같은 운동이 반복된다. 이를 파와 비교해 보면, 발의 높이는 진폭, 양쪽 발을 각각 한번씩(왼발 한번, 그리고 오른발 한번) 내딛었을 때 이동한 거리는 파장[6]에 해당한다. 앞으로는 양쪽 발 한번씩이라는 말 대신에, 걸음이라는 말을 쓰자.

- 진폭(A_m : amplitude) : $[A_m]$ = [길이] = m 또는 cm[7]
- 파장(λ : wavelength) : $[\lambda]$[8] = [길이] = m 또는 cm

2) 시간의 시각

이제 1초 동안 내딛는 걸음수를 보자. 걸을 때는 걸음수가 적지만, 달릴 때는 많아질 것이다. 1초 동안 총 몇 걸음을 걸었는가, 즉 단위 시간(1초) 동안 진동을 반복한 횟수가 말 그대로 진동수로 정의된다.

- 진동수(f : frequency) : [f] = [1/시간] = 1/s = Hz

[6] 실제 보폭은 발자국과 발자국 사이의 거리를 말한다. 따라서 왼발 또는 오른발을 한번 내딛었을 때의 이동한 거리에 해당하지만, 파장은 양 발을 각기 한번씩 내딛었을 때 이동한 총 거리에 해당하는 셈이다.

[7] 물리를 다루는데 있어서, 두 가지의 단위계(unit system)가 쓰인다. 미터(m : meter), 킬로그램(kg : kilogram), 초(s : second)가 기준이 되는 단위계를 첫 자들만 따서 mks 단위계, 그리고 센티미터(cm : centimeter), 그램(g : gram), 초(s : second)를 기준으로 삼는 단위계를 cgs 단위계라고 한다. 요즘은 mks 단위계라는 말 대신, SI 단위계라고 부른다. SI는 국제 단위계를 뜻하는 프랑스어 Le Système International d'Unitès(영어 : International System of Units)의 약자이다.

[8] λ는 그리스 문자로, 람다(lambda)로 읽는다. 앞으로 그리스 문자에 대해서 별도로 언급하지 않겠다. 부록 2를 참조하라.

1초 동안 걸음걸이가 세 번 반복되었다고 하자. 그렇다면 한번 반복하는 데는 시간이 얼마나 걸릴까? 이것이 한번 반복하는데 걸린 시간, 즉 주기로 정의된다. 당연히 1/3초가 될 것이다. 이 값은 진동수의 역수를 취한 값이라는 것을 알 수 있다. 실제로도 주기와 진동수는 서로 역수의 관계를 갖는다.

$$T \equiv \frac{1}{f} \tag{1.1}$$

- 주기(T : period) : [T] = [시간] = s

[예제 1] 진동수가 700 Hz로 주어졌을 때, 주기를 구하라.

▶ 식 (1.1)로부터 주기는 $T = \frac{1}{f} = \frac{1}{700\,Hz} = 1.429 \times 10^{-3}\,s = 1.429\,ms$.

[예제 2] 주기가 1 μs일 때, 진동수를 구하라.

▶ 1 μs는 $10^{-6}s$ 이므로, 식 (1.1)로부터 $f = \frac{1}{T} = \frac{1}{10^{-6}\,s} = 10^{6}\,Hz = 1(MHz)$.

3) 공간과 시간의 접목

지금까지의 설명을 이해했다면 일상생활의 단순한 경험만으로도 파의 속도를 충분히 구할 수 있을 것이다. 한 걸음을 걸었을 때 전진한 거리를 1.5 m라 하고, 1초에 3번 반복했다면, 1초 동안 전진한 거리는 속도이며, (1.5 m)(3/s) = 4.5 m/s가 될 것이다. 이를 살펴보면, 걸음의 폭(파장)에 1초 동안 내딛는 걸음 수(진동수)를 곱한 값과 같다는 것을 알 수 있다. 이제 파의 속도가 구해졌다. 파의 속도는 다음과 같이 정의된다.

$$v \equiv \lambda f \tag{1.2}$$

- 속도(v : velocity) : [v] = [길이/시간] = m/s[9]

[9] 공간의 시각에서는 진폭과 파장이 거론되었는데, 그 중에 파장이 시간과 합쳐지면서 파의 속도가 나왔다. 나중에 다루겠지만, 진폭이 시간과 합쳐지면 횡속도가 나온다.

[예제 3] 파장이 2 cm, 그리고 진동수가 10 MHz인 파의 속도를 구하라.

▶ 2 cm는 2×10^{-3}m이므로, 식 (1.2)로부터 $v=\lambda f=(2\times10^{-3}\,m)(10^{6}\,Hz)=2\times10^{3}\,m/s$ $=2\,km/s$.

이제는 파의 기본적인 특징을 그래프에서 보자. 많은 경우에 파의 기본적인 특징들이 그래프로 주어지기 때문에 익숙해지는 것이 바람직하다.

2. 파의 진행 모습

파의 기본적인 특징이 가시적으로는 어떻게 나타나는가를 보자. 파의 전파 모습을 여러 시각에서 각기 다른 모습으로 기술할 수 있지만, 공간이라는 관점과 시간이라는 관점에서 보는 것이 가장 근본적이다.

1) 공간의 시각

세로축은 진폭을, 가로축은 거리인 x를 가리킨다. 한번 진동하는 동안 파가 이동한 거리인 파장을 알 수 있다.

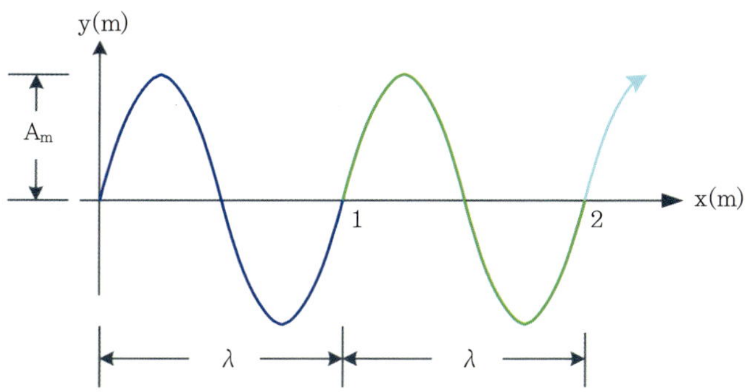

그림 1.2 파의 공간 속 전파

파장 λ가 1 m로 그려져 있다. 이 그래프만 봐서는 진동수를 알 수 없다.

따라서 파장이 짧으면 공간에서 파의 변화가 급격한 것이고, 반대로 파장이 길면 공간에서 파의 변화가 완만한 것이다.

2) 시간의 시각

세로축은 진폭을, 가로축은 시간으로 구분되어 있기 때문에, 곡선은 주기뿐 아니라, 진동수도 보여주고 있다.

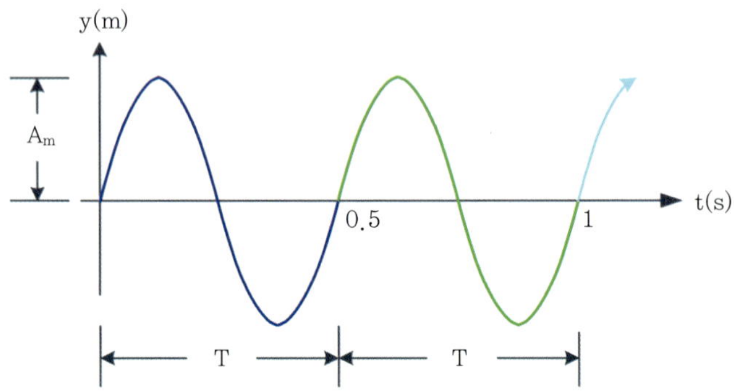

그림 1.3 파의 시간 속 전파

그래프에서 가로축은 시간 축으로 주어졌다. 시간축의 눈금을 읽으면 1초 동안 파가 두 번 진동 했다는 것을 알 수 있다. 따라서 진동수는 2 Hz가 되며, 주기는 0.5초가 된다. 파의 공간 속 전파 그래프와 파의 시간 속 전파 그래프는 서로에게서 완전히 독립적이기 때문에, 서로에 대한 어떠한 정보도 포함하고 있지 않다. 그래서 이 그래프만으로는 파장을 알 수 없다.

따라서 진동수가 높으면 시간 속 파의 변화가 급격한 것이고, 반대로 진동수가 낮으면 공간 속 파의 변화가 완만한 것이다.

그림 1.2와 1.3에서 보듯이, 그래프가 주어졌을 때 특히 가로축이 어떤 물리량을 나타내고 있는가를 확인하는 것이 중요하다는 사실을 알았을 것이다.

이제 파의 기본적인 개념에 익숙해졌으리라 여기고, 이들 기본 개념을 바탕으로 좀더 진보한 개념들을 공부해 보자.

3. 그 외의 특징

파수, 그리고 각진동수와 같은 파의 특징들도 알아보자. 일반 수준에서는 파장과 진동수를 기초로 파를 다루지만, 점차 고등물리로 갈수록 오히려 파수와 각진동수를 기본으로 파를 다룬다.

1) 공간의 시각

파의 개수인 파수에 대해 알아보자. 예를 들어, 3 m에 30 cm 자가 몇 개나 들어갈까? 3 m를 자의 길이인 30 cm로 나눈 값인 10이 된다는 것을 알 수 있다. 이번에는 파로 돌아와서, 그렇다면 2π라는 거리(실제로 2π는 길이가 아니지만)에는 몇 개의 파가 들어갈까? 2π를 파의 길이인 파장으로 나누면 될 것이다.[10] 즉, 파장의 크기에 따라 2π 내에 들어갈 수 있는 파의 숫자가 정해진다. 파수는 한 마디로 줄여 설명하기가 쉽지 않다. 하지만 학생들 스스로가 나름대로의 구체적인 느낌을 갖기 전까지는, 2π 내에 들어 있는 파의 수라고 여기면 좋을 성 싶다. 파수는 다음과 같이 정의된다.

$$k \equiv \frac{2\pi}{\lambda} \tag{1.3}$$

- 파수(k : wave number) : [k] = [각/길이] = radian/m 또는 radian/cm[11]

[예제 4] 파장이 0.1 m일 때, 파수를 구하라.

▶ 식 (1.3)으로부터 $k = \frac{2\pi}{\lambda} = \frac{2\pi\, radian}{0.1m} = 20\pi\, radian/m$.

[10] 파가 한 파장만큼 진행했을 때, 이를 각으로 표현하면 2π가 된다. 즉, 2π 안에는 단 한 개의 파만이 들어가기 때문에, 몇 개의 파가 들어가는가에 대한 질문 자체가 우문(愚問)으로 생각될 수 있다. 하지만 각자 나름대로의 느낌을 갖기까지, 설명한대로 이해하는 것도 나쁘지 않다. 각을 거리로, 또는 거리를 각으로 환산할 때, 파수의 개념이 유용하게 쓰이기도 한다.

[11] 파수를 파장의 역수인 $1/\lambda$로 정할 수도 있다. 그런 경우에 $2\pi/\lambda$는 각파수(angular wave number)로 정의되는데, 이 책에서는 k를 파수로 정의한다. 파수는 개념적으로 애매모호하게 보일 수 있지만, 2차원 이상에서 파를 다룰 때는 (각)파수가 유용하게 쓰인다.

따라서 파장이 길수록 2π에 파가 적게 들어 있을 것이고, 반대로 파장이 짧을수록 2π에는 더 많은 파가 들어갈 것이다.

2) 시간의 시각

이번에는 각진동수[12]에 대해서 알아보자. 속도가 1초 동안 움직인 거리로 정의되는 것과 마찬가지로, 각 진동수는 1초 동안 회전한 각을 말한다. 자전거 바퀴를 연상해 보자. 자전거 바퀴를 한 바퀴 돌리면 $360°$의 회전을 하게 된다. 이를 라디안으로 표현하면 2π가 된다. 그래서 7바퀴의 회전을 했다면, $(2\pi)(7) = 14\pi$(radian)의 각도만큼 회전한 것이다. 만일 이 운동이 1초 동안 이루어졌다면, 진동수는 7 Hz가 되고, 이를 각으로 환산하면 14π(radian/s)가 될 것이다. 이것이 각진동수이다.[13]

$$\omega \equiv 2\pi f \qquad (1.4)$$

- 각진동수(ω : angular frequency) : $[\omega]$ = [각/시간] = radian/s

진동수를 각으로 환산했다고, 진동수라는 말의 앞에 각이라는 말을 덧붙여서 사용한다. 그렇다면 주기와 각진동수와의 관계도 설정할 수 있다. $f = 1/T$를 각진동수에 대입하면, $\omega = 2\pi/T$가 된다. 여전히 각진동수와 주기와의 관계는 역수의 관계를 유지하고 있다.

[예제 5] 진동수가 10^6 Hz일 때, 각진동수를 구하라.

▶ 식 (1.4)로부터 $\omega = 2\pi f = (2\pi\, radian)(10^6\ Hz) = 2\pi \times 10^6\ (radian/s)$.

[12] 각진동수는 파동에서뿐 아니라, 역학에서 직선운동과 원운동을 서로 연결시켜 주는 매개체 역할을 충실히 해 낸다. 각진동수는 파동에서 쓰이는 이름이고, 역학에서는 각속도(angular velocity)로 정의된다. 즉, $\omega = d\theta/dt$로 정의되는데, 1초 동안 회전한 각을 말한다. 이 둘이 이름만 다를 뿐, 파동이나 역학에서의 개념이 정확히 일치한다.

[13] 각진동수는 분명히 진동과 연관되어 있는데, 어째서 자전거 바퀴라는 회전을 예로 들었는가 라는 다소 개념적인 의문이 발생할 수 있다. 그에 대해서는 곧 다루게 된다.

3) 공간과 시간의 접목

파의 속도가 파장과 진동수로 표현 된다는 것을 알았는데, 파장은 파수로, 그리고 진동수는 각진동수로 표현되기 때문에, 속도의 다른 표현도 구할 수 있다.

$$v = \lambda f = \frac{2\pi}{k}\frac{\omega}{2\pi} = \frac{\omega}{k} \tag{1.5}$$

v = ω/k는 v = λf만큼이나 자주 나오는 표현이니, 명확히 아는 것이 중요하다. 이들 파의 특징에 대한 예제는 파동식에서 다루도록 하자.

[예제 6] 파수가 2μradian/m, 그리고 각진동수가 10^5 radian/s인 파의 속도를 구하라.

▶ 식 (1.5)로부터 $v = \frac{\omega}{k} = \frac{10^5\ radian/s}{2\pi\ radian/m} = 15.9 \times 10^3\ m/s = 15.9\ km/s$.

4. 라디안(radian)

배운지 오래된 탓에 라디안을 잠시 혼동하는 경우가 있다. 간략하게 되짚어 보자.

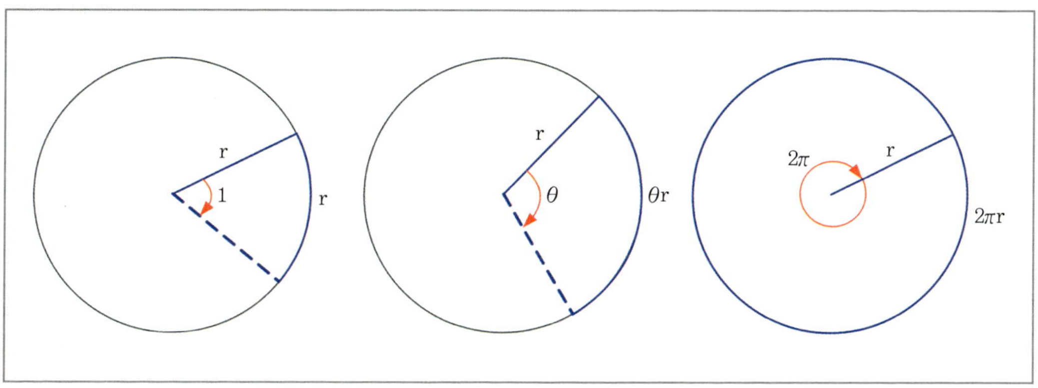

그림 1.4 라디안[14]

[14] 라디안이 표현된 좌표계가 극좌표계이다. 길이의 성분과 각의 성분이 조화를 이루며, 2차원의 평면을 구성하고 있다. 나중에 나왔으면 좋았을 텐데, 순서상 지금 나오는 수 밖에 없다.

첫 번째 동그라미에서 반지름 r만큼의 거리를 원주상에서 전진했을 때, 이동한 각을 1 라디안으로 정의한다. 이를 달리 표현하면, 호(arc)의 길이가 1 r인 셈이다. 그렇다면 임의의 각인 θ라디안만큼 회전했을 때, 원주상에서 전진한 거리는 θr이 될 것이다. 이것이 두 번째 동그라미에 설명되어 있다. 그렇다면 한 바퀴를 완전히 돌았을 때는 360°, 즉 2π 움직인 것이고, 이 각에 반지름을 곱하게 되면 2πr이 된다. 즉, 반지름을 r, 그리고 원주상의 거리를 l이라고 하면, 라디안은 그 비(ratio)인 $\theta = l/r$이 되는 셈이라서, 각을 말할 때는 단위로 라디안을 쓰지만, 기타 그 외의 경우에는 실질적으로 물리적인 단위는 없다는 것이 정답이다.

[예제 7] a) 180° 는 몇 라디안인가?

b) 177° 를 라디안으로 전환하라.

▶ a) 회전 반지름의 크기에 상관없이, 완전히 한 바퀴 돌았다는 것은 각도로는 360°, 그리고 라디안으로는 2π만큼 회전했다는 의미이다. 따라서 반 바퀴는 180°, 그리고 라디안으로는 2π의 반인 π에 해당한다.

b) a번 문제를 바탕으로, 비례식을 도입하자. 180° 가 π에 해당하므로, 177° 는 몇 라디안에 해당하느냐는 질문과 같다. 따라서 $180° : \pi = 177° : \theta$. 안쪽 항들끼리, 그리고 바깥 항들끼리 곱해서 같다고 놓으면, $177°\pi = 180°\theta$. 즉, $\theta = \frac{177°}{180°}\pi = 0.98\pi$(radian)이 된다.

§4. 파의 종류

지금까지 파의 특징에 대해서 다루어 왔는데, 이제는 파의 종류에 대해서 다루어 보자. 물론 종류에 상관 없이 파의 특징들은 공통적으로 적용된다. 파의 종류는 파의 진동 방향이 파의 진행 방향과 평행한 가 아니면 수직인 가로 결정한다.

1. 종파(longitudinal wave)

(파의 진행 방향으로 진동하는 파)

파의 진행 방향이 진동하는 파를 종파라 한다. 이를 그림을 통해 시각화해 보자.

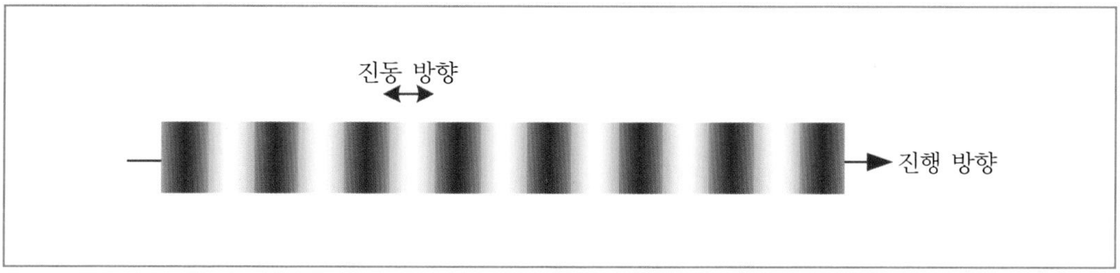

그림 1.5 종파의 진동

파가 오른쪽으로 진행하는 동안, 같은 방향으로 압축(어두운 부분)과 팽창(밝은 부분)이 되풀이 되고 있다. 압축과 팽창의 반복이 진동인 것이다.

종파의 대표적인 예가 소리파(sound wave)이다. 소리파의 진행 과정을 살펴보자. 무더위가 한창 기승을 부리는 광학 시간, 점심 후 눈꺼풀이 무겁게 내리 누르는 와중에도 졸음을 의지로 극복하고 용감하게 속닥거리는 학생들이 있다. 타산지석(他山之石)으로 삼아보자. 이들이 소곤대는 소리가 옆 사람에게 전달되는 과정을 보자. 떠드는 녀석의 목을 빠져나오는 공기 입자들이 성대의 근육에 의해 특정한 모양으로 진동하게 된다. 성대가 공기에 압력을 가하는 것이다. 압력을 받은 공기는 섬세하게 압축되었다가, 순간 다시 팽창하는 과정을 되풀이 하면서, 진행 방향에 있던 공기에 압력을 전달하게 된다. 이렇게 공기를 타고 전달된 압력, 즉 압력파가 때로 콧구멍으로 전달되기도 하지만, 대략은 옆 사람의 귓바퀴에 걸려, 고막인 청각 신경에 압력을 전하게 되면서 소리의 전달이 완성된다. 따라서 압력파가 전파되기 위해서는 매질의 압축과 팽창이 되풀이 되어야 하는데, 만일 압축될 매질이 없다면 소리파는 끊어지고 만다. 그래서 공기가 거의 없다시피 한 대기권 밖에서는 바로 옆에서 소리쳐도 듣지 못한다. 압축될 매질이 없기 때문이다. 하지만 몰두의 경지에 이른 잡담의 압력파가 종종 제일 앞 탁자에 전달된다는 점을 망각하곤 한다.

매질이 전달하는 압력은 매질의 상태에 영향을 받을 수 밖에 없다. 예로써, 공기나 금속 또는 물과 같은 매질의 밀도나 온도가 소리파가 전파되어 나가는데 영향을 미치게 된다는 말이다. 공기의 온도와 소리파 속도의 관계를 보자. 공기의 온도가 높아지면 공기 입자들의 운동이 활발해져서 압력에 비교적 민감한 반응을 보일 것이고, 반대로 온도가 낮아지면 공기 입자들의 운동이 둔해져서 압력에 상대적으로 둔한 반응을 보일 것이다. 공기의 온도에 따라 소리파의 속도가 달라진다. 참고 삼아, 공기의 온도와 소리파의 속도의 관계식을 소개한다.

$$v = (331 m/s)\sqrt{1 + \frac{T}{273^0 C}} \tag{1.6}$$

이때 T는 공기의 온도(℃)를 말한다.

[예제 8] 지구 온난화에도 불구하고 한낮 25℃라는 쾌청한 여름 날씨가 지속되고 있다고 하자. 이때 소리의 속도를 구하라.

▶ $v = (331\ m/s)\sqrt{1 + \frac{25^0}{273^0}} = (331 m/s)\sqrt{1 + 0.09} = 331 \times 1.045 m/s = 345.895 m/s$. 이 값은 권총 탄알의 발사 속도와 같다.

그 외에, 공기의 밀도가 소리의 속도에 미치는 영향은 생략한다.

2. 횡파(transverse wave)

(파의 진행 방향에 직각으로 진동하는 파)

종파와는 다르게, 진행 방향에 수직으로 진동하는 파도 있다. 이런 파들을 횡파라고 부른다. 횡파의 진행 방향과 진동을 그림에서 보자.

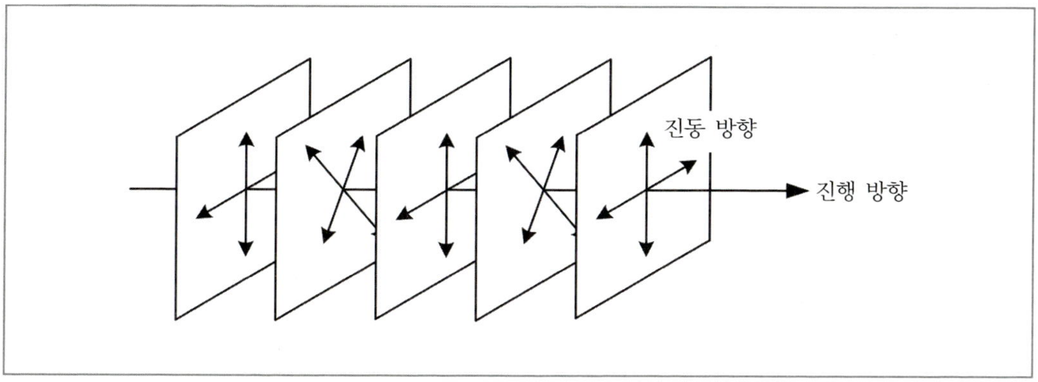

그림 1.6 횡파의 진동

파가 오른쪽으로 진행하는 동안, 진행 방향에 수직인 평면 위에서 진동이 발생하고 있다. 그림에서는 간단하게 상하 좌우의 네 방향만을 표시했지만, 실제로는 진동 방향이 진행에 수직인 평면에만 국한 될 뿐이어서 평면 내의 어떤 방향으로건 진동이 발생할 수 있다.

횡파의 대표적인 예가 빛이다. 빛이 전기파(electric wave)와 자기파(magnetic wave)의 진동으로 형성되었다고 해서 전자기파(electromagnetic wave)로도 불린다. 전자기파는 상하(또는 전후)로 진동하는 전기파와 그에 수직인 전후(또는 상하)로 진동하는 자기파가 서로 맞물려 형성되며, 전기파와 자기파 모두 빛의 진행 방향에 수직으로 진동한다.

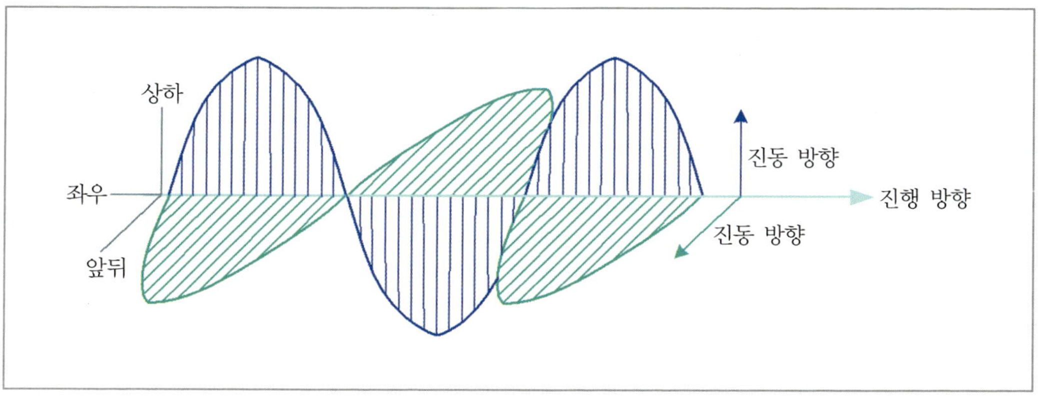

그림 1.7 빛의 진동

빛의 진행 방향을 따라 전후로 진동하는 것이 전기파(자기파)라면, 상하로 진동하는 것은 자기파(전기파)이다. 이들이 모두 빛의 진행 방향에 수직으로 진동한다. 그림에서 전기파와 자기파의 진동 방향을 상징적으로 표현했을 뿐, 둘의 진폭이 같다는 말은 아니다. 전기파의 진폭이 비교 안 될 정도로 더 크다.

우리가 TV를 시청할 수 있는 것은 각 방송사에서 전파를 보내기 때문이다. 전파는 안테나를 통해서 보내는데, 안테나에서 전자[15]를 가속시켜서 전파를 발생시키며,[16] 발생되는 전파의 진동은 그림 1.7처럼 이루어진다. 만일 진행 방향으로도 빛이 진동한다면, 진동하는 순간 속도가 광속을 훌쩍 넘게 된다. 불가능한 일이다. 빛에 대한 특징은 앞으로 계속 나올 것이기에 이쯤에서 그치자.

§5. 매질의 운동과 파의 운동 구분

공간과 시간을 별개의 개념으로 다루면서 파의 전파에 대한 기본적인 특징을 하나씩 갖추어 왔다. 하지만 공간과 시간이 함께 빚어내는 운동만이 우리가 일상생활에서 접할 수 있는 실제 파의 모습일 것이고, 따라서 파와 같이 동적인 영역에서는 속도가 가장 기본적인 물리 개념 중의 하나일 것이다. 이제 속도를 직선속도와 곡선속도(각속도)의 두 가지로 분류해 보자.[17] 이에 따라, 운동 역시도 직선운동(translation mode)과 곡선운동(rotational mode)[18]의 두 가지로 크게 분류해서 생각할 수 있다. 하지만 이런 논의는 광학을 벗어나 역학에 직접적으로 연결되므로, 더 이상의 얘기는 그치자.

용수철을 떠올려 보자. 물체가 매달린 용수철에 작은 변화(변위)를 주면, 공기의 저항과 중력, 그리고 용수철 자체 재질의 한계를 무시한 범위 내에서 용수철은 아래위로 영원히 움직일 것이다. 이때 용수철에 잉크가 조금씩 흘러나오는 펜을 매달았다고 하자. 그리고 그 밑에 두루마리처럼 감긴 흰색 종이를 오른쪽으로 잡아 당기자. 그러면 용수철이 아래

[15] 기초 단계에서 전자와 전하를 혼동하는 경우가 많다. 전자는 더 이상 쪼개지지 않는 기본 입자로서, 가장 큰 특징은 전하라는 성질을 띤다는 것이다. 개똥벌레(반딧불이)를 연상하면, 개똥벌레는 전자, 그리고 반딧불 자체는 전하에 해당한다. 밤에 개똥벌레는 안 보여도 반딧불은 보이듯이, 전자는 너무 작아서 볼 수 없지만 전하는 우리가 측정할 수 있다.

[16] 전자(전하를 띤 입자)를 가속을 하면 전자기파가 발생한다. 이때 전자를 어느 방향으로 가속시키느냐에 따라 안테나의 종류가 다양해진다.

[17] 고등물리에서 다루게 되는 이 공간을 푸앵카레 공간(Poincaré space)이라고 부르는데, 아무리 새로운 물리라도 푸앵카레 공간의 범주 내에 머문다. 물리에서 다루는 공간 중에 제일 넓은 공간인 셈이다. 푸앵카레는 인도 음식이 아니라, 20세기 초를 살다간 프랑스 수학자의 이름이다.

[18] 여기에서 곡선은 원과 타원을 포함한 포괄적인 의미이다.

위로 움직일 때마다, 종이 위에 파 형태의 선이 그려질 것이다.[19]

이 상황을 굳이 설정한 이유는, 용수철의 운동과 종이의 운동이 서로 별개라는 것을 알 수 있기 때문이다. 용수철의 진동과 종이에 그려지는 파의 상관관계에서, 비록 용수철이라는 매질이 파장이라는 매개체를 통해 파의 속도에 관여를 하지만, 그렇다고 서로 동일하지는 않다는 것을 이 설정에서 보이고자 한다.[20]

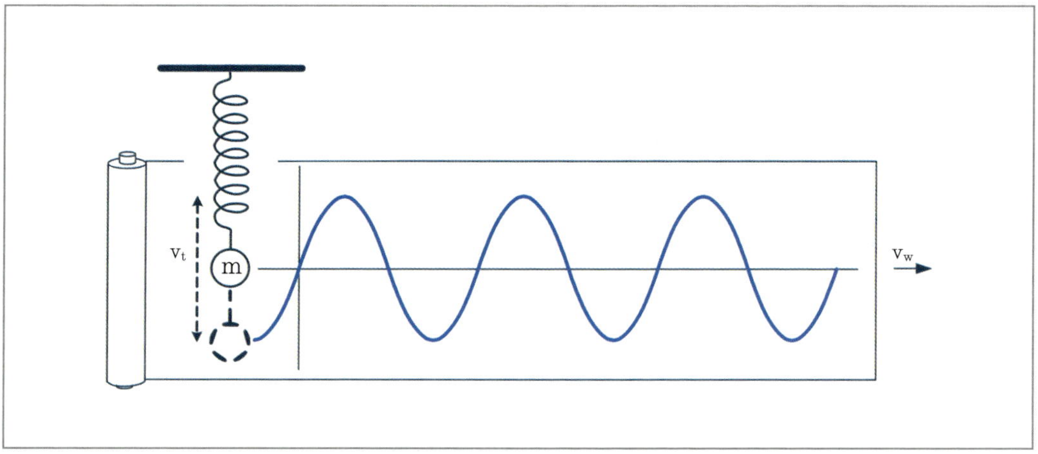

그림 1.8 용수철 진동이 발생시키는 파

그림에서 v_t는 용수철의 진동 속도, 그리고 v_w는 파의 전파 속도를 뜻한다.

이 실험에서 우리가 임의적으로 변화시킬 수 있는 것은 용수철의 진동수와 종이의 속도뿐이다. 따라서 처음에는 용수철의 진동수를 고정시킨 뒤 종이의 속도를 변화시키고, 다음에는 종이의 속도를 고정시킨 뒤에 용수철의 진동수를 바꿔보자.

19 이렇게 주기적으로 반복되는 운동을 조화 진동자(harmonic oscillator)라고 부른다. 한편 진동에 대한 영어 표현은 oscillation과 vibration 둘이 있다. 주기적인 변동을 말하는 oscillation은 기계적인 주기적 변화뿐 아니라, 사회적인 주기적 현상도 포함하는 포괄적인 의미로 쓰인다. 반면, vibration은 주로 기계적인 주기적 변화에 국한되어 쓰이기 때문에, 기계적 oscillation이라고 보면 된다.

20 용수철의 진동 속도와 가속도는 1장 10절의 횡속도에서 다루게 된다.

1. 진동수 고정

용수철이 1초에 한번 왕복한다고 가정하고, 종이를 1초에 10 cm와 50 cm씩 각각 다른 속도로 잡아당기면, 파가 각기 다른 속도로 종이 위에 그려진다. 종이를 잡아당기는 속도가 종이에 그려지는 파의 속도에 해당한다.

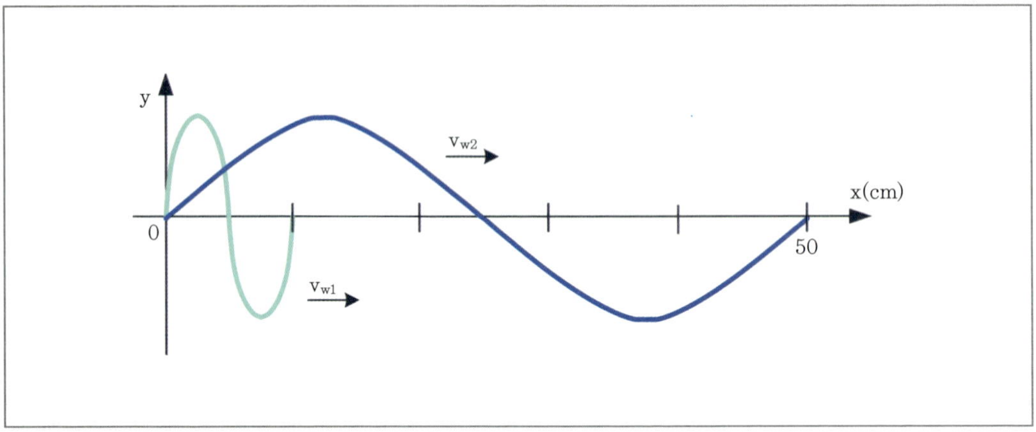

그림 1.9 파의 속도

W_1과 W_2가 1초 동안 진행한 거리를 보이고 있다.

식 (1.2)로부터 각 속도에 해당하는 파장을 구하면, $\lambda_1 = \frac{v_{w1}}{f} = \frac{50cm/s}{1Hz} = 50cm$ 와 $\lambda_2 = \frac{v_{w2}}{f} = \frac{10cm/s}{1Hz} = 10cm$ 가 된다. 계산 결과가 그림 1.9에 그려진 두 파장과 일치하고 있다.

따라서 용수철(매질)의 진동수가 일정한 경우, 종이(파)의 속도는 파장의 변화로 이어지고 있다. 파의 속도가 증가하면 파장이 증가할 것이고, 반대로 파의 속도가 느리면 파장도 감소할 것이다.

2. 종이 속도 고정

이번에는 종이의 속도를 50 cm/s로 고정시키고, 용수철의 진동이 1초에 한 번인 경우와 다섯 번인 경우를 비교해 보자.[21]

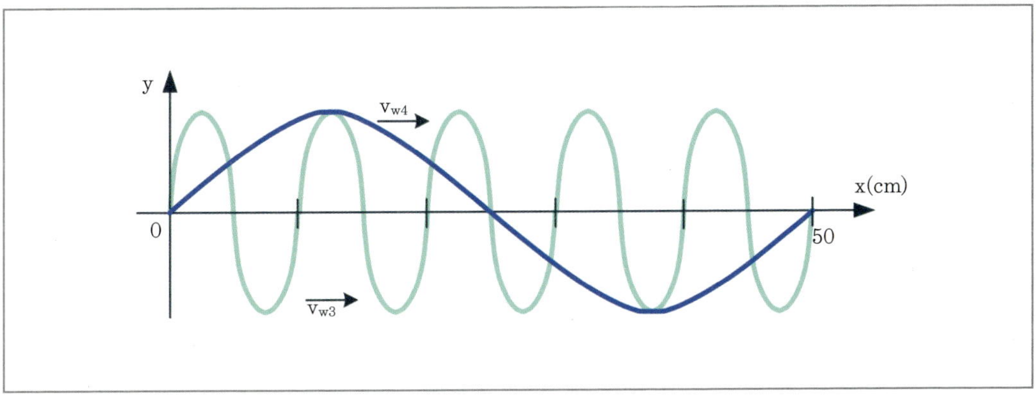

그림 1.10 파의 속도

W_3와 W_4가 1초 동안 진행한 거리를 보이고 있다.

식 (1.2)로부터 각 속도에 해당하는 파장을 구하면, $\lambda_3 = \dfrac{v_{w3}}{f} = \dfrac{50\,cm/s}{5\,Hz} = 10\,cm$ 와 $\lambda_4 = \dfrac{v_{w4}}{f} = \dfrac{50\,cm/s}{1\,Hz} = 50\,cm$ 가 각각 구해진다. 이는 그림에 그려진 두 파의 파장과 일치하고 있다.

따라서 파의 속도가 일정한 경우, 진동수의 변화는 파장의 변화로 이어지고 있다. 즉, 매질의 진동수가 증가하면 파장은 감소하고, 매질의 진동수가 감소하면 파장은 증가한다. 예를 들자면, 소리파의 경우에는 속도가 식 (1.6)으로 주어진다. 즉, 파장이나 진동수에 따라 소리파의 속도가 정해지지 않는다는 말이 된다. 오히려 소리파의 속도가 정해진 상

[21] 용수철의 진동수를 바꾸는 일은 용수철에 매달린 추의 질량을 바꿔주는 것으로 충분하다. 진동수를 늘리려면 가벼운 추를, 그리고 줄이려면 무거운 추로 바꾸면 된다.

태에서 파장과 진동수가 정해진다. 또한 고정된 줄이 발생시키는 파의 경우에는 파장이 파의 속도에 영향을 미치지 못한다. 따라서 파의 속도가 고정된 경우에 해당된다.[22]

3. 진동수와 파의 속도 관계

비록 지금까지의 결과들이 1장 3절에서 규정한 파의 속도 $v = \lambda f$ 에는 어긋남이 없지만, 매질의 진동이 파의 속도에 영향을 미칠 수 없으며, 기껏해야 파장을 통해 그 효과를 드러낼 뿐이라는 사실을 알게 되었다. 용수철이 빨리 진동하면 전파되는 파의 속도도 빨라질 것이라는 흔한 짐작은 옳지 않다.

나중에 더 다루겠지만, 맛보기로 진동수 고정과 속도 고정이라는 서로 다른 관점에서 빛을 고려해 보자. 빛은 매질의 진동을 필요로 하지 않고, 자신이 직접 진동한다. 따라서 용수철 같은 매질의 진동이 발생시키는 파와는 맥락을 약간 달리한다. 용수철은 진동수를 임의적으로 바꿔줄 수 있지만, 자체의 진동으로 진행하는 빛은 (자연에 의해) 일단 진동수가 정해지면 진동수를 바꿀 수 없기 때문이다. 이는 매질 속으로 전파된 빛의 진동수가 여전히 같을 수 밖에 없다는 것을 설명할 뿐 아니라, 매질로 인해 줄어든 파장이 빛의 속도를 늦추게 된다는 것을 보인다.[23] 따라서 매질 속의 빛은 진동수가 고정된 경우에 해당한다, 반면에 빛의 색깔, 즉 진동수에 따라 파장이 변해야 한다는 것은 속도가 고정된 경우에 해당한다. 이제 $v = \lambda f$ 를 피상적으로 인식하던 생각이 조금은 달라졌을 것이다.

파를 다루다가 다짜고짜 용수철과 종이를 들먹이는 바람에 다소 어리둥절했을 수 있지만, 이 논의는 파가 갖는 분산을 이해하기 위한 기초가 된다. 나중에 다시 거론하겠지만, 파의 속도가 파장과 상관 없는 경우(종이 속도가 고정된 경우에 해당), 그리고 파의 속도가 파장의 영향을 받는 경우(진동수가 고정된 경우에 해당)를 각각 구분하는 판단 기준의

[22] 고정된 줄에서의 파의 속도는 $v = \sqrt{\tau / \mu}$로 주어진다. 이때 τ는 장력(tension), 그리고 μ는 선밀도(linear density)이다. 식 어디에도 파장이 없다.

[23] 지금의 논의는 6장 굴절의 근간을 이룬다.

한 축이 분산 관계(dispersion relation)이다. 이에 대한 구체적인 얘기는 여기에서 중단했다가, 2장 7절의 위상속도와 군속도에서 나머지 한 축과 함께 논의를 계속하자.

한편, 용수철의 경우에는 진동이 파의 진행 방향과 90° 를 이루며 전파되기 때문에, 횡파에 속한다. 그래서 용수철이 아래위로 실제 진동하는 속도는 횡속도, 그리고 파가 그려지는 속도는 파가 전파되는 속도인 파의 속도라고 부른다. 이는 파의 전파에서 두 가지의 속도가 존재한다는 것을 말하는데, 이 둘을 수학적으로 살펴보기 전에 우선은 파의 방정식부터 유도해 보자. 구슬도 꿰어야 보배이듯이, 파의 특징들이 모두 하나의 파동 방정식에 포함된다.

§ 6. 파동식(wave equation)

(주기 운동을 기술하기 적합한 수학 : 주기함수)

반복되는 매질의 진동을 통한 에너지 전달이 파로 정의된다는 것을 살펴보았고, 에너지의 전달 모양이 같은 꼴로, 그것도 일정한 시간을 기준으로 계속 반복된다는 것도 알았다. 이런 운동을 주기 운동이라고 하는데, 주기 운동을 기술하기 위해서는 주기를 갖는 함수를 사용하는 것이 적합할 것이다. $\sin\theta$, $\cos\theta$, $\tan\theta$, $e^{i\theta}$와 같은 주기함수들이 많지만, 제일 단순한 형태를 지닌 sin 함수나 cos 함수를 쓰는 것이 주기 운동을 기술하는데 여러모로 편리하다. 이때 둘 중에 어느 것을 선택해도 상관없지만, 일단 하나를 선택했으면, 예를 들어 $\sin\theta$를 선택했으면, 일관성 있게 사용해야지 도중에 $\cos\theta$이나 기타 다른 함수로 바꾸어서는 안 된다. 이 책에서는 $\sin\theta$를 기본 주기함수로 매질의 진동 모습을 기술하고자 한다.

다음 그림은 2차원 진동, 즉 원운동을 아래위의 1차원 진동으로, 1차원 진동을 다시 파의 진행으로 변환하는 과정을 보여준다. 이들 운동이 모두 주기성을 보이기 때문에, 변환이 가능하다.

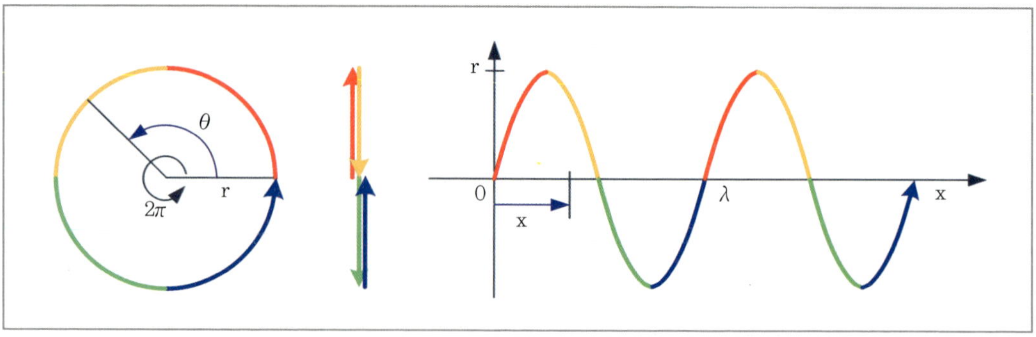

그림 1.11 원운동, 진동, 그리고 직선운동의 변환

왼쪽 동그라미의 회전운동이 가운데 진동을 통해서 오른쪽 직선운동으로 변환되고 있다. 회전운동을 90°마다 다른 색깔을 써서 표현했으며, 회전운동, 진동, 그리고 직선운동에서 같은 운동 부분끼리 같은 색깔로 칠해져 있다. 반대로, 직선운동이 진동을 통해 회전운동으로도 전환될 수도 있어서, 서로 호환성을 지닌다.

매질의 진동 모습을 길이가 기본인 직각 좌표계와 각이 기본인 극좌표계에서 각각 기술할 수 있는데, 이 둘의 호환성이 매우 중요하게 작용을 한다. 파장이라고 하면 매질이 한 번의 진동을 하는 동안 파가 진행한 거리를 말하기 때문에, 파장을 직각 좌표계에서 표현하는 것이 당연하게 여겨질 것이다. 하지만 매질의 진동을 회전운동으로도 변환시킬 수 있다. 이 경우, 매질이 한 바퀴의 회전, 즉 360° 또는 2π의 회전을 하는 동안 진행한 거리가 파장에 해당하므로, 극좌표계에서도 파장을 표현할 수 있다. 따라서 파장이 직각 좌표계에서는 길이로, 그리고 극좌표계에서는 각으로 표현될 것이다. 이는 직선운동을 곡선운동으로, 또는 반대로 곡선 운동을 직선운동으로 변환시킬 수 있기 때문인데, 직선운동과 원운동이 호환할 수 있게 하는 역할을 진동이 하고 있다. 물론 운동 자체가 주기적이기 때문에 가능하다.[24]

파가 전파되는 모습(그림 1.11에서 세 번째 그림)으로부터 sin 함수를 떠올릴 수 있을 것이다. 뿐만 아니라, 진동과 회전운동을 sin 함수로 표현할 수 있다는 것도 이제는 이해할 것이다. 이들 운동은 sin 함수가 갖는 주기성도 적절하게 표현하고 있다. 이제 파를 기술하기 위한 함수로써 $\sin\theta$를 도입해서, 식을 전개해 보자.

[24] 그림 1.11에 나와 있는 세 가지의 운동에 대한 미분 방정식(differential equation)을 풀어도, 같은 해(solution)가 나온다.

한 파장의 길이(λ)만큼 전진하는 동안 딱 2π만큼만 회전하기 때문에, 이는 일차함수의 기울기($2\pi/\lambda$)에 해당한다.[25] 따라서 임의의 거리인 x만큼 전진할 때 얼마만큼 회전을 하는가를 표현하면,

$$\theta = \frac{2\pi}{\lambda} x = kx \tag{1.7}$$

그러므로 sin 함수는 다음과 같이 표현된다.

$$\sin\theta = \sin kx \tag{1.8}$$

지금까지의 유도 과정에서 우리가 잊고 있던 것은, θ가 정지해 있는 각이 아니듯이, x도 정지해 있는 위치가 아니라는 것이다. 파는 정지해 있을 수 없기 때문에, 원도 계속 회전해야만 한다. 즉, 흐르는 시간을 따라 θ가 변하고, x도 변해야 한다는 것이다. 그래서 비록 식 자체에는 시간 인자가 안 보이지만, 실제로는 θ와 x 속에 숨어 있다. 이제는 꽁꽁 숨어 있는 시간 인자를 겉으로 끄집어내자.

시간에 대한 파동식을 얻기 위해 시간에 대한 인자를 삽입하면 되는데, 그렇다고 엄한 곳에 아무렇게나 시간을 삽입하면 전혀 엉뚱한 결과가 초래된다. 주어진 상황에 적절하게 변형시키거나, 상황에 적당한 삽입이 어떤 것인가를 고려해야 한다. 우선 상황을 둘러보자.

v로 움직이는 파의 어느 한 지점의 위치를 x라고 하면, t시간 전의 위치 x'는 x − vt가 될 것이다.[26] 이에 착안해서 x를 t의 함수로 전환시킬 수 있다. 즉,

[25] 일차함수의 기울기라는 말이 너무 딱딱하게 와 닿는 사람들은 비례식으로 풀어도 상관 없다. 즉, 한 파장 전진했을 때 움직인 각이 2π이므로, 임의의 거리 전진했을 때 움직인 각은 $\lambda : 2\pi = x : \theta$으로부터 구해진다. 안쪽끼리, 바깥쪽끼리 곱해서 풀면, 같은 결과가 나온다.

[26] 실제 파의 방정식은 변위인 x뿐 아니라, 시간의 함수이기도 하다. 따라서 sin(x, t) = sin(x−vt, 0)이 된다. 이 식에서 오른쪽은 t가 0일 때를, 그리고 왼쪽은 t시간 후의 파를 의미한다. 즉, x에 vt를 빼주어야 한다는 말이 된다.

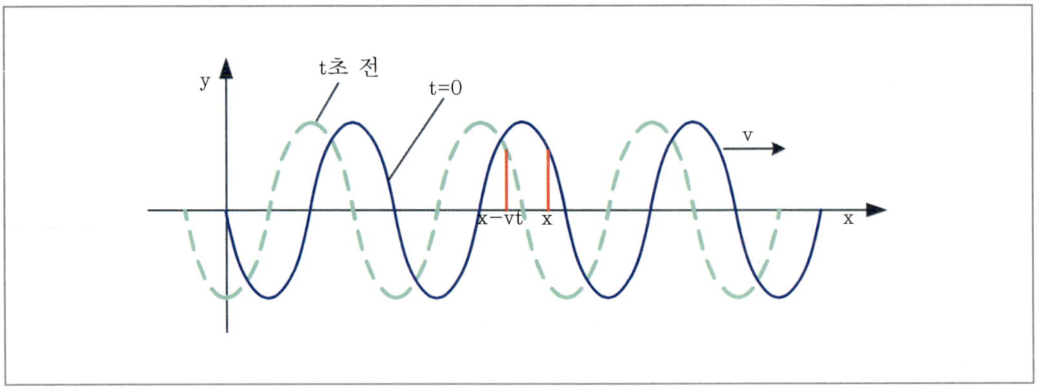

그림 1.12 t초 후의 파의 전파

$$x \rightarrow x' = x - vt \tag{1.9}$$

$$\sin kx \rightarrow \sin kx' = \sin k(x - vt) \tag{1.10}$$

위의 식에서 파의 속도 v는 ω/k이므로, kv = ω가 된다. 따라서 식 (1.10)은 다음과 같다.

$$\sin k(x - vt) = \sin(kx - \omega t) \tag{1.11}$$

영원히 제자리에 남아 있을 것 같은 파에 시간의 인자가 더해졌다. 더 이상은 시간에 침잠하는 파가 아니라, 생생하게 움직이는 파로 살아났다.

이제 진폭을 도입해서 파의 운동을 기술하는 식을 완성해 보자. 진폭을 A_m이라 하면, 파동식은 다음과 같이 쓸 수 있다.[27]

$$y = A_m \sin(kx - \omega t) \tag{1.12}$$

횡파의 경우를 예로 들어 설명했지만, 파동식은 종파에도 쓸 수 있다. 조금 다른 분야의

[27] 그림 1.11의 첫 번째 그림에서의 진폭이 R로 주어졌지만, 어차피 R도 진폭이니만큼 A_m으로 통일하자.

얘기이지만, 그 외에도 전기에서 주기적으로 극을 바꾸게 되는 교류(AC : Alternating Current)의 경우에도 쓸 수 있다. 수학적으로는 동일한, 주기 운동이기 때문이다.

지금까지는 $\sin\theta$ 에서 $\sin kx$ 을, 그리고 다시 $\sin(kx-\omega t)$ 을 유도해서, 파의 특징을 공간과 시간에 대해 어떻게 조합을 하는가를 다루어 왔다. 이제는 그 의미를 살펴보아도 될 듯하다.

§ 7. 위상(phase)

파동식을 다루는데 있어서, 제일 먼저 위상에 대해서 알아보자. 파동식이 다음과 같이 주어졌다.

$$y(x,t) = y_m \sin(kx - \omega t) \tag{1.13}$$

파의 특징을 알기 위해서는 k, ω, 그리고 y_m[28]을 알아야 하는데, 파에 대한 모든 정보가 sin 함수의 괄호 안에 담겨 있다. 이때 괄호 전체를 위상이라고 부르는데, 사람으로 말하면 머리, 국가로 말하면 정부에 해당한다.

위상은 임의의 공간 x와 임의의 시간 t의 값에 따라 진동하는 파를 기술한다. 이제 위상의 값이 구체적으로 주어졌다고 하자. 이는 어느 순간, 어느 장소에서의 위상이 정해졌다는 말과 같고, 값이 정해졌기 때문에 위상을 상수로 놓을 수 있다.[29] 이때 달리는 자동차의 속도를 측정하기 위해서 최소한 임의의 두 지점에 대한 위치와 시간을 알아야 하는 것처럼, 두 지점에서의 위상 값을 알아야 한다. 따라서 $(x_1,\ t_1)$와 $(x_2,\ t_2)$가 주어지면, $kx_1 - \omega t_1 =$ 상수 $= kx_2 - \omega t_2$ 이 성립한다. k끼리, ω끼리 모으면, $k(x_2 - x_1) = \omega(t_2 - t_1)$, 또는 $k\Delta x = \omega\Delta t$ 가 된다. 이제 $k\Delta x - \omega\Delta t = 0$ 으로부터 파의 속도를 구해보자.

28 이제부터는 진폭에 A_m 대신 y_m을 쓰자.

29 위상이 항상 상수화 할 수 있는 것은 아니다. 그렇지 않은 경우도 있는데, 더 자세한 사항은 2장 7절의 위상속도와 군속도에서 다루자.

속도는 단위 시간에 변화한 거리, 즉 일초에 얼마만큼 이동했느냐로 정의되기 때문에, 미분을 도입해야 한다. 상수라는 것은 변화가 없는 일정한 수를 말하기 때문에, 거시적 변화인 Δ를 미시적 변화인 미분으로 바꿔 주면,

$$k\,dx - \omega\,dt = 0 \tag{1.14}$$

양변을 dt로 나눈 후, 정리하면,

$$k\frac{dx}{dt} - \omega = 0 \;\rightarrow\; v = \frac{dx}{dt} = +\frac{\omega}{k} \tag{1.15}$$

즉 kx - ωt는 v값이 +가 되어서, 파 자체가 오른쪽으로 진행하게 된다. 그렇다면 kx + ωt는 그 반대인 왼쪽 방향으로 진행하는 파가 될 것이다.[30]

$$k\frac{dx}{dt} + \omega = 0 \;\rightarrow\; v = \frac{dx}{dt} = -\frac{\omega}{k} \tag{1.16}$$

이 결과는 파의 특징에서 구했던 파의 속도와 정확히 일치하고 있다.

[예제 9] 매질의 운동이 $y(x,t) = 5\sin\pi(2x/3 - 0.07t)$ 으로 주어졌다. 매질이 전파시키고 있는 파의 파수, 파장, 각진동수, 진동수, 그리고 주기와 방향을 포함한 속도를 각각 구하라. 단, cgs 단위계에 준하라.

▶ 주어진 파동식을 표준형으로 변형시키면, $y(x,t) = 5\sin(2\pi x/3 - 0.07\pi t)$. 이제는 표준형에 맞춰 읽기만 하면 된다.

- 진폭 : $y_m = 5\,(cm)$.

[30] +는 오른쪽, −는 왼쪽이라는 결과가 나올 수 밖에 없는 이유는, 애초에 파동식을 유도할 때 우리가 그림 1.12에서의 상황을 가정했기 때문이다. 만일 −가 오른쪽이라는 결과를 원한다면, 그림 1.12에서 파란색 실선을 t초전, 그리고 하늘색 점선을 t = 0인 파로 가정하면 된다.

• 파수 : $k = \dfrac{2\pi}{3} \, (radian/cm)$.

• 파장 : $\lambda = \dfrac{2\pi}{k} = \dfrac{2\pi}{2\pi/3} = 3 \, (cm)$.

• 각진동수 : $\omega = 0.07\pi \, (radian/s)$.

• 진동수 : $f = \dfrac{\omega}{2\pi} = \dfrac{0.07\pi}{2\pi} = 0.035 \, (Hz)$, 또는 (1/s).

• 주기 : $T = \dfrac{2\pi}{\omega} = \dfrac{2\pi}{0.07\pi} = 28.9 \, (s)$.

• 속도 : 위상을 상수로 두면, $const. = \dfrac{2\pi}{3}x - 0.07\pi t$. 따라서 이를 시간에 대한 미분으로 처리하면, $0 = \dfrac{2\pi}{3}dx - 0.07\pi \, dt \;\; \rightarrow \;\; \dfrac{dx}{dt} = 0.07\pi \times \dfrac{3}{2\pi} = 0.105 \, (cm/s)$. 결과가 +이므로, 속도의 방향은 오른쪽이 된다.

만일 속도의 방향을 구할 필요 없다면, 속도는 단순하게 파장과 진동수로부터, 또는 파수와 각진동수로부터 구할 수도 있다. 즉, $v = \lambda f = 3 \times 0.035 = 0.105 \, (cm/s)$, 또는 $v = \dfrac{\omega}{k} = 0.07\pi \times \dfrac{3\pi}{2} = 0.105 \, (cm/s)$.

§ 8. 결맞음(coherence)과 결안맞음(incoherence)

(두 파의 파장이 같으면 공간적 결맞음, 진동수가 같으면 시간적 결맞음)

사람에게 쌍둥이 같다고 하면, 눈, 코, 입과 같은 외모의 특징이 같은 경우를 말한다. 파에도 쌍둥이가 있지만, 쌍둥이라는 말 대신, 결맞음(coherence)이라는 말을 쓴다. 비록 사람처럼 한 날 한 시에 태어난다고는 말 못하지만, 결맞은 파들끼리는 파장과 진동수에서 정확히 일치한다.

결맞음을 구체화하기 위해, 파 두 개의 파동식이 다음과 같이 주어졌다고 하자.

$$y_1(x,t) = y_{1m}\sin(k_1x-\omega_1 t),\quad y_2(x,t) = y_{2m}\sin(k_2x-\omega_2 t) \qquad (1.17)$$

파의 기본적인 특징들을 다룰 때처럼, 결맞음도 공간에 대한 것과 시간에 대한 것, 두 가지로 구분해 보자.

1. 공간에 대한 결맞음(spatial coherence)

공간에 대한 결맞음은 파수로 판단한다. $k_1 = k_2$인 경우, 공간에 대한 결맞음이 성립한다고 말한다. 파수는 파장과 반비례의 관계($k = 2\pi/\lambda$)에 놓이며, 파장은 길이의 단위로 표현되기 때문에, 공간이라는 말이 들어간 것이다. 그래서 공간에 대한 결맞음이 성립하면, 파장이 같다는 것($\lambda_1 = \lambda_2$)으로도 표현할 수 있다.

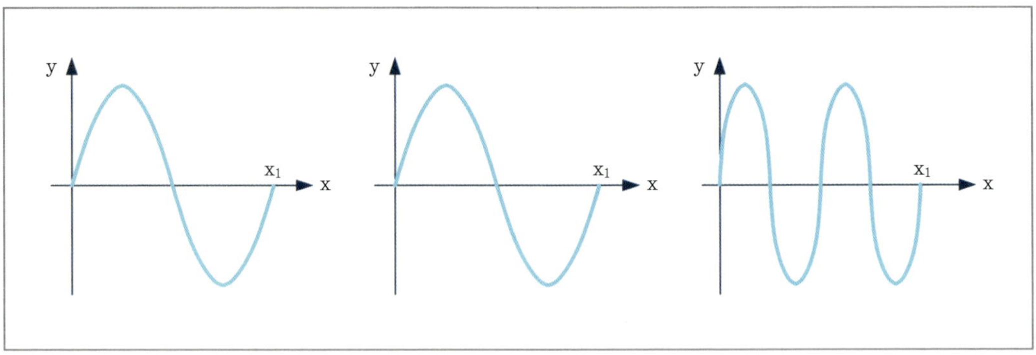

그림 1.13 공간에 대한 결맞음과 결안맞음

첫 번째와 두 번째 파는 공간에 대한 결맞음이 성립하지만, 세 번째 파와는 결맞음이 성립하지 않는다. 그래서 처음 두 파의 파장은 각각 $\lambda_1 = x_1$과 $\lambda_2 = x_1$, 그리고 세 번째 파장은 $\lambda_3 = x_1/2$가 된다.

2. 시간에 대한 결맞음(time coherence)

시간에 대한 결맞음은 각진동수로 판단하는데, $\omega_1 = \omega_2$ 인 경우, 시간에 대한 결맞음이 성립한다고 표현한다. 각진동수와 시간이 서로 반비례($\omega = 2\pi f = 2\pi/T$)하기 때문에, 시간에 대한 결맞음이 성립하면, 두 파 각각의 진동수와 주기가 같다고 말할 수 있다. 즉, $f_1 = f_2$ 그리고 $T_1 = T_2$가 된다.

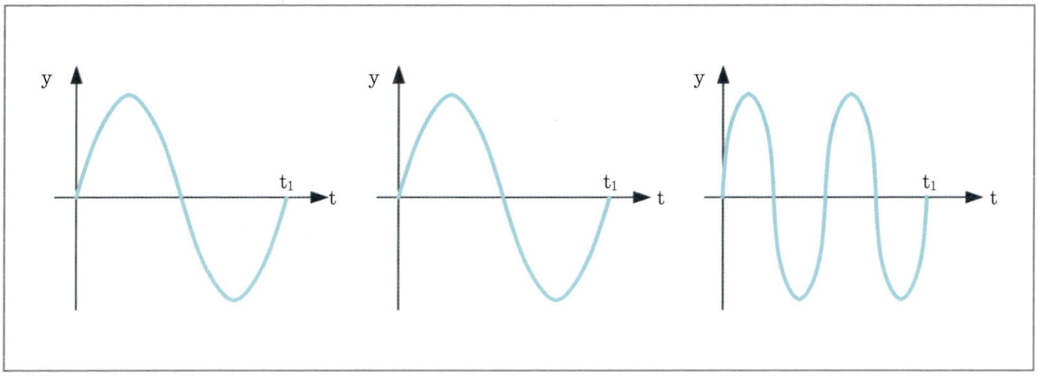

그림 1.14 시간에 대한 결맞음과 결안맞음

첫 번째 파와 두 번째 파는 시간에 대한 결맞음이 성립하지만, 세 번째 파는 결안맞는 것을 알 수 있다. 그래서 처음 두 파의 주기는 각각 $T_1 = t_1$과 $T_2 = t_1$, 그리고 세 번째 주기는 $T_3 = t_1/2$가 된다.

물론 공간에 대한 결맞음은 성립해도 시간에 대한 결맞음이 성립하지 않을 수도, 또는 반대인 경우도 있을 수 있으며, 더욱이 자연의 현상에서는 공간과 시간에 대한 결맞음이 둘 다 성립하는 경우는 매우 드물다. 그래서 간섭과 같은 광학 실험을 할 때, 하나의 광원만을 사용해서 결맞음을 맞춰야 하는 세심한 주의가 필요하다.[31]

이제 두 파동식으로 돌아가서, 공간과 시간에 대한 결맞음을 맞춰 보면,

$$y_1(x, t) = y_{1m}\sin(k_1 x - \omega_1 t), \quad y_2(x, t) = y_{2m}\sin(k_1 x - \omega_1 t) \tag{1.18}$$

여기에서 k_1 대신 k_2, 그리고 ω_1 대신 ω_2를 써도 상관없다.

지금까지 파가 쌍둥이로 판명되기 위한 조건 둘을 알아 봤는데, 설사 두 파가 결맞는다고 해서 만사가 해결되는 것은 아니다. 결맞음은 빛이 일으키는 현상을 이해하기 위한 광

[31] 두 파의 진폭(y_{1m}과 y_{2m})에 대해서는 지금까지 외면 해왔는데, 진폭이 같은지, 아니면 어느 한쪽의 진폭이 더 큰가가 빛의 물리적 현상에 영향을 미치지 못하기 때문이다. 만일 동일하지 않은 진폭($y_{1m} \neq y_{2m}$)이 합쳐지는 경우, 결과치가 더 밝아지거나 더 어두워질 수는 있지만, 밝게 나타나야 하는 현상이 어둡게 나타난다거나, 반대로 어둡게 나타나야 하는 현상이 밝게 나타나지는 않는다. 그렇기에 진폭은 논외로 밀쳐 두게 된다. 만일 하나의 광원을 사용할 경우에는 진폭이 동일하기 때문에, 진폭의 크고 작음을 고려해야 할 이유가 없다.

학실험의 전제 조건일 뿐, 현상을 설명하기 위한 과정은 아니기 때문이다. 결맞음에 더해서, 위상차가 없거나 일정해야지만 중첩이 일어나는 빛의 현상에서 밝고 어두운 무늬가 형성될 수 있다. 무슨 말인지 마치 뜬 구름 잡는 식으로 생각될 수도 있다. 공간에 대한 결맞음과 시간에 대한 결맞음에 대한 현실적인 예는 간섭에서 다루기로 하고, 위상차부터 알아보자.

[예제 10] 두 파동식이 각각 $y_1 = 2\sin 2\pi(x - 0.07t)$ 와 $y_2 = 2\sin 2\pi(x - 0.05t)$ 로 주어졌다. 공간과 시간에 결맞는 파인가 확인하라.

▶ 두 식의 공간에 대한 인자와 시간에 대한 인자를 각각 비교해 보면, 공간에 대한 인자인 파수는 2π 로 같지만, 시간에 대한 인자인 각진동수가 각각 0.14π, 그리고 0.1π 로 다르다는 것을 알 수 있다. 즉, 이들 두 파동식은 공간에 대해서만 결맞는 파라는 것을 알 수 있다.

§ 9. 위상차(phase difference)

(두 파의 위상이 갖는 차이)

두 개 이상의 파들이 모여서 하나의 파를 형성할 때, 파장과 각진동수 못지않게 중요한 것이 위상차, 즉 위상간의 차이이다. 위상차는 결합할 파들이 서로에게서 얼마만큼씩 어긋나 있는지 알려준다. 위상차를 그림으로 보자. 공간과 시간에 대해 결맞음이 성립하는 파가 두 개 있다.

이를 수학으로 표현해 보자. 공간과 시간에 대해 결맞는 두 파의 파동식을 각각 y_1과 y_2 이라 하면, 파동식은 다음과 같다. 덧붙여, 진폭도 같다고 하자.

$$y_1(x,t) = y_m \sin(kx - \omega t), \quad y_2(x,t) = y_m \sin(kx - \omega t + \varphi) \tag{1.19}$$

식 (1.19)의 두 식은 같은 진폭, 같은 파수, 같은 각속도를 갖지만, 위상차 φ가 발생했다. 즉, 결맞는 두 개의 파가 모든 구간에서 φ만큼 어긋나 있다. 항상 그런 것은 아니지만, 일반적으로 φ가 π, 2π, 또는 0.5π와 같이 상수로 주어진다. 이 경우, 어느 곳에서건, 시간이 얼마나 흐르건, 위상차는 항상 일정한 값을 유지한다.

[예제 11] 어떤 상황에서 $y(x, t) = y_m \sin(kx - \omega t)$ 에 π의 위상차가 발생했다. 위상차를 포함하는 파동식을 써라.

▶ $y(x, t) = y_m \sin(kx - \omega t + \pi)$

한편 위상차가 각으로 주어지기 보다는, 반 파장이나 한 파장이라는 길이로 주어질 때가 많이 있다. 이럴 때는 파장이라는 단위를 각으로 바꾸면 된다. 각과 파장의 비례식, 즉 파수를 이용해서 항상 편리하게 바꿀 수 있다. 반 파장은 $\frac{2\pi}{\lambda}\frac{\lambda}{2} = \pi$ 로, 한 파장은 $\frac{2\pi}{\lambda}\lambda = 2\pi$ 로 바꿀 수 있다. 작은 지식도 모르면 매우 불편해질 수 있다. 모르는 것이 약(Ignorance is bliss)이라는 생각은 버리고, 아는 것이 힘(Knowledge is power)이라는 말을 가까이 하자.

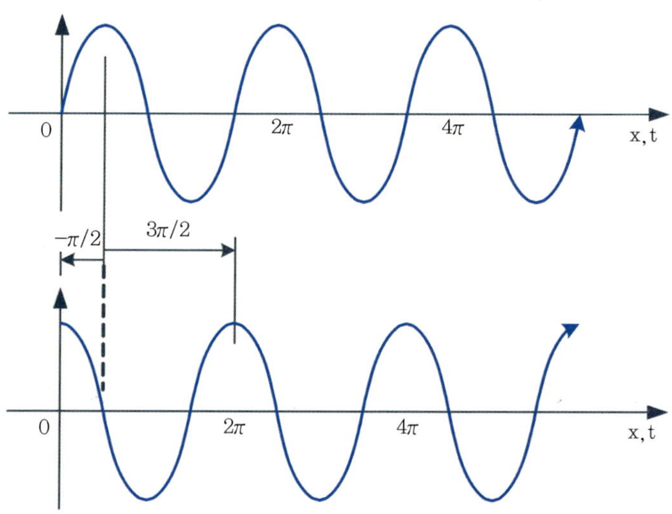

그림 1.15 위상차

그림에서 두 파의 파장과 진동수는 같지만, 위상차가 $-\pi/2$ 또는 $3\pi/2$만큼 벌어져 있다. 만일 위상차가 0이라면, 각 구간별로 두 파의 모양이 정확히 일치할 것이다.

§ 10. 횡속도와 횡가속도(transverse velocity & transverse acceleration)

(횡파의 매질이 아래 위로 진동하는 속도)

줄의 진동에서 발생하는 파를 지켜볼 때 우리가 보는 것은 에너지가 아니라 에너지를 운반하는 매질의 진동이듯이, 파동식 자체는 파를 기술하는 것이 아니라 매질의 진동을 기술한다. 횡파를 기술하는 파동식에서 y는 아래위로 진동하는 매질의 y성분 변위라는 점을 염두에 두고, 다음 식을 보자.

$$y(x,t) = y_m \sin(kx - \omega t) \tag{1.20}$$

식 (1.20)에서 y_m은 일정하게 유지되는 반면에, sin함수가 y의 변화를 보이고 있다. 식을 그림으로 그리면 다음과 같다.

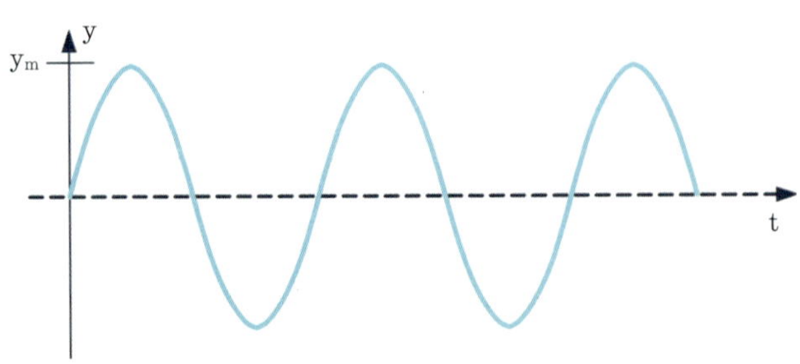

그림 1.16 매질 진동의 변위

마치 파가 전파되는 듯 보이지만, 실제로는 매질의 각 지점이 아래위로 높이를 바꾸는 모습이다. 하지만 그림 자체는 정지되어 있다. 그림 속의 진동을 살려내기 위해, 특정 부분, 즉 곡선의 꼭대기와 밑바닥을 집중해서 보자. 이 두 곳에서는 매질의 진동이 다음 순간 방향을 바꾸게 될 것이다.[32] 다시 말하면, 진동이 시간에 대해 균일하게 발생하지 않고, 시시각각으로 변한다는 것이며, 따라서 속도뿐 아니라, 가속도도 있다는 말이 된다. 이를 매질의 진동에 따른 횡속도와 횡가속도라고 부른다. 이들을 구해보자.

1. 횡속도

매질의 진동을 변위인 식 (1.20)을 시간에 대해 미분하게 되면, 진동에 따른 횡속도를 구할 수 있다. 즉,

$$\begin{aligned} v_t &= \frac{d}{dt}y(x,t) \\ &= \frac{d}{dt}\left[y_m \sin(kx-\omega t) \right] \\ &= -\omega\, y_m \cos(kx-\omega t) \end{aligned} \tag{1.21}$$

횡속도의 진폭에 매질의 진동수(각진동수)가 직접적으로 포함되어 있다. 매질의 진동수와 매질의 속도가 서로 비례한다는 것은 당연한 얘기이다. 한편 cos 함수의 효과를 보면, 이로 인해 횡속도가 계속적으로 변해야 한다. 위상이 0이 되면, cos 0이 1이므로 횡속도는 최대치 ωy_m이 되며, 반면에 함수의 위상이 $\pi/2$가 되면, cos $\pi/2$이 되어서 횡속도는 최소치인 0에 이른다.[33]

이때 횡속도의 최대치가 횡속도의 진폭이 된다. 속도에 −가 붙었다는 점에 유의해서 횡속도의 그래프를 그리면 다음과 같다.

횡속도를 이렇게 생각해 볼 수 있다. 바이올린(violin)을 연주할 때, 키에 의해 줄이 떨면서 소리라는 종파를 발생시킨다. 즉 바이올린의 줄이 떠는 속도가 횡속도이고, 횡속도

[32] 운동의 방향을 바꾸기 위해서는, 아무리 짧은 순간의 일이라고 해도, 일단 정지했다가 방향을 바꾸는 두 단계의 순서를 따르는 수 밖에 없다. 이런 곳을 전환점(turning point)라고 부른다.

[33] 여기에서 크기만을 비교하기 때문에 −부호는 중요하지 않다. +부호일 경우에는 위로 떠오르는 상태를, 그리고 −부호일 때는 아래로 가라앉는 상태를 가리킨다.

로 인한 공기 입자들의 진동이 공명통(바이올린의 몸체)을 거치면서 소리라는 압력파로 증폭되어 흘러나온다. 덜 인위적인 예로써 수면파의 경우에서도, 물분자가 오르내리는 속도가 일정하지 않지만, 가속과 감속이 주기적으로 이루어진다.

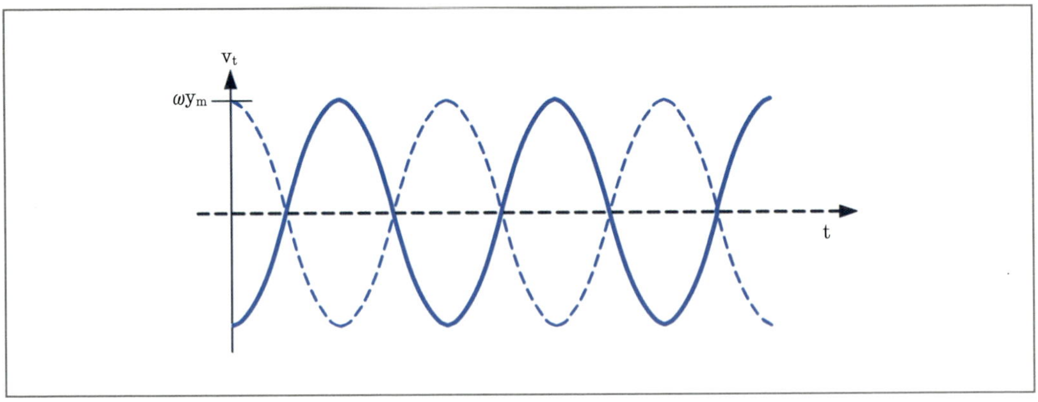

그림 1.17 횡속도

점선의 cos 곡선은 -부호를 고려하기 전이며, 그를 뒤집어 놓은 실선의 파가 우리가 구하고자 하는 횡속도이다. 세로축은 횡속도를, 그리고 곡선은 횡속도의 변화를 가리킨다. 마치 파인양, 횡속도가 파도치듯 계속 변하고 있다.

2. 횡가속도

이번에는 매질의 진동 가속도인 횡가속도를 구해 보자. 횡속도인 식 (1.21)을 다시 시간에 대해 미분해서 횡가속도를 얻을 수 있다.

$$\begin{aligned} a_t &= \frac{d}{dt} v_t \\ &= \frac{d}{dt}\left[-\omega\, y_m \cos(kx - \omega t)\right] \\ &= -\omega^2\, y_m \sin(kx - \omega t) \end{aligned} \tag{1.22}$$

횡속도와 마찬가지로 횡가속도의 진폭에 매질의 진동수가 포함되어 있는데, 이번에는 제곱의 형태로 포함되어 있다. 매질의 진동수의 제곱에 횡가속도가 비례한다는 말이 된다. 한편 횡가속도에는 sin 함수가 포함되어 있어서, 역시 주기적으로 변한다. 횡속도와는 달리, 위상이 $\pi/2$와 같이 반정수배가 되는 곳에서 횡가속도는 최대치인 $\omega^2\ y_m$를 가지며, 0이나 π의 정수배가 되는 곳에서 최소치인 0이 된다는 것을 알 수 있다. 횡가속도의 최대치인 $\omega^2\ y_m$이 횡가속도의 진폭이 된다.

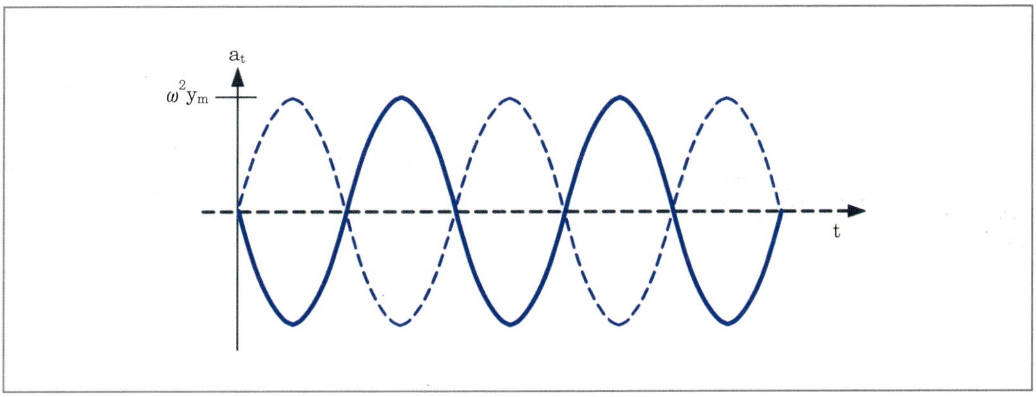

그림 1.18 횡가속도

횡가속도가 물결치고 있다. 횡속도와 마찬가지로, 점선의 sin 곡선은 −부호를 고려하기 전이며, 이를 뒤집어 놓은 실선이 우리가 구하고자 하는 횡가속도의 형태가 된다. 세로축은 횡가속도를, 그리고 곡선은 횡가속도를 가리킨다.

[예제 12] mks 단위계에서 파동식이 $y(x,t) = 5\sin\pi(x-0.03t)$로 주어졌다.

a) 횡속도를 구하라.

b) 횡가속도를 구하라.

c) 파의 속도를 구하라.

▶ a) 식 (1.21)로부터 $v_t = -\omega y_m \cos(kx-\omega t) = -5(0.03\pi)\cos\pi(x-0.03t)$를 알 수 있다. 따라서 횡속도는 진폭인 $0.15\pi\, m/s$. 진폭이 횡속도의 최대치가 되므로 방향을 의미하는 −부호는 고려할 필요 없다.

b) 식 (1.22)로부터 $a_t = -\omega^2 y_m \sin(kx-\omega t) = -5(0.03\pi)^2 \sin\pi(x-0.03t)$가 된다. 따라서 횡가속도는 진폭인 $4.5\pi^2\times10^{-3}\, m/s^2$. 역시나 −부호는 고려할 필요 없다.

c) 파의 속도는 식 (1.5)로부터 $v = \dfrac{\omega}{k} = \dfrac{0.03\pi}{\pi} = 0.03(m/s)$. 파의 속도와 횡속도를 비교하기 위해 π를 3으로 근사 시키면, 횡속도가 약 0.45m/s가 된다. 파의 속도와 횡속도가 엄연히 다르다는 것을 보이고 있다.

용수철의 경우에서 매질의 진동수가 파의 속도와 별 상관이 없었지만, 횡속도나 횡가속도의 경우에는 진동 자체의 속도가 횡속도이고, 진동 자체의 가속도가 횡가속도이다.

앞으로 횡속도와 횡가속도는 이 이상 더 거론되지 않을 것이다. 2장에서는 파동 방정식에서 시작한 파동의 수학적 요구를 위상차까지 유도해 왔다. 이를 기초로, 파가 둘 이상 겹칠 때 발생하는 상호작용을 다루자.

1장 연습을 위한 확인문제

Chapter I

1. 진동수가 6.29 MHz일 때의 주기를 구하라.

▶ 식 (1.1)로부터 $T = 1/(6.29 \times 10^6) = 1.59 \times 10^{-7} = 0.159(\mu s)$.

2. 주기가 3 ns일 때, 진동수를 구하라.

▶ 1 ns가 $10^{-9} s$ 이므로, 식 (1.1)로부터 $f = 1/(3 \times 10^{-9}) = 3.33 \times 10^8 = 0.33(GHz)$.

3. 파장이 3 cm인 파의 속도가 7 km/s일 때, 진동수를 구하라.

▶ 단위를 통일하면, 파장이 $3 \times 10^{-2} m$, 속도가 $7 \times 10^3 m/s$. 식 (1.2)로부터

$f = v/\lambda = 7 \times 10^3 / 3 \times 10^{-2} = 2.33 \times 10^5 = 0.233(MHz)$.

4. 진동수가 10^5 Hz인 파의 속도가 7 km/s일 때, 진동수를 구하라.

▶ 식 (1.2)로부터 $\lambda = v/f = 7 \times 10^3 / 10^5 = 7 \times 10^{-2} = 7(cm)$.

5. 파수가 2π일 때, 파장을 구하라. 단, mks 단위계에 준한다.

▶ 식 (1.3)으로부터 $\lambda = 2\pi / 2\pi = 1(m)$.

6. 각진동수가 $10^6\ radian/s$ 로 주어졌을 때, 진동수를 구하라.

▶ 식 (1.3)으로부터 $f = 2\pi / \omega = 2\pi / 10^6 = 2\pi \times 10^{-6} (Hz) = 2\pi (\mu Hz)$.

7. 파수가 $2\pi\, radian/m$ 인 파의 속도가 $10^6\, m/s$ 로 주어졌다. 각진동수를 구하라.

▶ 식 (1.5)로부터 $\omega = (2\pi\, radian/m)(10^6\, m/s) = 2\pi \times 10^6\, radian/s$.

8. 그림 1.2에서 값을 알 수 있는 파의 특징들을 mks 단위계로 모두 기술하라.

▶ 그림 1.2가 공간에 대한 그래프이므로, 공간에 대한 파의 특징인 파장과 파수를 알 수 있다. 값들은 각각 $\lambda = 1m$, 그리고 $k = 2\pi/\lambda = 2\pi/1 = 2\pi(radian/m)$. 진폭을 값이 주어지지 않아서 알 수 없다.

9. 그림 1.3에서 값을 알 수 있는 파의 특징들을 mks 단위계로 모두 기술하라.

▶ 그림 1.3이 시간에 대한 그래프이므로, 시간에 대한 파의 특징인 진동수, 각진동수, 그리고 주기를 알 수 있다. 그 값들은 각각 $T = 0.51s$, $f = 2Hz$, 그리고 $\omega = 2\pi f = 2\pi \times 2 = 4\pi(radian/s)$. 진폭을 값이 주어지지 않아서 알 수 없다.

10. 그림 1.2와 1.3에서 값을 알 수 있는 파의 특징들을 mks 단위계로 모두 기술하라.

▶ 그림 1.2로부터 얻을 수 있는 파의 특징인 파장과 파수는 각각 $\lambda = 1m$, 그리고 $k = 2\pi/\lambda = 2\pi/1 = 2\pi(radian/m)$. 또한 그림 1.3으로부터 진동수, 각진동수, 그리고 주기를 알 수 있다. 그 값들은 각각 $T = 0.51s$, $f = 2Hz$, 그리고 $\omega = 2\pi f = 2\pi \times 2 = 4\pi(radian/s)$. 물론 진폭을 값이 주어지지 않아서 알 수 없지만, 공간과 시간의 접목으로 속도를 알 수 있다. 속도는 $v = \lambda f = 1 \times 2 = 2(m/s)$ 이거나, $v = \omega/k = 4\pi/2\pi = 2(m/s)$ 이다.

11. 두 파동식이 각각 $y_1 = 2\sin 2\pi(x - 0.07t)$ 와 $y_2 = 2\sin(2\pi x + 0.14\pi t)$ 로 주어졌다. 공간과 시간에 걸맞는 파인지 확인하라.

▶ 공간에 대한 인자와 시간에 대한 인자를 각각 같다. 두 파동식은 공간과 시간에 걸맞는 파이다. 이때 위상의 부호에 신경 쓸 필요 없다. 부호는 파 속도의 방향을 가리킬 뿐이다.

12. 두 파동식이 각각 $y_1 = y_{m1} \sin 2\pi\left(\frac{x}{\lambda} - \frac{t}{T}\right)$, $y_2 = y_{m2} \sin 2\pi\left(\frac{x}{\lambda} - \frac{t}{T}\right)$ 로 주어졌다. 공간과 시간에 결맞는 파인지 확인하라.

▶ 결맞음을 결정하는 것은 전적으로 파의 특성에 따르므로, 위상 안에 있는 공간과 시간의 인자들만 확인하면 된다. 따라서 진폭은 영향을 미치지 못한다.

13. 결맞는 두 파가 각각 $y_1 = y_m \sin(kx - \omega t)$ 와 $y_2 = y_m \sin(kx - \omega t + \pi/2)$ 로 주어졌을 때, 발생한 위상차를 구하라.

▶ 두 파동식을 비교하면, $\varphi = \pi/2$.

14. 결맞는 두 파가 $y_1 = y_m \sin(kx - \omega t)$ 와 $y_2 = y_m \sin(kx - \omega t + \pi/4)$ 로 주어졌다. 동일한 환경에 놓인 파들을 모두 골라라.

1. $y_1 = y_m \sin(kx - \omega t)$ 와 $y_2 = y_m \sin(kx - \omega t - \pi/4)$
2. $y_1 = y_m \sin(kx - \omega t - \pi/4)$ 와 $y_2 = y_m \sin(kx - \omega t + \pi/4)$
3. $y_1 = y_m \sin(kx - \omega t + \pi/4)$ 와 $y_2 = y_m \sin(kx - \omega t - \pi/4)$
4. $y_1 = y_m \sin(kx - \omega t + \pi/4)$ 와 $y_2 = y_m \sin(kx - \omega t)$
5. $y_1 = y_m \sin(kx - \omega t - \pi/2)$ 와 $y_2 = y_m \sin(kx - \omega t + \pi/2)$

▶ 각 쌍의 파동식이 주어진 위상차를 유지하는 경우는 4와 5.

15. mks 단위계에서 파동식이 $y(x,t) = 7\sin 2\pi(x - 0.05t)$ 로 주어졌다.

a) 횡속도를 구하라.
b) 횡가속도를 구하라.
c) 파의 속도를 구하라.

▶ a) 식 (1.21)로부터 $v_t = -\omega y_m \cos(kx - \omega t) = -7(0.1\pi)\cos 2\pi(x - 0.05t)$. 횡속도는 진폭인 $0.7\pi\, m/s$. 횡속도의 최대치가 진폭이므로 방향을 의미하는 −부호는 불필요.

b) 식 (1.22)로부터 $a_t = -\omega^2 y_m \sin(kx - \omega t) = -7(0.1\pi)^2 \sin 2\pi(x - 0.05t)$. 따라서 횡가속도는 진폭인 $0.07\pi^2\, m/s^2$. 역시나 −부호는 고려할 필요 없다.

c) 식 (1.5)로부터 $v = \omega / k = 0.1\pi / 2\pi = 0.05\,(m/s)$. 파의 속도와 횡속도를 비교하기 위해 π를 3으로 근사시키면, 횡속도는 약 0.45 m/s. 파의 속도와 횡속도가 엄연히 다르다.

16. 결맞는 두 파가 각각 $y_1 = y_m \sin(kx - \omega t)$ 와 $y_2 = y_m \sin(kx - \omega t + \pi/2)$ 로 주어졌을 때, 발생한 위상차를 구하라.

▶ 두 파동식을 비교하면, $\varphi = \pi / 2$.

17. 결맞는 두 파가 $y_1 = y_m \sin(kx - \omega t)$ 와 $y_2 = y_m \sin(kx - \omega t + \pi/4)$ 로 주어졌다. 동일한 환경에 놓인 파들을 모두 골라라.

1. $y_1 = y_m \sin(kx - \omega t)$ 와 $y_2 = y_m \sin(kx - \omega t - \pi/4)$
2. $y_1 = y_m \sin(kx - \omega t - \pi/4)$ 와 $y_2 = y_m \sin(kx - \omega t + \pi/4)$
3. $y_1 = y_m \sin(kx - \omega t + \pi/4)$ 와 $y_2 = y_m \sin(kx - \omega t - \pi/4)$
4. $y_1 = y_m \sin(kx - \omega t + \pi/4)$ 와 $y_2 = y_m \sin(kx - \omega t)$
5. $y_1 = y_m \sin(kx - \omega t - \pi/2)$ 와 $y_2 = y_m \sin(kx - \omega t + \pi/2)$

▶ 각 쌍의 파동식이 주어진 위상차를 유지하는 경우는 4와 5.

18. mks 단위계에서 파동식이 $y(x,t) = 7\sin 2\pi(x - 0.05t)$ 로 주어졌다.

a) 횡속도를 구하라.

b) 횡가속도를 구하라.

c) 파의 속도를 구하라.

▶ a) 식 (1.21)로부터 $v_t = -\omega\, y_m \cos(kx - \omega t) = -7(0.1\pi)\cos 2\pi(x - 0.05t)$. 횡속도는 진폭인 $0.7\pi\, m/s$. 횡속도의 최대치가 진폭이므로 방향을 의미하는 −부호는 불필요.

b) 식 (1.22)로부터 $a_t = -\omega^2 y_m \sin(kx - \omega t) = -7(0.1\pi)^2 \sin 2\pi(x - 0.05t)$. 따라서 횡가속도는 진폭인 $0.07\pi^2\, m/s^2$. 역시나 −부호는 고려할 필요 없다.

c) 식 (1.5)로부터 $v = \omega / k = 0.1\pi / 2\pi = 0.05\,(m/s)$. 파의 속도와 횡속도를 비교하기 위해 π를 3으로 근사 시키면, 횡속도는 약 0.45 m/s. 파의 속도와 횡속도가 엄연히 다르다.

Chapter II

중첩의 원리 (Superposition Principle)

(두 개 이상의 빛줄기들이 겹칠 때 적용하는 원리)

편의상 빛을 선 하나 죽 그어서 그리곤 하지만, 낱개 하나의 빛은 실험실에서조차 접하기 쉽지 않다. 가장 쉽게 떠올릴 수 있는 광학 실험기구인 레이저[34]에서도 비슷한 특성의 수 많은 광선 줄기가 합쳐진 결과를 우리가 보는 것이며, 앞으로 다룰 간섭이나 회절과 같은 현상도 여러 빛줄기가 합쳐지면서 발생한다. 그렇다고 빛이 낱개로 존재할 수 없다는 것은 아니며,[35] 빛의 개수를 하나하나 셀 수 있는 가이거 계수기(Geiger counter)와 같은 측정기도 있다. 빛이 단체로 존재하는 것이 흔한 일상이라면, 우리는 여러 빛줄기들을 하나로 합칠 수 있는 원리를 알아야 한다. 이를 중첩의 원리[36]라고 부른다.

[34] 레이저(LASER)는 유도복사에 의한 빛의 증폭이라는 뜻의 Light Amplification by Stimulated Emission of Radiation에서 첫 문자들을 딴 말로써, 안정된 상태로 있던 원자를 들뜬 상태로 유도하면, 다시 안정된 상태로 돌아갈 때 빛을 발산하게 된다는 원리를 이용한 빛 발생 장치이다. 만일 발산되어 나오는 빛의 파장이 mm보다 짧은 서브 밀리미터(sub millimeter)의 경우를 레이저, 그리고 서브 밀리미터보다 긴 파장의 빛이 나오는 장치를 메이저(MASER : Microwave Amplification by Stimulated Emission of Radiation)라고 부른다. 현재까지 다양한 종류의 레이저기 개발되었고, 물리뿐 아니라, 의학에서 천문학까지 거의 모든 분야에 걸쳐 다양하게 이용되고 있다.

[35] 빛조차 새어들 틈 없이 꽉 막힌 깜깜한 골방에 가만히 앉아 있다보면, 가끔씩 빛의 결정체인 광자 하나가 어디에선가 번쩍 나타났다가 곧 사라지는 것을 목격할 수 있다. 이럴 때는 빛을 하나의 줄기로 표현할 수 있겠지만, 실제로는 색깔조차 뭐라 할 수 없을 정도로 순식간에 사라지는 통에 짤막한 빛줄기라는 표현이 더 잘 어울린다. 광자에 대해서는 빛의 성질에서 다시 다루자.

[36] 중첩이라는 말 자체가 무슨 뜻인지 빨리 와 닿지 않는다. 하지만 겹치기라는 뜻으로 이해하면 틀림없다. 덧붙여, 중첩의 원리가 항상 성립하는 것은 아니다. 진폭이 작은 경우에는 잘 맞지만, 진폭이 아주 커지면 파가 통과해야 할 매질 자체가 변형되면서 중첩의 원리가 성립하지 않기도 한다.

§ 1. 중첩의 원리(superposition principle)

공간과 시간에 대해 결맞는 파를 예로 보자. 그림 2.1에 두 개의 봉우리가 보인다. 봉우리의 높이를 각각 1 cm라고 할 때, 이 둘을 더하면 높이 2 cm의 봉우리(세 번째 그림)가 된다.

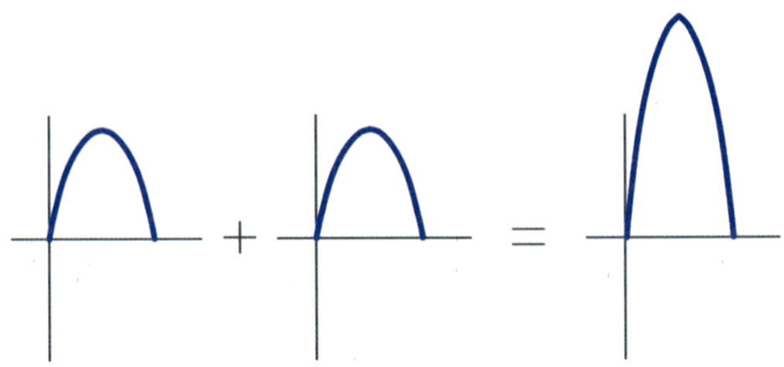

그림 2.1 겹치기로 보강되는 상황
세로축은 진폭, 가로축은 공간이나 시간을 가리킨다.

그림 2.1은 봉우리 두 개를 더한 경우이고, 세 개 이상의 봉우리들이 겹쳐졌다면 결과는 2 cm 이상이 될 것이다.[37]

이번에는 1 cm 높이의 봉우리(마루)와 1 cm 깊이의 골짜기(골)를 서로 합쳐 보자. 높이가 없는 평지가 만들어질 것이다.

[37] 파 세 개가 합쳐졌다고, 꼭 3 cm만 나온다고는 말할 수 없다. 곧 다루겠지만, 두 개의 파를 합쳤을 때 역시도 꼭 2 cm가 나온다고 단정지을 수 없다. 그림 2.1과 3.2는 결맞는 파들의 중첩의 원리에 국한된 얘기이다. 결안맞는 파의 경우에는 단순히 더해지지 않는다. 하지만 고려해야 할 파의 수에 상관없이 모두를 합치는 것이 중첩의 원리며, 그 중에 제일 단순한 경우인 파 두 개를 들어 설명했다.

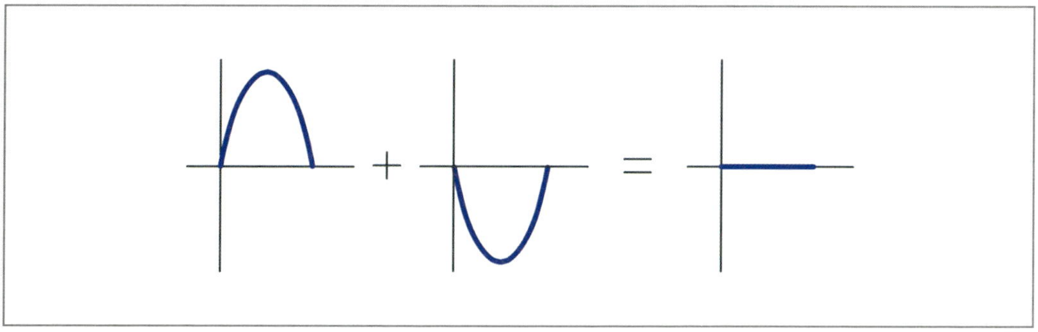

그림 2.2 중첩으로 소멸되는 상황

중첩이 소멸되는 경우도 보강되는 경우와 방법에서 별 다를 바 없다. 만일 세 개나 네 개의 봉우리나 골짜기가 있다면, 봉우리에는 +를, 그리고 골짜기에는 −를 붙여서 다 더해 주면 된다.

두 개 이상의 파가 합쳐지는 경우, 보강 중첩이 발생하면 우리들의 눈에는 최소 2배 이상의 밝기로, 그리고 소멸 중첩이 발생하면 그냥 어둡게 보인다. 따라서 밝고 어두운 것을 보고, 보강이 발생했는지, 아니면 소멸이 발생했는지, 그도 저도 아니면 어중간한 중첩이 발생했는지 짐작할 수 있다. 이에 대한 구체적인 예는 간섭과 회절에서 다루게 된다.

시작 단계에서 중첩의 원리는 단순해 보이지만, 실제 상황이 이처럼 단순한 것만은 아니다. 단순해 보이는 원리일수록 꼭 알아야 하는 기본적인 원리일 수 있으니까, 자연 현상에 적용시키기 위해서는 탄탄한 이해가 필요하다.

§ 2. 결맞는 파의 중첩의 원리

결맞음이 성립한다는 말은, 중첩을 일으킬 두 파의 파장과 진동수가 동일하다는 말이 된다. 먼저 일반적인 경우에서 중첩을 위한 수식 전개를 알아본 뒤, 그를 결맞는 경우로 국한시켜, 어떤 조건하에서 보강과 소멸이 일어나는지 알아보자.

중첩의 원리는 위상차로 압축해서 설명할 수 있다. 즉, 봉우리끼리, 또는 골짜기끼리는 위상차가 0이거나 2π와 같이 π의 짝수 정수배이며, 봉우리와 골짜기는 π나 3π와 같이 홀수 정수배인 위상차가 생긴다는 것을 염두에 두자.

두 파에 대한 일반식이 다음과 같이 주어졌다고 하자. 이때 두 식의 진폭이 같다는 가정을 하자. 나중에 간략하게나마 언급하겠지만, 두 진폭이 같지 않다면 더 복잡한 수식 전개가 따른다.

$$y_1(x,t) = y_m \sin(k_1 x - \omega_1 t),\quad y_2(x,t) = y_m \sin(k_2 x - \omega_2 t) \tag{2.1}$$

따라서 이들이 겹쳐지면서, 다음 식이 유도된다.

$$\begin{aligned} y &= y_1 + y_2 \\ &= y_m \sin(k_1 x - \omega_1 t) + y_m \sin(k_2 x - \omega_2 t) \\ &= y_m 2\sin\left(\frac{(k_1+k_2)x - (\omega_1+\omega_2)t}{2}\right)\cos\left(\frac{(k_1-k_2)x - (\omega_1-\omega_2)t}{2}\right) \end{aligned} \tag{2.2}$$

식 (2.2)의 전개에서 $\sin\alpha + \sin\beta = 2\sin\dfrac{\alpha+\beta}{2}\cos\dfrac{\alpha-\beta}{2}$ 를 이용했다.

이번에는 결맞는 파의 중첩을 고려해 보자. 결맞는 파의 식은 다음과 같이 쓸 수 있다.

$$y_1(x,t) = y_m \sin(kx - \omega t),\quad y_2(x,t) = y_m \sin(kx - \omega t + \varphi) \tag{2.3}$$

이때 두 번째 식에서 φ가 필요한 이유를 설명하기가 제일 까마득한데, y_1과 y_2가 정확히 일치했을 경우에는 φ가 필요 없거나 0으로 두면 되지만, 일반적으로는 0이 아니므로, 생략하지 못한다.[38]

[38] 이전의 식에서는 굳이 φ가 문제될 것이 없었다. 왜냐하면 결맞는 파가 아니기 때문에, k_1과 k_2가, 그리고 ω_1과 ω_2가 일치할 필요가 없기 때문이고, 이때는 위상차가 어느 한쪽에 녹아들어가 있다고 생각해도 된다.

위상차 φ 는 대략 두 가지의 요소에서 발생한다. 두 파가 진행하는 거리의 차인 경로차로 인해 발생하거나, 애초에 파들이 지닌 각도의 차이로 인해 발생할 수 있다. 경로차로 인해 발생하는 경우는 간섭과 회절에서 자세히 다루게 될 테니까, 여기에서는 각도의 차이 경우만 고려하자.

이제 중첩의 원리를 적용시키면, 결맞는 파는 다음과 같이 전개할 수 있다.

$$\begin{aligned} y &= y_1 + y_2 \\ &= y_m \sin(kx - \omega t) + y_m \sin(kx - \omega t + \varphi) \\ &= y_m 2\sin\left(\frac{(k+k)x - (\omega+\omega)t + \varphi}{2}\right)\cos\left(\frac{(k-k)x - (\omega-\omega)t - \varphi}{2}\right) \\ &= 2y_m \sin(kx - \omega t + \varphi/2)\cos(\varphi/2) \end{aligned} \tag{2.4}$$

식 (2.4)의 전개에서 cos 안의 항들은 서로 상쇄가 되었고, sin 안의 항들은 서로 더해졌다. 결과식의 마지막 항인 $\cos(\varphi/2)$을 주목해 보면, 단순히 φ 값에 따라 식 자체가 소멸될 수 도 있음을 엿볼 수 있다. 이를 좀 더 구체화하기 위해, 공간과 시간, 그리고 위상차가 뒤섞여 녹아 있는 위상을 분리하자. 삼각함수 덧셈의 정리 $\sin(\alpha+\beta) = \sin\alpha\cos\beta + \cos\alpha\sin\beta$ 를 이용해서 마지막 단계에 있는 sin 함수를 더 전개해 보자.

$$\sin(kx - \omega t + \varphi/2) = \sin(kx - \omega t)\cos(\varphi/2) + \cos(kx - \omega t)\sin(\varphi/2) \tag{2.5}$$

따라서 위의 전개를 중첩의 원리에 삽입시키면, 최종적으로 다음 식이 유도된다.

$$y = 2y_m[\,\sin(kx - \omega t)\cos(\varphi/2) + \cos(kx - \omega t)\sin(\varphi/2)\,]\cos(\varphi/2) \tag{2.6}$$

이제는 결과로 나온 식을 분석해 보자.

- 만일 $\varphi/2 = m\pi$ 이면, 즉 $\varphi = 2m\pi$ 이면, $\cos(\varphi/2) = \pm 1$ 과 $\sin(\varphi/2) = 0$ 이 되면서 $y = 2y_m \sin(kx - \omega t)$가 된다.

- 만일 $\varphi/2=(m+1/2)\pi$ 이면, 즉 $\varphi=(2m+1)\pi$ 이면, $\cos(\varphi/2)=0$ 이 되기 때문에 $y=0$ 이 된다.

따라서 두 파가 겹쳐질 때, 어느 경우에 밝아지며, 어떤 경우에 어두워지는지 대번에 알 수 있다. 나중에 밝기를 구할 때 설명이 따르겠지만, 위의 결과에서 앞에 상수 2가 위치하고 있다는 점은 의미심장하다. 왜냐하면 결맞는 파에 국한된 얘기이기 때문이다. 만일 결 안맞는 파의 경우라면 다른 결과가 나온다.

지금까지 유도한 계산을 φ 에 근거해서 그래프로 확인해 보자.

1. 위상차가 π의 짝수배일 때 : 0, 2π, 4π, ... → $2m\pi$

좌표계에서 세로축은 진폭, 가로축은 거리를 가리킨다. 두 파가 같은 방향으로 진행하면서 발생하는 중첩의 결과는 그림 2.3의 제일 아래에 그려져 있다. 위상차가 $2m\pi$일 경우이기 때문에,[39] 봉우리는 봉우리끼리, 그리고 골짜기는 골짜기끼리 마주하게 되도록 파가 진행하고 있다. 따라서 봉우리끼리, 골짜기끼리 단순히 더해 주면된다.

2. 위상차가 π의 홀수배일 때 : π, 3π, 5π, ... → $(2m+1)\pi$

이번에는 봉우리와 골짜기가, 골짜기는 봉우리와 일치하면서 같은 방향으로 진행하던 두 파가 소멸한다. 위상차가 $(2m+1)\pi$이기 때문이다. 이는 그림 2.4에 나타나 있다.

[39] m은 0, 1, 2와 같은 자연수이다.

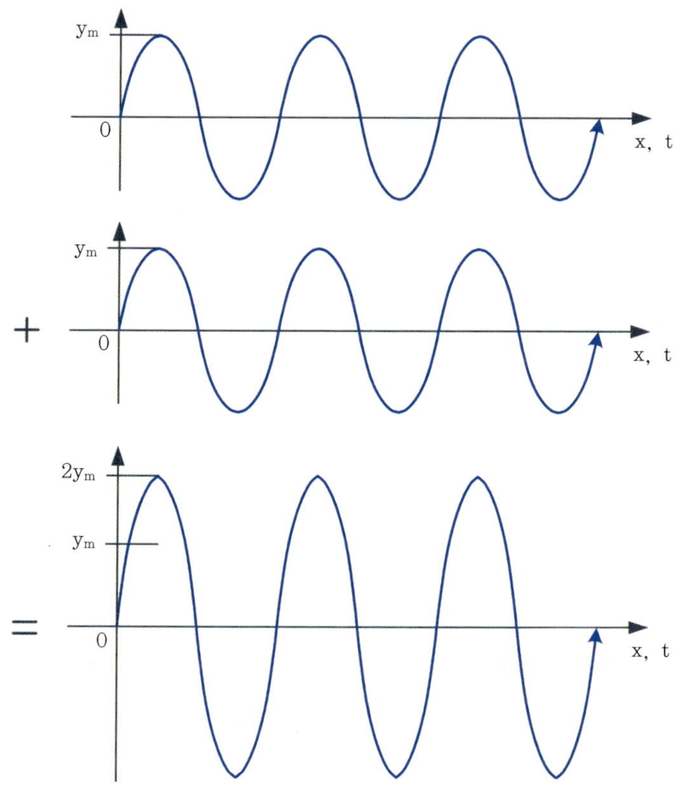

그림 2.3 결맞는 파들의 위상차로 인한 보강

1 cm에 1 cm를 더하면 2 cm가 된다. 마찬가지로 y_m에 y_m을 더하면, $2y_m$이 된다. 진폭이 같은 위치의 성분들끼리 더해지기 때문이고, 두 파간의 위상차가 0이거나 2π이기 때문이다. 이를 물결과 물결끼리 서로 딱 맞았다고 해서, 결맞음이라 부른다. 한편 가로축은 공간이건, 시간이건, 끼리끼리만 중첩의 원리가 작용한다.

3. 그 외의 경우 : $2\pi/3$, $3\pi/7$, $5\pi/4$, …

불필요한 혼란을 피하기 위해 극단적으로 단순한 경우만을 다루었지만, 그렇지 않은 경우가 비교도 안 될 정도로 많다. 예를 들자면, 봉우리 중간이나 골짜기의 깊은 곳, 또는 골짜기의 중간 깊이와 봉우리의 자락과 마주치는 경우가 그런 경우이지만, 역시나 진폭에 대한 연산 방법은 똑같다. 그림 2.5를 보라.

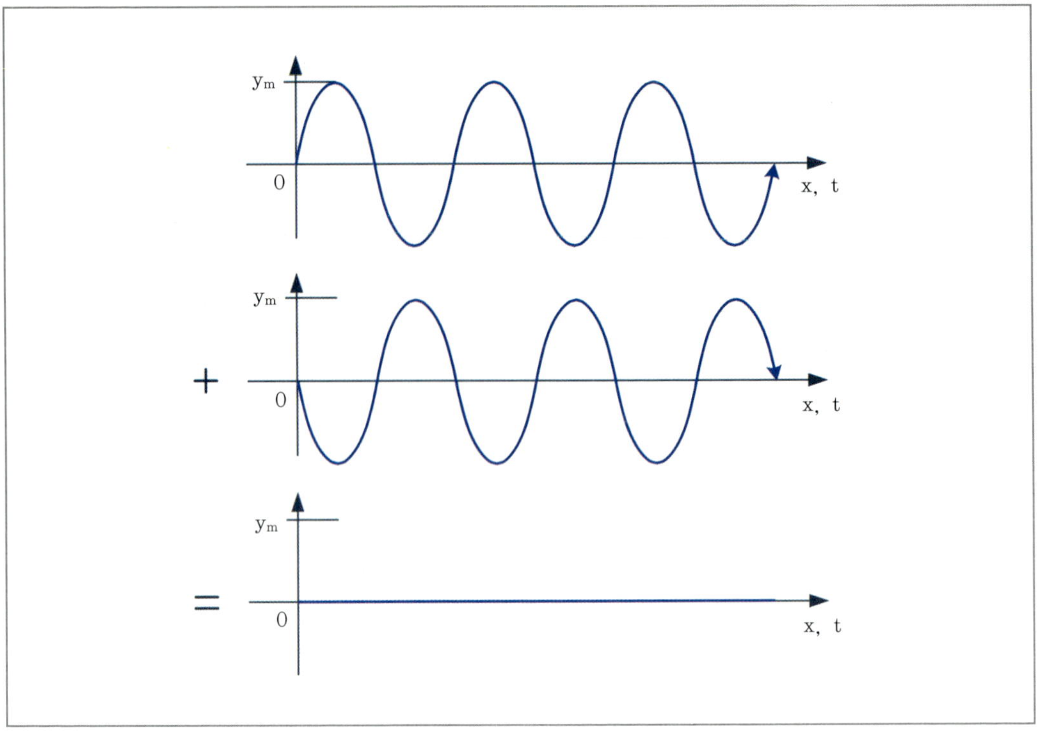

그림 2.4 결맞는 파들의 위상차로 인한 소멸

1 cm에서 -1 cm를 더하므로 결과는 0 cm가 된다. 마찬가지로 y_m에 y_m을 빼게 되면, 0이 된다. 칸칸이 나뉜 파의 성분들끼리만 더해지기 때문이다. 이를 위상차로 표현하면, π만큼의 차이가 나면서 어둡게 보이는 소멸이 발생한 것이다.

이와 같이 위상차가 π의 정수배가 아닐 때 밝거나 어둡게 나타나는 간섭 무늬를 관찰할 수 없는 것은 아니지만, 보강의 경우보다 스크린이 훨씬 흐릿하게 보일 것이다.

정리하자면, 위상차가 π의 짝수 정수배가 될 경우에는 보강 중첩이, 그리고 π의 홀수 정수배가 되면 소멸 중첩이 발생하게 된다. 하지만 지금까지 설명한 다양한 상황에서 우리가 눈으로 직접 관찰할 수 있는 것에는 한계가 있다. 우리의 망막에 맺힌 상이 시신경을 통해 대뇌에 전달되는 과정에서 움직임을 인식할 수 있는 시간에 한계가 있기 때문이다. 이를 잔상(afterimage)이라고 하는데, 대뇌가 0.03~0.05초 동안 상을 기억한다는 것이다. 그래서 대상의 움직임이 이보다 빠를 경우에는 인식하지 못하게 되고, 반면 이보다 느릴 경우에도 인식하지 못한다. 즉, 대상의 움직임이 정지되어 보인다는 것이다. 하지만 우

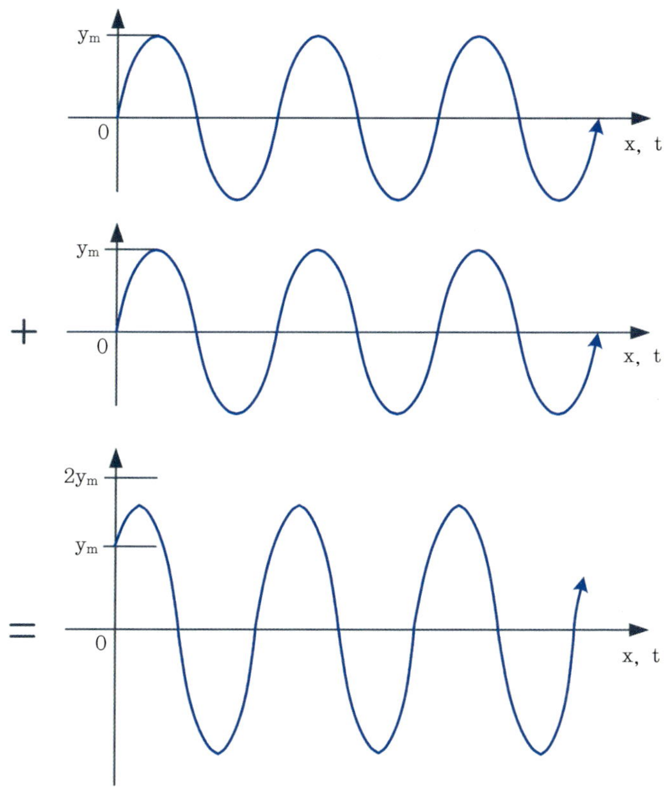

그림 2.5 결맞는 파들의 위상차로 인한 중첩

위상차가 90°, 즉 π/2가 났을 경우를 보이는데, 위상차가 π의 짝수배 경우와 홀수배 경우의 중간 정도의 진폭이 나왔다. 이를 세로축에서 확인해 보라.

리가 인식하건 못하건, 간섭의 보강이나 소멸은 발생한다. 마치 갈릴레오가 지구는 여전히 돈다고 했던가.

[예제 1] $y_1 = 3\sin(0.04x - 7000t)$ 와 $y_2 = 3\sin(0.04x - 7000t + \varphi)$ 로 기술 되는 두 파가 중첩을 했다. 다음의 보기에서 두 파가 완전히 소멸되기 위한 위상차 φ 의 값을 있는 대로 골라라.

1. 0 2. 2π 3. 3π 4. $\pi/4$ 5. 5π

▶ 완전히 소멸되기 위해서는 $\varphi = (2m+1)\pi$ 가 만족되어야 하므로, 3번과 5번이 적합.

§ 3. 중첩 원리의 실제 적용의 예

중첩의 원리의 정적인 측면만을 보았는데, 이는 개념적 이해를 위한 시작일 뿐, 실제의 중첩의 원리는 정적이지 않다. 파는 정지해 있지 않기 때문이다. 활동사진에서와 같이, 움직이는 두 파가 합쳐지는 예를 보자.

그림 2.6이 표현한 상황을 직접 그려보면 명확해지지만, 일일이 그려 볼 수 없는 상황이 비일비재(非一非再)하다. 그러기 때문에 결과를 예측할 수 있게 하는 방법, 중첩의 원리를 이해하는 것이 중요하다.

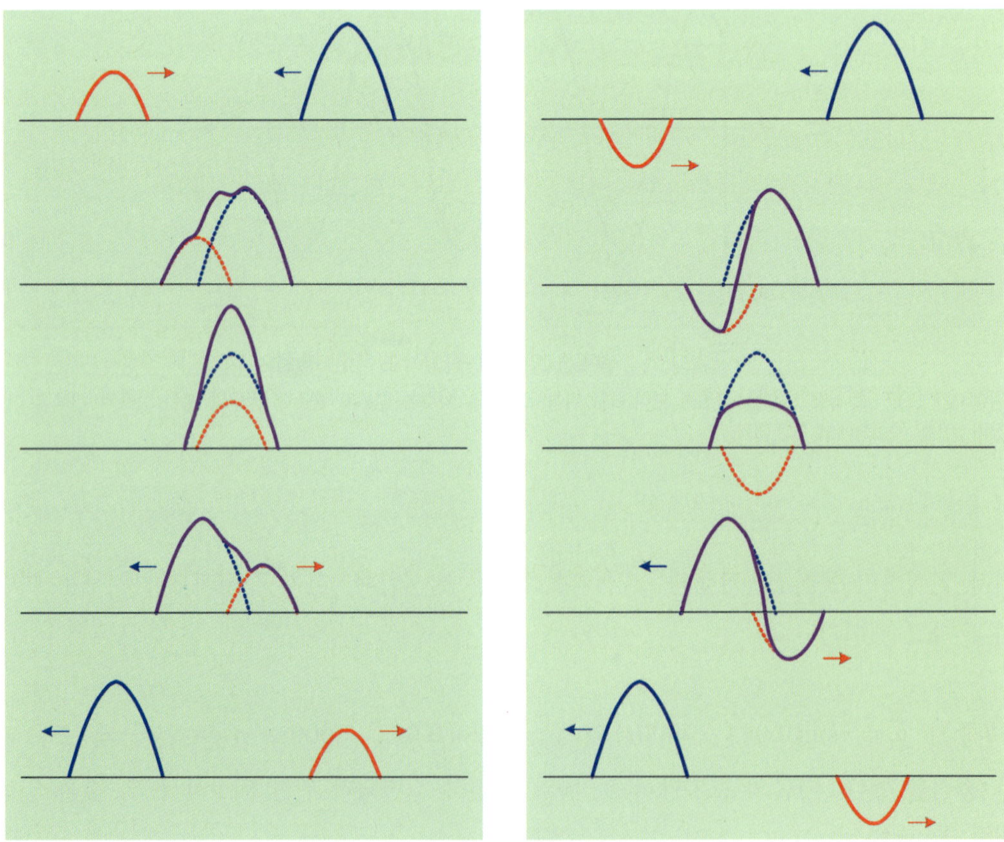

그림 2.6 움직이는 파들의 중첩의 원리

다소 복잡해 보일 수 있지만, 파들이 합쳐지기 위해서 진폭이 서로 더해진다는 개념에는 변함이 없다. 왼쪽에는 높이가 다른 봉우리끼리의 합, 오른쪽에는 위상차가 180°, 즉 봉우리와 골짜기의 합이 보인다.

그림 2.6을 빛의 경우에 적용시키게 되면, 또 다른 중요한 의미를 읽을 수 있다. 중첩의 원리는 빛끼리 마주했을 때에만 적용되는 원리라는 것이다. 빛끼리 겹쳤다가 원상태로 분리되면, 몇 개의 빛이 몇 번에 걸쳐서 겹쳐졌건, 겹치기 이전의 상태를 그대로 회복하게 된다. 왜냐하면 빛끼리는 상호작용을 일으키지 않기 때문이다.

§ 4. 파의 최고치와 최저치

파의 최고치와 최저치를 이해 쉽게 다루기 위해, 비록 이른 감은 있지만, 빛의 경우를 예로 얘기를 풀어 보자. 지금까지 뱀이나 물결처럼 구불구불한 형태를 파로 연상해 왔기 때문에, 실제로도 파의 최고치(y_m)는 밝게, 그리고 평행축인 x축과 맞닿아 있는 마디는 어둡게 보일 것이라고 짐작했을 것이다. 더불어 최고치와 마디의 중간 부분은 희미하게 보일 것이라고 예상할 수 있다. 그렇다면 최저치($-y_m$)는 어떻게 보일까? 밝음에 해당할까, 아니면 어둠에 해당할까?

최저치는 밝음에 해당한다. 그렇다면 우리들의 눈은 최고치에서 발생하는 밝음과 최저치에서 발생하는 밝음을 어떻게 구분할까? 결론부터 말하자면, 구분 못한다. 왜냐하면 우리의 눈은 파의 최고치나 0을 구분해서 보는 것이 아니라, 빛의 밝음과 어둠만을 구별해서 보기 때문이다. 즉, y_m와 $-y_m$가 같게 보인다는 말이 된다. +와 −가 같아지기 위해서는 제곱을 하면 된다.

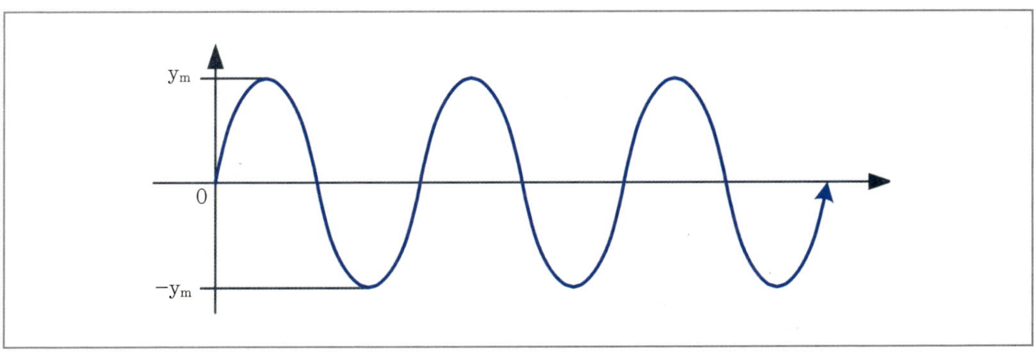

그림 2.7 파의 진행과 밝기

파의 형태는 우리가 일상생활에서 보는 현상을 설명하기 위해 과학적으로 분석해 놓은 것이다.

파의 밝기는 파를 제곱해서 얻어진다. 즉, 그림 2.7을 제곱한 결과인 그림 2.8이 실제 우리의 눈이 감지하는, 빛의 밝고 어두운 모습이다.

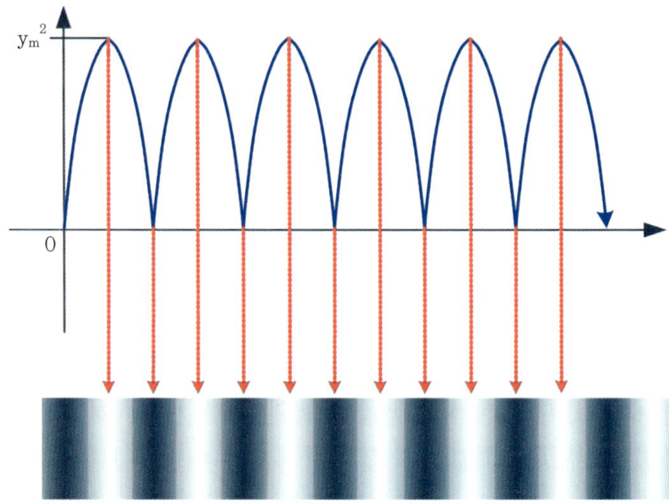

그림 2.8 실제 밝기

이에 대해 의문을 제시하고자 한다. 진폭의 제곱이 파의 밝기에 해당한다면, 두 개의 파가 서로 겹쳐질 때, 겹쳐진 파의 밝기는 어떻게 될까? 밝기(제곱)에 중첩(덧셈)을 함께 고려해야 하는 상황이다. 각 진폭에 대한 덧셈과 제곱을 고려해야 하다는 것은 분명한데, 그 순서가 문제가 된다. 아예 두 가지의 선택을 제시하자. 확률이 50대 50이니까, 어느 한쪽을 찍으라는 말이 아니라, 사고의 폭을 구체화시키는 것이다.

- 덧셈 후 제곱 : 각각의 진폭을 더한 뒤 제곱한다.
  예를 들어, 진폭 1 cm의 파와 진폭 1 cm의 파가 겹쳐지면 밝기는 $(1+1)^2 = 4$가 된다.
- 제곱 후 덧셈 : 각각의 진폭을 제곱한 뒤 더한다.
  예를 들어, 진폭 1 cm의 파와 진폭 1 cm의 파가 겹쳐지면 밝기는 $1^2+1^2 = 2$가 된다.

얼핏 글만 보면, 덧셈과 제곱의 순서만 바꿨을 뿐, 그 말이 그 말 같이 생각될 수 있다. 덧셈과 곱셈은 교환법칙이 성립하지 않는다. 따라서 결과는 확실히 다르다. 어느 것이 옳은 것일까? 답만 말하자면, 둘 다 옳다. 즉, 상황에 따라서 둘 중에 하나를 적용시켜야 한다.

중첩의 원리에서 다루었듯이, 합쳐진 빛의 밝기를 구하는데 있어서, 결맞는 파인지 아닌지가 중요한 요소로 작용한다. 결맞는 파(공간과 시간 모두)라면 첫 번째의 방법이 옳고, 결안맞는 파라면 두 번째 방법을 쫓아야 한다.[40]

이제 정리해 보자. 다음과 같은 두 개의 파동식이 겹쳐졌을 때의 밝기(I : Intensity)[41]를 구체적인 식의 유도 없이 인용하자.

$$y_1(x, t) = y_{1m}\sin(k_1 x - \omega_1 t),\ \ y_2(x, t) = y_{2m}\sin(k_2 x - \omega_2 t) \tag{2.7}$$

1) 결맞는 파($k_1 = k_2$ 와 $\omega_1 = \omega_2$)의 경우, 합쳐진 파의 밝기는 다음과 같다.

$$I = (y_{1m} + y_{2m})^2 \tag{2.8}$$

2) 결안맞는 파($k_1 \neq k_2$ 와 $\omega_1 \neq \omega_2$)의 경우, 합쳐진 파의 밝기는 다음으로 주어진다.

$$I = {y_{1m}}^2 + {y_{2m}}^2 \tag{2.9}$$

3) $k_1 = k_2$ 와 $\omega_1 \neq \omega_2$, 또는 $k_1 \neq k_2$ 과 $\omega_1 = \omega_2$ 의 경우는 모두 흐릿하게만 보일 것이다. 이들 경우는 더 이상 언급하지 않고 생략한다.

[예제 2] $y_1(x, t) = y_{1m}\sin(k_1 x - \omega_1 t)$ 과 $y_2(x, t) = y_{2m}\sin(k_2 x - \omega_2 t)$ 인 두 파가 중첩되었다. 만일 $y_{2m} = 2y_{1m}$ 이라면, 다음 각각의 경우에 밝기를 구하라.

a) $k_1 = k_2$ 그리고 $\omega_1 = \omega_2$

b) $k_1 \neq k_2$ 그리고 $\omega_1 \neq \omega_2$

[40] 같은 성질(결맞음)의 경우는 끼리끼리 화합이 되므로, 다 더해서 제곱을 하면 밝기가 구해지고, 다른 성질(결안맞음)의 경우에는 화합이 안 되므로 제곱을 해서 밝기라는 같은 성질을 구한 두에 더해주면 된다. 이렇게 공간과 시간에 대해 다 결맞는 것을 완전 결맞는(completely coherent)다고 하고, 공간과 시간에 대해서 둘 다 결안맞는 것을 완전 결안맞는(completely incoherent)다고 말한다.

[41] 빛의 밝기(세기)는 관점에 따라 두 가지로 크게 분류할 수 있다. 하나는 복사선 측정법(radiometry)에서 사용하는 빛 에너지의 세기를 말하며, 다른 하나는 광도 측정법(photometry)에서 쓰이는 눈이 느끼는 밝기의 세기이다. 그러나 이 책에서는 복사선 측정법의 밝기, 즉 빛의 세기만 다루겠다.

▶ a) 결맞는 광원의 총 밝기는 $I = (y_{1m} + y_{2m})^2 = (y_{1m} + 2y_{1m})^2 = 9{y_{1m}}^2$, 또는 $I = \frac{9}{4}{y_{2m}}^2$.

b) 결안맞는 광원들의 총 밝기는 $I = {y_{1m}}^2 + {y_{2m}}^2 = {y_{1m}}^2 + (2y_{1m})^2 = 5{y_{1m}}^2$, 또는 $I = \frac{5}{4}{y_{2m}}^2$. 예상대로 결맞는 경우가 결안맞는 경우보다 더 밝다.

예에서도 봤지만, 결맞음 파들의 중첩 결과가 결안맞음 파들의 중첩 결과보다 항상 더 밝다.[42] 빛의 밝기에 대해서는 편광에서 더 다루도록 하자.

다음에는 중첩의 원리의 직접적인 응용인 맥놀이와 정상파에 대해서 알아보자.

§ 5. 맥놀이(beats)

(크기가 서로 비슷한 진동수의 소리파들이 겹칠 때, 발생하는 현상)

어릴 때 새총처럼 굽은 소리굽쇠를 가지고 놀던 기억이 있을 것이다. 소리굽쇠는 맥놀이 현상을 관찰할 수 있던 간단한 실험기구였다. 소리굽쇠 전체가 같은 재질로 만들어졌기 때문에 딱딱한 물체와 어느 한 곳이라도 충돌하면, 양쪽으로 솟은 끝부분이 진동하며 소리를 낸다. 소리굽쇠는 제작할 때부터 특정 진동수의 소리를 내게끔 만들어져 있다. 서로 다른 진동수로 진동하는 소리굽쇠 둘을 접근시킨 상태에서 진동시키면 우웅 소리를 내는 것처럼 들린다. 이를 귀에 가까이 대면, 진동음뿐 아니라, 진동음이 커졌다 작아졌다 하는 것을 감지할 수 있다.

예를 들어, 각각의 소리굽쇠에서 나온 진동수가 7 Hz와 9 Hz이라고 할 때, 두 파가 만

42 $y_{1m} > 0$ 와 $y_{2m} > 0$ 이므로, $(y_{1m} + y_{2m})^2 = {y_{1m}}^2 + {y_{2m}}^2 + 2y_{1m}y_{2m}$ 과 ${y_{1m}}^2 + {y_{2m}}^2$ 의 크기 비교는 명약관화(明若觀火)해진다.

나 중첩되었다고 하자.[43] 이때 우리들의 귀는 두 진동수의 평균치인 8 Hz를 감지하게 되는데, 8 Hz가 평탄하게 들리는 것은 아니고, 커졌다 작아졌다 주기적으로 반복하는 것으로 들린다. 이때 그 주기를 측정해 보면, 두 진동수의 차이(큰 진동수에서 작은 진동수를 뺀 값)인 2 Hz의 역수, 즉 1/2 sec라는 것을 알 수 있다. 커졌다 작아졌다는 반복하는 이유는, 두 파의 차이에 해당하는 진동수가 유별나게 낮아서, 어떤 음으로 들리기 보다는, 이들의 평균 진동수가 주기적으로 강약을 달리하는 것으로 들리기 때문이다.

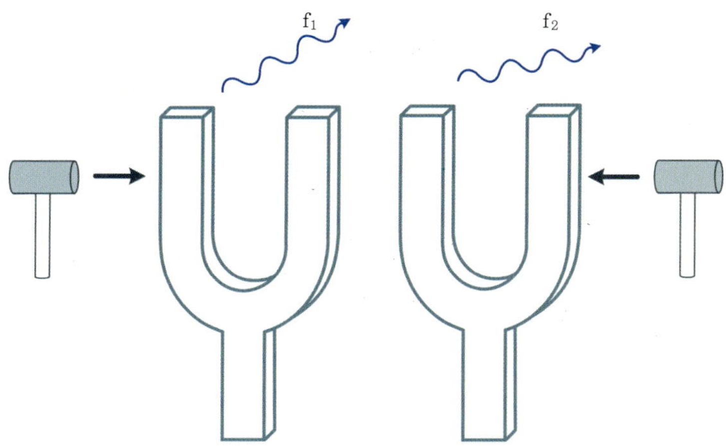

그림 2.9 소리굽쇠의 타종

f_1과 f_2가 서로 동일하지 않고, 약간 다른 값을 갖는다.

이처럼 고작 몇 Hz 정도의 근소한 차이를 보이는 비슷한 진동수들이 중첩될 때, 두 진동수의 차이에 해당하는 진동수를 맥놀이 진동수(beat frequency)라고 부르며, 이 현상을 맥놀이 현상이라고 부른다.

7 Hz와 9 Hz인 두 파의 중첩을 이번에는 그림으로 보자.

[43] 7 Hz와 9 Hz라는 다소 억지적인 예를 들어 설명했다. 하지만 개념에 대한 이해를 우선했기 때문에, 될 수 있으면 단순한 수치를 예로 들었다. 하지만 맥놀이 진동수만을 보면, 7 Hz나 9 Hz가 그리 무리있는 예는 아닐 것이다.

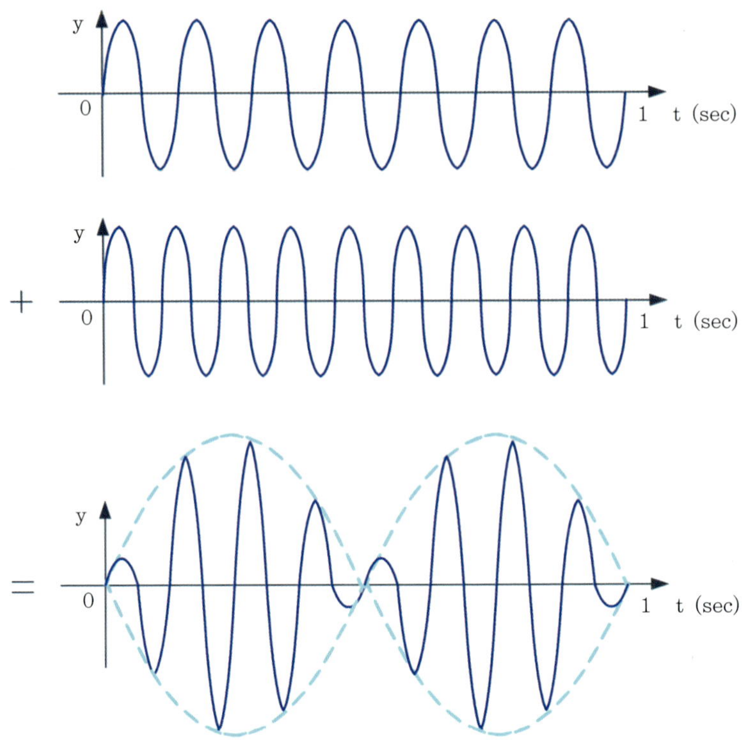

그림 2.10 맥놀이 현상

가로축이 시간의 축으로 표시되어 있음에 유의하라. 진동수들은 파란색 실선으로, 그리고 맥놀이 진동수는 하늘색 점선으로 보인다. 그래프 세 개 모두에 1초 동안의 진동수만을 나타냈다.

그림 2.10의 첫 번째 그림은 7 Hz, 그리고 두 번째 그림은 9 Hz의 진동수를 그리고 있다. 마지막 그래프를 보면, 하늘색 점선으로 표현된 싸개선(envelope)이 맥놀이 진동수인 2 Hz를 가리키며, 각각의 맥놀이 진동수 안에는 4 Hz씩, 총 8 Hz의 파가 진동하고 있다. 평균 진동수가 1초에 8번 진동하는 동안, 맥놀이 진동수는 2번 진동하기 때문에, 이는 당연한 결과일 것이다.

이번에는 맥놀이 현상을 수학적으로 기술해 보자. 다음과 같은 두 개의 파들이 주어졌다고 하자.

$$y_1(x,t) = y_m \sin(k_1 x - \omega_1 t),\quad y_2(x,t) = y_m \sin(k_2 x - \omega_2 t) \tag{2.10}$$

여기에서 굳이 필요하지 않은 복잡한 상황을 피하기 위해, 시간에 대한 인자만을 고려해 보자. 즉,

$$y_1(t) = y_m \sin\omega_1 t,\quad y_2(t) = y_m \sin\omega_2 t \tag{2.11}$$

이 두 파를 더하면, 삼각함수의 덧셈에 의해 다음과 같은 결과가 나온다.

$$\begin{aligned} y &= y_1 + y_2 \\ &= y_m \sin\omega_1 t + y_m \sin\omega_2 t \\ &= y_m 2\sin\left(\frac{\omega_1+\omega_2}{2}t\right)\cos\left(\frac{\omega_1-\omega_2}{2}t\right) \end{aligned} \tag{2.12}$$

이때 $\overline{\omega} = \dfrac{\omega_1+\omega_2}{2}$, 그리고 $\omega_{beat} = \omega_1 - \omega_2$ 라고 하면, 위의 식은 다음과 같이 정리된다.

$$y = 2y_m \sin(\overline{\omega}\,t)\cos\left(\frac{1}{2}\omega_{beat}t\right) \tag{2.13}$$

따라서 각진동수를 진동수로 변환($\omega = 2\pi f$)시키면, 맥놀이 진동수 f_{beat} 와 평균값은 다음과 같이 주어진다.

$$f_{beat} = \frac{\omega_1-\omega_2}{2\pi} = f_1 - f_2 \tag{2.14}$$

$$\overline{f} = \frac{\omega_1+\omega_2}{4\pi} = \frac{f_1+f_2}{2} \tag{2.15}$$

맥놀이 진동수를 포함하고 있는 cos 함수가 소리가 커지거나 작아지는 진동수의 보강과 소멸을 결정하게 된다. cos 함수가 1이면 보강이, 0이면 소멸이 발생할 것이다.

한편 식 (2.13)을 다음과 같이 놓고,

$$y = \left[2y_m \cos\left(\frac{1}{2}\omega_{beat}t\right)\right]\sin(\overline{\omega}t) \tag{2.16}$$

대괄호 안에 있는 인자들이 진폭을 의미한다고도 말할 수 있다. 이 경우 맥놀이 진동수에 따라 진폭 자체가 주기적으로 변하는 것으로 해석할 수 있다. 식 (2.16)을 그림 2.10과 대조해 보면, f_{beat} 는 1초 동안 진동한 싸개선의 수, 그리고 $\overline{f}$ 는 그 싸개선들 안에 들어 있는 총 진동수를 의미함을 알 수 있다. 따라서 $f_{beat} = 2(Hz)$, 그리고 $\overline{f} = 8(Hz)$가 된다.

[예제 3] 777 Hz의 진동수와 779 Hz의 진동수를 갖는 파가 중첩 되었다. 맥놀이 진동수와 평균 진동수를 구하라.

▶ 식 (2.14)와 (2.15)에 의해, $f_{beat} = 779 - 777 = 2(Hz)$, 그리고 평균 진동수는 $\overline{f} = \dfrac{779 + 777}{2} = 778(Hz)$.

맥놀이의 예를 멀리 찾을 필요 없다. 천 년의 신비에 싸인 에밀레 종의 여운이 맥놀이 현상이라는 것이 밝혀진 지 오래되지 않았다. 에밀레 종과 같은 범종에서 제일 중요한 자연 진동수가 64 Hz와 168 Hz인데, 에밀레 종이 울리는 진동수가 64.06 Hz와 64.38 Hz, 그리고 168.31 Hz와 168.44 Hz이다. 서로 다른 두 대역의 진동수들이 각각의 맥놀이 현상을 일으키고, 그렇게 발생한 두 맥놀이 현상의 조화가 현대 과학조차 흉내 낼 수 없는 에밀레의 소리를 내고 있는 것이다. 특히 168 Hz는 어른의 목소리 주파수와 거의 일치하는 것으로 조사되었다.

지금까지는 소리굽쇠의 진동음을 단순하게 취급했지만, 소리굽쇠가 내는 고유의 진동수를 자연 진동수라고 부르며, 이때 자연 진동수에서 형성되는 파를 정상파라고 부른다. 다음에는 이에 대해서 얘기를 하자.

§ 6. 정상파(standing wave)

(같은 진폭의 결맞는 두 파가 정면으로 마주칠 때 형성되는 파)

정상파를 영어로 standing wave라고 한다. 움직이지 않고 서 있다는 의미가 된다. 하지만 파는 정지하는 순간 소멸되어 버리기 때문에, 실제로 움직이지 않는 것은 아니고, 정지해 있는 것처럼 보인다. 반면에 진행 중인 파는 진행파(traveling wave)라고 따로 부르는데, 어차피 파라는 존재는 정지할 수 없으므로 말을 줄여서 파라고만 하자.

정상파가 형성되기 위해서는, 파장, 진동수, 그리고 진폭이 동일한 두 개의 파가 서로 반대 방향으로 진행하다가 마주쳐야 하는데, 정상파의 모습이 올록볼록 마치 표주박을 연결해 놓은 듯, 여느 파들과는 다른 모습이다.

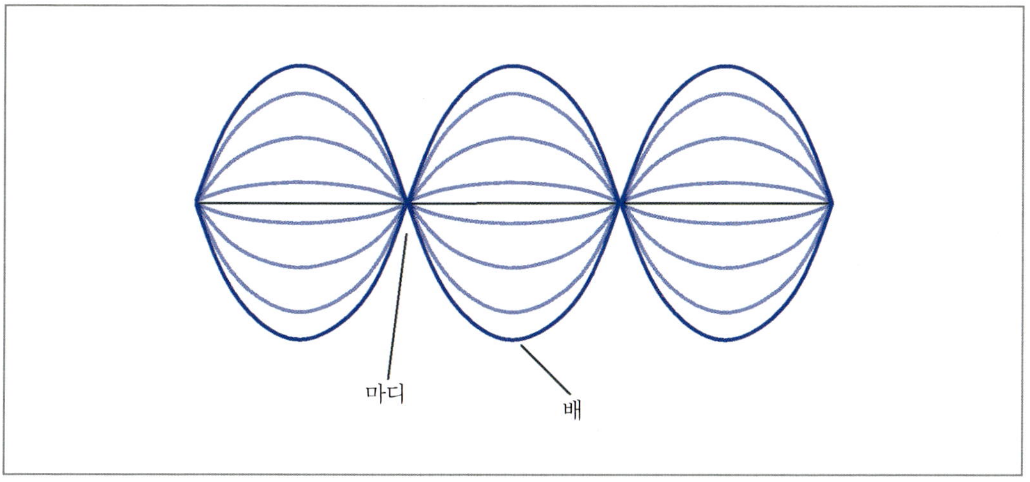

그림 2.11 정상파

정상파의 볼록한 부분을 배, 그리고 잘록한 부분을 마디라고 부른다.[44] 정상파의 진폭이 제일 바깥쪽으로 굵은 파란색으로 그려져 있고, 안쪽으로는 정상파의 여러 진동이 그려져 있다.

[44] 우리말에는 배와 마디가 다른 단어로 존재하지만, 영어에서는 node(마디)라는 단어만 있기 때문에, 배를 말하기 위해서는 antinode(마디가 아닌)이라는 단어를 쓰게 된다.

그렇다면 정상파가 정지해 있는 듯이 보이는 이유를 보자. 두 파가 중첩을 일으킬 때, 정상파가 형성되기 위해서는 두 파의 최소 진폭(진폭이 0)이 겹치는 곳에서 계속 겹치게 된다. 즉, 정상파를 전달하는 매질이 진동하지 않는 부분(마디)이 옆으로 옮겨가지 않고 그 자리에 머무르게 된다. 그래서 정상파가 움직이지 않는 듯이 보이는 것이다. 하지만 보는 것이 다가 아니다. 정상파를 만드는 매질의 높이가 최대 부풀어 정상파의 진폭에 도달했다가는 이내 다시 낮아지고, 또 다시 부푸는 과정을 되풀이 한다. 이는 중첩을 일으키는 파들이 계속 움직이기 때문이다.

이제는 정상파가 어떻게 형성되는지, 정상파 형성에 필요한 네 가지의 조건을 하나씩 살펴보자.

1. 정상파 형성 조건 1 : 결맞는 파 → 속도의 크기 동일

두 파가 서로 마주보고 부딪쳐야 되는 이유를 보기 전에, 두 파의 식을 다음과 같이 제안하자.

$$y_1(x,t) = y_{1m}\sin(k_1 x - \omega_1 t), \quad y_2(x,t) = y_{2m}\sin(k_2 x - \omega_2 t) \tag{2.17}$$

만일 두 파가 결맞지 않는다면, 파들의 속도가 제각기 라는 말이 된다.[45] 그 결과, 중첩으로 형성된 합성파가 요동을 치기 때문에, 안정된 정상파는 고사하고 합성파 자체도 뒤흔들리게 된다. 뒤흔들린다는 말은 진폭의 조건에서 곧 다루게 된다. 따라서 두 파가 결맞아야 한다는 것을 정상파를 형성하기 위한 첫 번째 조건으로 내세울 수 있다. 따라서 $k_1 = k_2 = k$ 와 $\omega_1 = \omega_2 = \omega$ 가 성립해야 하고, 식 (2.17)은 다음처럼 전개할 수 있다.

$$y_1(x,t) = y_{1m}\sin(kx - \omega t), \quad y_2(x,t) = y_{2m}\sin(kx - \omega t) \tag{2.18}$$

이제 속도의 크기가 같다는 의미를 두고, 방향을 고려해 보자. 두 파가 같은 크기의 속

[45] 벌써 잊었다는 말? 식 (1.5) 참조.

도를 가질 경우, 같은 방향으로 진행할 수도, 또는 반대 방향으로 진행할 수도 있다. 위상 안에 있는 ω의 부호가 k의 부호와 다르면 파는 오른쪽으로, 그리고 같으면 파가 왼쪽으로 진행한다는 것을 염두에 두고, 다음으로 넘어가자.

2. 정상파 형성 조건 2 : 마주 보고 오는 파 → 방향이 반대인 속도

같은 속도를 갖는 두 파가 같은 방향을 향할 때는, 중첩에 의해 진폭이 더해진다. 하지만 진폭만 더해질 뿐, 정상파는 형성되지 않는다.[46] 그렇다면 정상파를 형성하기 위해서는 같은 속도를 갖는 두 파가 반대방향으로 진행하면서 마주쳐야 한다.

서로 마주보고 오는 두 파의 식을 얻기 위해서는, 식 (2.18)에서 두 번째 식의 위상 부호를 −에서 +로 바꾸면 된다.

$$y_1(x, t) = y_{1m}\sin(kx - \omega t),\quad y_2(x, t) = y_{2m}\sin(kx + \omega t) \tag{2.19}$$

딱히 두 번째 식의 위상 부호를 바꿔야 했던 이유는 없다. 두 식이 서로를 향해 돌진한다는 것만 형성된다면, 첫 번째 식의 부호를 바꾸어도 상관없다.

하지만 이제까지의 두 가지 조건이 만족되더라도, 정상파의 형성은 아직 요원하다. 하나의 조건이 더 만족되어야 하기 때문이다. 두 파의 진폭을 다루어 보자.[47]

3. 정상파 형성 조건 3 : 같은 진폭

서로 마주보고 오는 두 파의 파장과 진동수가 동일해야 한다는 조건은 별다른 의구심이

[46] 같은 방향으로 진행하는 두 파의 중첩은 그림 2.3과 2.4에서 다루었다.

[47] 정상파가 형성되기 위한 또 다른 조건이 필요하다고 생각할지 모른다. 두 파 사이에 위상차, 구체적으로 말하자면 π 만큼의 위상차가 있어야 하는 것 아니냐는 의문을 떠올릴 수 있다. 하지만 서로 마주보고 진행 중인 두 파에서 위상차는 일정할 수 없다. 따라서 옳지 않은 의문이다.

없이 받아들일 수 있지만, 무슨 이유에서 진폭마저 같아야 하는지 다음 그림을 통해 생각해 보자. 결은 맞았지만 진폭이 서로 다른 두 개의 파가 그림 2.12에 등장한다.

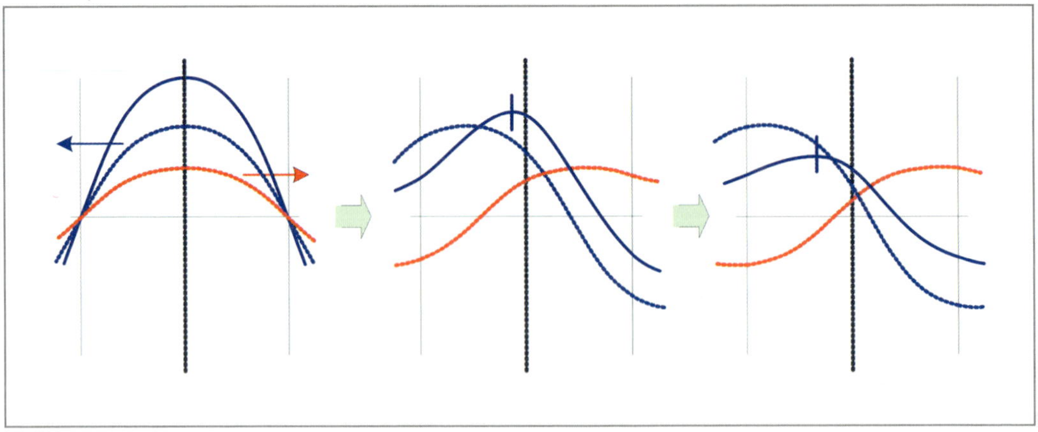

그림 2.12 합성파의 이동

파장과 진동수가 같은 두 파 중에, 진폭이 큰 파(파란색 점선)는 왼쪽으로, 그리고 진폭이 작은 파(빨간색 점선)는 오른쪽으로 진행하고 있다. 이들이 중첩을 일으켜서 만든 합성파(군청색 굵은 실선)가 큰 진폭의 파를 따라 왼쪽으로 이동하고 있다. 합성파의 꼭대기에는 짧은 세로선을 그어, 중심에서 이동한 정도를 표시했다.

이들이 마주쳐 합성파가 형성되지만(첫 번째 그림), 진폭이 다르기 때문에 서로 엇갈리는 순간부터 합성파의 봉우리 꼭대기가 조금이라도 더 큰 진폭 쪽으로 치우칠 수 밖에 없으며, 그래서 합성파가 한 자리에 머물지 못하고, 한쪽(그림에서는 왼쪽)으로 흐르는 것으로 보인다. 매끈해 보이는 그림 2.11과 비교해 보면 다르다는 것을 쉽게 알 수 있다. 정상파의 경우에는 꼭대기가 아래 위로 진동만 하지, 옆으로 이동하지는 않는다. 마디의 위치도 정상파와는 달리, 합성파를 따라 흐른다. 따라서 진폭이 서로 다르면 정상파가 형성되지 않는다.

이제 두 진폭을 $y_{1m} = y_{2m} = y_m$ 로 두면, 식 (2.19)는 다음과 같이 전개된다.

$$y_1(x,t) = y_m \sin(kx - \omega t), \quad y_2(x,t) = y_m \sin(kx + \omega t) \qquad (2.20)$$

식 (2.20)의 두 파동식을 살펴보면, 진폭, 그리고 파장과 진동수가 동일하지만, 진행 방향은 서로 반대방향으로, 서로를 향해 돌진하고 있다.

이제는 정상파를 위한 모든 조건들이 만족되었다. 이들 전제 조건을 바탕으로 정상파가 형성되는 중첩을 다루자.

4. 정상파 형성을 위한 중첩

구슬이 서 말이라도 꿰어야 보배라는 말이 있다. 정상파 형성을 위한 세 가지 조건을 다루었으니, 이들을 꿰어서 정상파가 어떻게 형성되는가 직접 보자. 식 (2.20)을 중첩시키기 위해, 맥놀이 현상에서 사용했던 삼각함수 법칙을 적용하면[48] 다음이 얻어진다.

$$\begin{aligned} y &= y_1 + y_2 \\ &= y_m \sin(kx - \omega t) + y_m \sin(kx + \omega t) \\ &= 2y_m \sin kx \cos \omega t \end{aligned} \tag{2.21}$$

결과식 (2.21)을 보면, 이전의 파들과는 달리, 공간과 시간의 인자들이 하나의 위상에 함께 들어있지 않고, sin과 cos 함수로 서로 분리되어 있다. sin 함수는 파가 전파되는 공간을, 그리고 cos 함수는 파가 전파되는 시간을 전담해서 기술하게 된 것이다. 특히 대괄호 안에 있는 $2y_m \sin kx$ 가 진폭의 역할을 한다. 이로 인해 마치 정지해 있는 듯이 보이는, 특이한 모양의 정상파가 형성되며, 이는 시간에 따라 변하지도 않는다. 즉, 정상파의 파장이 $\sin kx$ 로부터 유도된다.

지금까지는 정상파를 위한 조건을 유도한 뒤, 중첩을 적용시켰다. 이제는 정상파의 실제적인 예를 통해 정상파 형성의 마지막 조건을 유도하자.

5. 정상파 형성 조건 4 : 파장과 매질의 조화

세 조건들을 만족시키는 두 파가 마주쳤을 때 어떤 현상이 일어나는지 확인하기 위해, 한 쪽 끝이 고정된 줄에서 입사파를 발생시키자. 이렇게 하면, 서로 반대 방향으로 진행하

[48] 식 (2.2)의 전개를 참조하라.

는 두 파를 전동기 한 대만으로도 발생시킬 수 있다. 파가 진행하다가 고정된 곳에 부딪치면 위상 변화 π[49]와 함께 반사파가 발생하기 때문이다. 별도의 실험기구 필요 없이, 파장과 진동수, 그리고 진폭이 동일한 파를 두 개 만들어내기 안성맞춤이다. 게다가 입사파와 반사파가 서로 반대 방향으로 움직이고 있으니, 금상첨화(錦上添花)인 셈이다.

벽에 부딪친 입사파가 발생시킨 반사파가 입사파와의 중첩을 이루며 정상파가 형성되었다. 정상파가 파의 형태라기보다는 폐곡선 형태로 보이는데, 파의 진동을 억누르는 곳, 즉 벽에서는 정상파의 마디가 형성된다. 얼핏 그림 2.13을 보면, 정상파의 특이한 외모로 인해 파장이 반으로 줄었다고 여기기 쉽다. 하지만 두 파가 중첩된 결과로 정상파가 형성되기 때문에, 정상파의 파장은 중첩된 두 파장과 동일하다. 즉, 위와 아래가 합쳐져 동그란 형태를 형성하므로, 정상파의 파장은 입사파의 파장과 같다.

이제 정상파의 파장을 구해보자. 공간을 기술하는 $\sin kx$ 이 정상파의 마디가 형성되는 곳을 제시한다. 양끝이 고정된 줄에서, 수가 몇 개이건, 정상파가 형성되었다면 줄 양끝에서 마디가 형성되어야 한다. 따라서 양끝에서 $\sin kx$ 가 0이 되어야 하고, $kx = m\pi$ 가 성립한다. m은 물론 자연수이다. 이를 파장에 대해 정리하면,[50]

$$\frac{2\pi}{\lambda}x = m\pi \quad \rightarrow \quad \lambda = \frac{2x}{m} \tag{2.22}$$

줄의 길이를 L이라고 하면[51], 정상파의 파장 λ_m 은 다음과 같다.

$$\begin{aligned}\lambda_m &= \frac{2L}{m} \\ &= \frac{\lambda_1}{m}, \quad m = 1, 2, 3, \cdots\end{aligned} \tag{2.23}$$

[49] 6장 반사에서 위상 변화를 다루게 된다.

[50] 시각을 달리해서 다음과 같이 유도할 수 있다. 정상파 대신, 입사파와 반사파의 파장을 고려하는 것이다. 이 경우 $kx = m\pi$을 고려하면 파장이 반토막 나기 때문에 $kx = 2m\pi$가 합당하며, 그렇기 때문에 줄의 길이는 왕복(입사와 반사) 2L을 고려해야 한다. 따라서 x에 2L을 대입시키면 된다. 결과는 본문과 동일하게 나온다. 본문에서는 정상파를 기준으로 기술하였고, 지금은 정상파를 형성하는 입사파와 반사파를 기준으로 기술한 차이 밖에 없다. 둘 다 옳은 논의이고, 동일한 결과가 도출 되었다.

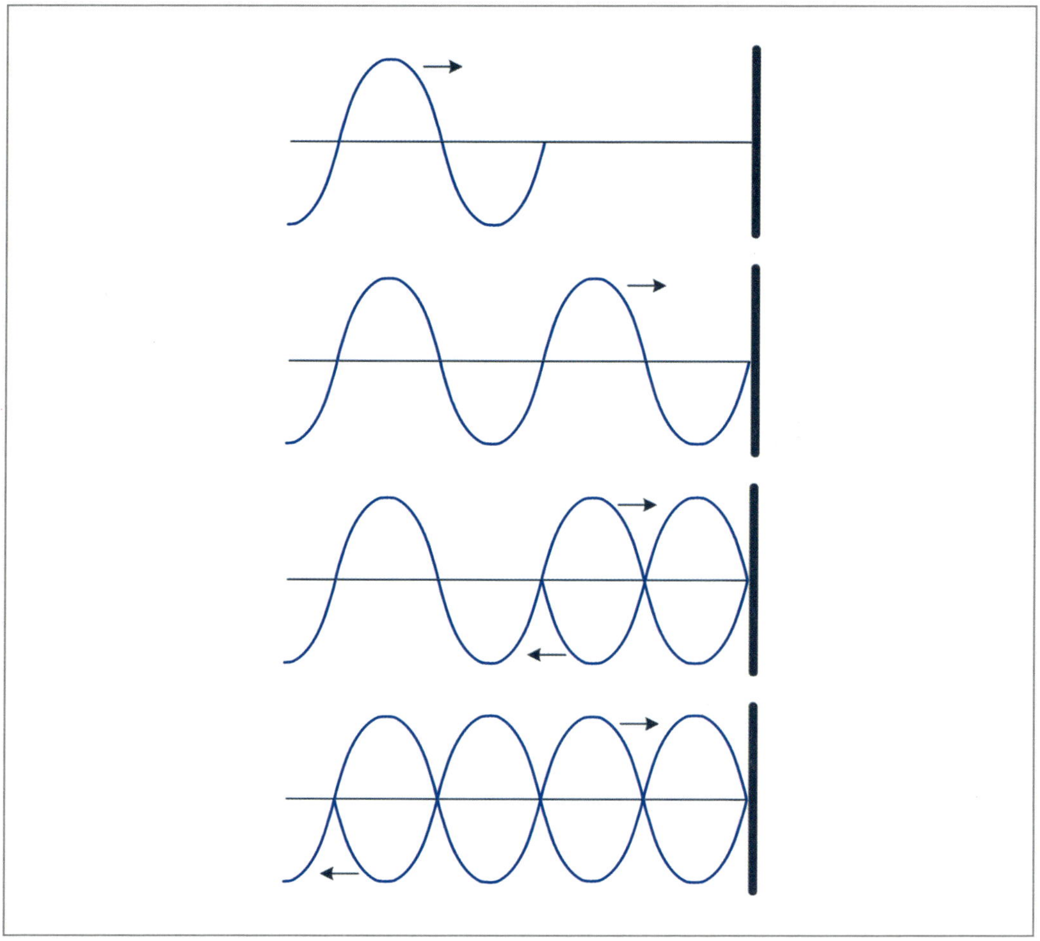

그림 2.13 정상파의 형성

위에서부터 첫 번째와 두 번째 그림은 파가 벽에 입사하는 과정, 세 번째 그림은 벽에 부딪친 입사파가 반사되면서 뒤를 바짝 따르던 입사파와 중첩되는 상황이다. 그리고 세 번째 그림에서도 입사파와 반사파가 겹치면서 동글동글 정상파가 형성되었다.

식 (2.23)에서 m을 배수(harmonic number), 그리고 $m=1$ 일 때의 파장 λ_1 을 기본 파장(fundamental wavelength)이라고 부른다. 구해지는 각 파장들이 기본 파장의 $1/m$ 배가 된다. 그래서 기본 파장을 기본 배음(fundamental harmonic)의 파장이라고도 부른다.

[51] 이 논의에서 우리는 정상파의 반 파장, 즉 한 방향으로의 진행(입사파나 반사파 둘 중의 하나의 방향)만 고려하는 셈이다. 이런 사실을 염두에 두고 있어야 나중에 혼란이 적다.

두 번째로 긴 파장을 2배음(second harmonic)의 파장, 세 번째를 3배음(third harmonic)의 파장, 등등으로 구분하는데, 고배음으로 갈수록 파장이 짧아진다.

그 외에 식 (2.23)이 의미하는 바는 또 있다. 이웃하는 각 배음 사이의 값은 가질 수 없다는 것이다. 이제 식 (2.23)의 λ_m을 m의 함수[52]로 나타낸 그림 2.14를 보자.

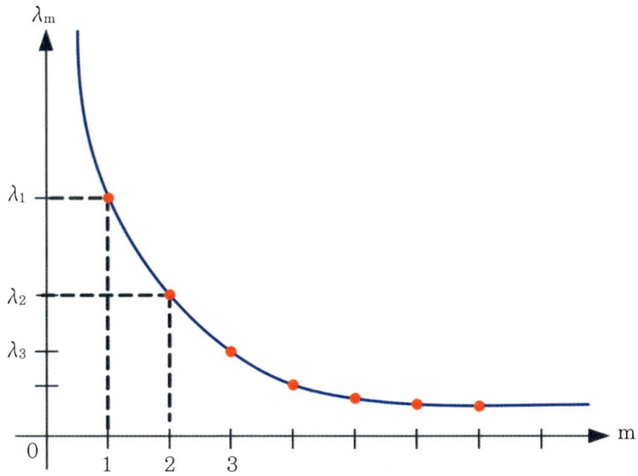

그림 2.14 배수에 따른 파장의 변화

파란색 곡선에 그려진 빨간색 점들이 배수와 파장의 관계를 보이고 있다. m이 증가할수록 파장이 감소한다. 하지만 m이 자연수라는 조건에 국한되기 때문에, 파장이 연속적으로 감소하지 않고, m이 정한 값만을 갖는다.

λ_m은 연속적으로 변하지 못하고, 띄엄띄엄 떨어진 값만을 갖게 된다. 예를 들어, $\lambda_1/1$과 $\lambda_1/3$ 사이에는 $\lambda_1/2$만 허용되지, $\lambda_1/1.2$나 $\lambda_1/1.88888888\cdots$, 또는 $\lambda_1/2.75$과 같은 값은 허용되지 않는다. 만일 식 (2.23)이 만족되지 않으면, 처음 세 가지 조건들이 만족되었다 하더라도, 파들은 중첩을 거쳐 소멸하고 만다.

[52] λ_m과 m은 서로 역수의 관계에 있기 때문에, 분수함수(fractional function)로 표현된다.

만일 파의 속도를 알 수 있다면, 정상파의 진동수 f_m은 다음과 같이 구할 수 있다.

$$\begin{aligned} f_m &= \frac{v}{\lambda_m} \\ &= m\frac{v}{2L}, \quad m = 1, 2, 3, \cdots \end{aligned} \tag{2.24}$$

줄의 진동에서는 식 (2.24)가 성립해야지만 정상파가 형성된다.

이제 정상파 형성을 위한 네 가지 조건들이 모두 나왔다. 이들 조건을 바탕으로 현악기에서 많이 응용되는 예를 보자.

6. 드디어 정상파 : 줄에서의 정상파 형성

줄을 진동시켜 정상파를 형성해 보자. 그림 2.13과 유사한 상황이지만, 이번에는 줄의 길이가 L로 고정되어 있다. 그림 2.15를 보자.

- 그림 1 : 실선으로 표시된 윗 부분만을 보자.[53] 전체 길이가 L인 줄에 1/4 파장이 2개 있다. 즉, $L = (2/4)\lambda_1 = \lambda_1/2$ 이므로, $\lambda_1 = 2L$ 가 된다.[54]
- 그림 2 : L에 1/4 파장이 총 4개 있으므로,
  $L = (4/4)\lambda_2$ 로부터 $\lambda_2 = (2/2)L = \lambda_1/2$.
- 그림 3 : L에 1/4 파장이 총 6개 있으므로,
  $L = (6/4)\lambda_3$ 로부터 $\lambda_3 = (2/3)L = \lambda_1/3$.

[53] 실선 윗부분만 고려하는 이유는 식 (2.22)에 대한 유도에 따른 각주들을 참조하라.

[54] 한 파장이나 반 파장의 단위보다는 1/4 파장을 기본 단위로 고려하는 이유는 곧 다룰 관악기의 정상파에서도 똑 같은 방법을 적용시킬 수 있기 때문이다. 방법을 통일하면 혼란이 적어 편리하다.

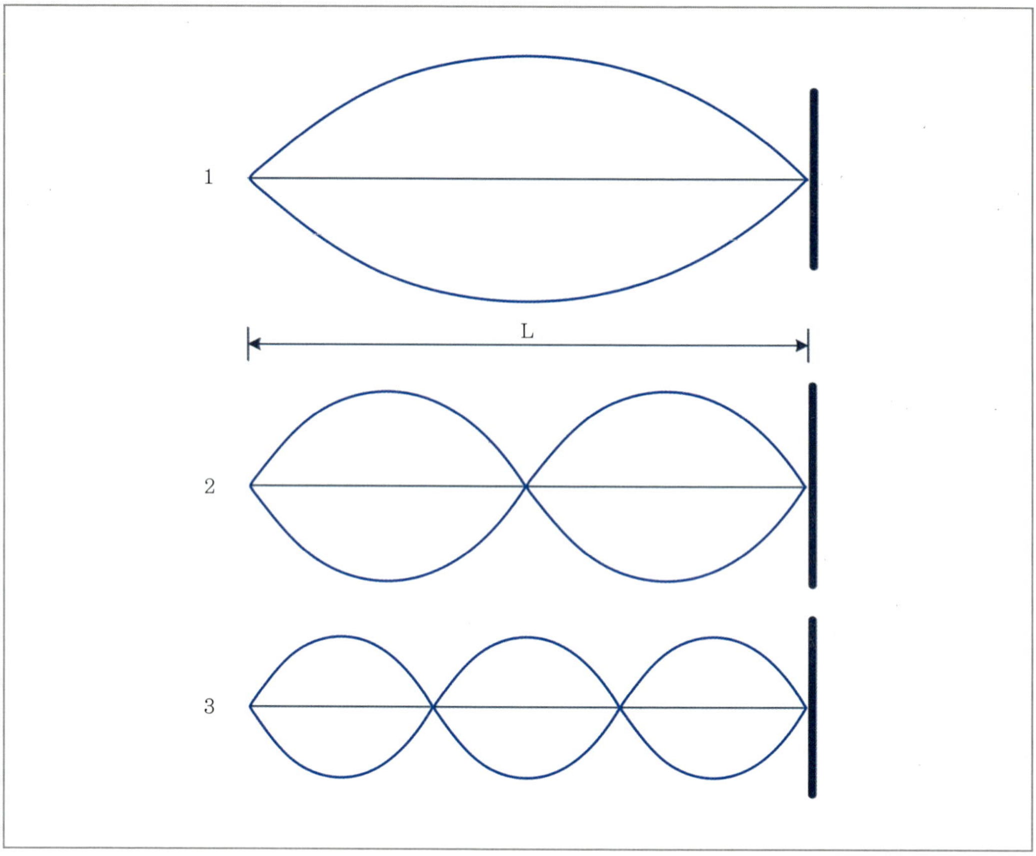

그림 2.15 정상파

진동기를 통한 강제 진동의 경우도 있기 때문에, 그림에서는 굳이 줄의 양끝을 다 막기 보다는 오른쪽 끝만 고정시켰다.

이를 토대로 줄에서 형성된 정상파의 파장을 유도하면, $\lambda_m = (2/m)L = \lambda_1/m$ 가 나온다. 이는 식 (2.23)과 일치하고 있다. 따라서 정상파의 1/3이라든지, 1/5.77과 같은 형태의 정상파는 존재할 수 없다.

한편 각 진동수에 따른 진폭은 그림 2.15에서 보듯이 각기 다르다. 고배음일수록 진폭이 낮아진다. 이제 파장에 대한 논의를 진동수에 대한 논의로 바꾸어 보자. 정상파의 가장 긴 파장, 즉 제일 낮은 진동수를 기본 진동수(fundamental frequency) 또는 기본 배음의 진동수라고 하고,[55] 두 번째로 낮은 진동수를 2배음의 진동수, 세 번째를 3배음의 진동수, 등등으로 구분한다.

그 외에도 그림 2.15가 의미하는 바는 또 있다. 정상파의 속도가 진동수나 파장에 상관없이 일정하다는 것이다. 예를 들어, 줄에서 발생한 정상파의 경우 정상파의 속도는 전적으로 줄의 탄성에 의존한다. 악기에서 불어나오는 소리파(정상파)의 경우에도 속도가 온도에 따라 달라질 뿐, 파장과는 상관없다. 그래서 정상파의 자연 진동수가 증가하면, 파장은 줄어들어야 한다. 이렇게 파장과 상관없이 일정한 속도를 비분산형이라고 말한다. 비분산형과 분산형에 대해서는 2장 7절 위상속도와 군속도에서 다루기로 하고, 예제를 풀어보자.

[예제 4] 그림 2.15에 나오는 두 정상파들의 속도를 2 m/s라 하고, 각각의 자연 진동수를 구하라. 단, 줄의 길이는 5 m로 하라.

▶ m = 1 : $f_1 = \dfrac{v}{\lambda_1} = \dfrac{v}{2L} = \dfrac{2}{2\times 5} = 0.2(Hz)$.

m = 4 : $f_4 = \dfrac{v}{\lambda_4} = \dfrac{2v}{L} = \dfrac{2\times 2}{5} = 0.8(Hz)$.

예상대로 파장이 짧아지면서, 자연 진동수가 증가했다. 즉, 하나의 정상파가 형성되기 위해서는 줄이 1초에 5번, 그리고 네 개의 정상파가 형성되기 위해서는 1초에 8번 진동해야 된다는 것을 알 수 있다.

비록 줄의 진동 자체가 소리파는 아니지만, 줄이 각 주파수마다 정상파를 형성하면 진폭이 최대가 되므로, 공기를 최대한 진동시킬 수 있다. 이것이 악기의 원리가 된다. 따라서 줄에서 형성된 정상파는 아주 명쾌한 소리를 발생시킬 수 있다.

줄에서 발생하는 정상파를 다루면서, 정상파를 이해하기 위한 기본적인 개념에 대해 알아봤다. 이를 토대로 정상파가 형성되는 경우를 더 알아보자.

[55] 이는 물질의 재질에 따라 자연스럽게 결정된다고 해서 자연 진동수(natural frequency)라고도 부른다. 물질이 달라지면 자연 진동수도 변하기 때문에, 물질의 재질에 따라 자연 진동수는 고유할 수 밖에 없다. 따라서 자연 진동수를 고유 진동수(characteristic frequency)라고도 부른다.

7. 현악기와 관악기의 비교

(줄은 끝에서 마디가, 관의 개방된 끝에서는 배가 형성)

관악기는 입으로 불어서 소리를 내는 악기이고, 현악기는 줄을 튕겨서 소리를 내는 악기이다. 이들이 모두 소리의 정상파를 이용해서 음을 내는데, 이들에게서 정상파의 파장을 구해보자.

이들 두 종류의 악기가 음의 정상파를 형성한다는 공통점도 있지만, 동일한 상황에 놓여 있는 것은 아니다. 현악기의 경우에 줄의 양쪽 끝이 단단히 고정되어 있지만, 관악기의 경우에는 입으로 부는 반대쪽 끝이 공기 중으로 개방되어 있다는 차이점 때문에, 상황이 달라진다. 그림 2.15에서, 현악기의 줄의 끝에서는 항상 정상파의 마디가 형성되었다. 하지만 관악기의 경우에 막힌 끝에는 항상 마디가, 그리고 열린 끝에는 항상 배가 형성되어야 한다.[56]

관악기 내부에서 정상파의 파장 길이를 파악하기 위해서는 온전한 길이의 파장을 알아야 한다. 그림 2.16을 보자.

- 그림 1 : 정상파처럼 보이지 않지만, 관악기에서 발생하는 기본 배음의 정상파가 맞다. 점선으로 표시된 윗 부분만을 보자. 전체 길이가 L인 공명통 안에 1/4 파장이 있다. 따라서 $L = \lambda_1 / 4$ 이므로, $\lambda_1 = 4L$. 한 파장의 길이는 악기 길이의 네 배인 4 L이 되는 것이다.
- 그림 2 : L이 3/4 파장과 같으므로, $L = (3/4)\lambda_2$ 로부터 $\lambda_2 = (4/3)L = \lambda_1 / 3$.
- 그림 3 : L이 5/4 파장과 같으므로, $L = (5/4)\lambda_3$ 로부터 $\lambda_3 = (4/5)L = \lambda_1 / 5$.

[56] 편리성 때문에 그림에서는 음파를 횡파인 듯 그렸지만, 1장에서 다루었듯이 음파는 종파인 압력파이다. 공명통을 따라 진행하던 음파가 공기 중으로 퍼지는 부분에서는 음파 원래의 압력이 확 줄어들게 되므로, 악기의 열린 부분에서는 배가 형성되는 수 밖에 없다.

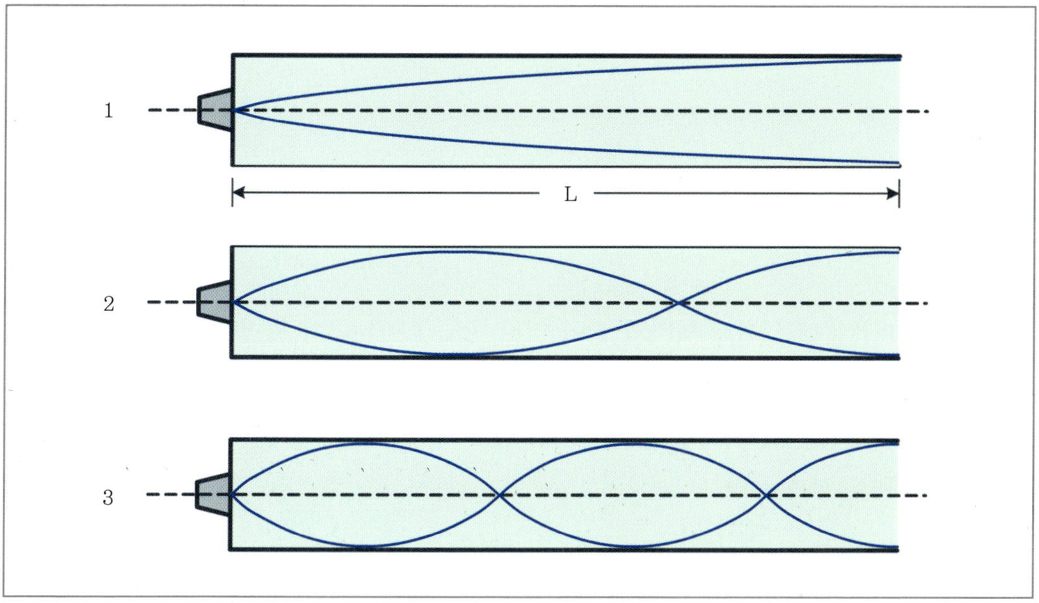

그림 2.16 관악기의 정상파

이제 그림 2.16에 대한 분석을 토대로, 한쪽 끝이 개방될 수 밖에 없는 관악기의 정상파 파장을 쉽게 일반화할 수 있다. 분자는 4 L로 고정된 채, 분모가 1, 3, 5와 같은 홀수로 변해간다는 것을 염두에 두면,

$$\lambda_m = \frac{4L}{m} = \frac{\lambda_1}{m}, \quad m = 1, 3, 5, \cdots \tag{2.25}$$

줄의 정상파와 마찬가지로, $m = 1$일 때의 파장 λ_1가 기본 파장이다. λ_m은 아무 값이나 갖을 수 있는 것이 아니라, 기본 파장의 $\frac{1}{m}$배에 해당하는 파장만을 갖을 수 있다. 이때 m이 1, 3, 5, 7, 9와 같은 홀수라는 것에 주의하라. 식 (2.25)를 식 (2.23)과 비교해 보면, 한쪽 끝이 열린 관악기에서의 정상파 형성이 어떻게 다른가를 알 수 있다.[57]

[57] 그럼에도 불구하고, m = 3을 두 번째, m = 5를 세 번째, 그리고 m = 7을 네 번째 배음이라고 부른다. 왜냐하면 제일 낮은 진동수, 두 번째로 낮은 진동수, 등등, 낮은 진동수의 순서를 기준으로 정상파를 기술하기 때문에 그렇다.

만일 소리파의 속도를 v라고 한다면,[58] 각 정상파에 따른 진동수는 다음과 같다.

$$
\begin{aligned}
f_m &= \frac{v}{\lambda_m} \\
&= m\frac{v}{4L}, \quad m = 1, 3, 5, \cdots
\end{aligned} \tag{2.26}
$$

정상파를 다루는데 있어서 악기의 끝이 열려 있느냐 아니냐가 관건이지, 관이냐 현이냐는 관심 밖이다. 따라서 관에서 발생한 소리의 경우, 같은 길이의 관이라고 하더라도, 양쪽이 모두 막혀 있는가, 아니면 한쪽만 막혀 있는가에 따라서 발생하는 소리의 진동수가 달라진다. 확인문제를 보라.

[예제 5] 양쪽이 막힌 관에서 발생한 2배음의 파장이 30 cm로 측정되었다. 관의 길이를 구하라.

▶ 식 (2.25)로부터 $L = 2 \times 30 / 4 = 15\,(cm)$.

악기에서 정상파에 대한 예가 지금까지 우리가 다룬 것만 있는 것은 아니다. 파이프 올간처럼 양쪽이 모두 개방되어 있는 악기도 있지만, 이미 정상파에 익숙해졌다고 믿고 더 이상은 다루지 않겠다.

8. 파이프 올간(pipe organ)

(개방된 양 끝의 관에서 배 형성)

지금까지는 소리파를 발생시키는 관악기의 경우를 다루었지만, 악기 중에는 양쪽이 모두 공기 중으로 개방된 것도 있다. 대표적인 예가 칸타타(cantata)를 장엄하게 연주하는 파이프 올간이다. 양쪽이 개방된 관에서 발생하는 정상파의 파장은 단순하게 구해질 수 있다.

[58] 소리파의 속도는 식 (1.6)을 참조하라.

한쪽만 개방된 관에서 발생한 소리파가 압축과 팽창을 거듭하며 진행하다가 개방된 부분에 와서는 압축을 하지 못하고, 공기 중으로 퍼지게 된다. 이와 같은 진행 과정이 양쪽이 개방된 관에서도 그대로 적용된다. 따라서 개방된 양쪽 끝에서 소리파의 배가 형성되어야 한다는 것이 정상파의 파장을 구하기 위한 관건(punch line)이 된다.

관이 발생시키는 정상파의 파장을 파악하기 위해서는 온전한 길이의 파장을 알아야 한다. 그림 2.17을 보자.

- 그림 1 : 기본 배음의 정상파에서 점선으로 표시된 윗 부분만을 보자. 길이가 L인 공명통 안에 1/4씩 두 번, 즉 1/2 파장이 들어있다. 따라서 L과 1/2 파장이 같으므로, $L=(1/2)\lambda_1$ 으로부터 $\lambda_1=2L$.
- 그림 2 : L이 4/4 파장과 같으므로, $L=(4/4)\lambda_2$ 로부터 $\lambda_2=L=(2/2)L=\lambda_1/2$.

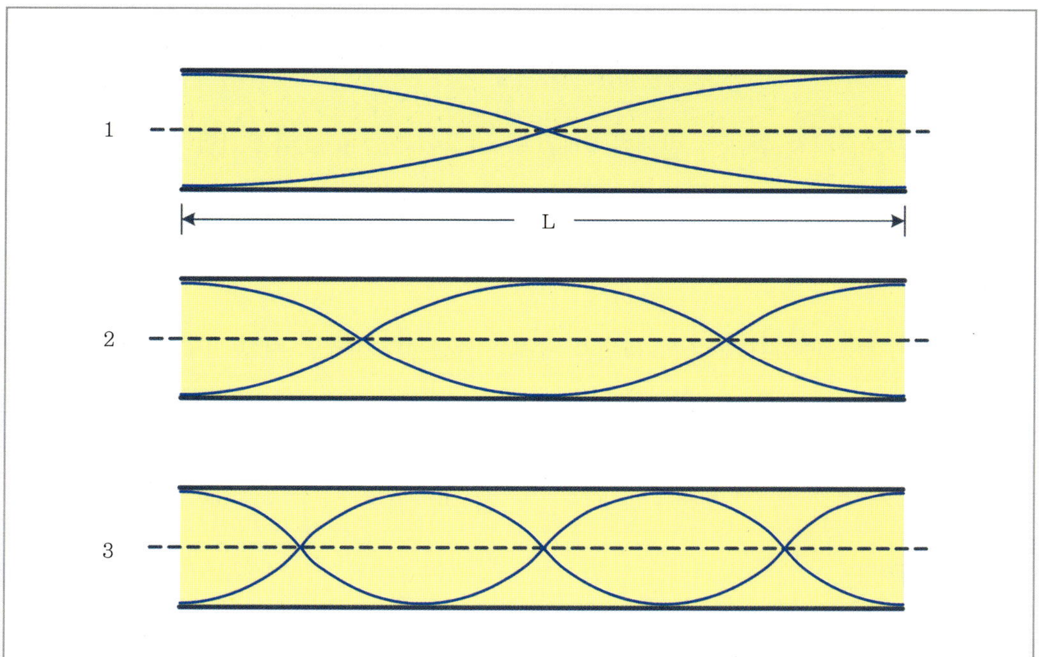

그림 2.17 파이프 올간의 정상파

관의 양쪽 끝이 모두 개방되어 있다. 관 내부의 정상파는 파란색으로 그려져 있고, 관의 길이는 L이다.

• 그림 3 : L이 6/4 파장과 같으므로, $L=(6/4)\lambda_3=(3/2)\lambda_3$ 로부터 $\lambda_3=(2/3)L=\lambda_1/3$.

그림 2.17에 대한 분석을 보면, 파장의 분자는 2L로 고정되어 있고, 분모만 1, 2, 3으로 변하고 있다. 따라서 관 양쪽이 개방된 경우에, 관의 길이와 정상파 파장에 대한 일반적인 관계식을 다음과 같이 유도할 수 있다.

$$\begin{aligned}\lambda_m &= \frac{2L}{m} \\ &= \frac{\lambda_1}{m}, \quad m=1,2,3,\cdots \end{aligned} \tag{2.27}$$

따라서 만일 소리파의 속도를 v라고 한다면, 각 정상파에 따른 진동수는 다음과 같다.

$$\begin{aligned}f_m &= \frac{v}{\lambda_m} \\ &= m\frac{v}{2L}, \quad m=1,2,3,\cdots \end{aligned} \tag{2.28}$$

[예제 6] 양쪽이 터진 관에서 발생한 3배음의 파장이 25 cm로 측정되었다. 관의 길이를 구하라.

▶ 식 (2.27)로부터 $L=3\times25/2=37.5(cm)$.

이제 줄의 경우, 관악기의 경우, 그리고 파이프 올간처럼 양쪽이 터진 경우를 정리해 보자.

표 2.1 여러 경우의 정상파 파장

	정상파 파장	정상파 진동수	배 음 (m)
현악기	$\lambda_m=\frac{2L}{m}$	$f_m=m\frac{v}{2L}$	1, 2, 3, 4, …
관악기	$\lambda_m=\frac{4L}{m}$	$f_m=m\frac{v}{4L}$	1, 3, 5, 7, …
파이프 올간	$\lambda_m=\frac{2L}{m}$	$f_m=m\frac{v}{2L}$	1, 2, 3, 4, …

9. 정상파의 효과 : 자연 진동수(natural frequency)와 공명 (resonance)

그림 2.15처럼, 정상파의 파장은 한 가지만 있는 것이 아니라, 여러 파장 중에 어느 파장이건 일치하면 정상파가 형성되고, 최대 진폭에 이른다. 진폭이 최대가 되는 현상을 공명이라고 부르는데, 공명의 위력은 육중한 다리를 뒤흔들어 파괴할 정도로 강력하기도 하지만, 우리가 일상생활에서 즐길 수 있는 악기의 연주에도 없어서는 안 될 요소이다. 공명에 대해서 알아보자.

때로 정상파가 발생시키는 공명의 능력은 상상을 초월한다. 바람과 같은 외부의 힘에 의해 빈 소라껍질이나 줄과 같은 물체에 진동이 일어나는데, 공명이 발생해서 진동의 진폭이 최대가 될 수 있다. 이제 줄이라는 매질에서 벗어나 일반 물질에 대한 공명을 살펴보자. 매질에 따라 자연 진동수가 각기 다른데, 고립된 매질의 경우, 매질의 자연 진동수와 일치하는 파가 외부에서 유입되면, 파는 소멸되지 않고, 매질의 경계를 오가면서 반사를 일으킨다. 이때 경계로 입사한 파와 반사된 파 사이에 중첩이 일어나면서 정상파가 형성된다. 거대한 진폭의 공명이 발생한 것이다. 만일 매질이 고립되어 있지 않았다면, 입사파가 새어나가기 때문에 애초에 정상파와 공명은 발생하지 않는다. 지금까지의 설명은 실험실에서의 상상이었다. 이제 좁은 실험실을 벗어나, 드넓은 강이나 바다로 나가보자. 백조가 한가로이 노니는 강가에 서서 멍하니 건너편을 바라보고 있다. 드문드문 생선이 고개를 내밀고 약을 올린다. 오늘따라 드센 바람이 부는 가운데, 나비의 위태로운 비행 뒤로 강을 가로지른 현수교가 멋들어진 위용을 뽐내고 있다. 지금까지는 좋았다.

때는 1940년, 전세계가 한창 2차 세계 대전의 소용돌이 속에 휩싸일 무렵, 미국이다. 타코마(Tacoma Narrows Bridge)라고 불리는 현수교가 위풍당당한 모습을 드러낸 지 몇 개월 밖에 지나지 않았다. 바람이 평소보다 강하게 불지도 않았지만, 계속 불어대는 바람 때문에 미세하게 떨던 현수교의 진폭이 꾸준히 증폭되고 있었다. 이는 그네를 미는 것에 비유할 수 있다. 그네를 같은 힘으로 밀더라도 때를 맞춰 몇 번이고 밀면, 진폭이 점점 커지는 것처럼, 바람에 의한 진폭이 극대화되면서 육중한 현수교의 상판이 엿가락처럼 뒤틀리더니, 결국 무너져 내렸다.[59] 이보다 100여 년 앞서 1831년 영국에서는 군대의 일사분란한 행진으로 인해 현수교(Broughton Suspension Bridge)가 무너져 내리는 웃지못할 상황이 발생하기도 했다. 아마도 힘찬 걸음걸이를 위해 군인들이 발을 쿵쿵 내리 찧듯 내딛었을 것이다. 이런 일련의 사고 뒤로 현수교를 건축할 때, 정상파가 발생할 수 있는 요건, 즉 자연 진동수를 피해서 건축하는 방법이 도입되었다.

하지만 모든 것에는 최소한 양면이 있다. 좋은 것이 있으면 나쁜 것도 있고, 한편 모든 것이 사람들의 주관에서만 판단할 일이 아니라는 말도 된다. 다리를 무너뜨리는 공명이 있다면, 반대로 인간들에게 유익한 공명도 있을 것이다.

파이프 올간이나 입으로 부는 악기에서 뿐 아니라, 바이올린과 같은 현악기에서도 정상파의 효과는 대단하다. 예를 들어 파이프 올간의 건반을 두드리면, 진동수 하나짜리의 음이 나오는 것이 아니라, 정상파의 기본 진동수를 포함, 그의 배수에 해당하는 여러 음들이 섞여 나오면서 조화된 음률을 선사한다. 또한 비록 악기에 대한 예는 아니지만, 에밀레 종[60]의 기나긴 여운을 현대 과학으로 재현하려는 시도는 시대상을 반영이라도 하듯 잊을 만 하면 등장했다. 그렇지만 수 분간을 지속되는 여운을 재현하는 데는 번번히 실패하고 말았다. 결국 에밀레 종이 있던 곳의 밑바닥에 움푹 패인 공명통이 비밀의 열쇠라는 것이 최근에서야 밝혀졌다. 우리의 조상들은 범종을 제작하면서, 맥놀이 현상뿐 아니라, 공명통을 이용해서 정상파를 만들어냈던 것이다.

59 타코마 현수교가 무너져 내린 원인에는 공명의 힘도 한 몫을 했지만, 실제로는 유체인 바람의 힘(aero elastic flutter)이 더 큰 작용을 했다는 것이 과학적 분석이다. 그 증거로써, 타코마가 무너지기 직전의 모습이, 길이로 뒤틀리지 않고, 다리 폭의 좌우가 꽈배기처럼 뒤틀렸다.

60 국보 제 29호, 성덕대왕을 기리기 위해 제작되었다고 해서 성덕대왕 신종(聖德大王 神鐘), 혹은 봉덕사(奉德寺)에 있었다고 봉덕사종(奉德寺鐘)이라고 불리는 에밀레 종에 얽힌 짤막한 이야기가 단순하게 와 닿지만은 않는다. 과연 사실이었을까? 비록 에밀레에 얽힌 전설은 풀리지 않는 의문을 간직한 채 세대를 넘어 역사에 회자될 것이지만, 천 년 전이라고 해서 당시를 잔인한 미신의 시대로 치부해 버릴 수는 없다. 오히려 대중을 일깨우려는 교훈이라는 생각이 들기 때문이다.

§ 7. 위상속도와 군속도(phase velocity & group velocity)

(위상속도는 파 각각의 속도, 군속도는 각 파들이 합쳐진 속도)

한 떼의 아이들이 무리 지어 달리고 있다. 아이들이 발맞춰 달릴 때는 일정한 형태의 무리가 형성되며, 무리 전체의 속도는 아이들 각자의 속도와 같았다. 그러더니 어느 순간부터 아이들이 제각기 속도로 내닫기 시작하면서 무리의 형태가 흩어진다. 뒤에서 뱀이라도 쫓아오는 모양이다. 더 이상은 무리의 속도가 아이들의 속도와 같지 않다. 무리의 속도를 구하기 위해서 아이들 각자의 속도를 다 더한 뒤 평균을 내야 할 것이다. 이 예에서, 무리의 형태가 유지되건 깨어지건, 무리는 파속(wavepacket)[61]에 해당하는데, 아이들 각각의 속도는 파 각각의 속도인 위상속도, 그리고 무리의 속도는 파속의 속도인 군속도에 해당한다. 따라서 무리의 형태가 일정하게 유지될 때는 위상속도가 군속도와 같겠지만, 일단 형태가 변하면서부터는 군속도보다 느린 위상속도 뿐 아니라, 빠른 위상속도도 분명 존재한다.

이전까지는 파의 속도를 매질의 횡속도와 구별하는 것에 그쳤다. 마치 아이들 한 명, 한 명에 대한 얘기처럼, 파 하나하나에 국한된 얘기였다. 하지만 일상생활에서 흔히 접하는 빛조차도 하나의 빛줄기가 아니라, 다수의, 셀 수 없을 만큼의 많은 수가 몰려 있는 빛의 다발이다. 예로 전구를 켜면 한 파장의 빛이 나오는 것이 아니라, 여러 다양한 파장의 빛들이 섞여 나온다. 별빛도 마찬가지이고, 촛불에서 발산되는 빛도 한 줄기의 빛이 아니다.

이제 아이들 비유를 물리적으로 정형화시켜 보자. 우리가 인터넷으로 정보를 보내는 것은 전기적 신호를 보내는 것이다. 전기적 신호는 여러 다양한 파장의 파들로 구성되어 있다. 파 각각의 속도는 위상속도, 그리고 전기적 신호의 속도는 군속도로 분류된다. 만일 각각의 위상속도가 모두 같다면, 위상속도와 군속도는 같을 것이다. 따라서 전기적 신호는 흩어지지 않고 진행한다. 반면에 파 각각의 위상속도가 서로 다르면, 전기적 신호가 흩

[61] 현대물리에 와서, 양자역학에서는 입자를 파동으로 다루게 되는데, 이때 꼭 필요한 개념이 파속이다. 아주 다양한 파장, 또는 진동수의 파들이 뭉쳐서 하나의 파속을 이룬다.

어지면서, 군속도는 더 이상 위상속도와 같지 않다. 그렇다면 어떤 경우에 위상속도가 군속도와 같고, 또 어떤 경우에 같지 않은 것인가 라는 의문이 생길 것이다. 이에 대한 기준을 제공하는 것이 분산 관계(dispersion relation)이다. 1장 5절의 논의가 이어지고 있다.

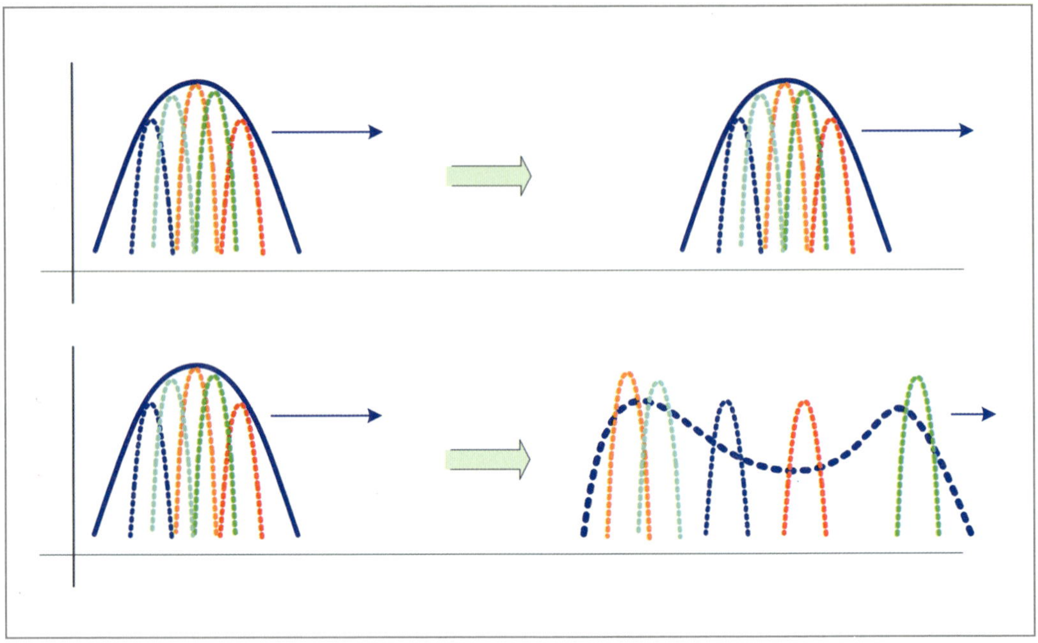

그림 2.18 파속의 진행

빨강, 초록, 주황, 하늘색, 그리고 파란색 점선으로 그려진 각각의 파들이 무리인 파속(군청색의 굵은 실선)을 형성하며 진행하고 있다. 위상속도들과 군속도가 일치하는 경우를 위 칸에 그렸다. 아래 칸에서는 잠시 모였던 시기가 지나고 위상속도들이 제각기 가던 길을 가게 되면서 파속(군청색 굵은 점선)이 흩어지기 시작하고, 군속도가 위상속도와 달라졌다. 아래 칸의 군속도가 당연히 느려진다.

먼저 분산(dispersion)이라는 말뜻을 보자. 분산을 한 마디로 표현하라면, 흩어진다, 또는 넓게 퍼진다는 말이 된다. 따라서 비분산형이라고 하면 흩어지거나 퍼지지 않는다는 말이 될 것이다.

- 비분산형(nondispersive)

파의 속도가 파장과 상관없는 경우를 비분산형이라고 한다. 예를 들면, 진공에서의 빛을 들 수 있다. 진공에서는 파장이 다른 빛들이 모두 일정한 속도(광속)를 낸다. 정상파의 경우도 마찬가지이다. 비록 진동수에 따라 파장이 달라지기는 하지만, 속도가 일정하기 때문에 여전히 파장이 속도에 영향을 미치지 못한다. 따라서 진공에서의 빛과 정상파의 위상속도는 비분산형이다.[62] 또한 군속도를 구성할 위상속도가 비분산형이면, 군속도도 비분산형일 수 밖에 없다.

• 분산형(dispersive)

파장에 따라 파의 속도가 달라지는 경우를 분산형이라고 한다. 파들이 파속을 형성해도, 예를 들어, 매질 속에서 빛의 위상속도는 분산형이다. 빛의 파장에 따라 속도가 달라진다. 그래서 프리즘이나 무지개와 같이 빛이 파장에 따라 흩어지는 현상을 분산이라고 한다.[63] 위상속도가 분산형이면, 파속이 형성되지 않으므로 군속도에는 분산형이라는 말이 필요하지 않다.[64]

[예제 7] 일반적으로 고체를 통한 소리의 전달이 공기를 통한 소리의 전달보다 빠르다. 그렇다면 소리파는 비분산형일까, 아니면 분산형일까?

▶ 매질의 상태에 따라 소리의 속도가 달라지더라도, 파장에는 상관없으므로 비분산형이다.

지금부터는 파의 속도에서 위상속도를 v_p, 그리고 군속도를 v_g로 표시하자.

1. 위상속도

파의 기본적 특징에 대한 모든 정보는 파동식의 위상에 포함되어 있다. 그렇기 때문에 1장 3절에서는 기본적인 특징들로부터 파의 속도를 간단히 유도했었다. 이제 여러 개의 파들을 한꺼번에 다루어야 하기 때문에, 위상에서 유도되어 나온 파들 개개의 속도를 위상

62 비분산형을 수식으로는 $\omega \neq \omega(k)$ 로 표현한다. 즉, ω가 k의 함수가 아니라는 뜻이며, ω가 k에 독립적이라는 말도 된다. k는 파장의 역수이며, ω는 역학에서 각속도에 해당한다. 따라서 (각)속도가 파장의 함수가 아니라는 말로 해석이 되고, 파장에 따라 속도가 달라지지 않는다는 말이 된다.

63 만일 파들끼리의 상호작용이 발생한다면 얘기가 다소 달라지겠지만, 빛과 같은 파들에게는 상호작용이 없다.

64 분산형을 수식으로는 $\omega = \omega(k)$로 표현한다. 속도가 파장의 함수라는 말이 된다.

속도로 구분해서 얘기하자. 만일 파가 두 개 있으면 위상속도도 둘이 된다. 각 파의 위상 속도는 식 (1.5)에서 정의한 바와 같다.

$$v_{p1} = \lambda_1 f_1 = \frac{\omega_1}{k_1}, \quad v_{p2} = \lambda_2 f_2 = \frac{\omega_2}{k_2} \tag{2.29}$$

물론 이 둘이 같을 수도 있고, 다를 수도 있다.

2. 군속도

반면에 군속도는 파수의 변화에 따른 각진동수의 변화를 말한다. 만일 k_i 와 k_f 를 각각 파속의 초기와 나중 파수, 그리고 ω_i 와 ω_f 는 각각 파속의 초기와 나중 각진동수로 두면, 군속도는 다음과 같이 정의된다.

$$v_g = \frac{\omega_f - \omega_i}{k_f - k_i} = \frac{\Delta\omega}{\Delta k} \tag{2.30}$$

즉, Δk 와 $\Delta\omega$ 는 파속의 파수와 각진동수의 변화량을 의미하며, 파수가 변하는 동안 각진동수는 또 얼마만큼 변했는가를 정의한 것이 군속도라고 할 수 있다.

군속도의 개념을 그림 2.18에 적용시켜 보면, 보다 명확해진다. 그림 2.18의 위, 또는 아래 그림에서 왼쪽 파속의 파수와 각진동수를 k_i 와 ω_i, 그리고 오른쪽 파속의 파수와 각진동수를 k_f 와 ω_f 로 두면 된다.

이때 파수의 변화에 대한 각진동수의 변화가 매우 작다면, 군속도를 미분 형태로 바꿀 수 있다.[65]

[65] (평균)속도를 시간의 변화에 따른 물체의 이동거리의 변화, 즉 $\bar{v} = \Delta x / \Delta t$ 로 정의하곤 한다. 그렇다면 군속도는 k의 변화에 따른 ω의 변화라고 정의된다는 것을 짐작할 수 있다. 즉, k의 변화량을 기준으로 ω가 어떻게 얼마만큼이나 변하는가를 말해주는 것이 군속도이다. 식 (2.29)인 미분 형태도 마찬가지이다.

$$v_g = \frac{d\omega}{dk} \tag{2.31}$$

이제 위상속도와 군속도 사이의 상관관계를 알아보자. 일반적인 위상속도는 $v_p = \omega / k$ 이므로, 이를 ω에 대해 정리해서 군속도에 대입시키면,

$$\begin{aligned} v_g &= \frac{d}{dk}(v_p k) \\ &= v_p + k\frac{dv_p}{dk} \end{aligned} \tag{2.32}$$

- 비분산형의 경우 : k, 즉 파장에 따라서 v_p가 변하지 않으므로, 위의 식에서 두 번째 항이 0으로 사라지고, $v_g = v_p$ 가 된다. 군속도가 위상속도와 같아지는 경우이다. 그림 2.18에서 위의 파속에 해당한다.
- 분산형의 경우 : $v_g = v_p + k\frac{dv_p}{dk}$ 로 남는다. 그래서 v_p의 구체적인 형태가 주어져야, 미분을 풀 수 있다. 그림 2.18에서 아래의 파속에 해당한다.

위상속도와 군속도를 다루는데 있어서 주의해야 할 점은, 군속도가 위상속도보다 커야 할 이유도 없지만, 딱히 작아야 할 이유도 없다. 상황에 따라서 어느 한쪽이 크거나 작아질 수 있으며, 비분산형과 같이 같아질 수도 있다.

[예제 8] 진공에서 빛의 위상속도와 군속도를 구하라.

▶ 진공에서 빛의 위상속도는 식 (2.29)의 첫 번째, 또는 두 번째 식으로부터 $\omega = k v_p = kC$ 가 성립한다. 위상속도 C는 상수이므로, k에 따라 변하지 않고 일정하다. 따라서 식 (2.32)에서 두 번째 항이 사라지고 $v_g = v_p = C$.

군속도는 파속에서 꼭 필요한 개념이기 때문에, 파의 본질을 알아가다 보면, 파들이 이루는 단체의 속도인 군속도를 위상속도에서 구분한다는 사실을 아는 것만으로도, 조금은 더 크고 넓은 그림이 그려지리라 여긴다.

지금까지는 주로 파의 종류에 상관없이, 파에 대한 일반적인 특성을 다루어 왔다. 다음에는 파의 운동이 관찰에 미치는 영향에 대해 알아보기로 하자.

§ 8. 단색광(monochromatic light)

빛의 현상과 개념을 이해하기 위해서는 빛의 성질을 알아야 하는 것 외에도, 상황 설정이 무엇보다 중요할 때가 많다. 끊어낼 것을 끊어내지 못하고 상황이 장황해서 오해를 유발시키게 된다면, 현상 자체에 대한 이해가 소원해질 수 있기 때문이다. 그래서 빛에 대한 현상을 설명하기 위해 종종 단색광을 가정하곤 한다. 왜냐하면 단색광은 단 한 가지의 진동수를 갖는 빛이기 때문에, 중첩과 같은 빛끼리의 상호작용을 이해의 과정에서 제거할 수 있을 뿐 아니라, 빛의 현상에 대한 직접적인 이해를 시도할 수 있기 때문이기도 하다. 역설적으로는 단색광과 같은 이상적인 상황을 인위적으로 만들어내기 쉽지 않다는 뜻도 된다.

흔히 단색광의 실질적인 예로 레이저를 들지만, 아무리 정밀한 레이저라고 하더라도 아쉽게도 단색광을 뿜어내지는 못한다. 그러나 훨씬 더 다양할 수도 있었던 파장이나 진동수의 폭을 상당히 줄일 수는 있다. 이런 현실적인 상황에 대해 용어 정도를 설명하는 식으로 간략한 개념만 짚고 넘어가고자 한다.

지금까지 우리가 그랬듯이, 이제 공간과 시간이라는 두 가지의 기본적 시각으로 파속을 보자. 이때 각각의 너비를 구별할 수 있다. 즉, 파라는 대상을 두고, 공간을 대표하는 파장의 너비와 시간을 대표하는 진동수의 너비를 구분할 수 있다는 말이 된다.

이들 각각의 폭들이 좁을수록 이상적인 단색광에 접근하는 것이고, 이상적인 단색광을 발진시키는 이상적인 레이저에 접근하는 것이다. 즉, 다음 두 조건을 보자.

$$\Delta\lambda << \lambda_0 \text{, 그리고 } \Delta f << f_0 \tag{2.33}$$

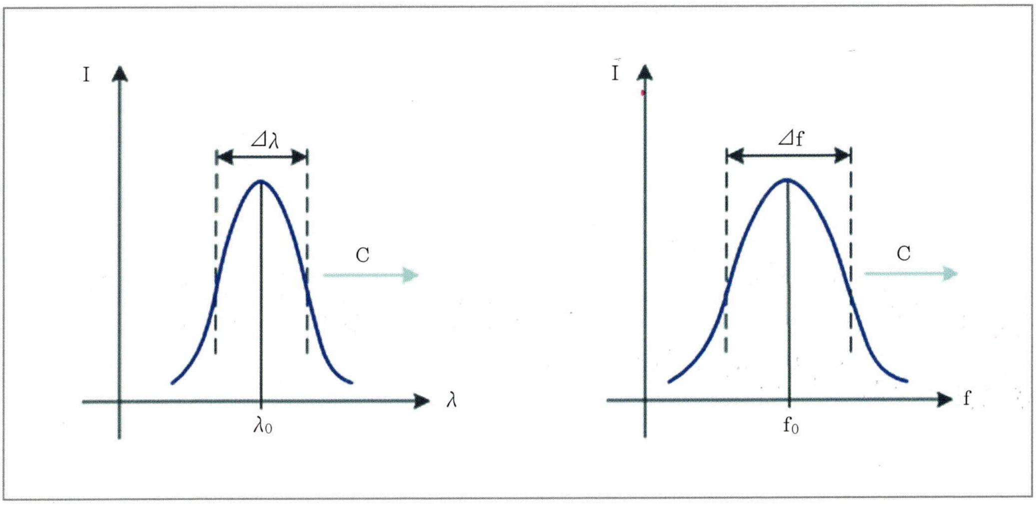

그림 2.19 파속에 대한 폭

왼쪽과 오른쪽 그래프가 비슷하게 보이지만, 왼쪽은 파장에 대한 파속, 오른쪽은 진동수에 대한 파속이다. 파장에 대한 파속을 진동수에 대한 것으로 변환시키기 위해서는 푸리에 분석(Fourier analysis)[66]이라는 수학적인 도구가 필요하지만, 이 책에서는 언급하지 않기로 한다. 파장의 너비가 넓어질수록 진동수의 너비가 줄어든다는 것이 재미있다.

우선 두 조건식의 의미부터 살펴보자. 실제 레이저에서 발진되어 나오는 빛은 한 가지의 파장이나 진동수가 아니기 때문에, 다양한 파장과 다양한 진동수를 갖는 빛이 나온다. 이들의 너비를 각각 $\Delta\lambda$ 와 Δf, 그리고 평균 파장과 평균 진동수를 각각 λ_0 와 f_0 라고 하면, 평균 파장보다 파장의 너비가 훨씬 작아야만, 그리고 평균 진동수보다 진동수의 너비가 훨씬 작아야만 이상적인 레이저라고 말할 수 있다는 것이다.

- 선너비($\Delta\lambda$: linewidth) : 가장 짧은 파장과 가장 긴 파장 사이의 간격
- 띠너비(Δf : bandwidth) : 가장 낮은 진동수와 가장 높은 진동수 사이의 간격

66 푸리에(Jean Baptiste Joseph Fourier 1768~1830)는 프랑스의 수학자 이름이다. 푸리에 분석에는 푸리에 급수(Fourier series)를 이용하는 경우와 푸리에 변환(Fourier transform)을 이용하는 경우가 있는데, 불연속(continuity)이냐, 아니면 연속(discontinuity)이냐로 대략적인 결정을 하게 된다. 푸리에 분석의 중요성은 아무리 강조해도 지나치지 않을 정도인데, 대표적인 예로, 입자를 파로 다루는 양자역학의 중심부에 떡 하니 버티고 있는 것이 푸리에 분석이다. 뿐만 아니라, 양자역학의 기본 골격이라고 할 수 있는 하이젠베르그의 불확정성 원리(Heisenberg's Uncertainty principle)도 푸리에 불확정성 원리(Fourier uncertainty principle)에 뿌리를 두고 있다.

이제 $\Delta\lambda$와 Δf 를 써서, 식 (2.32)을 약간 변형시켜 보자. 즉,

$$\Delta\lambda / \lambda_0 << 1 \text{, 그리고 } \Delta f / f_0 << 1 \tag{2.34}$$

따라서 다음과 같이 정리할 수 있다.

$$\Delta\lambda / \lambda_0 = \Delta f / f_0 \tag{2.35}$$

이제 파속의 진행을 살펴보자. 레이저로부터 다양한 파장을 갖는 빛줄기들이 중첩을 통해 파속을 만들어냈다고 하자. 그 파속이 진행하고 있다.

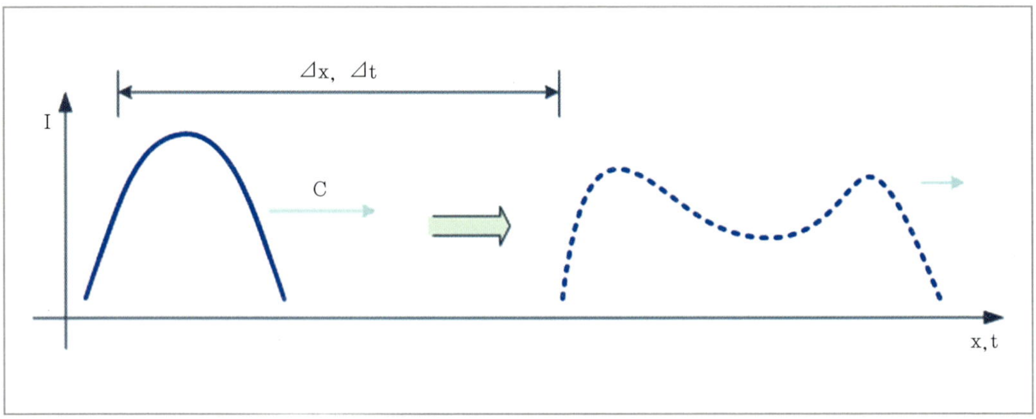

그림 2.20 파속

파장에 대한 좌표계에서 세로축은 밝기를 나타내고 있다. 광속 C로 진행하던 파속(왼쪽)이 오른쪽으로 가면서 흩어지고 있다. 비록 진동수 대신, 파장에 대한 그림만 보였지만, 파속에서 쓰이는 전문 용어를 이해하는 데는 이상이 없다.

한편 파속이 유지되는 거리를 결맞음 거리(Δx : coherence length), 그리고 파속이 유지되는 시간을 결맞음 시간(Δt : coherence time)이라고 하는데, 광속에 Δt을 곱한 값이 Δx가 된다. 이를 식으로 보면,

$$\Delta x = C\,\Delta t = \frac{C}{\Delta f} = \frac{\lambda_0 f_0}{\Delta f} = \frac{\lambda_0{}^2}{\Delta\lambda} \tag{2.36}$$

이때 제일 마지막 단계에서 식 (2.35)을 이용했다.

- 결맞음 거리(Δx : coherence length) : 결맞는 상태(진폭과 위상)가 흩어지지 않고 유지되는 거리
- 결맞음 시간(Δt : coherence time) : 결맞는 상태가 흩어지기 전까지 유지되어 온 시간

이상적인 단색광은 단 하나의 진동수를 갖는 파를 말하며, 따라서 무한대로 뻗쳐 나가더라도 여전히 하나의 진동수를 유지한다. 이 경우 무한대의 결맞음 거리를 갖는다. 그러나 앞으로 마주할 비누방울에서 발생하는 간섭 현상과 같은 경우에는 이상적인 단색광과는 거리가 멀기 때문에, 아주 얇은, 그래서 아주 좁은 결맞음 거리만을 유지한다.

1. 각각 한 쌍의 파동식들이 다음과 같이 주어졌을 때, 이들이 일으키는 중첩의 보강과 소멸에 대해서 간략하게 논하라.

a) $y_1 = 5\sin(0.03x - 7000t)$ 와 $y_2 = 5\sin(0.03x - 7000t)$

b) $y_1 = 5\sin(0.03x - 7000t)$ 와 $y_2 = 5\sin(0.03x - 7000t + \pi)$

c) $y_1 = 5\sin(0.03x - 7000t - 2\pi)$ 와 $y_2 = 5\sin(0.03x - 7000t)$

d) $y_1 = 5\sin(0.03x - 7000t)$ 와 $y_2 = 5\sin(0.03x - 7000t - \pi)$

e) $y_1 = 5\sin(0.03x - 7000t + 3\pi)$ 와 $y_2 = 5\sin(0.03x - 7000t)$

▶ 식 (2.6)에서의 전개를 참조하면,

a) 두 파의 위상차가 0이므로, 중첩 결과 보강 발생.

b) 위상차가 π 이므로, 중첩 결과 소멸 발생.

c) 위상차가 2π 이므로, 중첩 결과 보강 발생.

d) 위상차가 π 이므로, 중첩 결과 소멸 발생.

e) 위상차가 3π 이므로, 중첩 결과 소멸 발생.

2. $y_1(x, t) = 3y_m \sin(0.000023\pi x - 7000\pi t)$ 과 $y_2(x, t) = 5y_m \sin(0.000023\pi x - 7000\pi t)$ 인 두 파가 중첩되었다. 밝기를 구하라.

▶ 결맞으므로, 식 (2.8)에 의해 $I = (3y_m + 5y_m)^2 = 64{y_m}^2$.

3. $y_1(x, t) = 3y_m \sin(0.000023\pi x - 7000\pi t)$ 과 $y_2(x, t) = 5y_m \sin(0.00002\pi x - 6000\pi t)$ 인 두 파가 중첩되었다. 밝기를 구하라.

▶ 결안맞으므로, 식 (2.9)에 의해 $I = (3y_m)^2 + (5y_m)^2 = 34{y_m}^2$.

4. 같은 진폭(y_m)을 갖는 광원이 N개 있다고 하자.

a) 만일 이들 광원들이 모두 결맞는다고 할 때, 총 밝기를 구하라.

b) 만일 이들 광원들이 모두 결안맞는다고 할 때, 총 밝기를 구하라.

▶ a) 결맞는 광원들이므로, 개개의 진폭들을 다 더한 뒤에 그 결과를 제곱하면 된다. 따라서 결맞는 광원들의 총 밝기는 $I=(y_{1m}+y_{2m}+y_{3m}+\Lambda)^2=(y_m+y_m+y_m+\Lambda)^2$ $=(N\,y_m)^2=N^2\,y_m^2$.

b) 결안맞는 광원들이므로, 낱개의 진폭들을 제곱한 뒤에 다 더하면 된다. 따라서 결안맞는 광원들의 총 밝기는 $I=y_{1m}{}^2+y_{2m}{}^2+y_{1m}{}^2+\Lambda\;=y_m{}^2+y_m{}^2+y_m{}^2+\Lambda\;=N\,y_m{}^2$.

5. 맥놀이 그래프가 다음과 같이 주어졌다.

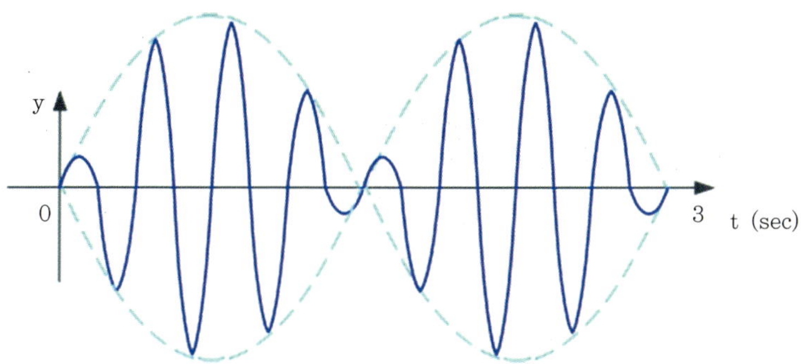

a) 맥놀이 진동수와 평균 진동수를 구하라.

b) 그들로부터 맥놀이 현상에 대한 주기와 평균 주기를 각각 구하라.

▶ a) 3초 동안, 싸개선은 두 번의 진동을, 싸개선 안의 평균 진동수는 총 여덟 번의 진동을 하고 있다. 식 (2.14)와 (2.15)에 의해, $f_{beat}\;=2/3\,(Hz)$, 그리고 $\overline{f}=8/3\,(Hz)$.

b) $T_{beat}\;=1/f_{beat}\;=3/2\,(s)$, 그리고 $\overline{T}=1/\overline{f}\;=3/8\,(Hz)$. 이 예가 비현실적이기는 하지만, 맥놀이 진동수에 대한 이해를 확인할 수 있는 단순한 예가 된다.

6. 엇비슷한 진동수 둘을 측정하였더니, 평균 진동수가 555 Hz, 그리고 맥놀이 진동수가 5 Hz로 측정되었다. 맥놀이를 일으킨 각각의 진동수를 구하라.

▶ 맥놀이를 일으킨 두 진동수를 각각 f_1과 f_2라고 하면, 식 (2.14)와 (2.15)에 의해, $f_{beat}=f_1-f_2=5\,(Hz)$, 그리고 $\overline{f}=(f_1+f_2)/2=555\,(Hz)$. 맥놀이 식에서 얻어진

$f_1 = 5 + f_2$ 를 평균 진동수에 대입시키면, $\overline{f} = (5 + 2f_2)/2 = 555$. 이를 f_2 에 대해서 풀면, $f_2 = 552.5(Hz)$. 이를 맥놀이 진동수에 다시 대입시키면, $f_1 = 5 + 552.5 = 557.5(Hz)$. 따라서 552.5 Hz와 557.5 Hz가 맥놀이 현상을 일으켰다.

7. 888 Hz의 진동수와 알려지지 않은 진동수의 파가 중첩되어, 3 Hz의 맥놀이 진동수를 발생시켰다.

a) 알려지지 않은 진동수의 가능한 값을 모두 구하라.

b) 평균 진동수가 886.5Hz로 측정되었다면, 알져지지 않은 진동수는?

▶ a) 주어진 진동수가 알려지지 않은 진동수보다 큰지, 아니면 작은지 현재로서는 알 수 없다. 따라서 주어진 진동수보다 큰 경우와 작은 경우를 모두 구해야 한다. 즉, 식 (2.14)의 맥놀이 진동수에 의해 $f_{beat} = |888 - f_1| = 3(Hz)$. 따라서 가능한 진동수는 891 Hz, 또는 885 Hz.

b) 가능한 진동수 두 가지를 모두 평균 진동수에 대입해 봐야 한다. 891 Hz를 대입하면, 식 (2.15)에 의해 $\overline{f} = (888 + 891)/2 = 889.5(Hz)$. 이는 평균 진동수와 일치하지 않는다. 이번에는 885 Hz를 대입해 보면, $\overline{f} = (888 + 885)/2 = 886.5(Hz)$. 이 값이 평균 진동수와 일치.

8. 777 Hz의 진동수와 알려지지 않은 진동수의 파가 중첩되어, 780 Hz의 평균 진동수를 발생시켰다.

a) 알려지지 않은 진동수를 구하라.

b) 맥놀이 진동수를 구하라.

▶ a) 식 (2.15)로부터 $780 = (777 + f_2)/2$, 따라서 $f_2 = 783(Hz)$.

b) 식 (2.14)로부터 $f_{beat} = 783 - 777 = 6(Hz)$.

9. 두 개의 파동식이 $y_1(t) = 2\sin 11\pi t$, $y_2(t) = 2\sin 15\pi t$ 로 주어졌다. 맥놀이 진동수와 평균 진동수를 구하라.

▶ 식 (2.14)와 (2.15)에 의해, $f_{beat} = (15\pi - 11\pi)/2\pi = 2(Hz)$, $\overline{f} = (15\pi + 11\pi)/2 \times 2\pi = 6.5(Hz)$.

10. 두 개의 파동식 중의 하나가 $y_1(t) = 2\sin 7\pi t$ 로 주어졌다. 만일 맥놀이 진동수가 3 Hz, 그리고 평균 진동수가 5 Hz로 주어졌다고 할 때, 나머지 한 개의 파동식을 구하라.

▶ 식 (2.14)와 (2.15)에 의해 $f_{beat} = |15\pi - \omega_2|/2\pi = 3\,(Hz)$ 와 $\overline{f} = (15\pi + \omega_2)/2 \times 2\pi = 5\,(Hz)$. $\overline{f}$ 로부터 $\omega_2 = 13\pi$. 따라서 나머지 파동식은 $y_2(t) = 2\sin 13\pi t$.

11. 파동식이 각각 $y_1 = 5\sin\pi(2x/3 - 0.07t)$와 $y_2 = 5\sin\pi(2x/3 + 0.07t)$로 주어졌다.

a) 두 파의 중첩을 삼각함수의 법칙을 사용해서 sine 함수와 cos 함수의 곱으로 표현하라.

b) 시간에 무관한 항이 0이 될 조건을 구하라.

▶ a) 삼각함수 법칙인 $\sin(\alpha \pm \beta) = \sin\alpha\cos\beta \pm \cos\alpha\sin\beta$ 를 이용하면,

$y_1 = 5\sin\pi(2x/3 - 0.07t) = 5[\sin(2\pi x/3)\cos(0.07\pi t) - \cos\pi(2\pi x/3)\sin(0.07\pi t)]$,

$y_1 = 5\sin\pi(2x/3 - 0.07t) = 5[\sin(2\pi x/3)\cos(0.07\pi t) + \cos\pi(2\pi x/3)\sin(0.07\pi t)]$.

이 둘을 더하면, $y = y_1 + y_2 = 10\sin(2\pi x/3)\cos(0.07\pi t)$.

b) 결과식에서 시간 t를 포함하지 않는 항이 시간에 무관한 항이다. 따라서 sine 항이 0이 되기 위해서는, $\sin\pi(2x/3) = 0$, 즉 $\pi(2x/3) = 2n\pi$ 가 만족되어야 한다. 이를 x에 대해서 풀면, $2x/3 = 2n$. 즉, $x = 3n$. 이 식은 중첩된 파의 파장을 제시한다.

12. 줄에서 형성된 정상파가 세 개 관찰되었다. 정상파의 파장이 15 cm로 측정되었다면, 줄의 길이는 얼마인가?

▶ 식 (2.23)으로부터 $L = 3 \times 15/2 = 22.5(cm)$.

13. 길이가 3 m인 줄이 진동하면서 정상파가 형성되었다고 하자. 다섯 개의 정상파가 관찰되었다고 할 때, 정상파의 파장을 구하라.

▶ m이 5이므로, 식 (2.23)에서 5배음의 파장은 $\lambda_5 = (2 \times 3)/5 = 1.2(m)$.

14. 2배음의 진동수가 650 Hz로 측정된 줄의 길이가 50 m라고 할 때, 소리파의 속도를 구하라.

▶ 식 (2.24)에서 $f_2 = 2v/(2 \times 50) = 650\,(Hz)$.

즉, $v = 650 \times 50 = 3.25 \times 10^4\,(cm/s) = 325\,(m/s)$.

15. 양쪽이 막힌 관의 길이가 76 cm로 주어졌다고 하자. 어떤 원인으로 인해 관의 내부에서 소리가 발생했다. 이때 소리의 속도를 340 m/s라고 할 때, 다음을 각각 구하라.

a) 기본 파장을 구하라.

b) 기본 진동수와 2배음과 3배음의 진동수를 각각 구하라.

▶ a) 기본 파장은 소리의 속도 없이 구할 수 있다. 양쪽이 막혀 있는 경우이므로, 식 (2.23)으로부터 $\lambda_1 = (2 \times 76)/1 = 152\,(cm)$.

b) 이제 속도가 있으므로, 식 (2.24)로부터 $f_1 = 340/152 = 2.23(Hz)$. 2배음의 진동수는 $f_2 = 2f_1 = 2 \times 2.23 = 4.46(Hz)$, 그리고 3배음은 $f_3 = 3f_1 = 3 \times 2.23 = 6.69\,(Hz)$.

16. 한쪽만 막힌 관의 길이가 76 cm로 주어졌다고 하자. 어떤 원인으로 인해 관의 내부에서 소리가 발생했다. 이때 소리의 속도를 340 m/s라고 할 때, 다음을 각각 구하라.

a) 기본 파장을 구하라.

b) 기본 진동수와 2배음의 진동수를 구하라.

▶ a) 식 (2.25)로부터 $\lambda_1 = (4 \times 76)/1 = 304\,(cm)$.

b) 식 (2.26)으로부터 $f_1 = 340/304 = 1.11(Hz)$, 그리고 $f_2 = 3f_1 = 3 \times 1.11 = 3.33(Hz)$.

17. 양쪽이 터진 관의 길이가 76 cm로 주어졌다고 하자. 어떤 원인으로 인해 관의 내부에서 소리가 발생했다. 이때 소리의 속도를 340 m/s라고 할 때, 다음을 각각 구하라.

a) 기본 파장을 구하라.

b) 기본 진동수와 2배음과 3배음의 진동수를 각각 구하라.

▶ a) 양쪽이 터진 관이므로, 식 (2.27)로부터 $\lambda_1 = (2 \times 76)/1 = 152\,(cm)$.

b) 식 (2.28)로부터 $f_1 = 340/152 = 2.23(Hz)$. 따라서 2배음은

$f_2 = 2f_1 = 2 \times 2.23 = 4.46(Hz)$, 3배음은 $f_3 = 3f_1 = 3 \times 2.23 = 6.69\,(Hz)$.

18. 길이가 100 cm인 관의 양쪽이 터져 있다. 이 관에서 소리가 발생했을 때, 다음을 답하라. 단, 소리의 속도를 340 m/s이다.

a) 기본 파장을 구하라.

b) 기본 진동수와 2배음과 3배음의 진동수를 각각 구하라.

c) 갑자기 한쪽 끝을 막았을 때, 발생하는 기본 파장을 구하라.

d) 한쪽을 막은 상태에서 기본 진동수와 2배음과 3배음의 진동수를 각각 구하라.

▶ a) 양쪽이 열린 관이므로, 식 (2.27)로부터 $\lambda_1 = (2 \times 100)/1 = 200\,(cm)$.

b) 식 (2.28)에서 $f_1 = 340/200 = 1.7\,(Hz)$. 2배음의 진동수는

$f_2 = 2f_1 = 2 \times 1.7 = 3.4\,(Hz)$, 3배음은 $f_3 = 3f_1 = 3 \times 1.7 = 5.1\,(Hz)$.

c) 식 (2.25)로부터, $\lambda_1 = (4 \times 100)/1 = 400\,(cm)$.

d) 식 (2.26)에서 $f_1 = 340/400 = 0.85\,(Hz)$. 2배음의 진동수는

$f_2 = 3f_1 = 3 \times 0.85 = 2.55\,(Hz)$, 3배음은 $f_3 = 5f_1 = 5 \times 0.85 = 4.25\,(Hz)$.

19. 길이가 88 cm인 관의 한쪽만 열려 있다. 이 관에서 소리가 발생했을 때, 다음을 답하라. 단, 소리의 속도를 342 m/s으로 하라.

a) 기본 파장을 구하라.

b) 기본 진동수와 2배음과 3배음의 진동수를 각각 구하라.

c) 갑자기 나머지 한쪽 끝마저 텄을 때, 발생하는 기본 파장을 구하라.

d) 양쪽이 터진 상태에서 기본 진동수와 2배음과 3배음의 진동수를 각각 구하라.

e) a와 c에서의 기본 파장을 그림으로 대략, 그리고 각 파장의 길이를 비교하라.

▶ a) 식 (2.25)로부터, $\lambda_1 = (4 \times 88)/1 = 352\,(cm)$.

b) 식 (2.26)에서 $f_1 = 342/352 = 0.97\,(Hz)$. 2배음 진동수는

$f_2 = 3f_1 = 3 \times 0.97 = 2.91\,(Hz)$, 3배음은 $f_3 = 5f_1 = 5 \times 0.97 = 4.85\,(Hz)$.

c) 양쪽이 열린 관이므로, 식 (2.27)로부터 $\lambda_1 = (2 \times 88)/2 = 176\,(cm)$.

d) 식 (2.28)에서 $f_1 = 342/176 = 1.94\,(Hz)$. 2배음은 $f_2 = 2f_1 = 2 \times 1.94 = 3.88\,(Hz)$,

3배음은 $f_3 = 3f_1 = 3 \times 1.94 = 5.82\,(Hz)$.

e)

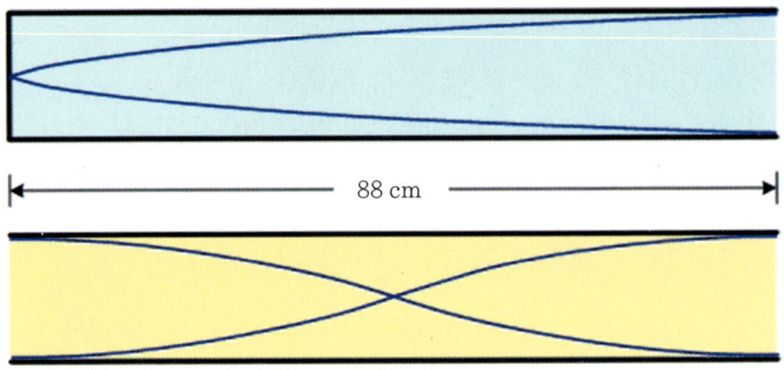

따라서 같은 배음의 경우, 한쪽이 막힌 관에서 발생하는 파장이 양쪽이 터진 경우보다 더 길다는 것을 그림에서도 확인할 수 있다.

Chapter III

파의 운동

지금까지는 파에 대한 특성을 정의하면서, 두 파가 마주쳤을 때 어떻게 겹치는가 알아봤을 뿐, 정작 파의 운동에 대한 기술을 피해 왔다. 파 역시도 역학의 기본 틀에서 운동을 하기 때문에, 파 자신과 관찰하는 사람들의 운동 상태에 따라 다르게 측정될 것이다.

§ 1. 도플러 효과(Doppler's effect)

빛을 기술하는데 파동설이나 입자설이 팽팽히 맞선 기간이 인류의 숨결만큼은 길지 않지만, 그래도 과학의 발달과 함께 오랫동안 회자되며 경쟁적 발달을 해왔다. 그러나 파동설이 옳은가, 또는 입자설이 옳은가를 떠나서, 빛 역시도 물체임에는 틀림없다. 그래서 빛이나 소리와 같은 존재도 운동의 법칙을 예외 없이 따르게 된다.

소리나 빛과 같은 파동이 자체의 운동이나 관찰하는 사람의 운동 상태에 따라 진동수가 약간씩 다르게 측정되는데, 이는 도플러 효과 때문이다. 먼저 소리에 대한 도플러[67] 효과를 알아본 뒤, 빛에 대한 도플러 효과를 다루어 보자.

[67] 도플러(Christian Andreas Doppler 1803~1853)는 오스트리아의 수학자이자 물리학자였다. 석공의 아들로 태어났지만, 허약한 탓에 아버지의 사업을 물려받기 보다는 고등학교를 마치고, 천문학과 수학을 공부하게 된다. 그의 가장 큰 업적은 관찰자의 파원에 대한 상대적 움직임에 의한 파의 진동수와 파장의 변화를 기술했다는 것이다. 이를 도플러 효과라고 부른다.

§ 2. 소리의 도플러 효과

벌건 대낮에 요란하게 사이렌을 울리며 경찰차가 달리고 있다. 달려오는 경찰차의 속도에 따라 삐뽀삐뽀의 소리가 달리 들린다. 또한 경찰차가 멀어져 갈 때도 다르게 들린다. 뿐만 아니라, 이번에는 내가 접근하느냐, 아니면 멀어져 가느냐에 따라서도 삐뽀 소리가 다르게 들린다. 왜냐하면 음원(소리를 발산시키는 주체)과 관찰자의 운동 상태에 따라 소리의 진동수가 제각기 다른 값으로 측정되기 때문인데, 이 현상을 소리의 도플러 효과라고 한다.

1. 음원과 관찰자가 움직이지 않을 때 : 파장과 진동수가 일정하다.

파라는 자체는 워낙 움직여야 하는 존재이다. 만일 파가 정지한다면, 곧바로 소멸해 버린다. 그렇기 때문에 파의 운동은 관찰자의 운동 상태뿐 아니라, 파를 발산시키는 주체의 운동에도 민감하게 반응하는 것이 관찰된다.

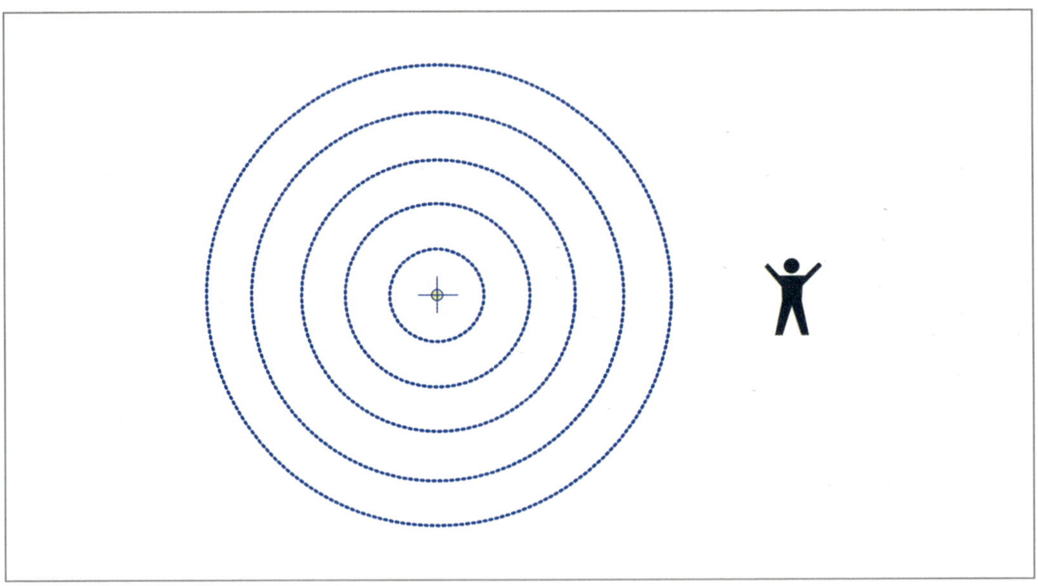

그림 3.1 관찰자가 음원에 접근할 때의 도플러 효과
음원이 중심에 위치해 있고, 주변에 점선으로 그려진 동심원들은 소리파를 의미한다.

만일 음원과 관찰자가 모두 서로에게서 정지해 있다면, 그림 3.1에서 보는 바와 같이, 파의 특성은 있는 그대로 관찰되기 마련이다.

소리파의 원래 파장을 λ_0, 원래 진동수를 f_0, 그리고 관찰자가 관찰하는 파장을 λ, 그리고 진동수를 f 라고 하자. 지금 상황에서는 음원과 관찰자가 모두 정지해 있기 때문에, 관찰자는 파의 파장과 진동수를 λ_0 와 f_0 로 측정하게 된다. 즉, 변화가 없는 것이다. 이를 식으로 정리하면, 다음과 같다.

$$\lambda = \lambda_0, \quad f = f_0 \tag{3.1}$$

이와 같은 관계를 그림으로 표현해 보자.

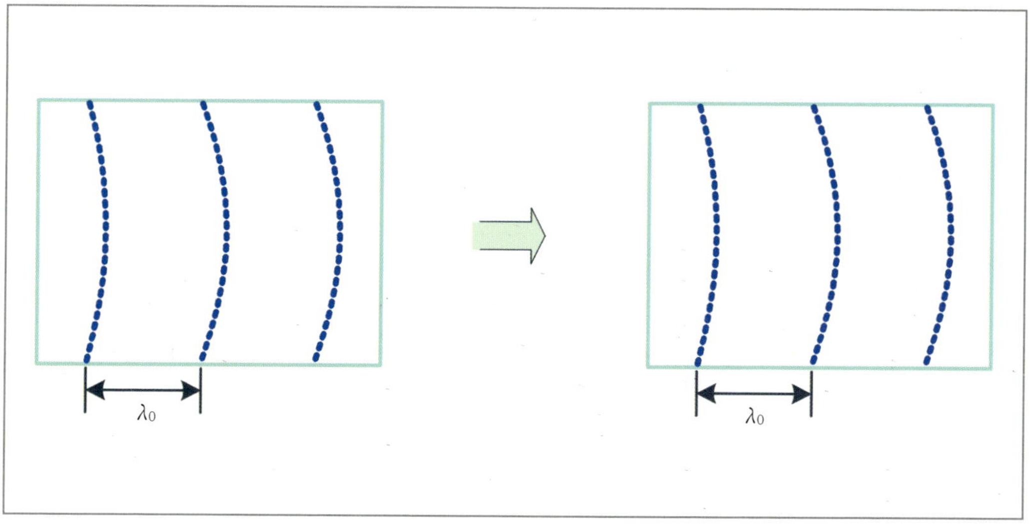

그림 3.2 음원과 관찰자가 모두 안 움직일 때의 진동수

하늘색 네모는 1초 동안 관찰자가 관찰할 수 있는 범위를 나타낸다. 그래서 네모 내부에 점선으로 그려진 곡선은 관찰된 파를 의미한다. 음원과 관찰자가 모두 움직이지 않기 때문에, 왼쪽과 오른쪽에 변화가 없다. 굳이 수평축을 구분하자면, 만일 수평축이 시간의 축이라면 네모의 밑변의 길이는 1초가 될 것이고, 수평축이 공간의 축이라면 대략 $4\lambda_0$가 될 것이다.

2. 음원이 정지해 있고, 관찰자가 움직일 때 : 파장이 일정하다.

정지해 있는 음원에 관찰자가 일정한 속도로 다가가는 장면을 연상해 보자. 이 상황의 가장 큰 특징은, 그림 3.3에서 보는 것처럼, 소리파의 파장이 일정하다는 것이다.

그림 3.3 관찰자가 음원에 접근할 때의 도플러 효과

음원이 점선들의 중심에 위치해 있고, 주변에 점선으로 그려진 동심원들은 소리파를 의미한다.

관찰자의 속도에 상관 없이 파장은 같게 측정되지만, 관찰자의 접근 속도가 커지면 같은 시간 동안 더 많은 진동수를 탐지하게 된다.[68] 이렇게 발생한 진동수의 증가분을 f' 라고 뭉뚱그린다면, 탐지된 진동수는 $f = f_0 + f'$가 된다.

[68] 비를 덜 맞기 위해서는 빗속을 걸어야 하는가, 아니면 뛰어야 하는가 라는 문제와는 본질적으로 다르다. 빗속에서는 걷는 대신 뛰면, 빗속에 머무는 시간이 짧아지므로 비에 덜 젖게 된다. 하지만 소리파의 경우에는, 마치 하늘을 향해 걸어야 비를 덜 맞나, 아니면 뛰어야 하는가 라는 문제에 접근된다.

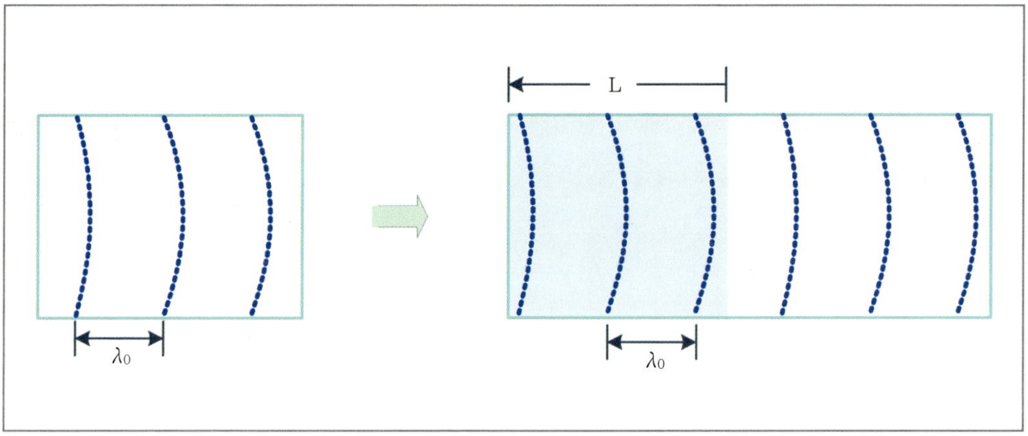

그림 3.4 관찰자가 음원에 접근할 때의 진동수 증가

관찰자가 음원 쪽으로 1초에 L만큼의 비율로 움직이기 전(왼쪽)과 후(오른쪽)를 비교했다. 하늘색 네모는 1초 동안 관찰자가 관찰할 수 있는 범위를 나타낸다. 그래서 네모 내부에 점선으로 그려진 곡선은 관찰된 파를 의미한다. 왼쪽에서는 두 개의 파만이 탐지된 반면, 오른쪽에서는 네모가 길어지는 바람에 그보다 많이 탐지 되었다. 오른쪽 네모에서 회색 부분은 증가된 진동수를 표시한다.

이제 f'를 구체적으로 구해보자. 그러기 위해, 변하지 않고 일정하게 남아 있는 λ_0를 이용하게 된다. 관찰자(D : detector)의 속도를 v_D라고 할 때, 1초 동안 움직인 거리를 L로 놓자. 그렇다면 L에 들어 있는 파의 수인 $\dfrac{L}{\lambda_0}$가 그 1초 동안에 덤으로 더 측정한 f'가 될 것이다. 이를 속도로 표현하면 $f' = \dfrac{v_D}{\lambda_0}$가 된다. 이것이 진동수의 증가분이다.

이제 소리의 속도를 v라고 하면, 관찰자가 측정하는 소리의 진동수 f는 다음과 같다.

$$\begin{aligned} f &= f_0 + f' \\ &= \frac{v}{\lambda_0} + \frac{V_D}{\lambda_0} = \frac{v + V_D}{\lambda_0} \\ &= \frac{v + V_D}{v / f_0} \\ &= f_0 \frac{v + V_D}{v} \end{aligned} \tag{3.2}$$

식 (3.2)의 결과식에서 분모보다 분자가 더 크므로, 예상대로 f 가 f_0 보다 커졌다.

이와는 반대로 관찰자가 음원에서 멀어져 간다면, 관찰자가 더 적은 수의 진동수를 탐지하기 때문에 결과는 다음과 같을 것이다.

$$f = f_0 \frac{v - V_D}{v} \tag{3.3}$$

식 (3.3)에서 예상대로 분모보다 분자가 작아졌고, 이는 f 의 감소로 이어졌다.

[예제 1] 600 Hz의 사이렌을 울리는 경찰차가 정지해 있고, 관찰자가 15 m/s의 속도로 움직이고 있다. 소리의 속도를 340 m/s로 가정할 때, 다음의 경우에 측정되는 진동수를 구하라.

a) 관찰자가 다가갈 때

b) 관찰자가 멀어질 때

▶ a) 식 (3.2)로부터 $f = 600\frac{340+15}{340} = 626.5(Hz)$.

b) 식 (3.3)로부터 $f = 600\frac{340-15}{340} = 573.5(Hz)$.

3. 관찰자가 정지해 있고, 음원이 움직일 때 : 음원이 이동한 만큼 파장은 줄어든다.

이전과는 반대로 정지해 있는 관찰자에게 음원이 다가가고 있다고 하자. 이 상황의 가장 큰 특징은 소리파의 파장이 달리 측정된다는 것이다. 음원이 관찰자 쪽으로 다가가면, 파들이 앞쪽으로 밀리면서 파와 파 사이의 간격인 파장이 그만큼 줄어든다. 만일 관찰자가 뒤쪽에 있었다면, 관찰되는 파장의 길이는 길어질 것이다.[69] 그래서 그림 3.5에서 보는 바와 같이, 관찰자 쪽의 파장이 짧아졌다.

[69] 떠밀린다기 보다는, 음원이 이동하기 전에 내보낸 파는 음원의 이동에 영향을 받지 않으며, 마찬가지로 이미 발산된 파 역시도 음원의 현재 이동에 영향을 받지 않기 때문에, 밀리는 듯이 보일 뿐이다.

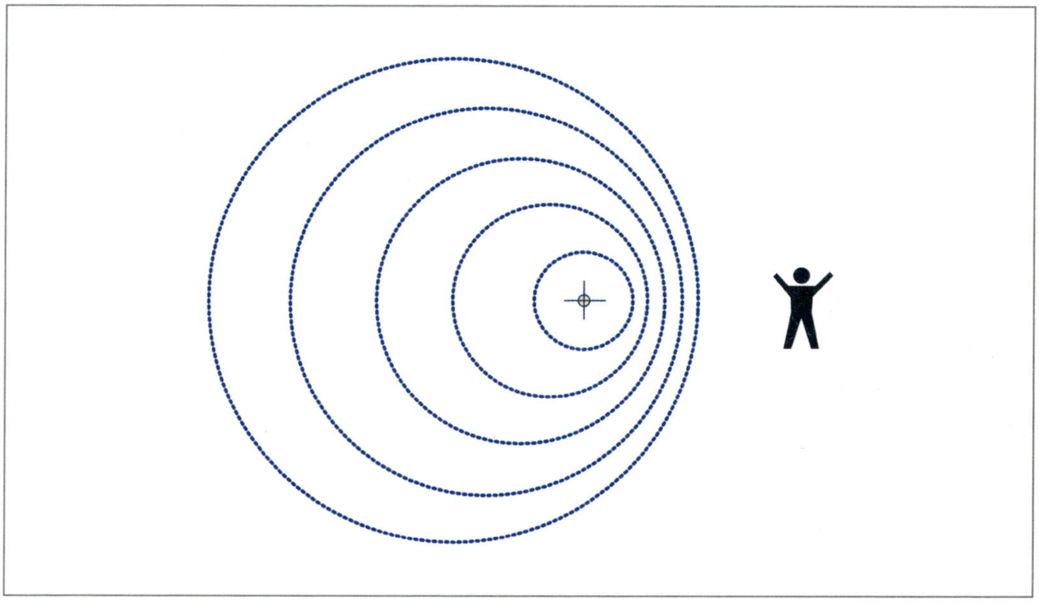

그림 3.5 음원이 관찰자에 접근할 때의 도플러 효과

음원이 관찰자 쪽으로 다가가면서 점선으로 그려진 파들의 앞쪽 파장이 줄어들어 있다.

같은 거리를 기준으로 볼 때, 긴 파장보다는 짧은 파장의 파가 더 많이 들어가는 것은 당연하다. 비록 음원에서 나오는 소리파의 진동수(f_0)는 변함이 없지만, 음원의 속도가 커질수록 더 많은 진동수(f)가 탐지될 것이다. 그래서 늘어난 진동수를 구하기 위해서 줄어든 파장을 알아야 한다. 감소분의 파장을 뭉뚱그려 λ'라고 한다면, 관찰자에 의해 측정된 파장은 $\lambda = \lambda_0 - \lambda'$가 된다.

이제 λ'을 구하자. 음원(S : sound source)의 속도를 v_S 라고 할 때, T라는 주기, 즉 T초 동안 음원이 움직인 거리를 L로 놓자.[70] 따라서 음원의 속도는 $V_S = \dfrac{L}{T} = f_0 L$[71]이

[70] 관찰자가 접근할 때는 1초 동안 움직인 거리를 고려했지만, 음원이 움직일 때는 1초 대신 T초, 즉 T라는 주기 동안 움직인 거리를 고려해야 한다. 왜냐하면 음원이 움직이는 거리를 T라는 주기를 단위로 고려하기 때문이다.

되면서, $L = \dfrac{V_S}{f_0}$ 가 성립한다. 한편 음원이 이동한 만큼 파들이 앞으로 밀리면서 파장이 줄어드는 것이므로, $L = \lambda' = \dfrac{V_S}{f_0}$ 가 된다. 이것이 파장의 감소분이다.

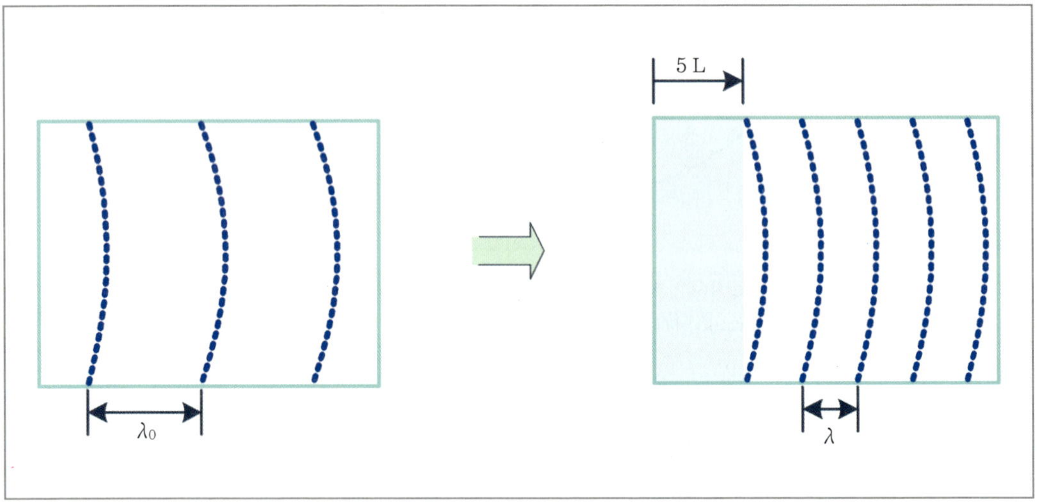

그림 3.6 파장의 변화에 따른 진동수 증가

관찰자가 음원 쪽으로 T라는 주기 동안 L만큼의 비율로 움직이기 전(왼쪽)과 후(오른쪽)를 비교했다. 그래도 하늘색 네모는 1초 동안 관찰자가 관찰할 수 있는 범위를 나타낸다. 하늘색 네모 내부에 점선으로 그려진 곡선은 관찰된 파를 의미한다. 오른쪽 네모 안의 회색 부분이 이동한 거리를 표시한다. 왼쪽에서는 3개의 파만이 탐지된 반면, 오른쪽에서는 그보다 많은 파가 탐지된다. 이때 3개건, 5개건, 단순한 예일 뿐이다.

71 이 식에서 $f_0 L$ 을 이해하고 넘어가는 것이 좋을 듯 하다. T가 한 번 진동하는데 걸린 시간, 즉 주기이기 때문에, T라는 비율로 1초 동안 진동한 횟수인 진동수는 f_0 가 된다는 것은 이미 알고 있을 것이다. 그렇다면 L/T 는 T초 동안 움직인 거리가 L이라는 의미이고, $f_0 L$ 는 한 번 진동할 때마다 L만큼씩, 1초 동안 f_0 번의 진동을 통해 이동한 거리로 이해할 수 있다. 결국 같은 말이 된다. 한편 1초 동안 이동한 거리는 음원의 속도가 된다. 이는 마치 음원을 파로 취급해서 다룬 것처럼 보인다.

이제 관찰자에 의해 측정된 파장은 다음과 같이 정리할 수 있다.

$$\begin{aligned}\lambda &= \lambda_0 - \lambda' \\ &= \frac{v}{f_0} - \frac{V_S}{f_0} \\ &= \frac{v - V_S}{f_0} \qquad (3.4)\end{aligned}$$

위에서 파장이 변한다는 사실을 이용해서 식 (3.4)을 전개했다.

한편 관찰자가 측정하는 음속은 변하지 않으므로, $v = \lambda f$ 을 f 에 대해 정리한 뒤 식 (3.4)을 대입하면,

$$\begin{aligned}f &= \frac{v}{\lambda} \\ &= f_0 \frac{v}{v - V_S} \qquad (3.5)\end{aligned}$$

식 (3.5)에서 분모가 분자보다 작으므로, f 는 늘어났다.

물론 음원이 관찰자에게서 멀어져 간다면, 위의 결과는 다음이 된다.

$$f = f_0 \frac{v}{v + V_S} \qquad (3.6)$$

식 (3.6)에서 이번에는 분모가 분자보다 크므로, f 는 줄었다.

[예제 2] 경찰차가 600 Hz의 사이렌을 울리며 70 m/s의 속도로 달리고 있다. 다음의 경우에 정지한 관찰자가 측정하는 진동수를 구하라. 단, 소리의 속도는 340 m/s로 하라.

a) 경찰차가 가까워질 때

b) 경찰차가 멀어져 갈 때

▶ a) 식 (3.5)로부터 $f = 600\frac{340}{340-70} = 784.6(Hz)$.

b) 식 (3.6)로부터 $f = 600\frac{340}{340+70} = 797.6(Hz)$.

여기에서 잠시, 식 (3.2)와 (3.3), 그리고 (3.5)와 (3.6)을 비교해 보자. 관찰자가 움직일 때는 분자에, 반대로 음원이 움직일 때는 분모에 변화가 발생했다는 규칙성을 찾을 수 있다.[72] 단지, 진동수의 증가 또는 감소를 위해, + 또는 −가 적절히 삽입된다는 것만 바뀔 뿐이다.

- 관찰자가 접근(진동수 증가) : 분자에 +
- 관찰자가 멀어짐(진동수 감소) : 분자에 −
- 음원이 접근(진동수 증가) : 분모에 −
- 음원이 멀어짐(진동수 감소) : 분모에 +

앞으로는 위의 네 가지 요약을 기본으로 응용을 할 수 있다. 다음에는 응용을 다루어 보자.

4. 관찰자와 음원이 서로에게 접근할 때

음원이 관찰자에게 다가가고, 관찰자도 음원에 다가서는 상황이다. 이 경우, 별도의 유도 필요 없이, 네 가지 요약을 바탕으로 간단히 결과를 유도할 수 있다. 상대는 정지한 채, 한 쪽이 다가가는 낱개의 경우를 합친 것으로 취급할 수 있기 때문이다.

즉, 분자에는 관찰자의 접근을, 분모에는 음원의 접근을 표현하면 된다. 따라서

$$f = f_0 \frac{v+V_D}{v-V_S} \tag{3.7}$$

[72] 사람이 자동차를 타지, 자동차가 사람을 탈 수 없는 노릇 아닐까?

결과식인 식 (3.7)에서 진동수가 증가할지, 아니면 감소할지 알 수 없다. 왜냐하면 V_S가 더 큰지, 아니면 V_D가 더 큰지 알아야 하기 때문이다.

5. 관찰자와 음원이 서로에게서 멀어질 때

음원이 관찰자로부터 멀어지며, 관찰자도 음원에게서 멀어지고 있다. 이 경우에도 네 가지 요약을 바탕으로 결과를 유도할 수 있다. 분자에는 관찰자의 멀어짐을, 그리고 분모에는 음원의 멀어짐을 대입하면 된다. 따라서

$$f = f_0 \frac{v - V_D}{v + V_S} \tag{3.8}$$

식 (3.7)에서와 마찬가지로, 이번에도 V_S가 더 큰지, 아니면 V_D가 더 큰지 알아야, 측정된 진동수가 증가할지 아니면 감소할지 판단할 수 있다.

[예제 3] 경찰차가 600 Hz의 사이렌을 울리며 70 m/s의 속도로 관찰자에게서 멀어지고 있다. 다음 경우에 측정되는 진동수를 구하라.

a) 경찰차 가는 방향으로 관찰자가 15 m/s의 속도로 움직이고 있다.

b) 경찰차의 반대 방향으로 관찰자가 15 m/s의 속도로 움직이고 있다.

▶ a) 식 (3.7)로부터 $f = f_0 \frac{v + V_D}{v + V_S} = 600 \frac{340 + 15}{340 + 70} = 519.5(Hz)$.

b) 식 (3.8)로부터 $f = f_0 \frac{v - V_D}{v + V_S} = 600 \frac{340 - 15}{340 + 70} = 475.6(Hz)$.

6. 정리

소리의 도플러 효과를 공부할 때, 조심해야 할 것이 있다. 음원과 관찰자의 움직이는 방향이 같은가 아니면 반대 방향인가에 기준을 두고 도플러 효과를 적용시키면 낭패 보기 쉽다. 둘이 서로에게서 멀어지는가 아니면 가까워지는가에 기준을 둬야 한다.

소리의 도플러 효과에는 서로 조금씩 다른 여러 상황이 있기 때문에, 처음 다루는 사람들은 복잡하게 여길 수 있다. 하지만 실제로는 어떻게 생각하느냐에 따라 다르다. 문제에 바짝 다가서면, 효과가 극대화된다는 것을 이미 도플러 효과를 통해 봤다. 이제 간략하게 마무리를 하자.

$$f = f_0 \frac{v \pm V_D}{v \mp V_S} \tag{3.9}$$

식 (3.9)에서 관찰자의 운동은 분자에, 그리고 음원의 운동은 분모에 나타난다. 접근할 때는 진동수를 증가시키는 쪽으로, 그리고 멀어질 때는 감소시키는 쪽으로 각 +와 −부호가 작용한다.

[예제 4] 경찰차가 사이렌을 울리며 달리고 있고, 신문사 차가 같은 속도로 뒤를 따라 가고 있다. 만일 사이렌의 진동수를 f_0 이라 할 때, 신문사 차에서 관찰한 진동수를 구하라.

▶ 식 (3.9)로부터 $f = f_0 \dfrac{v+V_D}{v+V_S} = f_0 \dfrac{v+V_S}{v+V_S} = f_0$.

§ 3. 빛의 도플러 효과

천둥 번개가 치는 밤, 번쩍하고 번개가 내리쳤다. 흔히 사람들은 속으로, 하나, 둘, 셋, … 하며 숫자를 세기 마련이다. 번개가 발생한 곳이 자신에게서 얼마나 떨어져 있는가를 알기 위해서이다. 위험을 알기 위해서라기 보다는 일종의 습관화된 게임이다. 빛은 진공에서 1초에 30만 km를 갈 정도로 무척 빠르기 때문에 번개가 발생한 즉시 우리가 그 빛을 볼 수 있지만, 소리는 표준 상태에서 1초에 340 m 가는 속도로 전파되기 때문에, 번개를 본 후, 몇 초 후에서야 천둥소리를 듣게 된다. 만일 번개를 본 후, 7초 후에 우르릉 쾅 하는 천둥을 들었다면, 번개가 발생한 곳은 우리에게서 대략 340×7 = 2.4 (km) 떨어져 있는 셈이다. 이렇듯 빛의 속도와 소리의 속도가 굉장한 차이가 난다.

소리와 마찬가지로 빛도 도플러 효과를 일으킨다. 어찌 보면, 소리나 빛이 모두 파동으로 기술되기 때문에 당연하겠지만, 다루는 방법은 다르다. 빛의 진동수를 다루기 위해서는 고전역학의 범주는 넘어서는 상대론이 필요하기 때문이다. 상대론씩이나 도입해야 한다고 걱정할 필요 없다. 그 결과가 너무도 달다. 왜냐하면 소리의 경우와 너무도 비슷한 결과가 나온다.

1. 특수 상대성 이론(special theory of relativity)

지금까지 우리가 다룬 부분은 고전물리에 기초를 두고 있다. 하지만 물리가 발달하면서, 고전 체계만으로 자연 현상을 다루기에는 무리가 있다. 속도라는 한계에 부딪치기 때문이다. 빛의 속도가 등장할 정도의 빠른 속도에 고전물리를 적용시키면, 엉뚱한 결과가 나오면서 실험 검증을 통해 정립된 이론조차 뒤틀려 버린다. 따라서 자연 현상을 더 폭넓게 포용하는 상대성 이론을 도입해야 한다.

상대성 이론에는 두 분야가 존재한다. 가속도가 없다면 특수 상대성 이론으로 다루어도 충분하다. 반면에 가속도를 고려해야 된다면 일반 상대성 이론(general theory of relativity)이 도입되어야 한다.[73] 일반 상대론에 비해 간략한 특수 상대성 이론을 일부만이라도 이 책에서 다루고자 한다. 왜냐하면 빛의 도플러 효과를 설명하기 위해서는 특수 상대론의 특정 부분을 알아야 하기 때문이다.

상대론이라고 하면, 내 관점뿐 아니라, 상대방의 관점도 계산에서 고려해야 하는 이론이라고 쉽게 압축할 수 있다. 낭설인지 아닌지 확인할 길은 없지만, 비교적 젊은 나이에 요절한 미국의 발레리나 이사도라 던컨(Isadora Duncan)에 대한 얘기가 있다. 생전에 이사도라 던컨이 동시대에 살던 아인슈타인 박사와 마주할 기회가 있었나 보다. 아인슈타인을 만난 자리에서 자유분방했던 던컨이 이런 제안을 했다고 한다. 우리가 결혼하면, 나의 외모와 당신의 두뇌를 지닌 2세가 태어나지 않겠느냐고. 그러자 아인슈타인이 똑같은 말로 답하고 있다. 우리가 결혼하면, 나의 외모와 당신의 두뇌를 지닌 2세가 태어날 수도 있다고. 뉴턴과 사과처럼, 이 일화가 상대론적 관점을 다소 해학적이지만 극명하게 보여주

[73] 이 책에서 다루지 않는다고 해서 일반 상대론이 광학과 연결되지 않는 것은 아니다. 중력 렌즈(gravitational lens)나 중력 적색편이(gravitational red shift)와 같이 중력과 광학이 밀접하게 연관되는 경우가 있다.

고 있다. 서로 모순되게 들리지만, 자신의 관점에서는 각각의 관점이 모두 옳다.

이제 조금은 더 과학적으로 상대론을 들여다보자. 기차 여행을 예로 들자. 정지해 있는 기차에 우리가 타고 있다. 출발을 기다리며 물끄러미 창 밖을 내다보고 있다. 순간 덜컹한다 싶더니, 옆에 정차해 있던 기차가 서서히 역을 빠져나가기 시작한다. 사실 내가 탄 기차가 움직이는지, 아니면 옆 기차가 움직이는지 분간하기 쉽지 않다. 반대의 경우도 생각해 볼 수 있다. 옆의 기차는 그대로 정지해 있고, 우리가 탄 기차가 서서히 출발하고 있다고 하자. 이때 우리는 정지해 있고, 오히려 옆 기차가 출발하는 듯이 느낀다. 만일 종착역이나 출발역이 아니라면, 우리가 탄 열차뿐 아니라, 옆에 있던 열차도 서로 반대 방향으로 동시에 출발할 수도 있을 것이다. 그러나 관점은 여전히 마찬가지이다. 우리는 정지해 있고, 상대방 열차가 움직이는 것으로 보인다.

지금까지 세 가지의 다른 경우를 보았는데, 세 가지 경우 모두, 내 자신은 정지한 것으로, 그리고 상대방이 움직이는 것으로 관찰하게 된다. 물론 상대방은 우리가 움직이는 것으로 느낄 것이다. 이는 자연 현상을 기술하는데 있어서 그대로 적용되는 두 가지의 서로 다른 관점이다. 이렇게 서로 다르게 보는 관점으로 인해, 심지어는 일정한 속도로 마냥 흐를 것만 같은 시간조차도 각기 다르게 측정된다.

특수 상대성 이론 중에서도 시간에 대한 상대성을 다루어 보자.

2. 시간 연장(time dilation)

고전역학에서의 시간은 누구에게나 균일하게, 그리고 누구에게나 일정한 속도로 흐른다. 그렇지만 상대론의 시간은 고전역학과 사뭇 다르다. 운동하는 사람의 시간은 정지해 있는 사람의 시간과 다른 속도로 흐르는 것으로 측정된다.

간단한 실험을 해보자. 거울 한 쌍이 서로 마주보고 있고, 두 사람이 있다. 한 사람은 거울에 타고 있고, 다른 한 사람은 바깥에서 거울의 운동을 지켜본다.

이제 거울 한 쌍이 서로 마주본 채 오른쪽을 향해 일정한 속도(v)로 이동한다고 하자.

출발할 때의 가속도는 무시한다. 어느 순간 거울에 탄 사람이 건너편에 있는 거울을 향해 손전등을 켰다. 마치 기차역에서 일으킨 착각처럼, 거울에 탄 사람은 자신이 움직이지 않고 있다고 여기기 때문에, 손전등을 떠난 빛이 건너편에 있던 거울로부터 반사가 되어 다시 자신에게로 돌아온다고 여길 것이다.

반면에 바깥에 서있는 사람의 입장에서는 사람이 타고 있는 거울을 떠난 빛이 비스듬한 경로를 따라 건너편 거울에 당도하고, 건너편 거울에서 반사된 후 또 다시 비스듬한 경로를 따라 원래 출발했던 거울로 돌아왔다고 여기게 된다.

- 헐크의 관점에서 빛은 단순히 L이라는 거리를 왕복했을 뿐이다. 따라서 광속 C로 달린 빛이 왕복하는데 걸린 시간은 $t_0 = \dfrac{2L}{C}$ 가 된다.
- 바깥에 있는 사람의 관점에서 빛은 비스듬한 거리를 갔다가, 반대쪽으로 비스듬한 거리를 달려 다시 돌아왔다. 피타고라스의 정리(Pythagorean theorem)를 이용해서 빛이 이동한 거리와 거울이 이동한 거리의 관계를 알 수 있다. 빛이 왕복하는데 걸린 시간을 t라고 하면, 건너편 거울에 도달하기까지 걸린 시간은 그의 절반인 t/2가 될 것이다. 물론 t는 바깥 사람이 잰 시간이다.

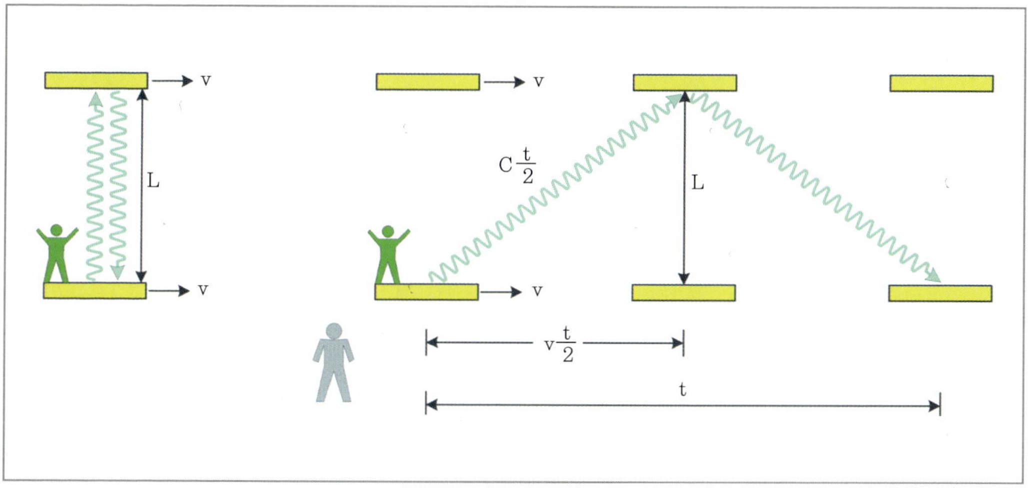

그림 3.7 상대론적 시간의 유도

노란색 사각형은 거울을, 그리고 하늘색 화살표는 손전등에서 나온 빛을 나타낸다. 거울에 초록색 헐크가 타고 있고, 바깥에는 이를 바라보는 사람의 뒷모습이 회색으로 보인다. 왼쪽 그림은 헐크의 관점이, 그리고 오른쪽 그림에는 회색인의 관점이 있다. 한편 그림에 보이는 t는 회색인이 측정한 시간이다.

이제 바깥 사람의 관점에서, 빛이 이동한 거리와 거울이 이동한 거리를 연결시키자.

$$\left(C\frac{t}{2}\right)^2 = L^2 + \left(v\frac{t}{2}\right)^2 \tag{3.10}$$

이 식을 t^2에 대해서 모으면,

$$\left(C^2 - v^2\right)t^2 = 4L^2 \quad \rightarrow \quad C^2t^2\left(1 - v^2 / C^2\right) = 4L^2 \tag{3.11}$$

따라서 t에 대해서 풀면 식 (3.12)이 구해진다.

$$t = \frac{2L / C}{\sqrt{1 - v^2 / C^2}} \tag{3.12}$$

여기에서 움직이는 거울에서의 시간과 바깥에서 정지해 있던 시간을 비교하기 위해 2L/C는 t_0임을 이용하자. 따라서 정지해 있던 시간과 움직이던 시간과의 관계식이 얻어졌다.

$$t = \frac{t_0}{\sqrt{1 - v^2 / C^2}} \quad \rightarrow \quad t = t_0\gamma \tag{3.13}$$

로렌쯔 인자(Lorentz factor)라고 불리는 $\frac{1}{\sqrt{1 - v^2 / C^2}}$ 는 상대론에서 꾸준히 나오는 식이기 때문에, 편리상을 목적으로 흔히들 γ로 놓곤 한다.[74] 상대론이 제한하는 최대 한계 속도는 광속이므로, 어떤 물체건 광속보다 빠르게 움직일 수는 없다. 따라서 v^2/C^2은 항상 1보다 작은 값을 갖게 되고, 감마는 항상 1보다 큰 값을 갖는다. 따라서 t는 t_0보다 항상 크다는 결론이 나온다. 시간이 크다는 말은 길다는 말과 같다. 즉, 시간이 늘어진다는 말이 된다. 그래서 위의 식을 시간 연장 식이라고 부른다.

[74] γ는 그리스 알파벳의 소문자인데, 감마(gamma)로 읽으면 된다. 부록 2를 참고하라.

특수 상대론의 이러한 관점으로 인해 흔히 공상과학 소설에서 타임머신(time machine)이 등장하게 되지만, 지금까지의 얘기에서 짐작할 수 있듯이, 시간 간격은 덜 느려지거나 더 느려지는 정도의 차이만 있을 뿐, 더 빠르게는 흐르지 않기 때문에, 타임머신이란 존재할 수 없는 상상의 관념이라는 것을 깨달았을 것이다.

3. 빛의 도플러 효과

소리의 경우에는 음원이 움직이는지, 관찰자가 움직이는지에 따라 다른 결과가 도출되었지만, 빛의 경우에는 마치 기차역의 기차처럼 어느 쪽이 움직이는지 판단할 수 없다. 그렇기 때문에 특수 상대론을 도입했다는 것만 빼면, 빛의 도플러 효과는 소리의 도플러 효과보다 훨씬 단순하다. 더군다나 아주 단순한 논리로 설정된 상황을 좇아 식을 세울 수 있다. 다음 세 경우를 보자.

1) 빛의 방향에 직각 방향으로 움직이는 우주선

광원과 우주선 사이의 거리는 변하지 않으므로, 광원에서 출발한 빛의 진동수를 그대로 우주인이 관찰하게 된다.

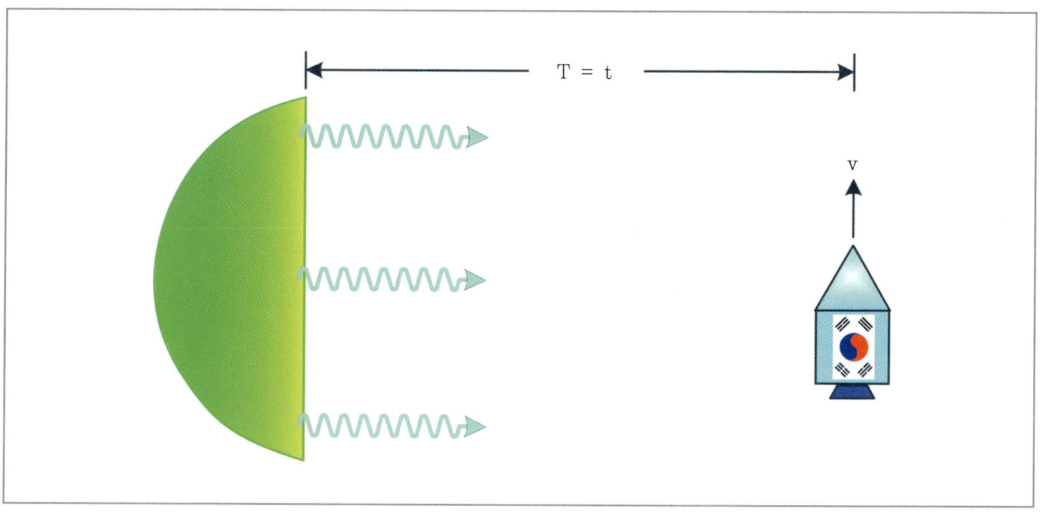

그림 3.8 빛의 방향에 수직으로 움직이는 우주선

머나먼 광원에서 오는 빛이라서 평행 광선을 가정했다. 만일 평행 광선을 가정하지 않으면 고려해야 할 상황이 약간은 더 복잡해진다. 광원은 연두색으로, 그리고 우주선이 광원에서 나오는 빛에 수직인 방향으로 항해를 하고 있다.

이때 광원을 출발한 빛이 우주선의 현재 위치에 도달할 때까지 걸린 총 시간을 T, 그리고 광원에서 출발한 빛이 우주선이 있던 원래 위치까지 도착하는데 걸린 시간을 t라고 하자. T와 t는 모두 우주선에 타지 않은 사람이 측정한 시간, 즉 우주선 바깥의 시간이다. 우주선 내부의 시간은 t_0이라 하자.

우선 바깥에 있는 사람의 관점에서 우주선이 광원에 평행하게 움직이기 때문에, 우주선과 광원 사이의 거리가 전혀 변하지 않는다. 따라서 T와 t가 같다.

이제 관점을 우주선 바깥에서 우주선 안으로 옮겨보자. 우주선에 타고 있는 우주인의 입장에서는 자신은 움직이지 않고 있으며, 반면에 광원이 자신의 반대 방향인 아래쪽으로 움직인다고 생각할 것이다. 비록 둘 사이의 간격은 변하지 않았지만, 우주선이 움직이고 있기 때문에, 바깥 시간 t를 우주인의 시간인 t_0와 연관시키기 위해서는 식 (3.12)가 필요하다. 즉,

$$T = t = \frac{t_0}{\sqrt{1 - v^2 / C^2}} \tag{3.14}$$

따라서 우주선에서 관찰되는 빛의 진동수를 구하기 위해서는 시간의 역수($f = 1/T$, $f_0 = 1/t_0$)를 취하면 된다.

$$f = f_0 \sqrt{1 - v^2 / C^2} \tag{3.15}$$

여기에서 f는 우주인이 측정한 빛의 진동수이며, f_0는 광원과 우주선이 모두 움직이지 않을 때의 진동수에 해당한다. 루트 안의 부호가 −이므로 f는 f_0보다 항상 작다. 즉, 우주인이 측정하는 진동수는 원래보다 항상 작게만 측정된다.

[예제 5] 지구상에서 진동수가 5.5×10^{14} Hz로 측정된 별빛의 광원으로부터, 멀어지지도, 그렇다고 가까워지지도 않는 평행한 방향으로 우주선이 C/2의 속도로 움직이고 있다.

a) 지구에서의 파장을 구하라.

b) 우주선에서 측정된 별빛의 진동수를 구하라.

c) 우주선에서 측정된 별빛의 파장을 구하라.

▶ a) 식 (1.2)의 $C = \lambda_0 f_0$ 로부터

$$\lambda_0 = C/f = \frac{3\times10^8}{5.5\times10^{14}} = 0.545\times10^{-6}(m) = 545(nm).$$

b) 식 (3.14)로부터

$$f = (5.5\times10^{14})\sqrt{1-(0.5)^2} = (5.5\times10^{14})(0.866) = 4.8\times10^{14}(Hz) = 480(THz)$$

예상대로 달리는 우주선에서 측정된 진동수는 감소했다.

c) 광속은 일정하므로, $C = \lambda f$ 로부터

$$\lambda = C/f = (3\times10^8\ m/s)/(4.8\times10^{14}\ Hz) = 0.625\times10^{-6}\ m = 625nm$$

지구에서 관찰한 파장 $\lambda_0 = 545nm$ 와 차이가 많이 난다. 광속이 일정하게 유지되기 때문에 파장이 늘어난 것이다.

2) 광원에서 멀어져 가는 우주선

광원을 출발한 빛이 우주선에 도달하기 위해서는 더 먼 거리를 여행해야 한다. 이것이 광원에서 멀어지는 우주선에서 관찰하는 도플러 효과의 중심 개념이다.[75]

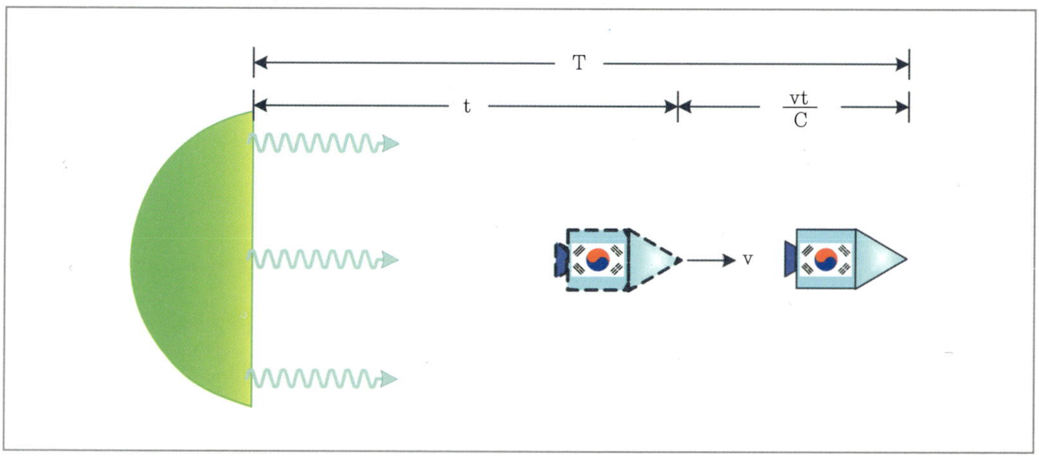

그림 3.9 광원에서 멀어지는 우주선

[75] 비록 우주선이 멀어진다고 표현했지만, 광원이 멀어진다고 해도 상관없다.

광원을 출발한 빛이 우주선이 원래 있던 위치에 도달하기까지 t초 걸린다고 하자. 우주선 역시도 t시간 동안 앞으로 항해를 계속하므로, 빛은 우주선이 항해한 거리만큼을 더 진행해야만 우주선에 도달하게 된다. 우주선이 항해한 거리는 vt가 되고, 이 거리를 빛이 여행하기 위해서는 vt/C라는 시간이 걸리게 된다. 따라서 광원을 출발한 빛이 우주선에 도달하기 위해서는 총 $T = t + vt/C = (1+v/C)t$ 시간이 걸리게 된다. 물론 우주신에 타지 않은 사람이 측정한 시간이다.

한편 우주인의 입장에서는 자신은 움직이지 않고 있으며, 광원이 반대 방향으로 움직인다고 생각할 것이다. 따라서 t를 우주인의 시간인 t_0와 연관시키기 위해서 식 (3.12)를 고려하면,

$$\begin{aligned} T &= (1+v/C)t \\ &= (1+v/C)\frac{t_0}{\sqrt{1-v^2/C^2}} \\ &= t_0\frac{\sqrt{(1+v/C)(1+v/C)}}{\sqrt{(1+v/C)(1-v/C)}} = t_0\sqrt{\frac{1+v/C}{1-v/C}} \end{aligned} \tag{3.16}$$

이제 진동수를 구하자. 빛의 진동수는 시간(주기)의 역수($f = 1/T$, $f_0 = 1/t_0$)를 취해서 구한다. 따라서 T의 역수를 취하면,

$$f = f_0\sqrt{\frac{1-v/C}{1+v/C}} \text{ : 광원에서 멀어지는 경우의 도플러 효과} \tag{3.17}$$

분자에는 −가, 그리고 분모에는 +가 위치해 있으므로, 우주인이 관찰한 빛의 진동수는 빛의 원래 진동수보다 작게 관찰된다. 예상했던 결과이다. 이를 소리의 도플러 현상과 비교해 보자. 소리의 도플러 효과에서 음원과 관찰자가 서로에게 다가가는 경우와 흡사하다. 사실 루트(squared root)만 빼면 똑같다. 예상했던 달콤한 결과이다.

[예제 6] 지구상에서 진동수가 5.5×10^{14} Hz로 측정된 별빛의 광원 쪽으로, C/2의 속도로 우주선이 멀어지고 있다.

a) 지구에서 관찰된 빛의 파장을 구하라.

b) 우주선에서 측정된 별빛의 진동수를 구하라.

c) 우주선에서 측정된 별빛의 파장을 구하라.

▶ a) 식 (1.2)의 $C = \lambda_0 f_0$ 로부터

$$\lambda_0 = \frac{3\times10^8}{5.5\times10^{14}} = 0.545\times10^{-6}(m) = 545(nm).$$

b) 식 (3.16)으로부터

$$f = (5.5\times10^{14})\sqrt{\frac{1-1/2}{1+1/2}} = (5.5\times10^{14})(0.58) = 3.2\times10^{14}(Hz) = 320(THz).$$

예상대로 달리는 우주선에서 측정된 진동수는 감소했다.

c) 광속은 일정하므로, 식 (1.2)로부터

$$\lambda = \frac{3\times10^8}{3.2\times10^{14}} = 0.937\times10^{-6}(m) = 937(nm).$$

원래의 파장 $\lambda_0 = 545nm$ 와 비교해 보면, 많이 늘어났다는 것을 알 수 있다. 광속이 일정하게 유지되기 때문이다.

이와 같은 결과는 별빛에서 수집한 스펙트럼을 관찰해보면 극명해진다. 별이 빛을 내는 것은 별의 중심부에 열핵융합(thermal nuclear fusion reaction)이 발생하기 때문인데, 별빛을 통해서 별의 구성 성분을 알아낼 수 있다. 예를 들어, 나트륨(Sodium : Na)이 포함되어 있다면, 노란색의 스펙트럼을 지구에서 수집하게 될 것이다. 그런데 노란색 스펙트럼 선이 있어야 할 위치에 있지 않고, 빨간색 쪽이건 아니면 파란색 쪽이건, 어느 한쪽으로 약간 치우쳐 있는 것이 흔히 발견된다. 이는 별이 우리에게서 멀어지거나 가까워지기 때문에 별빛의 진동수에 약간의 변화가 관찰되는 것이다. 이런 현상을 편이(shift)라고 부르는데, 별이 우리 지구에서 멀어지는 경우에는 노란색 스펙트럼이 약간 빨간색 쪽으로 치우치게 관찰된다. 이를 적색편이라고 부른다.

3) 광원에 다가가는 우주선

광원을 출발한 빛이 우주선에 도달하기 위해서는 더 짧은 거리를 여행해야 한다. 이것이 광원에 다가가는 우주선에서 관찰하는 도플러 효과의 중심 개념이다.

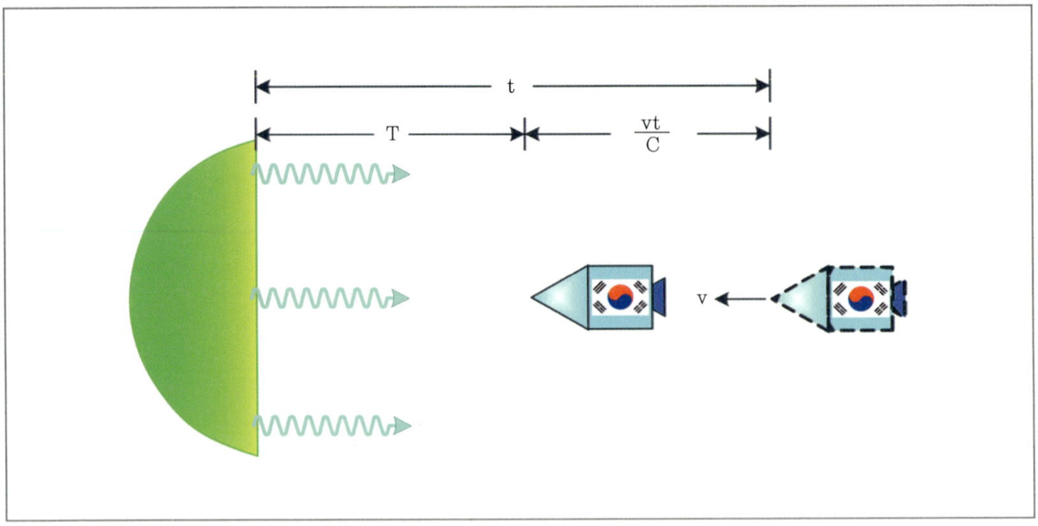

그림 3.10 광원에 다가가는 우주선

광원을 출발한 빛이 우주선이 원래 있던 위치에 도달하기까지 t초 걸린다고 하자. 우주선 역시도 t시간 동안 광원을 향해 항해를 계속하므로, 빛은 우주선이 항해한 거리만큼 덜 진행하면 된다. 우주선이 항해한 거리는 vt가 되고, 이 거리를 빛이 여행하기 위해서는 vt/C라는 시간이 걸린다. 따라서 광원을 출발한 빛이 우주선에 도달하기 위해서는 총 $T = t - vt/C = (1 - v/C)t$ 시간이 걸리게 된다.

이전과 마찬가지로 관점을 우주선 바깥에서 우주선 내부로 옮기면, 우주선에 타고 있는 우주인의 입장에서는 자신은 움직이지 않으며, 반면에 광원이 반대 방향인 우주선 쪽으로 움직인다고 생각할 것이다. t를 식 (3.12)에 대입하면,

$$
\begin{aligned}
T &= (1 - v/C)t \\
&= (1 - v/C)\frac{t_0}{\sqrt{1 - v^2/C^2}} \\
&= t_0 \frac{\sqrt{(1 - v/C)(1 - v/C)}}{\sqrt{(1 + v/C)(1 - v/C)}} = t_0 \sqrt{\frac{1 - v/C}{1 + v/C}}
\end{aligned}
\tag{3.18}
$$

우주선에서 관찰되는 빛의 진동수를 측정하기 위해 시간의 역수를 취하면,

$$f = f_0\sqrt{\frac{1+v/C}{1-v/C}}$$: 광원에 다가가는 경우의 도플러 효과 (3.19)

분자에는 +가, 그리고 분모에는 −가 위치해 있으므로, 우주인이 관찰한 빛의 진동수는 빛 본래의 진동수보다 많게 관찰된다. 역시나 예상했던 결과이다. 적색편이와는 다르게, 이번에는 원래 진동수에 해당하는 빛이 파란색 쪽으로 약간 치우치는 결과를 가져온다. 지구로 다가오는 별에게서 이런 현상이 발견되곤 하는데, 이를 청색편이라고 부른다.

[예제 7] 지구상에서 진동수가 5.5×10^{14} Hz로 측정된 별빛의 광원 쪽으로, C/2의 속도로 우주선이 다가가고 있다.

a) 지구에서 관찰된 빛의 파장을 구하라.

b) 우주선에서 측정된 별빛의 진동수를 구하라.

c) 우주선에서 측정된 별빛의 파장을 구하라.

▶ a) 식 (1.2)의 $C=\lambda_0 f_0$ 로부터

$$\lambda_0 = \frac{3\times10^8}{5.5\times10^{14}} = 0.545\times10^{-6}\,(m) = 545(nm).$$

b) 식 (3.18)로부터

$$f = (5.5\times10^{14})\sqrt{\frac{1+1/2}{1-1/2}} = (5.5\times10^{14})(1.73) = 9.5\times10^{14}\,(Hz) = 950(THz).$$

예상대로 달리는 우주선에서 측정된 진동수는 증가했다.

c) 광속이 일정하므로, 식 (1.2)로부터

$$\lambda = \frac{3\times10^8}{9.5\times10^{14}} = 0.315\times10^{-6}\,(m) = 315(nm).$$

이를 원래의 파장 $\lambda_0 = 545nm$ 과 비교해 보면, 많이 줄어들었다는 것을 알 수 있다. 광속이 일정하기 때문에 파장이 짧아진 것이다.

4. 도플러 효과의 예 : 적색편이와 청색편이(red shift & blue shift)

- 일상생활에서 물체를 본다는 것은 물체가 반사한 빛을 본다는 것과 같듯이, 우주를 본다는 것은 우주에서 지구로 오는 빛을 본다는 말과 같다. 광원과 관찰자 사이의 거리가 멀어질 때 발생하는 적색편이를 우주에서 관찰했다면, 이는 우리가 관찰하는 빛을 발산한 광원이 지구에서 멀어져 가는 방향으로 운동을 하고 있다는 말이 된다.
- 반대로 청색편이를 우주에서 관찰했다면, 이는 광원이 지구를 향해 다가오고 있다는 말이 된다.

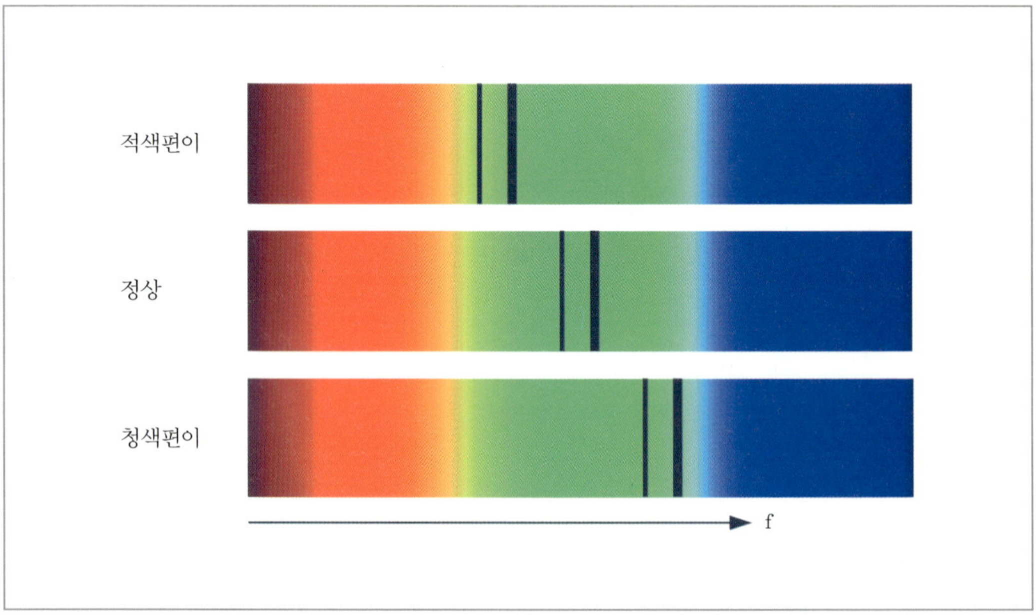

그림 3.11 적색편이와 청색편이

가시광선 파장대에 나타날 수 있는 모든 파장의 빛을 바탕으로, 굵은 선과 얇은 선 한 쌍이 그려져 있는데, 이 선들이 흡수 스펙트럼이다. 제일 아래의 화살표는 진동수를 뜻하는데, 오른쪽이 진동수가 증가하는 방향이다.

두 번째 스펙트럼에서 흡수 스펙트럼은 정상적인 흡수 스펙트럼이다. 광원과 관찰자 사이의 거리가 일정한 경우를 말한다.

- 적색편이 : 흡수 스펙트럼이 빨간색 쪽으로 약간 치우쳐 관찰되고 있다. 원래의 진동수보다 낮게 측정된 것이고, 이는 광원이 지구로부터 멀어져 간다는 적색편이를 말한다.
- 청색편이 : 흡수 스펙트럼이 파란색 쪽으로 살짝 치우쳐 있다. 원래의 진동수보다 높게 측정된 결과이고, 이는 광원이 지구로 접근 중이라는 청색편이를 말한다.

[예제 8] 만일 광원이 매우 빠른 속도로 움직이고 있는데도 편이가 관찰되지 않았다면, 관찰자는 어떤 운동 상태에 있는가?

▶ 편이가 관찰되지 않았기 때문에, 광원과 관찰자 사이의 거리는 일정하다. 따라서 관찰자가 광원과 같은 속도, 같은 방향으로 움직이고 있다.

[예제 9] 초록색인 550 nm 빛의 진동수는 5.5×10^{14} Hz 정도가 된다고 하자. 어떤 천체에서 오는 빛을 스펙트럼 분석한 결과 초록색의 진동수가 5.3×10^{14} Hz로 측정되었다면, 광원이 우리에게서 멀어지고 있는지 아니면 우리에게 다가오는지 판단하라. 또한 광원의 속도를 구하라.

▶ 관측된 진동수가 원래의 진동수보다 줄어들어 있다. 따라서 이는 적색편이에 해당되며, 광원이 우리에게서 멀어지고 있다는 증거가 된다. 이제 광원의 속도를 구해 보자. 적색편이 공식으로부터 광원이 멀어지는 속도를 구할 수 있다.

$$f = f_0\sqrt{\frac{1-v/C}{1+v/C}} \quad \rightarrow \quad f^2 = f_0^{\,2}\,\frac{1-v/C}{1+v/C} \tag{3.20}$$

따라서 이를 정리하면,

$$f^2(1+v/C) = f_0^{\,2}(1-v/C) \tag{3.21}$$

이 식을 v에 대해서 정리해서 풀면,

$$v = C\frac{f_0^{\ 2} - f_0^{\ 2}}{f_0^{\ 2} + f_0^{\ 2}}$$

$$= (3\times10^8\ m/s)\frac{(5.5^2 - 5.3^2)\times10^{28}}{(5.5^2 + 5.3^2)\times10^{28}}$$

$$= 1.11\times10^7\ (m/s) = 1.11\times10^4\ (km/s)$$

따라서 광원이 1초에 11,100 km 정도를 지구로부터 물러나고 있다. 굉장히 빠른 속도임에는 틀림없지만, 광속에 비하면, 약 1/30 정도 밖에 안 되는 매우 작은 속도이다.

이제 적색편이와 청색편이가 발생하는 실질적인 예를 보자.

1) 은하계의 자전

예쁜 무지개 빛깔은 비가 갠 지구의 청명한 대기에서만 나타나는 것은 아니다. 도플러 효과만으로도 아름다운 무지개가 나타날 수 있다. NGC 598[76]라고 알려진 은하계의 자전 방향이 잘 나타난 사진이 있다(그림 3.12). 파란색으로 보이는 윗부분은 지구로 다가오는 중이고, 붉은색으로 보이는 아랫부분은 멀어지는 중이다. 즉 원운동인 자전을 하고 있다.

전파 천체 망원경으로 찍은 사진에서 고운 무지개 빛깔의 NGC 598가 보인다. 이 사진에서 NGC 598의 자전 방향을 짐작할 수 있다. 어느 쪽으로 자전하고 있는지 각자가 판단해보라.

[76] 인류가 관찰해온 모든 은하계들과 성운(nebula)들을 인물사전처럼 모아서 정리한 목록이 두 종류가 있다. 하나는 M목록(Massier Catalog), 그리고 다른 하나는 NGC(New Generalized Catalog)이다. 목록에 수록된 은하계들은 일련의 번호를 붙여서 정리되어 있다. 한편 NGC가 더 새로운 목록이기 때문에, M목록에 수록된 모든 천체들이 NGC에도 수록되어 있다. M목록에서는 M33으로도 등록되어 있는 NGC 598은 안드로메다 은하계(Andromeda galaxy)에 소속된 두 개의 위성 은하계(satellite galaxy) 중의 하나이자, 우리 지역 은하군(local group of galaxies)이라고 불리는 은하계 무리에서 안드로메다 은하계와 우리 은하계(Our Galaxy) 다음으로 크기가 큰 은하계이기도 하다.

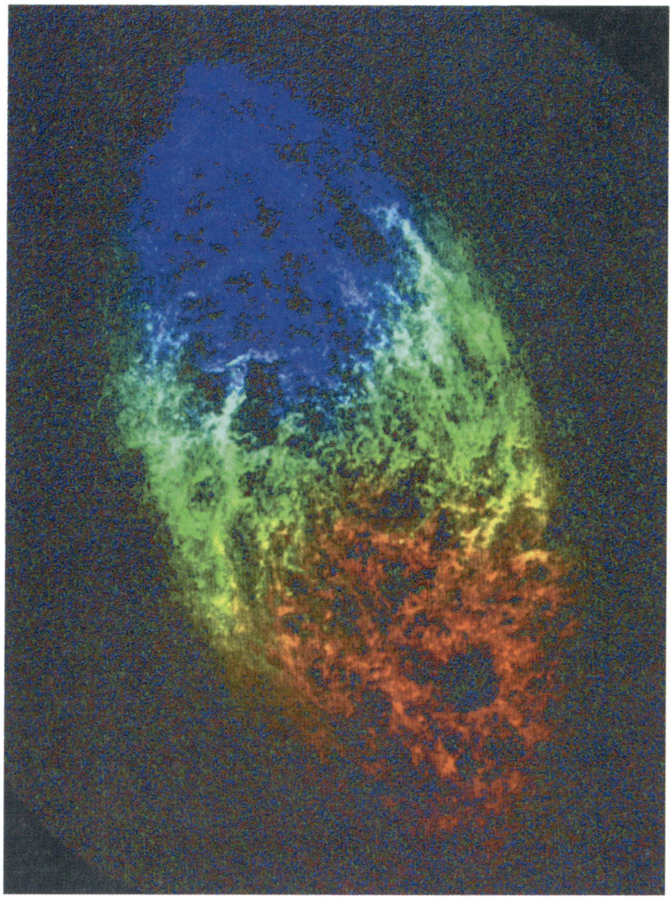

그림 3.12 NGC 598의 적색편이와 청색편이 (NRAO)[77]

맨눈에도 저런 색깔로 보이지는 않는다. 전파 천체 망원경으로 수집한 빛을 삼원색을 바탕으로 진동수에 따라 색을 달리하면서 합성한 사진이다. 세계 유명 천문대에서 일반에게 공개하는 거의 대부분의 천체 사진들이 이와 같은 과정을 거친다.

[77] NRAO는 National Radio Astronomy Observatory의 약자로 국립 전파 천문대라는 뜻이다. 미국의 뉴멕시코(New Mexico)주에 있는 이 천문대에서 운영하는 천체 망원경은 VLA(Very Large Array)라 불리는 전파 천체 망원경으로, 총 27개의 전파 안테나가 Y자로 늘어서서 하나의 천체 망원경 역할을 한다. 전파 안테나 하나하나는 접시 같이 생겼으며, 접시 하나의 지름이 25 m에 이른다.

2) 우주의 팽창 : 적색편이

도플러 효과는 단순히 지구상의 물체들의 운동에 관한 범주를 넘어서 우주의 팽창까지도 증거하고 있다. 19세기 초, 천문학자 허블[78]은 수 많은 밤을 지새며 수집한 자료들에서 기묘한 공통점을 발견하게 된다. 수 많은 자료들이 공통적으로 적색편이를 보이고 있었다. 즉, 지구를 멀리 둘러싸고 있는 숱한 천체들이 지구로부터 멀어지고 있다는 증거를 발견한 것이다. 이를 우주 팽창으로 설명하게 되는데, 그렇다면 우주 팽창으로 인한 적색편이는 관찰 방향과 상관없이 골고루 밤하늘에 나타나야 할 것이다. 왜냐하면 우주가 팽창하는데 있어서, 한쪽만 팽창하고 다른 쪽은 수축하는 어색한 현상은 일어나지 않기 때문이다.

게다가 지구에서 멀리 떨어진 천체에서 발산된 빛일수록 멀어지는 후퇴속도가 빠르다. 그로부터 우주의 팽창을 제시하기에 이른다. 이것이 허블의 법칙(Hubble's law)이다.

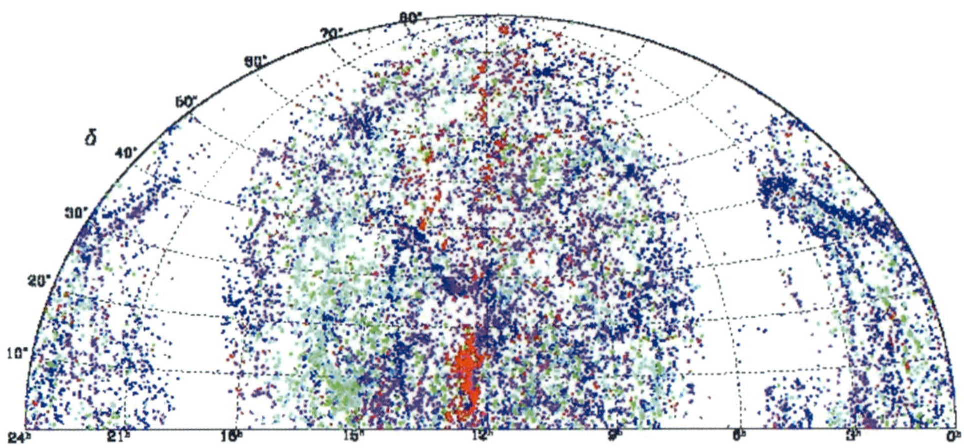

그림 3.13 편이로 가득한 밤하늘 (SAO)[79]

위에 보이는 하늘의 지도에서 수 많은 은하계들이 떠있는데, 점 하나는 은하계 하나를 나타낸다. 점 하나 하나의 색깔은 해당 은하계가 지구로 다가오는지, 아니면 멀어가는지, 멀어진다면 어느 정도의 빠르기로 멀어져 가는지 가리키고 있다. 지구로 다가오는 천체에게서 발생한 청색편이도 군데군데 보인다. 안드로메다 은하계와 같이 상대적으로 근거리에 있는 천체들이 청색편이를 보이기 마련이다.

물론 우주가 팽창한다고 해서, 우주 전체에 걸쳐 분포하고 있는 모든 천체들이 우리로부터 멀어지는 것은 아니다. 안드로메다 은하계를 비롯한 우리 주변에 있는 은하계들은 오히려 우리에게 어마 어마한 속도로 다가오고 있다. 중력 때문에 일어나는 일이다.

지금까지는 파의 운동 상태나 관찰자의 운동 상태에 따라 파가 어떻게 다르게 관찰되는가에 대한 얘기를 했다. 빛의 경우, 관찰자의 운동 방향이나 상태에 상관없이 광속이 일정하기 때문에, 진동수가 증가(감소)한 것으로 측정되었다면, 파장은 감소(증가)한 것으로 측정된다.

다음에는 파 중에서도 빛이라는 전자기파의 정체에 대해서 알아보기로 하자. 그래야만 빛이 물체와의 상호작용으로 일으키는 현상을 이해할 수 있다.

78 미국의 천문학자 허블(Edwin Powell Hubble 1889~1953)은 변호사로 시작해서, 천문학 학위를 마치게 된다. 1차 세계 대전에 참가하기도 했던 허블은 변광성(variable star 빛의 밝기가 주기적으로 변하는 별)을 관찰함으로써, 밤하늘에 보이는 밝은 빛들이 모두 우리 은하계에 속한 별들이 아니라는 사실을 깨닫게 된다. 이전까지는 우주에 우리 은하계만 있다고 여겼었기 때문에, 우리 은하계 바깥에 있는 별들의 집단, 즉 다른 은하계의 존재를 인류가 처음 깨닫게 되는 계기가 되었다. 그에 그치지 않고, 우리에게서 멀리 떨어진 천체일수록 후퇴하는 속도가 빠르다는 사실을 밝혀냄으로써, 우주가 팽창하고 있다는 허블의 법칙을 정리했다.

79 SAO는 스미소니언 천체물리 천문대(Smithsonian Astrophysical Observatory)의 약자이며, 미국 동부에 있는 몇 개의 대학교들과 연결하여 천문대를 운영하는 연구소이다. 대표적인 천문대로는 찬드라 x선 천문대(Chandra x-ray Observatory)가 있다. 찬드라는 천문학에 공이 지대한 찬드라세카르(Subrahmanyan Chandrasekhar 1910~1995)라는 인도 천문학자의 이름을 줄여서 붙인 것이다. 인도인들 스스로도 자신들의 이름이 길다고 말하는데, 역시 굉장히 길다.

1. 500 Hz의 사이렌을 울리는 경찰차가 정지해 있고, 관찰자가 5 m/s의 속도로 움직이고 있다. 소리의 속도를 340 m/s로 가정할 때, 다음의 경우에 측정되는 진동수를 구하라.

a) 관찰자가 다가갈 때

b) 관찰자가 멀어질 때

▶ a) 식 (3.2)로부터 $f = 500 \times (340 + 5)/340 = 507.3(Hz)$.

b) 식 (3.3)로부터 $f = 500 \times (340 - 5)/340 = 492.6(Hz)$.

2. 진동수를 알 수 없는 사이렌을 울리는 경찰차가 정지해 있다. 10 m/s로 달리는 관찰자가 측정하는 진동수가 480 Hz일 때, 사이렌의 원래 진동수를 구하라. 단, 소리의 속도는 340 m/s로 하라.

a) 관찰자가 다가갈 때

b) 관찰자가 멀어질 때

▶ a) 식 (3.2)로부터 $f_0 = f\,v/(v + V_D) = 480 \times 340/(340 + 10) = 466.3(Hz)$.

b) 식 (3.3)로부터 $f_0 = f\,v/(v - V_D) = 480 \times 340/(340 - 10) = 494.5(Hz)$.

3. 경찰차가 500 Hz의 사이렌을 울리며 정지해 있다. 움직이는 관찰자가 측정한 진동수가 530 Hz일 때, 관찰자의 속도를 구하라. 단, 관찰자는 경찰차에 접근하고 있으며, 소리의 속도는 340 m/s로 하라.

▶ 식 (3.2)을 v에 대해서 정리하면 $(f - f_0)v = f_0 V_D\ V_D$.

이를 V_D 에 대해서 풀면, $V_D = v(f - f_0)/f_0 = 340 \times (530 - 500)/500 = 20.4(m/s)$.

4. 경찰차가 500 Hz의 사이렌을 울리며 정지해 있다. 관찰자가 측정한 진동수가 480 Hz일 때, 관찰자의 속도를 구하라. 단, 관찰자는 경찰차에서 멀어지고 있으며, 소리의 속도는 340 m/s로 하라.

▶ 식 (3.3)를 v에 대해서 정리하면 $(f - f_0)v = -f V_D$.

이를 V_D 에 대해서 풀면, $V_D = v(f_0 - f)/f_0 = 340 \times (500 - 480)/500 = 13.6(m/s)$.

5. 경찰차가 500 Hz의 사이렌을 울리며 28 m/s의 속도로 달리고 있다. 다음의 경우에 정지한 관찰자가 측정하는 진동수를 구하라. 단, 소리의 속도는 340 m/s로 하라.

a) 경찰차가 가까워질 때

b) 경찰차가 멀어져갈 때

▶ a) 식 (3.5)로부터 $f = 500 \times 340/(340 - 28) = 544.9(Hz)$.

b) 식 (3.6)로부터 $f = 500 \times 340/(340 + 28) = 461.9(Hz)$.

6. 경찰차가 500 Hz의 사이렌을 울리며 달리고 있다. 정지해 있는 관찰자가 측정한 진동수가 530 Hz일 때, 경찰차의 속도를 구하라. 단, 경찰차는 관찰자에게 접근하고 있으며, 소리의 속도는 340 m/s로 하라.

▶ 식 (3.5)를 정리하면 $f(v + V_S) = f_0 v$. 이를 V_S 에 대해서 풀면,

$V_S = v(f - f_0)/f = 340 \times (530 - 500)/530 = 12.8(m/s)$.

7. 경찰차가 500 Hz의 사이렌을 울리며 달리고 있다. 정지해 있는 관찰자가 측정한 진동수가 480 Hz일 때, 경찰차의 속도를 구하라. 단, 경찰차는 관찰자에게서 멀어지고 있으며, 소리의 속도는 340 m/s로 하라.

▶ 식 (3.6)를 정리하면, $f(v + V_S) = f_0 v$. 이를 V_S 에 대해서 풀면,

$V_S = v(f_0 - f)/f = 340 \times (500 - 480)/480 = 14.2(m/s)$.

8. 경찰차가 500 Hz의 사이렌을 울리며 28 m//s의 속도로 관찰자에게서 멀어지고 있다. 다음 경우에 측정되는 진동수를 구하라.

a) 경찰차 가는 방향으로 관찰자가 5 m/s의 속도로 움직이고 있다.

b) 경찰차의 반대 방향으로 관찰자가 5 m/s의 속도로 움직이고 있다.

▶ a) 식 (3.7)으로부터

$f = f_0(v+V_D)/(v+V_S) = 500\times(340+5)/(340+28) = 552.9(Hz)$.

b) 식 (3.8)로부터

$f = f_0(v-V_D)/(v+V_S) = 500\times(340-5)/(340+28) = 455.2(Hz)$.

9. 뮤온(muon)이라는 입자의 수명은 $t_0 = 2\times10^{-6}\ s$ 로 알려져 있다. 이때 뮤온의 속도를 0.99C라고 가정하자.

a) 시간 연장을 무시했을 때, 뮤온이 수명이 다하기 전까지 달릴 수 있는 거리를 구하라.

b) 시간 연장을 고려할 때, 뮤온이 달릴 수 있는 거리를 구하라.

▶ a) $l = vt_0$ 이므로, $l = (0.99C)(2\times10^{-6}) = (0.99\times3\times10^8)(2\times10^{-6}) = 594(m)$.

b) 식 (3.13)로부터 연장된 시간을 구할 수 있다.

즉, $t = \dfrac{2\times10^{-6}}{\sqrt{1-(0.99C)^2/C^2}} = 14.2\times10^{-6}(s)$.

따라서 진행한 거리 $l = (0.99C)(14.2\times10^{-6}) = (0.99\times3\times10^8)(14.2\times10^{-6}) = 4211\ (m)$.
시간 연장을 고려한 결과와는 거의 7배 차이가 난다. 실험적으로 직접 측정한 값은 시간 연장을 고려한 결과치와 일치한다.

10. 어떤 광원으로부터 우주선이 C/3의 속도로 평행하게 움직이고 있다. 이 우주선에서 측정된 빛의 진동수가 5.5×10^{14} Hz이었다면,

a) 우주선에서 측정된 빛의 파장을 구하라.

b) 지구에서 측정된 빛의 진동수를 구하라.

c) 지구에서 관찰된 빛의 파장을 구하라.

▶ a) 광속은 일정하므로, 식 (1.2)로부터

$\lambda = 3\times10^8/5.5\times10^{14} = 0.545\times10^{-6}(m) = 545(nm)$.

b) 식 (3.14)로부터

$$f_0 = (5.5\times10^{14})/\sqrt{1-(0.33)^2} = (5.5\times10^{14})/(0.944) = 5.83\times10^{14}\,(Hz) = 583(THz).$$

예상대로 증가했다. 우주선에서 측정한 진동수가 감소했던 것이다.

c) 식 (1.2)의 $C = \lambda_0 f_0$ 로부터 $\lambda_0 = (3\times10^8)/(5.83\times10^{14}) = 0.515\times10^{-6}\,(m) = 515(nm)$.

11. 지구상에서 5.5×10^{14} Hz로 측정된 빛의 진동수를 광원으로부터 평행하게 달리는 우주선에서 측정했더니, 5.0×10^{14} Hz였다.

a) 지구에서 관찰된 빛의 파장을 구하라.

b) 우주선에서 측정된 빛의 파장을 구하라.

c) 우주선의 속도를 구하라.

▶ a) 식 (1.2)의 $C = \lambda_0 f_0$ 로부터 $\lambda_0 = 3\times10^8/5.5\times10^{14} = 0.545\times10^{-6}\,(m) = 545(nm)$.

b) 식 (1.2)로부터 $\lambda = 3\times10^8/5.0\times10^{14} = 0.6\times10^{-6}\,(m) = 600(nm)$.

c) 식 (3.14)로부터 $f/f_0 = \sqrt{1-v^2/C^2}$.

양변을 제곱하면, $(f/f_0)^2 = 1-v^2/C^2$. 즉, $v^2/C^2 = 1-(f/f_0)^2$.

v에 대해서 정리하면, $v = C\sqrt{1-(f/f_0)^2} = C\sqrt{1-(5/5.5)^2} = 0.417C$.

12. 어떤 광원으로부터 우주선이 C/3의 속도로 멀어지고 있다. 이 우주선에서 측정된 별빛의 진동수가 5.5×10^{14} Hz이라면,

a) 우주선에서 측정된 빛의 파장을 구하라.

b) 지구에서 측정된 빛의 진동수를 구하라.

c) 지구에서 관찰된 빛의 파장을 구하라.

▶ a) 광속은 일정하므로, 식 (1.2)로부터

$$\lambda = 3\times10^8/5.5\times10^{14} = 0.545\times10^{-6}\,(m) = 545(nm).$$

b) 식 (3.16)에서

$$f_0 = f\sqrt{\frac{1+v/C}{1-v/C}} = (5.5\times10^{14})\sqrt{\frac{1+1/3}{1-1/3}} = 7.78\times10^{14}\,(Hz) = 778(THz).$$

예상대로 증가했다. 우주선에서 측정한 진동수가 감소했던 것이다.

c) 식 (1.2)의 $C = \lambda_0 f_0$ 로부터 $\lambda_0 = (3\times10^8)/(7.78\times10^{14}) = 0.386\times10^{-6} = 386(nm)$.

13. 지구상에서 5.5×10^{14} Hz로 측정된 별빛의 진동수를 광원으로부터 멀어지는 우주선에서 측정했더니, 5.0×10^{14} Hz였다.

a) 지구에서 측정된 별빛의 파장을 구하라.

b) 우주선에서 측정된 별빛의 파장을 구하라.

c) 우주선의 속도를 구하라.

▶ a) 식 (1.2)로부터 $\lambda_0 = 3\times10^8 / 5.5\times10^{14} = 0.545\times10^{-6}(m) = 545(nm)$.

b) 식 (1.2)로부터 $\lambda = 3\times10^8 / 5.0\times10^{14} = 0.6\times10^{-6}(m) = 600(nm)$.

c) 식 (3.16)을 제곱해서 정리하면 $(f/f_0)^2 = \dfrac{1-v/C}{1+v/C}$.

이를 v/C에 대해서 정리하면, $(1+v/C)(f/f_0)^2 = 1-v/C$.

따라서 $\left[(f/f_0)^2 - 1\right] = -v/C\left[1+(f/f_0)^2\right]$. 즉, $v/C = -\dfrac{(f/f_0)^2-1}{1+(f/f_0)^2}$.

결국 $v = C\dfrac{1-(f/f_0)^2}{1+(f/f_0)^2}$ 가 된다. 이제 계산을 하자. $v = C\dfrac{1-(5/5.5)^2}{1+(5/5.5)^2} = 0.095C$.

대략 광속의 1/32 밖에 안 되지만, km/s로 환산해 보면, 약 28,500 km/s가 나온다. 상상할 수 없을만큼 빠른 속도이다.

14. 어떤 광원으로부터 우주선이 C/3의 속도로 가까워지고 있다. 이 우주선에서 측정된 별빛의 진동수가 5.5×10^{14} Hz이라면,

a) 우주선에서 측정된 빛의 파장을 구하라.

b) 지구에서 측정된 빛의 진동수를 구하라.

c) 지구에서 관찰된 빛의 파장을 구하라.

▶ a) 광속은 일정하므로, 식 (1.2)로부터

$\lambda = 3\times10^8 / 5.5\times10^{14} = 0.545\times10^{-6}(m) = 545(nm)$.

b) 식 (3.18)에서

$$f_0 = f\sqrt{\frac{1-v/C}{1+v/C}} = (5.5\times10^{14})\sqrt{\frac{1-1/3}{1+1/3}} = 3.89\times10^{14}(Hz) = 389(THz).$$

예상대로 감소했다. 우주선에서 측정한 진동수가 증가했던 것이다.

c) 식 (1.2)의 $C = \lambda_0 f_0$ 로부터 $\lambda_0 = (3\times10^8)/(3.89\times10^{14}) = 0.771\times10^{-6} = 771(nm)$.

15. 지구상에서 5.5×10^{14} Hz로 측정된 별빛의 진동수를 광원에 접근중인 우주선에서 측정했더니, 5.8×10^{14} Hz였다.

a) 지구에서 측정된 빛의 파장을 구하라.

b) 우주선에서 측정된 빛의 파장을 구하라.

c) 우주선의 속도를 구하라.

▶ a) 식 (1.2)로부터 $\lambda_0 = (3\times10^8)/(3.89\times10^{14}) = 0.771\times10^{-6} = 771(nm)$.

b) 식 (1.2)로부터 $\lambda = 3\times10^8 / 5.8\times10^{14} = 0.517\times10^{-6}(m) = 517(nm)$.

c) 식 (3.18)을 제곱해서 정리하면 $(f/f_0)^2 = \dfrac{1+v/C}{1-v/C}$.

이를 v/C에 대해서 정리하면, $(1-v/C)(f/f_0)^2 = 1+v/C$.

따라서 $\left[(f/f_0)^2-1\right] = v/C\left[1+(f/f_0)^2\right]$. 즉, $v/C = \dfrac{(f/f_0)^2-1}{1+(f/f_0)^2}$.

결국 $v = C\dfrac{(f/f_0)^2-1}{1+(f/f_0)^2}$ 가 된다. 이제 계산을 하자. $v = C\dfrac{(5.8/5.5)^2-1}{1+(5.8/5.5)^2} = 0.053C$.

대략 광속의 1/57 밖에 안 되지만, km/s로 환산해 보면, 약 15,900 km/s가 나온다. 상상할 수 없을만큼 빠른 속도이다.

16. 10번에서 15번까지의 확인문제에서, λ_0와 λ를 비교해서 편이를 판단하라. 물론 지구에서 측정된 파장을 기준으로 삼는다.

▶ a) 10번 : $\lambda_0 = 515nm$와 $\lambda = 545(nm)$ → 파장이 늘어났으므로 적색편이.

b) 11번 : $\lambda_0 = 545nm$와 $\lambda = 600(nm)$ → 파장이 늘어났으므로 적색편이.

c) 12번 : $\lambda_0 = 386nm$와 $\lambda = 545(nm)$ → 파장이 늘어났으므로 적색편이.

d) 13번 : $\lambda_0 = 545nm$와 $\lambda = 600(nm)$ → 파장이 늘어났으므로 적색편이.

e) 14번 : $\lambda_0 = 771nm$와 $\lambda = 545(nm)$ → 파장이 줄었으므로 청색편이.

f) 15번 : $\lambda_0 = 771nm$와 $\lambda = 517(nm)$ → 파장이 줄었으므로 청색편이.

Chapter IV

빛(Light)

빛이 전자기파라는 사실이 밝혀진 것은 고작 100여 년 전이다. 그 이전의 시대를 돌아보면, 호이겐스[80]는 빛의 파동설을, 그리고 뉴턴[81]은 빛이 입자로 구성되어 있다는 미립자설을 제안했다. 뉴턴은 미립자설을 바탕으로 반사와 굴절을 설명하기 위해, 매질을 통과하는 빛은 속도가 더 빨라진다고 가정했다. 이와는 반대로 호이겐스는 매질 속에서의 빛은 오히려 더 느려진다는 가정을 세워, 파동설로 반사와 굴절을 설명했다. 얇은 박막에서 여러 빛깔이 나타난다는 것을 확인까지 하고도, 뉴턴은 고집스럽게 빛은 직진해야 한다는 것을 내세워 파동설을 부정했다. 뉴턴의 명성에 눌린 당시의 과학자들은 뉴턴에 동조하는 수 밖에 없었고, 뉴턴의 미립자설은 당시 과학계의 표면으로 부상하게 된다.

입자설을 기초로, 렌즈에서의 굴절 현상과 프리즘에 의한 분산을 설명하기 위해 뉴턴은 나름대로의 이론을 발전시키지만, 19세기에 들어서 입자설로는 설명하지 못하는 간섭과 회절 현상이 알려지게 되자 빛의 정체성에 혼란이 야기 된다. 덕분에 빛이 파동이라는 기본적인 생각을 바탕으로 파동설이 발전하게 된다. 하지만 그도 잠시, 현대로 오면서 빛은

[80] 1678년에 네델란드의 물리학자 호이겐스(Christiaan Huygens 1629~1695)는 빛은 파동으로 형성되어 있다는 파동설(wave theory of light)을 제안한다. 그러나 그의 이론은 뉴턴의 이론에 밀려 긴 세월 빛을 잃기도 했다. 한편 호이겐스는 망원경이나 현미경의 발전에도 관심이 많아서, 토성(Saturn)의 위성인 타이탄(Titan)을 발견하기도 했다. 근대에 와서 빛이 이중성을 갖는다는 사실이 증명되면서 현대 물리학에서도 인정을 받고 있다.

[81] 호이겐스와 동시대 사람인 뉴턴(Sir Isaac Newton 1642~1727)은 영국의 물리학자로, 만유인력의 법칙을 설명하기 위해 대수학을 고안해 내기에 이른다. 그가 1672년에 처음 제안한 빛의 미립자설(corpuscular theory of light)은 백 년 넘게 잠을 자기도 했지만, 근대에 와서 다시 빛을 보고 있다. 살아 생전에는 주위 사람들과의 끊임없는 마찰과 옹고집쟁이로 유명한 뉴턴이었지만, 인류의 과학 발달에 탄탄한 기초를 마련했다.

입자의 성질뿐 아니라, 파동의 성질도 갖는 이중성을 보인다는 사실이 여러 물리학자들에 의해 속속 드러나게 된다.

§ 1. 빛은 무엇인가?

우리가 물체를 본다는 것은 빛을 본다는 말과 동일하다. 물체에 부딪친 빛이 반사되고, 반사된 빛이 우리들의 시신경을 자극하는 덕분에 우리가 물체를 인식할 수 있는 것이다. 대부분 사람들이 아침에 세수 후 거울을 들여다보며 때로 감탄도 터뜨리지만, 사람이란 존재가 합리화를 통해 살아가는 맛을 찾기에 자연스러운 일이다. 옷을 챙겨 입으며 다시 거울 앞에 서게 된다. 옷매무시를 가다듬자는 의도일 것이다. 옷의 종류뿐 아니라, 색깔도 맞추게 되는데, 옷의 색깔은 왜 나타나는 것일까?

빛이 물체에 닿게 되면, 물체의 표면을 구성하는 물질에 따라 일부는 반사되고, 나머지는 흡수된다. 어떤 물체는 빨간색만을, 그리고 어떤 물체는 파란색만을 반사시키고 나머지 색깔의 빛을 흡수해 버리기 때문에, 물체에 따라 빨갛게도 그리고 파랗게도 보인다. 칠판의 경우도 마찬가지로, 칠판 표면 위로 떨어져 내리는 여러 다양한 색깔의 빛들 중에 녹색을 주로 반사시키고, 나머지 색깔의 빛은 흡수하기 때문에 짙은 녹색으로 보인다. 이와는 전혀 다른 상황이지만, 우리를 둘러싸고 있는 삼면의 바다를 보자. 서해는 안정된 누런색, 남해는 눈부신 녹색, 그리고 동해는 시원한 파란색으로 표현하곤 한다. 바다의 색깔이 실제 그렇다는 것은 아니다. 여러 부유물들의 혼합 정도와 바다의 깊이와 같은 물리적 요인으로 인해, 그리고 우리가 바라 보는 각도에 따라 바다의 색깔이 변한다. 이와 같이 빛은 여러 상황과 요인으로 인해 다양한 형태나 색깔로 우리들 눈에 인식되어 왔다.

흔히 빛의 성질을 말할 때, 빛은 직진하며, 속도는 일정하다고 한다. 하지만 상황에 따라 빛은 직진 경로에서 벗어나기도 하고, 속도를 바꾸기도 한다. 대표적인 예가 굴절이지만, 또 다른 예로써, 중력을 얘기할 수 있다. 중력에 의해 빛이 휘기도 하고, 휜 빛끼리 아주 희미한 간섭 현상을 일으킬 수도 있다. 그렇지만 어디까지나 별과 같이 거대한 천체를 사이에 두고 발생할 수 있는 일이며, 우리의 일상생활에서 접하는 빛은 직진한다고 해도 무리가 없을 것이다. 빛의 속도를 말하자면, 매질을 통과하는 빛은 그만큼 속도가 느려진다.[82] 하지만 이 모든 경우를 다 다루지는 않고, 책의 목적과 부합하는 범위에서만 다루고자 한다.

§ 2. 빛은 무슨 색?

초등학교 미술 시간에 삼원색(three primary colors)이, 다른 색깔을 섞어서는 만들어 낼 수 없는, 기본이 되는 색을 말한다고 배웠다. 이는 삼원색을 기본색으로, 다른 색깔을 합성해 낸다는 말도 된다. 물감과 빛의 삼원색이 다르다.

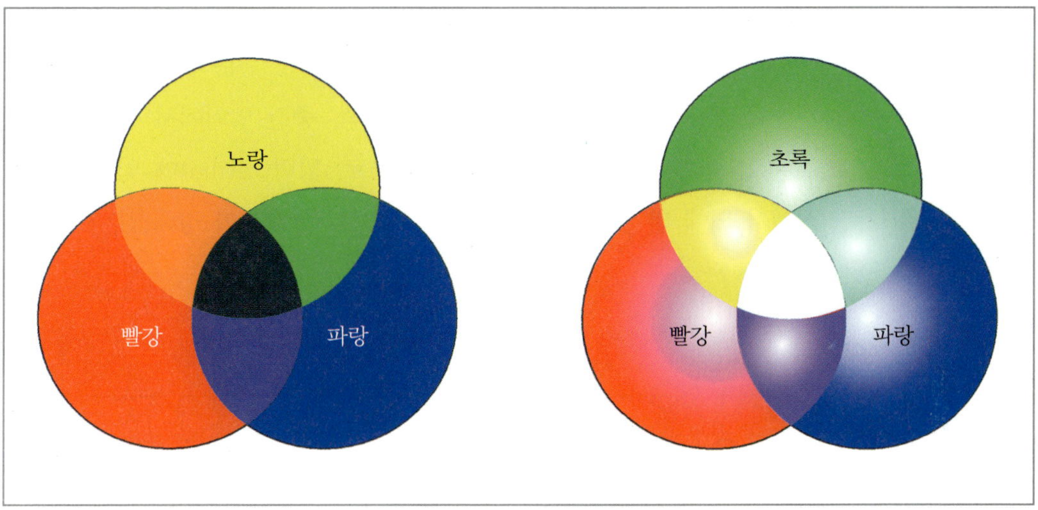

그림 4.1 물감의 삼원색과 빛의 삼원색

물감의 삼원색은 빨강, 노랑, 그리고 파랑이고, 빛의 삼원색은 빨강, 초록, 그리고 파랑이다. 물감과 빛의 근본적인 차이는, 물감은 빛을 반사뿐 아니라 흡수도 한다는 것이다. 그래서 물감의 경우에는 더 많은 색깔을 섞을수록 색감이 짙어지면서 어둠을 더하지만,

[82] 중력은 빛의 경로를 휘게도, 또한 그 속도를 느리게도 하지만, 더 놀라운 것은 시간에까지 영향을 미치는 것이 중력이라는 사실이다. 흥미가 있는 사람들은 상대성 이론을 찾아보거나, 중력 렌즈 현상(gravitational lens), 또는 유사한 현상인 체렌코프 복사(Čerenkov radiation)를 참조하라.

빛의 경우에는 반대로 점점 밝아진다. 따라서 물감의 삼원색을 다 섞으면 검정이라는 무채색(achromatic color)이 나오며, 빛의 삼원색을 다 섞으면 반대쪽의 무채색인 흰색이 나오게 된다. 말이 흰색이지, 실제로는 햇빛과 같은 백색광이다.

그림 4.2 가시광선 영역의 색깔

그렇다면 빛의 색깔은 왜 나타나는 것일까? 그것은 전적으로 사람의 시신경(color-vision receptor) 문제로 연결된다. 우리 눈은 다양한 파장의 빛을 구분하지만, 주로 빛의 긴 파장 영역에서 가장 뚜렷하게 보이는 특정 범위를 빨간색, 중간 영역에서의 특정 범위는 초록색, 그리고 짧은 영역에서의 특정 범위는 파란색으로, 망막(retina)에 있는 추체세포(cone cell)가 인식해서 뇌에 전달하는 것이다. 어떻게 해서 삼원색이 정해졌는지 알 수 있는 대목이다.[83]

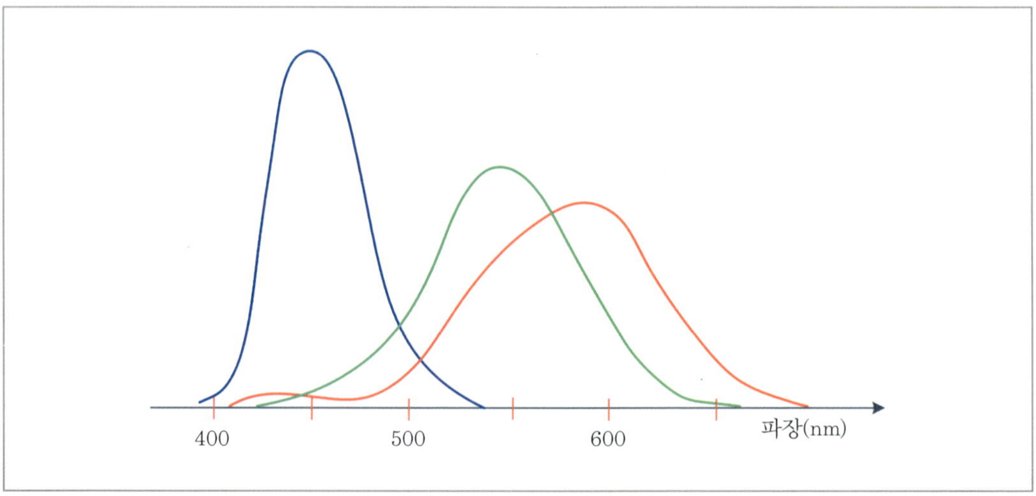

그림 4.3 색깔에 대한 추체세포의 감도

추체세포가 가장 뚜렷하게 인식하는 세 종류 파장의 빛이 빛의 삼원색이다. 파란색을 제일 강하게, 그리고는 초록색과 빨간색의 순서로 인식한다.

표 4.1 파장별 색깔

색 깔	빨간색	주황색	노랑색	초록색	파랑색	남 색	보라색
파장(nm)	620 ~ 750	585 ~ 620	575 ~ 585	500 ~ 575	445 ~ 500	425 ~ 445	390 ~ 425

각 색깔별로 근사적인 파장 범위가 나와 있는데, 두 색깔의 경계에서는 어느 색깔이라고 딱히 말할 수 없는 경우가 많다. 한편 나노(nm)와 같이 크기를 가리키는 문자들이 부록 1에 정리되어 있다.

사람의 경우 이상적인 환경에서는 약 17,000여 가지, 보통은 250여 가지의 색깔을 인식할 수 있다고 한다. 삼원색을 뺀 나머지 색깔은 삼원색이 서로 겹쳐지면서 혼합된 색깔을 띠게 되는데, 사람들은 이들 혼합된 색깔에 주황색 또는 보라색과 같이 각기 다른 이름을 붙이고 있다.

하지만 이들은 색깔만큼이나 각기 다른 특성을 보인다. 색깔이 파란색에 가까운 빛일수록 파장이 짧아지면서 진동수가 증가하기 때문에 에너지는 커지고, 반면에 빨간색에 가까울수록 파장이 길어지면서 진동수가 감소하게 되며 에너지는 작아진다. 하지만 파장과 진동수의 곱으로 표현되는 빛의 속도는 색깔에 상관없이 일정하다.[84] 이러한 특성들이 평소에는 잘 나타나지 않지만, 특정한 상황, 예를 들어, 굴절, 간섭, 회절을 발생시키는 상황에서는 유감없이 차이를 드러낸다.

한편 가시광선의 영역을 대표하는 무지개 색의 양쪽 끝에는 각각 적외선과 자외선 범위가 있는데, 이들은 우리가 인식할 능력이 없기 때문에 볼 수 없다. 하지만 어떤 동물들은 그 범위도 볼 수 있다고 한다. 이들 동물들에게는 사람이 어떤 형태로 보일지 자못 궁금해지기도 한다.

[83] 사람들은 삼원색을 기본으로 다른 색깔을 인식하지만, 동물들은 다르다. 거의 색맹에 가까운 개들의 망막에는 명암을 구별하는 간체세포(rod cell)는 많지만 추체세포가 적어서, 초록색을 옅은 노란색으로, 그리고 빨간색은 짙은 노란색으로 구별하게 된다. 반면에 파란색과 노란색은 잘 인식한다고 한다.

[84] 빛의 속도를 흔히 일정한 30만 km/s로 알려져 있지만, 이는 진공에서의 속도임을 분명히 해야 한다. 매질 속을 통과하는 빛의 속도는 이와는 다르다. 특히 파장에 따라 빛의 속도가 달라진다는 것을 굴절에서 다루게 될 것이다.

§ 3. 색깔에 대한 오해 : 북극곰은 무슨 색?

북극곰이 있다. 자신의 몸만큼이나 흰 만년설의 눈밭을 이리 저리 뛰며, 배고픈 상황에 주변을 어슬렁거린다. 자연세계 대부분의 동물들이 그렇듯이, 북극곰도 항상 굶주림에 지쳐있다. 만일 북극곰의 털이 현재의 색이 아니라면, 먹이 사냥에 더욱 난감해진 상태에서 멸종으로 이를 것이다. 뿐만 아니라, 영하 50℃로 곤두박질치는 북극의 환경에서 생존 자체가 배부른 소리가 될 수 있다. 북극곰이 비록 겉보기에는 뽀얗게 보이지만, 실제로는 반투명한 털로 덮여 있다. 흰색은 빛을 반사시키기 적합한 색깔이다. 그래서 눈과 얼음으로 둘러싸인 북극에서 위장색으로는 적당하지만, 햇빛을 반사만 시키기에 추위에 노출될 수 밖에 없다. 반면에 반투명한 털을 지니게 되면, 위장색에도 지장을 주지 않으면서 털에 닿는 햇빛을 더 깊숙이 침투시켜서 피부로 유도할 수 있다. 그렇다면 반투명한 털 아래의 가죽은 빛을 흡수하기 좋은 까만 색이 적당할 것이다. 실제로도 희디 희게 보이는 북극곰의 가죽은 새까만 색이다. 아무리 뽀얗게, 그래서 귀엽게 생겼을지라도, 곰 중에 덩치가 가장 크고, 성격도 제일 포악한 곰이 북극곰이다. 그야말로 겉 희고 속 검은 백로의 사촌이라 할 수 있으니까, 바리깡 들고 북극에 가겠다는 생각은 상상으로 그치는 것이 좋다.

그림 4.4 앙숙? (출처 미상)

실제로는 불가능한 사진이다. 겁을 상실한 골골이 펭귄 결사대는 제쳐 두고라도, 북극곰은 북극에만, 그리고 극지방 펭귄은 남극에서만 살기 때문이다.

요즘은 전혀 다른 위험이 북극곰을 지구의 오지에서 사지로 몰아내고 있다. 그것은 뜻밖에도 지구 온도의 상승인 지구 온난화. 아무리 수영을 잘한다고 해도, 아가미 달린 생선이 아닌 이상, 녹아버리는 빙산 위에서 북극곰들은 아사하거나 익사하기 마련이다. 지구 온난화가 북극곰에게 적응 불가능한 재해를 만들어내고 있다는 말이다.[85]

여기에 쓰인 단어나 말들에 고개를 갸우뚱거리며 무슨 뜻인지 몰랐을 수도 있다. 하지만 이제 이 책을 읽어가면서, 햇빛과 곰털에 얽힌 이해뿐 아니라, 단어 하나하나를 스스로 알고 이해해서 응용할 수 있었으면 한다.

§4. 진동수에 따른 빛의 이름

빛은 전자기파이지만, 진동수[86]에 따라 우리가 붙이는 이름이 각기 다르다. 빛을 다루는 광학에서 진동수에 따른 세세한 이름까지는 필요 없더라도, 굵직한 구분 정도는 상식처럼 알고 있는 것이 유익하다.

빛에 대한 분류에서 각 구분에 해당하는 범위까지 일일이 외우지 않더라도, 구분 정도는 알고 있는 것이 일상생활에서도 편리하다. 예를 들어, 각 파장의 빛을 에너지 관점에서 설명해 보자. X선의 경우 에너지가 매우 강하기 때문에, 사람의 피부와 살을 뚫고 들어가지만, 더 단단한 뼈는 통과하지 못하고 신체의 반대편에 있는 사진 건판에 흔적을 남기게 되는 것이다. 살균력이 뛰어난 자외선은 피부를 어느 정도까지 침투하기 때문에 한여름에는 자외선 차단제를 발라 피부를 보호하는 것이 좋을 뿐 아니라, 눈에 치명적인 해를 입히기도 하기 때문에 자외선이 심한 곳에서는 색안경을 쓰는 것이 좋다. 하지만 가시광선이나 열선이라 불리는 적외선은 사람의 피부도 통과하지 못할 정도로 에너지가 약하며, 그

[85] 지구의 온난화로 인한 엄청난 부작용을 최근 몇 년 동안 인류가 치루고 있다. 지구 온난화의 주된 원인에 해의 활동이 증가한 탓도 상당 부분 차지하지만, 지구 온난화의 원인으로 대기 온실효과를 일으키는 이산화탄소(CO_2)의 배출을 주로 얘기한다. 이산화탄소의 배출은 우리 인류가 조절할 수 있기 때문이다.

[86] 진동수와 주파수라는 말이 혼동해서 쓰이곤 한다. 이 책에서는 진동수로 무조건 통일했다.

보다 파장이 더 길어지면 에너지는 더더욱 약해진다. 이렇듯 똑같은 빛이라도 에너지에 따라서 일상생활에 미치는 영향은 다양하고, 때로는 심각해지기도 한다. 더불어, 피부에 좋다는 원적외선이 마치 특별한 빛이라도 되는 양 인식하기 쉬운데 그 환상도 어느 정도 가셨으리라 여긴다. 건강에 대한 국민적 관심이 높아지는 추세에 부응하여 과학적 사고도 버금갔으면 한다.

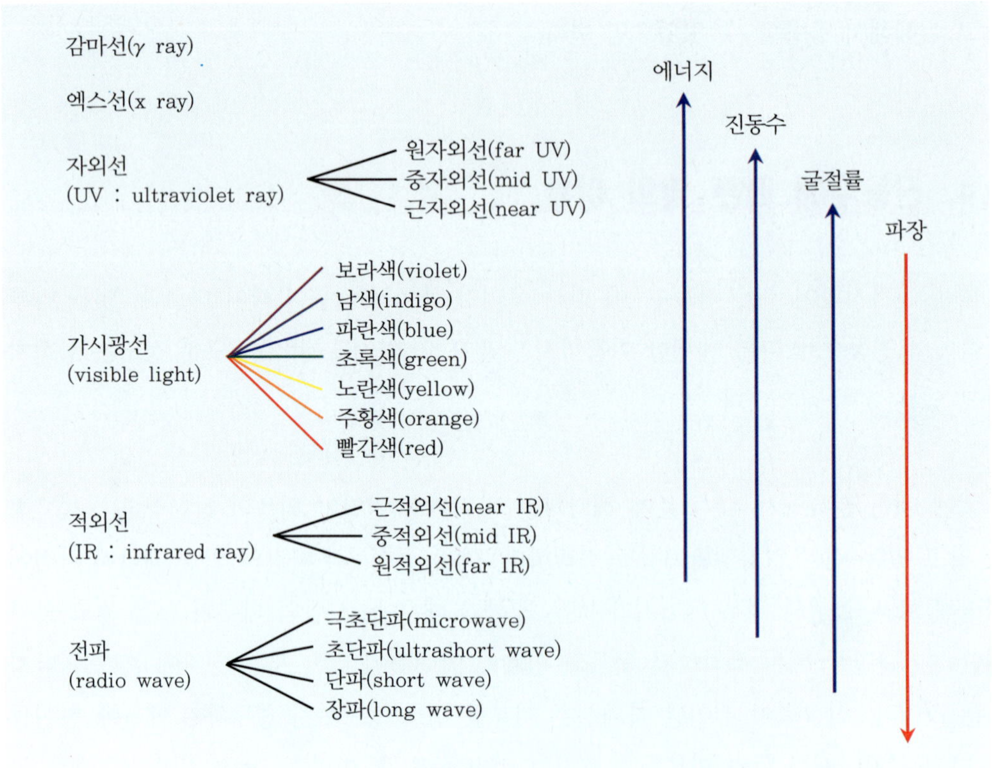

그림 4.5 빛의 구분[87]

감마선에서 장파까지 구분되어 있다. 위로 올라갈수록 에너지, 진동수, 그리고 굴절률이 증가하며, 아래로 내려올수록 파장이 증가하고 있다. 자외선과 적외선의 경우 가시광선에 가까운 쪽에 근(近 near)이라는 접두사가 붙고, 먼 쪽에 원(遠 far)이라는 접두사가 붙었다. 비록 빛이 파장이나 진동수에 따라 종류별로 구분되어 범위를 갖게 되지만, 각 범위의 경계가 뚜렷한 것은 아니다.

[87] 흔히 가시광선만을 빛으로 구분하지만, 이 책에서는 구분을 두지 않고, 모든 전자기파를 빛으로 표현했다.

[예제 1] 촛불을 보면, 안쪽에 파랗게 보이는 불꽃이 타고, 바깥쪽을 노란색 이는 불꽃이 감싸고 있다. 어느 부분의 온도가 더 높을까?

▶ 빛의 에너지로만 보면 파란색 빛의 에너지가 노란색 빛의 에너지보다 크기 때문에, 파란색 불꽃의 온도가 높다고 할 수 있다. 하지만 촛불의 불꽃에서 보는 색깔은 순수하게 에너지에 따른 색깔이라기 보다는, 타는 물질에 따른 색깔이다. 파란색 부분은 수소와 산소가 결합 중이고, 그보다 온도가 더 높은 겉부분은 탄소가 산소와 결합하느라 노르스름한 빛을 띠는 것이다.

§ 5. 호이겐스의 원리(Huygens' principle)

파가 어떻게 진행하는지, 그래서 왜 진행하는지 설명하고 있는 원리가 호이겐스의 원리다. 하지만 호이겐스의 원리는 고전적인 관점이므로, 파의 진행을 설명하는 만병통치약(cure-all)이 아니라는 점에는 유의해야 한다.

1. 평면파와 구면파(plane wave & spherical wave)

이전에는 파의 진동 방향에 따라 종파와 횡파로 구분했는데, 파의 모양으로도 분류할 수 있다. 임의의 시간에 같은 위상을 모두 연결했을 때, 파의 모양(파의 전면 : wavefront)으로 파를 분류해 보자.

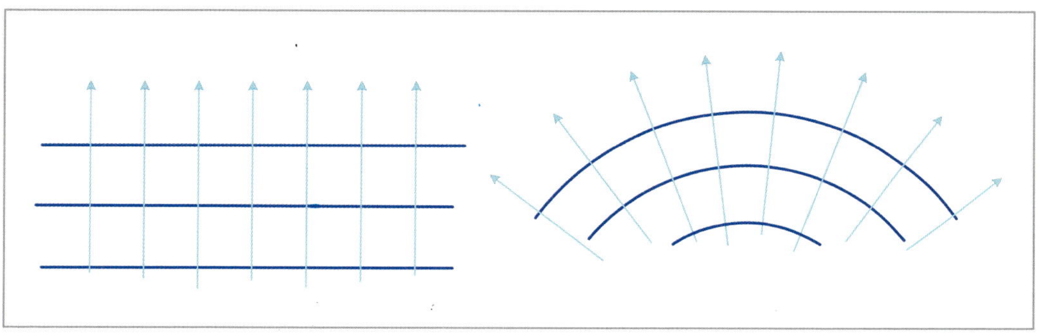

그림 4.6 평면파와 구면파

파의 진행 모습을 보면, 파면이 직선을 그리면 평면파, 그리고 곡선을 그리면 구면파로 판단할 수 있다.

같은 위상점들이 모두 일직선상에 모인 채 파의 진행이 이루어져서, 마치 군대 행렬이 옆줄을 맞춰 행군하듯이 똑바로 진행하면 평면파로 분류한다. 그렇지 않고 파 전면의 모양이 원형이면, 즉 한 점을 중심으로 사방으로 골고루 퍼져 나가는 형태이면 구면파로 분류한다. 3차원 그림에서는 이를 더욱 뚜렷하게 판단할 수 있지만, 평면파와 구면파에 대한 기본 개념만으로도 충분하리라는 생각이 든다.

햇빛처럼 광원(해)이 거의 무한대 거리 떨어져 있는 경우, 지구의 입장에서는 빛끼리 서로 평행하게 진행하므로 우리는 햇빛을 평면파로 취급하는 편리성을 발휘할 수 있다. 하지만 방안에 켜진 전구에서 발산되어 나오는 빛은 평면파로 취급하지 못하고 구면파로 다루어야 한다. 돌을 던지면 돌이 떨어진 곳을 중심으로 물결파가 점점 넓게 퍼져나가는 모습을 볼 수 있는데, 이때의 물결파는 구면파에 속한다.

종파나 횡파와는 달리, 파의 모양은 상황에 따라 변할 수 있다. 예로써, 간섭 현상에서 비록 평면파의 입사(결맞는 파의 입사)를 가정했어도, 두 구멍을 통과한 빛은 구면파로 진행하며 중첩을 일으킨다. 즉, 구멍 각각이 하나의 구면파원이 되는 셈이다. 한편 좁은 틈새에서 발생하는 회절 현상의 경우, 평면파가 입사했더라도 좁고 긴 틈을 통과하면서 원통파(cylindrical wave)가 발생한다. 마치 간섭 현상을 일으키는 구멍들이 수도 없이 많이 일직선상에 나열해서 회절을 일으키는 셈이다. 원통파를 옆에서 보면 구면파처럼 보이지만, 아래나 위에서 내려다보면 마치 평면파처럼 보인다. 이는 원기둥이나 두루마리 화장지를 옆에서 보면 원으로 보이지만, 아래나 위에서 보면 직사각형으로 보이는 것과 같다.

2. 호이겐스의 원리

제 2파원(secondary wave)의 존재를 가설한 것이 호이겐스의 원리이다. 호이겐스의 원리에 의하면, 파가 진행하면서 경로에 있던 제 2파원들을 자극하게 되고, 자극 받은 파원들 하나하나가 마치 연못에 던져진 돌맹이처럼 각기 자신들의 파를 발생시킨다. 이때 발생된 파들이 서로 연결되면서 파면(wavefront)이 형성되는 것이고, 전체적으로 보면 파가 진행하는 모습이 드러난다.

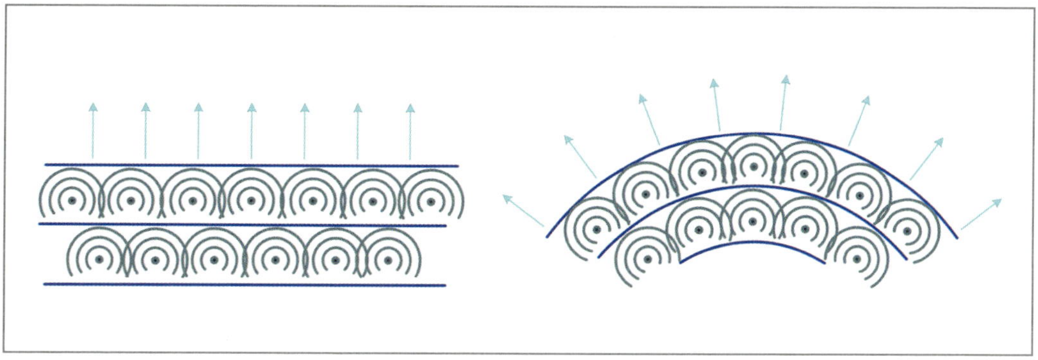

그림 4.7 호이겐스의 원리에 의한 평면파와 구면파 형성

왼쪽은 평면파 그리고 오른쪽은 구면파의 진행을 호이겐스의 원리가 보이고 있다. 양쪽 그림에서 회색 점들이 제 2 파원이다. 회색의 점선으로 표시된 작은 동심원들은 제 2파원들이 발생시킨 파들이며, 이들의 앞을 일직선으로 연결한 선(파란색)이 파면이다. 하늘색의 화살표들이 평면파와 구면파의 진행 방향을 가리킨다.

실제로 호이겐스는 이를 이용하여 파를 작도했다. 당시에 뉴턴에게 판정패를 당한 호이겐스의 파동설은 훗날 19세기 초 영국의 물리학자 영이 간섭 현상을 발견하기까지 거의 200년 가까운 세월동안 먼지를 뒤집어 쓰고 만다. 비록 영의 간섭 실험 이후에는 꾸준히 빛을 보기는 했지만, 19세기 초에 나온 특수 상대성 이론에 의해 호이겐스의 원리는 근본적인 모순에 봉착하게 된다. 이에 대한 설명은 생략하기로 하자.

이제 호이겐스가 말하고자 하는 요점을 이해했으리라 여기고, 호이겐스의 원리에 대한 간단한 역사적인 고찰을 끝으로, 더 이상의 설명은 생략한다. 다만 직접적인 언급 없이, 파동으로 빛의 특성을 설명하겠다.

§6. 빛과 매질

횡속도와 횡가속도를 열심히 떠들던 어느 날 강의, 진동으로 인해 빛이 전파되어 나가는 것이냐, 아니면 빛이 전파되기 때문에 진동을 하는 것이냐는 질문을 심각하게 던진 학생이 있었다. 닭이 먼저냐 아니면 달걀이 먼저냐는 생명체 진화에 대한 묵은 말들을 들먹일 정도는 아니지만,[88] 줄을 고의적으로 흔드는 바람에 진동이 생기고, 에너지의 전달인 파가 발생한다. 얼핏 닭이 먼저라는 말처럼 들릴지 모르지만, 정답은 그로부터 벗어나 있다. 왜냐하면 빛은 같은 상황에 있지 않기 때문이다.

빛은 매질의 진동을 필요로 하지 않는다. 그렇다고 진동이 없어진 상태로 빛이 진행할 수 있는 것도 아니다. 빛 자체가 전자기파의 진동이기 때문이다. 이와 관련하여, 빛에 대한 인류의 생각을 물리사(物理史)를 통해 접해 볼 수 있다.

뉴턴과 호이겐스 사이를 수백 년 동안 우왕좌왕하던 빛이 19세기의 간섭 실험으로 인해 오랜 방황을 끝내고 파동설에 둥지를 틀게 된다. 하지만 새옹지마(塞翁之馬)라는 것이 사람들의 삶에만 적용되는 것이 아닌가 보다. 둥지를 틀었던 빛에 문제점이 발견된 것이다. 빛이 입자였다면 매질을 필요로 하지 않지만, 파동이라서 빛을 전파시킬 매질이 필요했기 때문이다.

따라서 빛의 매질인 에테르(aether, ether)[89]라는 가상의 물질이 등장하게 되고, 우주에서도 자유롭게 날아다니는 빛을 설명하기 위해 에테르가 우주 공간을 가득 채우고 있다는 가설이 세워지게 된다. 만일 에테르가 존재한다면 당시에 에테르의 존재가 실험적으로 측

[88] 2006년 영국의 노팅엄 대학교(University of Nottingham) 유전자학(evolutionary genetics) 교수인 존 브룩필드(John Brookfield)에 의해, 달걀이 먼저인가, 닭이 먼저인가라는 오래된, 하지만 생명체의 진화에서 결코 간과할 수 없는 의문이 해결되었다는 소식을 접했다. 닭은 수정을 통해 알을 낳기에, 달걀만이 자신만의 고유한 DNA를 포함하게 된다는 이유에서 달걀이 먼저라는 것이다. 즉, 조상 닭에서 현재의 닭으로 돌연변이가 발생했다면, 달걀이 그 시초라는 말이다.

[89] 에테르가 만화영화에 등장하는 메테르의 여동생쯤으로 생각되지만, 실제 에테르는 진공에서 빛의 전파시키는 가상의 매질이다. 가상이라는 말은 당시에도 실험적으로 측정되지 않았기 때문에 붙은 말이다. 비록 에테르가 실험적으로 부정되었지만, 실험 기구 자체의 한계도 분명히 있기 때문에, 에테르의 존재에 대한 이론이 잊을 만 하면 나오고 있다. 하지만 실험적으로 부정되었다는 말이 모든 것을 설명하고 있기 때문에, 물리학계의 입장은 단호하다.

[90] 미국의 물리학자인 마이켈슨(Albert Abraham Michelson 1852~1931)은 빛의 미세한 경로차로 인해 간섭 무늬가 발생한다는 것에 착안해서 인위적으로 경로차를 만들어 간섭계라는 실험 기구를 고안해 낸다. 이 실험기구를 통해 우주 공간에서의 광속을 측정하면서 당시의 물리학자들 사이에 반신반의 회자되던 에테르의 존재를 부정하게 된다. 마이켈슨의 간섭계는 오늘날에까지 스펙트럼이나 얇은 막의 두께와 같이 작은 물리량을 측정하는데 사용되고 있다. 어떻게 보면 우리들의 일상생활과는 아무런 연관이 없을 것 같은 물리에서, 작은 것 하나에 일생을 바쳐 연구해온 사람들로 인해, 현재의 과학화된 생활을 우리가 영위하고 있는 셈이다. 부작용은 빼고.

정되었어야만 했다. 오히려 에테르의 존재에 대한 가설은 뒤이어 등장한 마이켈슨[90]의 간섭계(interferometer)라는 실험으로 거부되고 만다.

현재에는 빛은 매질 없이도 전파되는 성질을 갖는다는 것이 정설이 되었다. 짤막하게나마 짚어본 물리사였지만, 정작 빛은 가만히 있는데 사람들의 생각이 왈가불가(曰可不可) 떠들어대는 것 같기도 하고, 한편 인류가 추구하는 과학의 발달이, 문제 제기와 그에 따른 설명으로 갑론을박(甲論乙駁)하며 진행해 왔다는 사실을 새삼 깨닫게 된다.

§ 7. 빛의 이중성(duality of light)

(빛은 파동의 성질과 입자의 성질을 모두 지닌다)

빛에 대한 모든 것들이 이미 알려진 듯하지만, 실제로는 그렇지 않다. 하나의 의문이 밝혀지면 더욱 발달하는 과학 덕분에 최소한 두 세 개의 의문이 꼬리를 무는 과정이 반복되어 왔다. 그래서 과학이라는 분야에서는 점진적인 발달이 대세이다. 마찬가지로 빛에 대해 더 많이 알려질수록 더욱 미묘한 의문이 떠오르게 된다. 그 중의 하나가 아마도 빛의 이중성일 것이다. 빛의 이중성에 대한 설명은 비교적 쉽게 할 수 있지만, 여전히 빛의 실체는 개념에 대한 설명만큼 단순하지는 않은가 보다. 더욱이 현대로 오면서 여러 복잡한 개념들과 조합된 빛은 아름다운 무지개를 보면서도 시름하게 만드는 경우가 많은가 보다. 현대 과학조차 힘겹게 그 베일을 한 꺼풀씩 벗겨내고 있다.

빛은 입자성과 파동성의 서로 상반되듯 보이는 두 가지의 성질을 동시에 갖는다고 알려져 있다. 이를 두고 빛의 이중성이라고 말하는데, 굴렁쇠에 비교해 보자. 굴러가는 굴렁쇠를 앞이나 뒤, 또는 위에서 바라보면 직선운동으로만 관찰되지만, 옆에서 보면 분명 원운동만 보게 된다. 즉, 굴렁쇠가 실제로는 직선운동과 곡선 운동이 조합된 운동을 하고 있지만, 보는 관점에 따라서 한 가지의 운동만 보이게 되는 것이다. 빛도 파동과 입자라는 두 가지 특성을 모두 지니고 있지만, 어떤 방법으로 보느냐에 따라, 한 가지의 성질이 두드러진다.[91] 빛의 경우도 마찬가지여서, 경우에 따라서 입자성만 관찰될 수도, 또는 파동성만 관찰될 수도 있다. 물론 경우에 따라서는 두 가지의 성질 모두로 설명 가능한 경우도 있다. 대표적인 예가 굴절과 반사의 경우이다.

표 4.2 빛의 특성과 그에 따른 현상

성 질	설명 가능한 현상
파동성	간섭, 회절, 편광
입자성	광전 효과
둘 다	굴절, 반사

지금까지 여러 현상들을 일으키는 빛의 특성을 파동으로 설명해 왔고, 광전 효과만 제외한 나머지 부분에서 앞으로도 파동으로 설명하게 된다.

표 4.2에 나오는 빛의 특성들은 이 책의 본문 내용에서 중요하게 다루겠지만, 광전 효과는 이와는 별도의 개념이기에 따로 지면을 할애해서 개념적으로 접근하고자 한다.

§8. 광전 효과(photoelectric effect)

(빛을 금속에 쪼이면 금속에서 전자가 튀어 나오는 현상)

현대는 컴퓨터가 워낙 발달해 있어서 소형 계산기를 들고 다니는 경우가 드물지만, 예전에는 다양해진 기능의 더 얇고 가벼운 계산기가 해마다 경쟁하듯이 출시되곤 했었다.

[91] 이를 파동에 비유할 수도 있다. 파동의 경우 굼실대는 원(곡선)운동을 통해 앞으로 전진한다. 즉, 서로 상반되는 듯 보이는 원운동과 직선운동을 동시에 하는 것이다. 파동을 미시적으로 관찰하게 되면 파도처럼 굼실대는 원운동을 보게 될 것이고, 거시적으로 관찰하게 되면 앞으로 전진하는 직선운동만 관찰하게 될 것이다. 이와 같이, 빛의 이중성에서 때로 파동적인, 또 때로는 입자적인 성질이 서로를 배척하기 보다는 보완한다고 해서, 이를 상보성(complimentarity)이라고 한다.

요즘의 휴대 전화기가 불러일으키는 유행의 물결과 흡사했었다. 그 중에 햇빛을 받아 충전하고, 작동하는 계산기, 그리고 같은 원리로 작동하는 손목시계도 있었다. 이들은 광전효과를 응용한 상품들이었다.

금속에 빛을 쪼이면 금속에서 전자가 튀어 나온다는 것이 광전 효과이다.[92] 움직이는 전자가 발생했다는 말은, 계산기나 손목시계가 작동하기 위해 필요한 전기가 흐른다는 말이 된다. 이때 광전 효과로 튀어나온 전자를 특별히 광전자(photoelectron)라고 부른다.

1. 일함수(work function)

광전자가 어디에서 오는가를 알기 위해, 금속에 대해서 알아보자. 금속을 형성하는 원자들은 다시 핵과 전자들로 구성되어 있다. 그 구조를 보면, 핵을 중심으로 전자들이 위치(분포)해 있다. 핵과 전자 사이에 작용하는 +, −의 전자기력으로 인해 전자들이 핵에 구속 되어 있는 것이다. 그런데 전자들 중에 원자의 제일 가장자리에 위치한 전자들은 핵으로부터 가장 멀리 떨어져 있기 때문에, 핵의 구속력이 약할 수 밖에 없고, 덕분에 비교적 자유롭게 원자들 사이를 떠돌 수 있다. 그렇다고 떠돌이 전자(자유 전자)들이 완전히 자유로운 것은 아니고, 다른 원자들과의 전자기력에는 여전히 구속되어 있다.[93] 금속 속에는 떠돌이 전자들의 수는 굉장히 많아서, 원자와 원자 사이를 떠돌며 원자들끼리의 결합을 유도하는데, 이를 금속 결합이라 부른다. 모든 금속들은 금속 결합에 의해 형성된다. 따라서 광전자의 후보인 떠돌이 전자들은 이미 금속 속에 있다.

[92] 아인슈타인(Albert Einstein 1879~1955) 박사를 말하면 제일 먼저 $E = mC^2$이 떠오르며, 마치 핵폭탄 개발에 지대한 영향을 끼친 인물로 연상되기 쉽다. 전자의 경우는 맞지만, 후자는 전혀 맞지 않는 말이다. 아인슈타인은 처음부터 핵개발을 열렬히 반대했던 몇 안 되는 물리학자였다. 사람들이 동경의 눈초리로 바라보는 상대론의 창시자로도 알려져 있지만, 아인슈타인이 세상의 공식적인 인정을 받게 만든 것은 광전 효과였다.

[93] 하나의 원자에서 전자를 떼어내는데 필요한 에너지(이온화 에너지)의 반 정도면, 금속 결합으로부터 전자가 튀어나오도록 할 수 있다. 전자를 붙잡는 핵의 구속력이 원자의 구속력보다 강하기 때문이다. 한편 금속 결합을 형성하는 떠돌이 전자 무리들 모습이 마치 뿌옇게 새어나온 가스 같다고 해서 전자 가스(electron gas)라고 부른다. 만일 우리가 전자 가스에 이름을 붙였다면, 벌떼같이 몰려 있다고 해서 벌떼 전자라고 했을지 모른다.

이제는 전자들이 어떻게 해서 튀어 나오는가 살펴보자. 전자가 튀어 나온다는 말은, 금속 결합을 끊고 금속 밖에서 독자적인 운동을 한다는 말과 같다. 그렇다면 금속 결합을 끊는데 필요한 에너지와 운동을 하는데 필요한 에너지가 전자에게 필요할 것이다. 그 에너지를 금속에 입사한 빛이 제공하게 된다.

금속에 빛을 쪼이면 떠돌이 전자가 빛(빛의 에너지)을 흡수하는데, 흡수한 에너지의 크기가 일정 이상이 되면, 전자는 그 에너지를 빌어 금속으로부터 탈출할 수 있다. 물론 입사한 빛의 에너지가 작으면 전자는 탈출하지 못한다. 입사한 빛과 전자는 1 : 1로 대응하기 때문이다. 빛의 에너지는 진동수에 따라 결정된다는 것을 염두에 두고, 이제 그림 4.8을 보자.

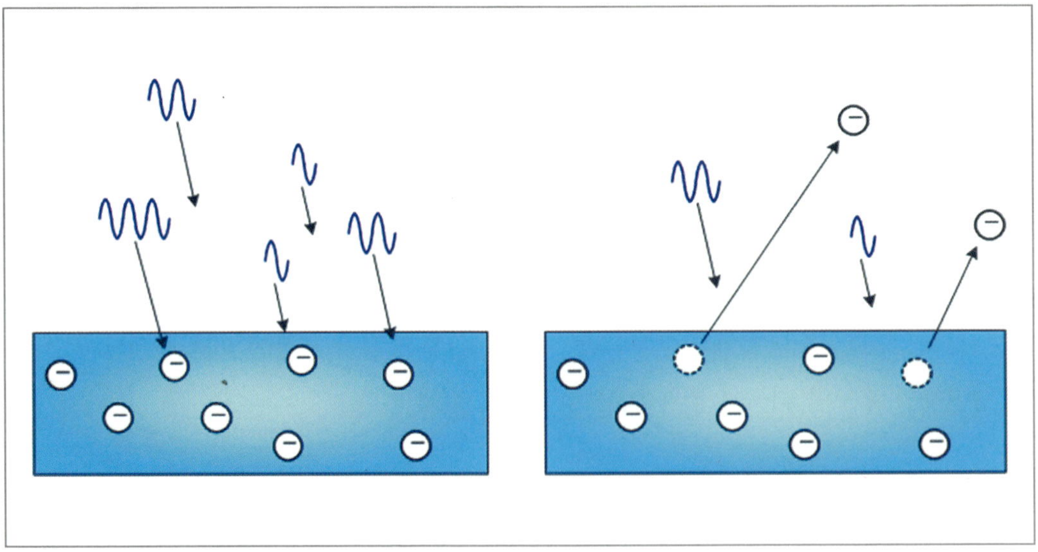

그림 4.8 광전 효과

낱개의 짤막한 물결들은 빛알갱이를 의미한다. 금속 표면에는 전자들이 자유스럽게 떠다닌다. 왼쪽 그림에서 다양한 진동수의 빛이 금속 표면에 입사하고 있다. 같은 시간 동안 한번 진동하는 빛보다 두 번이나 세 번 진동하는 빛의 에너지가 더 크다는 것은 이미 인지하고 있을 것이다. 빛을 짧은 파형으로 표현한 것은 이미 우리에게 친숙해진 모양을 인용한 것일 뿐이며, 광전 효과는 분명 빛의 입자설에 근거하고 있다. 튀어나온 전자를 따라다니는 화살표의 길이는 전자의 운동 에너지의 크고 작음을 가리킨다.

한 개짜리 진동의 빛알갱이는 전자를 튀어 나오게 하지 못하고 그냥 흡수되고 만다. 반면에 두 개짜리와 세 개짜리 진동의 빛알갱이[94]들은 금속 표면으로부터 전자를 탈출시키고 있다. 이때 튀어 나온 광전자의 운동 에너지는 전자가 흡수한 빛알갱이의 에너지에 따라 달라진다. 에너지가 보존되기 때문인데, 그래서 세 개짜리 진동의 빛알갱이를 흡수해서 튀어나온 전자의 운동 에너지는 두 개짜리 진동을 받고 튀어나온 전자의 운동 에너지보다 크다.

입사한 빛의 에너지 = 금속과 전자의 연결 에너지(일함수) + 광전자의 운동 에너지[95]

이를 수식으로 표현하자. 입사한 빛의 에너지를 E, 일함수를 eV, 그리고 광자의 운동 에너지를 K로 두면,

$$E = eV + K \tag{4.1}$$

금속을 형성하는 원자의 종류에 따라 원자들과 떠도는 전자들 사이의 인력(구속력)이 다를 것이다. 따라서 어떤 금속이냐에 따라 전자가 뛰쳐나오기 위해 필요한 에너지가 달라진다. 이를 일함수라고 부른다.

[예제 2] 에너지의 mks 단위로 J을, 그리고 cgs 단위로는 에르그(erg)를 쓴다.

a) J을 거리, 질량, 그리고 시간의 mks 기본 단위로 변환하라.

b) J을 eV로 유도하라.

▶ a) 물리에서는 단위가 중요한 위치를 차지하는데, 단위를 확실히 알면 정의식과 같은 공식을 알 수 있다. 에너지는 힘(F : force)에 거리를 곱한 결과이다. 따라서 물체의 운동 에너지(K : kinetic energy)는 다음과 같이 정의된다.

94 빛에 대한 고전적 시각과 현대적 시각의 차이가 극명하게 드러내는 것이 빛알갱이(광자 photon)이다. 뉴턴의 입자설이 수 백 년 후에 되살아난 것처럼 생각되지만, 빛알갱이는 자신의 진동수뿐 아니라, 파장도 지니고 있어서, 파동설과도 어긋나지 않는다. 따라서 현대물리에서의 빛은 입자와 파동의 두 가지 성질을 모두 가진다.

95 = 부호(equality)는 왼쪽과 오른쪽이 같다는 의미를 지닌다. 즉, 대상이 에너지인 경우에는 에너지 보존을 말한다.

표 4.3 다양한 금속의 일함수[96]

금 속	일함수(eV)	금 속	일함수(eV)
세슘(Cs : cesium)	2.14	은(Ag : silver)	4.26
칼륨(K : potassium)	2.2	알루미늄(Al : aluminum)	4.28
나트륨(Na : sodium)	2.3	텅스텐(W : tungsten)	4.5
리듐(Li : lithium)	2.9	구리(Cu : copper)	4.65
칼슘(Ca : calsium)	2.9	탄소(C : Carbon)	4.81
납(Pb : lead)	4.25	금(Au : gold)	5.1

인용한 곳: http://www.pulsedpower.net/Info/WorkFunctions.htm

표를 보면서, 일함수가 금속마다 일정한 값을 갖는다고 생각하기 쉽다. 하지만 위의 표는 절대 온도 0K를 기준으로 작성된 것이다. 만일 온도가 증가하면 금속 결합을 유도하던 전자들이 활발해지면서, 금속에서 탈출하기가 그만큼 쉬워진다. 따라서 온도가 높아지면, 각 금속의 일함수는 감소한다. 일상수라 부르지 않고 일함수라고 부르는 이유가 있는 것이다.

$$K=\int F dx=\int madx=\int m\frac{dv}{dt}dx=\int m\frac{dv}{dt}\frac{dt}{dt}dx=\int m\frac{dx}{dt}dv=\int mvdv=\frac{1}{2}mv^2 .$$

위 식의 전개 과정에서, 뉴턴의 가속도의 법칙(law of acceleration)인 $F=ma$를 도입했으며, 가속도(a : acceleration)를 그의 정의인 단위 시간당 속도의 변화를 이용해서 $a=\frac{dv}{dt}$로 바꾸었다. 또한 속도의 정의식인 $\frac{dx}{dt}=v$를 도입했다. 따라서 J은 질량에 속도의 제곱을 곱한 것이다. 즉, $J=kg(m/s)^2=kg\cdot m^2/s^2$.

b) J을 eV로 전환시키기 위해, 같은 수인 1.6×10^{-19}로 곱해주고, 나누자. 값에 아무런 변동이 없을 것이다. $1.6\times10^{-19}C$는 전자 하나가 갖는 전하량의 mks 단위에 해당한다. 흔히 이 숫자를 문자 e로 표현하곤 한다. 즉, $e=1.6\times10^{-19}C$.

[96] 전자 같은 입자들은 에너지가 너무 작아서 에너지의 단위인 줄(J : joule)이나 에르그(erg)를 쓰지 않고, 별도로 eV라는 에너지를 쓴다. e는 전자 하나가 갖는 전하량을 말한다. 워낙 작은 전자의 에너지를 $e=1.602\times10^{-19}\,coulomb$로 나누면, 그 값이 커지게 된다. 그런 뒤, 문자인 e를 곱해주면, 표 4.3에서 보는 것처럼, 2.14나 2.2와 같은 간단한 수로 표현이 되는 것이다. 따라서 원래 값에는 변동이 없지만, 쓰거나 읽을 때 편하다는 이점이 있다. 이때 coulomb은 줄여서 C라고도 쓰는데, 쿨롬으로 읽으면 된다. 전하량의 mks 단위이다. 전하의 cgs 단위는 esu(electrostatic unit)를 쓴다.

$$J = \frac{1.6\times10^{-19}C}{1.6\times10^{-19}C}J = \frac{e}{1.6\times10^{-19}C}J = 6.25\times10^{18}e(J/C) = 6.25\times10^{18}eV.$$

여기에서 $J/C = V$ 이다. 따라서 1 J이 상당히 큰 양의 eV로 전환되었다. 전자 하나의 전하량이 워낙 작기 때문에, 이 정도의 큰 수로 표시를 해도 고작해야 수 eV로 나타나게 된다.

표 4.4 J과 eV의 교환

J → eV	$1J = 6.25\times10^{18}eV$	$\times6.25\times10^{18}eV/J$
eV → J	$1eV = 1.60\times10^{-19}J$	$\times1.60\times10^{-19}J/eV$

[예제 3] $10J$ 의 에너지를 eV로 전환하라.

▶ 표 4.4를 참고하면, $1J$ 은 $6.25\times10^{18}eV$ 에 해당한다. 따라서 J을 eV로 전환할 때는 다음과 같은 등식이 성립한다. $10J = (10J)(6.25\times10^{18}eV/J) = 6.25\times10^{19}eV$.

[예제 4] $70MeV$ 의 에너지를 J로 전환하라.

▶ 표 4.4를 참고하면, $1eV$ 는 $1.60\times10^{-19}J$ 에 해당하므로, eV를 J로 전환할 때는 다음과 같은 등식이 성립한다. $70MeV = (70\times10^{6}eV)(1.60\times10^{-19}J/eV) = 1.12\times10^{-11}eV$.

2. 빛알갱이 : 양자화된 빛

광전 효과에서 짚고 넘어가야 할 중요한 부분이 있다. 흔히 빛의 에너지가 클수록 더 밝다고 잘 못 알기 쉬운데, 꼭 그렇지만은 않다. 예를 보자. 일상생활에서 전구를 한 개 켰을 때보다 두 개나 세 개 켰을 때 더 밝다. 그렇다고 해서 전구에서 나오는 빛줄기의 진동수가 합쳐지면서 가시광선에서 자외선이나 엑스선으로 바뀌는 것이 아니다. 비슷한 말이지만, 진동수가 높다고 빛이 더 밝은 것만도 아니다. 만일 그렇다면 빨간색보다 파란색이, 그리고 파란색보다 자외선이 더 밝아야 하지만, 자외선은 아예 볼 수도 없다.[97] 따라서 진동수에 상관없이, 전구를 많이 켤수록 빛이 밝아진다는 결론이 나온다.[98] 그렇다면 빛의 밝기는 무엇과 관련이 있는 것일까? 이 의문이 우리를 광전 효과의 핵심으로 유도한다.

설사 광전 효과를 배제하더라도, 빛의 밝기가 파장이나 진동수 보다는 진폭에 연관되어 있다는 사실에서도 확인할 수 있다. 2장 4절 파의 밝기에서 결맞는 파와 결안맞는 파의 예에서 다루었듯이, 우리는 지금까지 진폭의 제곱을 빛의 밝기로 판단해 왔다. 따라서 진폭, 즉 밝기를 증가시키기 위해서는, 마치 여러 개의 전구를 켜야 하듯이, 더 많은 파들이 중첩되어야 한다. 그렇다면 파의 수가 광전 효과에서는 어떻게 해석되는지 보자.

아인슈타인이 광전 효과를 통해 보인 것은,

- 빛의 에너지가 더 커지기 위해서는 빛의 진동수를 높여야 한다는 사실과
- 빛의 밝기는 입사된 빛알갱이의 수에 비례한다는 것이다.

즉, 그 동안 파동으로 여겨졌던 빛이 실제로는 알갱이 단위로 입자화(양자화 : quantization) 되어 있다는 것을 보인 것이 그의 업적이었다.

이에 대한 구체적 언급은 잠시 미루고, 광전 효과에 미친 결과를 분석해 보자.

- 따라서 빛의 진동수를 높여주면 전자가 핵을 뿌리치고 튀어나올 뿐 아니라, 튀어나온 전자의 운동 에너지도 증가했다.
- 반면에 빛이 더 밝아지면, 즉 빛알갱이의 숫자가 늘어나면, 빛을 흡수하는 전자의 수도 늘어나기 때문에, 튀어 나오는 전자의 수가 증가했다.[99]

광전 효과는 고전 광학 사이에는 빛이 양자화되어 있다는 근본적인 차이점도 있지만, 실험을 위해 진동수를 고정시킨 이상, 빛의 밝기와 진동수는 상관이 없으며, 더 많은 파, 즉 빛알갱이의 수가 증가할수록 빛이 밝아진다는 공통점도 있다.

[97] 우리들의 눈이 가장 밝게 느끼는 파장은 555 nm 부근이라고 한다.

[98] 실제로 상관이 전혀 없지는 않지만, 이에 대한 얘기는 식 (4.3)이 정의하고 있다. 그때까지 미루자.

[99] 광전 효과 이전에 프랑스의 귀족 드브로이(de Broglie)가 물질파(matter wave)의 개념을 탄생시켰다. 또한 물질파 이전에 플랑크의 상수가 탄생했다. 관심이 있는 사람들은 이름을 찾아보길.

[예제 5] 에너지가 3.5 eV인 빛이 칼륨 표면에 입사했다. 광전자의 최대 운동 에너지를 구하라.

▶ 칼륨의 일함수는 표 4.3에서 $2.2eV$ 라는 것을 알 수 있다. 이제 식 (4.1)로부터 $K = E - W = 3.5eV - 2.2eV = 1.3eV$.

3. 플랑크 상수와 양자화된 빛

4장을 마치기 전에 빛에 대한 수식을 정리해 보자. 지금까지, 특히 그림 4.5를 통해, 진동수가 높으면 에너지가 높다는 사실을 인식했을 것이다. 이제 빛의 에너지와 진동수의 관계를 구체적인 수식으로 제시하자.

$$E_\gamma = hf \tag{4.2}$$

식 (4.2)에서 E_γ 는 빛의 에너지, h 는 플랑크 상수(Planck's constant)[100]이며, f 는 해당 진동수를 말한다. 이때 플랑크 상수 때문에 E_γ 가 mks 단위인 J로 표현된다는 것을 주목해야 한다. 아주 단순해 보이는 식이기도 하지만, 양자역학이라는 학문의 태동을 의미하는 매우 중요한 식이기도 하다.

그렇다면 밝기를 현대 물리에서는 어떻게 해석할까? 이를 정상파에 비교하면 이해가 빠를 수 있다. 정상파에 기본 진동수가 있듯이, 빛알갱이들도 기본 진동수를 갖기 때문에, 빛알갱이들의 에너지는 기본 진동수의 정수배로 표현된다는 것이 빛의 양자화의 기본 골격이다.

만일 다수의 빛알갱이들이 다발로 뭉쳐 있다면, 빛알갱이들의 수에 따라 다발의 총에너지와 밝기가 증가한다. 이를 수식으로 보자면, 빛알갱이 하나의 에너지 hf 는 플랑크 상수에 진동수를 곱한 값이다. 이때 두 개의 빛알갱이가 모이면 $2hf$ 가 된다. 기본 진동수

100 플랑크 상수의 값은 다음과 같다. $h = 6.626 \times 10^{-34}\ J \cdot s$. 플랑크로 인해 태동된 것이 양자역학이다. 플랑크의 양자화에는 광전 효과를 통해 적극 찬성한 아인슈타인이었지만, 양자역학 자체에 대해서는 신은 주사위 노름을 하지 않는다(God doesn't play dice)며 비판을 그치지 않았다.

f 는 여전히 f 이지만, 총에너지와 밝기는 한꺼번에 두 배 증가한 것이다. 따라서 진동수 f 를 갖는 빛의 밝기는 다음과 같다.[101]

$$I = nhf \tag{4.3}$$

이때 n은 자연수로써, 매초 단위 면적에 입사한 빛알갱이의 수를 의미한다. 이를 그림 2.8과 비교해 볼 수 있다. 지금까지 밝기는 파동식의 진폭의 제곱에 비례한다고만, $I = {y_m}^2$, 알아왔다. 하지만 이는 파동설에 근거한 해석이고, 입자설에 근거한 빛의 밝기는 식 (4.3)으로 주어진다. 파동설과 입자설의 단순하고 극명한 비교가 된다. 또한 지금까지 밝기의 단위에 대한 언급은 전혀 없었다. 밝기의 단위는 매초 단위 면적에 입사한 빛의 에너지로 표현된다. 즉, $J/m^2 \cdot s$, 또는 $erg/cm^2 \cdot s$ 가 밝기의 단위이다.[102]

이제 빛에 대한 고전 광학에서 보는 관점과 현대 물리에서 보는 관점을 그림으로 비교해 보자.

그림 4.9의 윗줄에서, 왼쪽은 빛을 파동(고전적 관점) 한 개로, 오른쪽은 빛알갱이(현대적 관점) 한 개로 해석했다. 반면에 아랫줄에서는 빛의 다발 한 개를 각각 고전적 그리고 현대적 시각으로 투영하고 있다. 빛의 밝기를 보면, 아랫줄의 빛이 윗줄의 빛보다 더 밝다.[103]

[101] 따라서 식 (4.3)은 진동수가 고정된 경우의 밝기를 의미한다.

[102] 이전까지는 빛의 진동수와 밝기가 전혀 상관 없는 듯 설명했지만, 실제로는 상관이 있다. 이는 사람의 눈이 보이는 반응을 위주로 밝기를 고려한 경우와 사람의 눈과는 상관 없이 과학적인 밝기를 고려한 경우의 차이라고 할 수 있다. 빛의 밝기는 매초 단위 면적에 쏟아져 들어오는 빛알갱이의 수(n)에 직접적인 연관이 있다. 만일 같은 수의 빛알갱이가 들어올 경우, 각자의 빛알갱이의 진동수가 클수록 빛의 밝기가 강해지는 것은 사실이지만, 그렇다고 빛의 밝기가 전적으로 에너지에만 의존하는 것은 아니다. 그것을 식 (4.3)이 정의하고 있다.

[103] 의문 하나를 제시하고자 한다. 만일 입자설에 바탕을 둔 빛알갱이가 옳은 개념이라면, 중첩의 원리도 적용되어야 한다. 이때 중첩으로 인해 발생하는 보강은 이해가 되지만, 소멸은 어떻게 설명해야 할까? 소멸이 발생해도, 있던 빛알갱이가 갑자기 사라져 버리는 것이 아니기 때문에, 대답하기 애매할 것이다. 즉, 있는 빛알갱이로 소멸된 상태를 어떻게 설명하겠느냐는 것이다. 식으로만 보자면, 위상으로 인해 소멸된다고 간단히 설명할 수 있다. 그렇다면 식을 들이대지 않고, 물리적으로 설명해 보자. 결론부터 내리자면, 중첩으로 인해 빛알갱이의 효과가 소멸된다고 말할 수 있다. 비유를 들어 보자. +전하와 −전하가 딱 들러 붙어 있다면, 겉으로 봐서는 +와 −가 합쳐져서 0, 즉 전하가 전혀 측정되지 않을 것이다. 그렇다고 전하가 없는 것은 아니다. 분명히 +전하와 −전하가 있다. 빛알갱이도 마찬가지로 설명할 수 있다. 분명히 중첩을 일으킨 두 개의 빛알갱이가 존재하지만, 우리는 중첩된 결과만을 볼 수 있기 때문에, 마치 빛알갱이가 없는 듯이 소멸 중첩을 대하게 되는 것이다. 이는 양자역학에서 대각선화(diagonalization)의 필요성에 연결되는 개념이기도 하다.

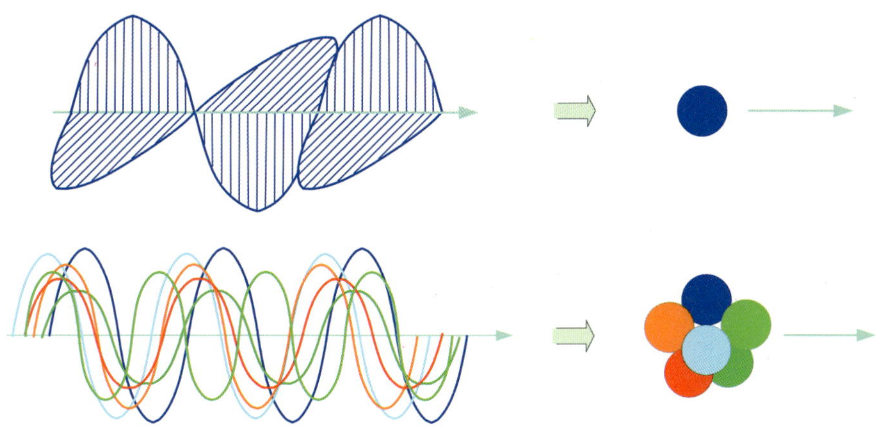

그림 4.9 빛에 대한 고전 광학과 현대 물리의 차이

두 쌍의 그림에서, 왼쪽 쌍은 파동의 이동을, 그리고 오른쪽 쌍은 빛알갱이의 이동을 표현하고 있다. 오른쪽 색색의 동그라미들 하나하나가 빛알갱이를 의미한다.

[예제 6] 진동수가 $1.2\times10^{12}\ Hz$ 인 빛알갱이의 에너지를 구하라. 단, 에너지는 J로 표현하라.

▶ 식 (4.2)로부터, $E_\gamma = (6.626\times10^{-34}\ J\cdot s)(1.2\times10^{12}\ Hz) = 7.95\times10^{-22}\ J$.

[예제 7] 에너지가 10 MeV인 빛의 진동수를 구하라.

▶ 표 4.4와 식 (4.2)로부터,

$f = E_\gamma / h = (10\times10^6\ eV)(1.60\times10^{-19}\ J/eV)/(6.626\times10^{-34}\ J\cdot s) = 2.41\times10^{21}\ Hz$.

[예제 8] 파장이 450 nm인 보라색 빛줄기의 밝기가 $I = 10 J/m^2\cdot s$ 로 주어졌다. 이 안에 포함된 빛알갱이의 수를 구하라.

▶ 우선 진동수를 구하자. 광속은 일정하므로,

$f = (3\times10^8\ m/s)/(450\times10^{-9}\ m) = 6.67\times10^{14}\ Hz$.

이제 식 (4.3)으로부터,

$n = I/hf = (10\,J/m^2\cdot s)/\big((6.626\times10^{-34}\ J\cdot s)(6.67\times10^{14}\ Hz)\big) = 2.26\times10^{19}$.

따라서 매초 $1m^2$ 마다 2.26×10^{19} 개의 빛알갱이가 입사한다.

1. 빛알갱이들이 세슘 표면에 입사했을 때, 발생한 광전자의 최대 운동 에너지가 2.2 eV로 주어졌다. 입사한 빛알갱이들의 에너지를 구하라.

▶ 표 4.3에서 세슘의 일함수는 2.14 eV로 주어졌다.
식 (4.1)로부터 $E = W + K = 2.14 + 2.2 = 4.34(eV)$.

2. 4.5 eV의 에너지를 갖는 빛알갱이들이 칼륨 표면에 입사했을 때, 발생한 광전자의 최대 운동 에너지가 2.3 eV로 측정되었다. 칼륨의 일함수를 구하라.

▶ 식 (4.1)로부터 $W = E - K = 4.5 - 2.3 = 2.2(eV)$.

3. 에너지가 3.5 eV인 빛이 있다.
a) 빛알갱이의 진동수를 계산하라.
b) 이로부터 파장을 nm 단위로 계산하라.

▶ a) 예제 2로부터 $J = 6.25 \times 10^{18} eV$ 임을 알 수 있다. 반대로 3.5 eV를 J로 바꾸려면, e를 숫자로 환원시켜 주면 된다.
또는 표 4.4로부터 $3.5eV = (3.5)(1.6 \times 10^{-19}) = 5.6 \times 10^{-19}(J)$. 이제 식 (4.2)로부터 진동수는 $f = E_\gamma / h = (5.6 \times 10^{-19})/(6.626 \times 10^{-34}) = 8.45 \times 10^{14}(Hz)$.
b) 광속으로부터 파장은 $\lambda = C/f = (3 \times 10^8)/(8.45 \times 10^{14}) = 0.355 \times 10^{-6}(m) = 355(nm)$.

4. 파장이 777 nm인 빛알갱이의 에너지를 구하라.
a) 단위를 J로 표현하라.
b) 단위를 eV로 표현하라.

▶ a) 광속을 이용해서 진동수를 구하면, $f = C/\lambda = (3\times10^{8})/(777\times10^{-9}) = 3\times10^{14}\,(Hz)$.

이제 식 (4.2)로부터 $E_{\gamma} = (6.626\times10^{-34})(3\times10^{14}) = 1.988\times10^{-19}\,(J)$.

보듯이 $1.988\times10^{-19}J$ 은 굉장히 작은 양이다. 그래서 eV로 표현하게 된다.

b) 표 4.4에서 $1J = 6.25\times10^{18}\,eV$ 이므로, $E_{\gamma} = (1.988\times10^{-19})(6.25\times10^{18}) = 1.24(eV)$.

5. 파장이 350 nm인 빛줄기가 $1J/m^2\cdot s$ 의 밝기로 세슘에 입사했다.

a) 빛줄기의 에너지를 구하라.

b) 광전자의 최대 운동 에너지를 구하라.

▶ a) 광속을 이용해서 진동수를 구하면,

$f = C/\lambda = (3\times10^{8})/(350\times10^{-9}) = 8.57\times10^{14}\,(Hz)$. 따라서 빛줄기의 에너지는 식 (4.2)에서 $E_{\gamma} = (6.626\times10^{-34})(8.57\times10^{14}) = 5.67\times10^{-19}\,(J)$. 이를 eV로 전환하려면, 표 4.4를 이용해서 $E_{\gamma} = (5.67\times10^{-19})(6.25\times10^{18}) = 3.54(eV)$.

b) 표 4.3을 확인해 보면, 세슘의 일함수는 2.14 eV이다.

따라서 식 (4.1)로부터 $K = E - W = 3.54 - 2.2 = 1.34(eV)$.

6. 일함수가 4.28 eV인 알루미늄 금속이 있다. 광전자를 발생시킬 수 있는 빛 중에 가장 긴 파장을 구하라.

▶ 입사한 빛의 에너지가 일함수와 같으므로, $W = E_{\gamma}$ 가 성립. 식 (4.2)을 진동수에 대해서 풀면, $f = E_{\gamma}/h = W/h$. 하지만 우리가 구하는 것은 파장이므로, 표 4.4의 도움을 받아 $\lambda = C/f = hC/W = (6.626\times10^{-34})(3\times10^{8})/(4.28\times1.60\times10^{-19}) = 2.9\times10^{-7}\,(m) = 290(nm)$.

7. 파장이 300 nm인 빛줄기가 $5J/m^2\cdot s$ 의 밝기로 세슘에 입사했다.

a) 빛줄기 전체의 에너지를 구하라.

b) 광전자 한 개의 최대 운동 에너지를 구하라.

c) 빛줄기 안에 들어 있는 빛알갱이의 수를 구하라.

d) 빛알갱이의 17%만이 광전자를 발생시켰다고 한다면, 튀어나온 광전자의 수를 구하라.

▶ a) 진동수를 구하면, $f = C/\lambda = (3\times10^{8})/(300\times10^{-9}) = 10^{15}\,(Hz)$. 빛줄기의 에너지는 식 (4.2)에서 $E_{\gamma} = (6.626\times10^{-34})(10^{15}) = 6.626\times10^{-19}\,(J)$. 이를 eV로 전환하면, 표 4.4로부터 $E_{\gamma} = (6.626\times10^{-19})(6.25\times10^{18}) = 4.14(eV)$.

b) 표 4.3을 확인해 보면, 세슘의 일함수는 2.14 eV이다.
식 (4.1)로부터 $K = E - W = 4.14 - 2.2 = 1.94(eV)$.

c) 식 (4.3)을 n에 대해 풀어서 진동수 $f = 10^{14}\,Hz$ 를 대입시키면,
$n = I/hf = (5)/\left((6.626\times10^{-34})(10^{14})\right) = 7.55\times10^{21}$.

d) 전체 빛알갱이의 수는 $1m^2$ 에 매초 7.55×10^{21} 개인데, 이들 중에 17%만이 광전자를 발생시키므로, 매초 $1m^2$ 마다 $n_e = (7.55\times10^{21})(0.15) = 1.13\times10^{21}$ 개의 광전자 발생.

Chapter V

빛의 특성 : 굴절(Refraction)

(서로 다른 매질의 경계에서 빛이 방향을 바꾸는 현상)

파가 매질이라는 공간 속으로 입사하면 경로가 바뀐다는 사실은 과학적인 고찰 과정만 거치지 않았을 뿐, 인류 역사에서 오래 전부터 관찰되었다. 파의 공간적 특징에 변화로 인해 파장에 변화가 발생하는 것이고, 그에 따른 다른 특징인 파수도 변하게 된다. 그에 비롯해서, 공간의 변화와는 상관없는 시간적 특징과의 접목으로 파의 속도도 따라서 변화를 겪게 된다. 이런 변화들이 200년 전에 굴절이라는 이름으로 과학적 정리가 이루어졌다.

§ 1. 굴절률(index of refraction)

빛이 진행하는 것은 빛이라는 에너지가 전달되기 때문이다. 종파인 소리파의 경우 매질의 진동을 통해 소리가 전달되지만, 횡파인 빛의 경우에는 빛 자체가 진동을 하기 때문에 매질을 필요로 하지 않는다. 그렇다고 해도, 매질의 영향을 받지 않는다는 것은 아니다. 매질에 따라서 빛의 진행이 많이 방해 받기도, 또는 덜 받기도 한다.

예를 들어 보자. 우리가 아스팔트 위를 달릴 때와 모래밭 위를 달릴 때, 각각의 속도가 달라진다. 아스팔트는 우리가 내딛는 힘을 적절히 버텨 주지만, 모래밭에서는 미세한 모래 알갱이들 덕분에 발이 푹푹 빠지기도 하고, 때로 발바닥에 잔뜩 달라붙기도 해서, 보폭이 줄어들면서 달리기가 쉽지 않기 때문이다. 같은 상황이라도, 보폭이 긴 사람들이 짧은 사람들보다 모래의 영향을 덜 받을 것이다. 왜냐하면 같은 거리를 이동하는 동안에 모래와 접촉하게 되는 횟수, 즉 발걸음 수가 적기 때문이 아닐까? 그래서 땅이나 흙의 알갱이 상태에 따라서 달리기 기록이 달라진다. 빛의 경우도 마찬가지로 생각할 수 있다.[104]

빛이 어떤 매질을 통과하느냐에 따라, 파장이 줄어드는 정도가 다르다. 게다가 같은 매질 속이라도 빛의 파장에 따라 속도가 달라진다. 이로 인해 빛이 매질에서는 얼마만큼이나 방해를 받는가를 알 필요가 생겼다. 그래서 진공에서의 속도와 매질을 통과할 때의 속도를 비교해서, 방해 받는 정도를 객관적인 수치로 나타내게 되었다. 이를 굴절률이라고 하고, n이라는 기호로 표시한다. 굴절률은 오롯이 빛에 대한 수치이며, 진공에서의 광속과 매질 속에서의 광속의 상대적 비율로 정의된다.

$$n \equiv \frac{C}{v} \tag{5.1}$$

C는 진공에서의 빛의 속도로 정하며, 3×10^8 m/s라는 값을 갖는다. 반면에 v는 매질 속에서의 빛의 속도를 말한다. 빛은 아무런 방해를 받지 않는 진공에서 가장 빠르기 때문에, 이 둘의 크기 비율인 n은 항상 1보다 큰 숫자이다. 이 식으로부터, 굴절률이 클수록 매질에서의 속도는 작으며, 반대로 굴절률이 작을수록 매질에서의 속도가 크다는 것을 알 수 있다. 자연에 대한 깊은 호기심은 인류로 하여금 파장이 길수록 굴절률이 작아진다는 실험적 관찰을 얻게 했다. 이 말은 파장이 길수록 매질 속에서의 속도가 빠르다는 말도 된다.

$$n \propto \frac{1}{\lambda} \tag{5.2}$$

단, 같은 매질에서 파장에 따라 굴절률이 달라지지만, 진동수에는 변함이 없다는 점에 유의하자.[105] 매질을 통과하면 파장과 속도가 변하게 되는데, 왜 진동수는 변하지 않은가

[104] 본문의 논리 전개가 정확히 옳은 것은 아니다. 보폭만 크다고, 또는 내딛는 걸음수만 많다고 속도가 빨라지는 것이 아니기 때문이다. 빛의 경우, 파장이 길(짧으)면 진동수는 낮(높)아진다. 따라서 굴절에서는 파장이 감소하는 정도를 봐야, 다른 파장의 빛에 비해 속도가 얼마나 더 빠른가를 알 수 있다.

에 대한 답변을 인과의 원리(Causality Principle)로 설명할 수도 있다. 물리의 대전제이기도 한 인과의 원리는 원인과 결과를 규정하는 원리이다. 쉽게 말하자면, 원인이 있기에 발생한 사건이 아무 일도 없던 것처럼 졸지에 사라져 버리거나 바뀌지 않는다는 것이다. 예를 들어, 5 Hz의 진동수를 관찰했다면, 1초에 다섯 번 진동했다는 것은 이미 역사적 관점에서 사실이 되어 버렸다. 따라서 역사적 사실은 어떤 원인에 의거하므로, 변할 수 없다는 것이 인과의 법칙이다. 따라서 빛이 매질을 통과했더라도, 역사적 사실인 5 Hz는 변할 수 없다. 한편 타임머신을 타고 과거로 돌아가서 이미 발생한 일을 바꿀 수 없다는, 그래서 시간 연장을 의미하는 식 (3.12)와 함께 인과의 원리가 타임머신의 존재를 부정한다.

표 5.1 다양한 매질의 굴절률 (λ = 589.29 nm 기준)

매 질		굴절률	매 질	굴절률
진공		1	글리세롤	1.4729
공기		~ 1	납유리	1.60~1.62
기체 (0℃, 1기압)	공기	1.000293	루비	1.760
	수소	1.000132	모이사나이트	2.65~2.69
	이산화탄소	1.00049	브롬	1.661
	헬륨	1.000036	빙정석	1.338
액체 (20℃)	벤젠	1.501	실리콘	4.01
	4염화탄소	1.461	아세톤	1.36
	에탄올	1.361	아크릴	1.490~1.492
	이황화탄소	1.628	얼음(물)	1.31
	물	1.333	크라운 유리	1.50~1.54
고체 (25℃)	다이아몬드	2.419	테플론	1.35~1.38
	소금	1.50	파이렉스	1.470
	호박	1.55	폴리카보네이트	1.584~1.586

인용한 곳 : Wikipedia "http://en.wikipedia.org/wiki/List_of_refractive_indices#_note-ref2"

[105] 이에 대해서는 1장 5절에서 이미 다루었다.

굴절률을 바탕으로 서로 다른 두 매질의 경계를 통과하는 빛의 여정에 어떤 일들이 발생하는지 파동의 입장에서 살펴보자. 빛의 파동설과 입자설 모두에게서 성립하는 빛의 특징은 굴절과 반사이다. 굳이 물고기를 잡으려고 연못 속을 들여다보는 원시인을 떠올리지 않더라도, 과학이 발달하기 전부터 굴절과 반사는 흔하게 목격할 수 있던 현상이었다. 그래서 빛에 대한 이론을 제시하기 위해서는, 기본적으로 설명해야만 하는 현상이기도 했다. 따라서 오랜 세월 동안 파동설과 입자설이 각자 옳다는 설전을 벌여 왔을 것이다.

[예제 1] 20℃ 에탄올을 매질로 통과하는 빛(파장은 589.29 nm)의 속도를 구하라.

▶ 표 5.1을 보면, n = 1.361이다. 식 (5.1)로부터, $v = \dfrac{3\times10^8}{1.361} = 2.20\times10^8\,(m/s)$. 한편, 진공에서의 광속인 C는 자주 나오므로, $v = \dfrac{C}{1.361} = 0.735C$ 라고 해도 무관하다.

§ 2. 스넬의 법칙(Snell's law)

빛의 성질인 굴절에서는 스넬의 법칙 외에 특별한 법칙이 없다. 이렇게 단순하게 시작하는 굴절이지만, 결코 호락호락하지 않은 부분이 굴절이기도 하다. 시작이 단순해 보이기 때문이기도 하지만, 스넬의 법칙이 보기와는 달리 광속의 변화라는 복잡한 속뜻을 안으로 숨기고 있기 때문이다. 각설하고, 스넬의 법칙은 다음과 같다.

$$n_1 \sin\theta_1 = n_2 \sin\theta_2 \tag{5.3}$$

매질 1 속을 진행하던 빛이 θ_1라는 각도로 매질 2에 입사하면, θ_2라는 각도로 굴절하게 된다는 자연의 규칙을 기술한 것이 스넬의 법칙이다. 이는 굴절률의 정의에서도 알 수 있듯이, 매질이 달라지면 진동수는 일정하게 남는 반면, 파장의 길이, 따라서 빛의 속도가 달라지기 때문에 발생하는 현상이다.

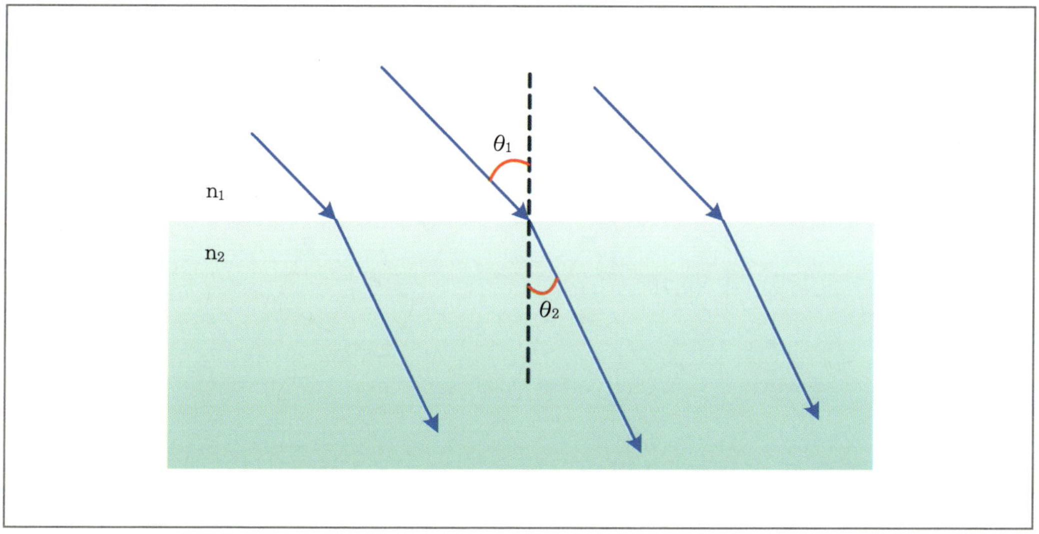

그림 5.1 스넬의 법칙

공기 중에서 θ_1의 각을 두고 매질로 입사한 빛이 $n_1 < n_2$의 굴절률에 의해 θ_2로 굴절하고 있다. 반사되는 빛은 생략했다.

이제 스넬의 법칙을 유도하자. 유도 과정이 필요한 이유는 물리적인 현상을 근본적으로 이해하기 위함이지, 학생들을 괴롭히기 위함이 아니다. 88올림픽과 같은 국제대회에서 각국의 선수단을 연상해 보자. 줄을 맞춰 입장하는 선수단들 옆에는 고적대가 발걸음에 맞춰 작은 북을 두드리고 있다. 마치 자로 잰 듯, 줄 맞춰 행진하던 선수단이 아스팔트를 비스듬히 지나 모래밭으로 들어섰다. 북소리에 맞춰, 모든 선수단이 똑같이 왼발, 오른발을 절도 있게 내딛고 있지만, 모래밭에 먼저 들어선 선수들의 보폭은 본의 아니게 좁아질 수밖에 없다. 여전히 아스팔트 위를 걷는 선수들은 쭉쭉 앞으로 걸어가지만, 푹푹 빠지는 모래밭을 걷는 선수들의 보폭이 좁아진 탓에 전체적인 행진 방향이 약간 틀어지게 된다. 빛의 진행 방향에 다른 매질이 놓여 있다면 빛에서도 똑 같은 현상이 발생한다. 빛이 굴절하게 되는 것이다. 선수들의 보폭은 파장, 그리고 북소리에 맞춘 발걸음은 진동수에 비유된다.[106]

[106] 선수단이 군인들처럼 줄을 맞춰 입장할 리 없지만, 연상하기에는 무리가 없을 것이다. 한편 선수단이 지나간 자리에는 발자국만이 남는다. 그 발자국 하나하나를 입자로 생각한다면, 입자설로 굴절을 설명할 수 있을 것이다.

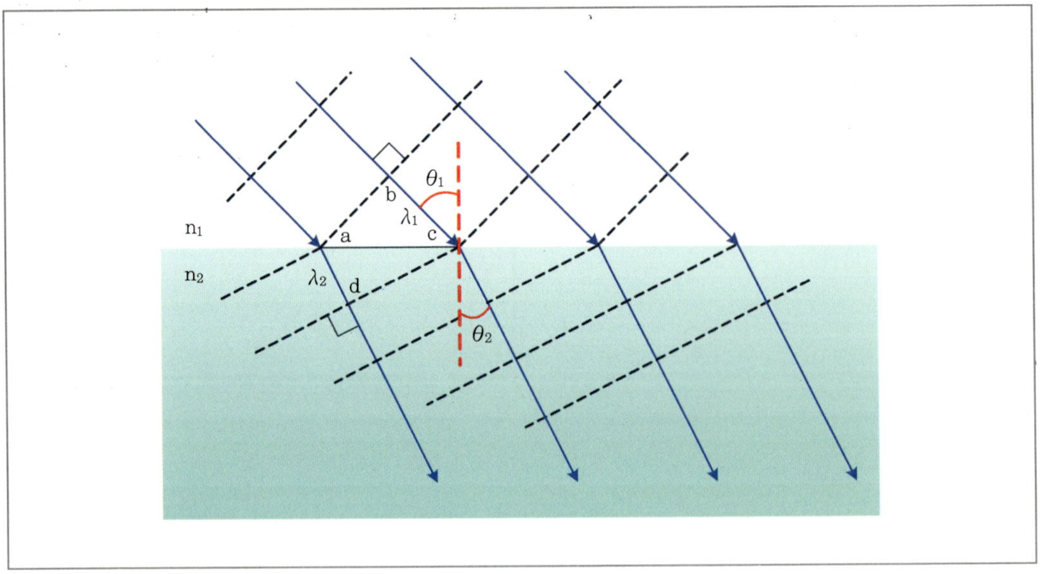

그림 5.2 굴절의 원리

매질 1에서 매질 2로 빛이 입사하면서 경로가 바뀌고 있다. 실선들은 빛의 경로를, 그리고 점선들은 파의 전면을 표시한다. 따라서 실선과 이웃하는 실선 사이의 거리가 파장에 해당한다.

한 매질에서 진행하던 빛이 다른 매질 속으로 뛰어들고 있다. 고도리 순서를 따라, 이때 형성되는 삼각형 abc 와 삼각형 acd 를 고려해 보자. 삼각형 abc 에서는 c가 $90^0 - \theta_1$ 이기 때문에 a가 θ_1 이 되는 반면, 삼각형 acd 에서는 c가 θ_2 가 된다. 또한 ac 는 두 삼각형의 공통이며, bc 는 파장인 λ_1 에, 그리고 ad 는 λ_2 에 해당한다.

그렇다면 $\sin\theta_1$ 은 $\dfrac{bc}{ac} = \dfrac{\lambda_1}{ac}$ 가 되고, $\sin\theta_2$ 는 $\dfrac{ad}{ac} = \dfrac{\lambda_2}{ac}$ 가 될 것이다. 이제 $\sin\theta_1$ 을 $\sin\theta_2$ 로 나누어 보자.

$$\frac{\sin\theta_1}{\sin\theta_2} = \frac{\lambda_1 / ac}{\lambda_2 / ac} = \frac{\lambda_1}{\lambda_2} \tag{5.4}$$

한편 광속과 파장의 관계로부터, $v_1 = \lambda_1 f$, 그리고 $v_2 = \lambda_2 f$ 을 얻는다. 따라서

$$\frac{\sin\theta_1}{\sin\theta_2} = \frac{\lambda_1}{\lambda_2} = \frac{v_1/f}{v_2/f} = \frac{v_1}{v_2} \tag{5.5}$$

여기에서 굴절률의 정의(n = C/v → v = C/n)를 삽입하면,

$$\frac{\sin\theta_1}{\sin\theta_2} = \frac{v_1}{v_2} = \frac{C/n_1}{C/n_2} = \frac{n_2}{n_1} \tag{5.6}$$

이 결과는 식 (5.3), 즉 스넬의 법칙인 $n_1 \sin\theta_1 = n_2 \sin\theta_2$ 로 정리된다.

물질에 따라 제각기인 굴절률에는 편의상 절대 굴절률과 상대 굴절률을 따로 두고 있다.

1. 절대 굴절률(absolute indices of refraction)

절대 굴절률은 진공에 대한 굴절률을 기준으로 다른 물질들의 굴절률을 표시하는 것으로, 진공의 굴절률을 1로 두기 때문에, 물질 자체의 굴절률이 절대 굴절률이 된다. 즉, 진공에 대한 상대 굴절률이 절대 굴절률이 되는 셈이다.

각 서적에서 다양한 물질들의 굴절률을 모아 놓은 표를 볼 수 있는데, 표 5.1도 포함, 이들 표들이 보여주는 굴절률은 대부분이 절대 굴절률이다. 스넬의 법칙을 유도하기까지 나온 식들이 포함하고 있는 굴절률들도 모두 절대 굴절률이다. 앞으로 특별한 언급이 없이 굴절률이 나오면, 모두 절대 굴절률을 의미하게 된다.

[예제 2] 공기의 굴절률(1.0002926)은 매우 작기 때문에 진공의 굴절률처럼 1로 취급하곤 한다. 빛이 30° 의 각으로 공기에서 물로 입사했다. 물의 굴절률이 1.33일 때, 굴절각을 구하라.

▶ $n_1 = 1$, $\theta_1 = 30°$, 그리고 $n_2 = 1.33$이다. 이 값들을 식 (5.3)인 스넬의 법칙에 대입시키면, $\theta_2 = \sin^{-1}\left(\frac{n_1}{n_2}\sin\theta_1\right) = \sin^{-1}\left(\frac{1}{1.33}\sin 30^0\right) = \sin^{-1}(0.376) = 0.385\ (radian) = 22.1^0$.

2. 상대 굴절률(relative indices of refraction)

절대 굴절률이 진공을 기준으로 물질들의 굴절률을 표시한 것이라면, 상대 굴절률은 두 매질 사이의 굴절률의 상대적 비(ratio)를 표시한 것이다. 즉, 빛이 입사한 매질의 굴절률을 기준으로, 굴절되어 들어간 매질의 굴절률을 표현한 것이 된다.

따라서 식 (5.6)을 상대 굴절률로 표현하면, 다음과 같다.

$$\frac{n_2}{n_1} = \frac{\sin\theta_1}{\sin\theta_2} = n_{12} \tag{5.7}$$

이때 n_{12}가 n_1에 대한 n_2의 상대 굴절률로 정의된다.

만일 빛이 n_1에서 n_2로 진행한 것이 아니라, 반대로 n_2에서 n_1로 진행했다면, 상대 굴절률은 n_{21}가 된다. 따라서 n_{12}와 n_{21} 사이의 관계는 역수의 관계에 놓인다.

$$n_{12} = \frac{1}{n_{21}} \tag{5.8}$$

굳이 절대와 상대 굴절률을 따로 둘 필요가 있을까 라는 의아심이 들겠지만, 여러 분야에서 각 매질에 대한 다양한 변화를 측정할 때, 편리하게 사용된다.

[예제 3] 다음 각각의 경우에 상대 굴절률을 구하라. 단, 온도에 상관없이 공기의 굴절률을 1로 하라.

a) 빛이 공기에서 20℃의 물로 입사했다. 공기에 대한 물의 상대 굴절률을 구하라.

b) 20℃의 물속을 진행하던 빛이 공기로 굴절되어 나갔다. 물에 대한 공기의 상대 굴절률을 구하라.

c) 이들로부터 식 (5.8)을 확인하라.

▶ a) 표 5.1에서 물의 굴절률은 1.333이다. 식 (5.7)로부터 $n_{12} = \frac{n_2}{n_1} = \frac{1.333}{1} = 1.333$.

b) $n_{21} = \dfrac{n_1}{n_2} = \dfrac{1}{1.333}$.

c) 따라서 $n_{12} = \dfrac{1}{n_{21}} = 1.333$. 식 (5.8)이 확인되었다.

지금까지는 한 파장의 빛에 대해서만 스넬의 법칙을 적용시켰다. 다음에는 두 개의 각기 다른 파장을 비교해가면서, 해당하는 속도와 굴절각의 크기를 알아보자.

§ 3. 매질 속에서 빛의 속도와 굴절각

이전에 다룬 굴절률에 대한 공식인 식 (5.1)과 (5.2)로 돌아가자. 이 두 식을 연관 지어 보면, 파장이 긴 빛일수록 굴절률이 작고, 따라서 매질에서의 속도가 빠르다는 사실을 짐작할 수 있다. 따라서 같은 빛이라도 매질 속에서는 파란색 계통의 빛이 빨간색 계통의 빛보다 느리기 마련이다.

[예제 4] 크라운 유리에서 파장이 $\lambda_1 = 434nm$와 $\lambda_2 = 656.3nm$인 빛의 굴절률이 각각 $n_1 = 1.534$와 $n_2 = 1.520$으로 주어졌다. 진공에서의 빛의 속도를 3×10^8 m/s로 두고, 크라운 유리 내에서 각 파장에 따른 속도를 구하라.

▶ $v_1 = \dfrac{3\times10^8\, m/s}{1.534} = 1.956\times10^8\, m/s$ 그리고 $v_2 = \dfrac{3\times10^8\, m/s}{1.520} = 1.973\times10^8\, m/s$이 된다.

따라서 두 빛의 속도 차이는 $v_2 - v_1 = 0.017\times10^8\, m/s = 1700km/s$가 된다. 우리 일상생활의 기준으로 보면 상당히 큰 차이에 해당하지만, 일초에 30만 km를 달리는 빛의 입장에서는 간발의 차이에 해당할 뿐이다.

1. 매질 속에서 빛의 속도 비교

파장이 짧은 빛일수록 굴절률이 크기 때문에, 파란색과 빨간색의 굴절률 사이에는 $n_b > n_r$가 성립한다. 여기에서 n_b와 n_r는 각각 파란색과 빨간색의 굴절률이다. 그렇다면 굴절률의 정의식으로부터 다음의 관계식이 성립한다는 것을 알 수 있다.

$$\frac{C}{v_b} > \frac{C}{v_r} \tag{5.9}$$

식 (5.7)이 보이는 관계가 성립하기 위해서는 $v_b < v_r$ 이 되어야 한다는 것을 알 수 있다. 이는 같은 매질 속에서 빨간색 빛이 파란색 빛보다 빠르게 진행한다는 것을 의미한다.

2. 매질 속에서 빛의 굴절각 비교

파란색과 빨간색 빛에 대한 각각의 스넬의 법칙을 보자.

$$n_{1b} \sin\theta_{1b} = n_{2b} \sin\theta_{2b}\,,\quad n_{1r} \sin\theta_{1r} = n_{2r} \sin\theta_{2r} \tag{5.10}$$

위의 식에서 n_{1b}와 n_{1r}는 매질 1에서 파란색과 빨간색 각각의 굴절률, n_{2b}와 n_{2r}는 매질 2에서 파란색과 빨간색 각각의 굴절률이다. 또한 θ_{1b}와 θ_{1r}는 파란색과 빨간색 빛의 입사각, 그리고 θ_{2b}와 θ_{2r}는 각각의 굴절각이다.

상황을 단순화하기 위해, 백색광이 매질 1에서 매질 2로 입사했다고 가정하자. 백색광의 입사는 파란색과 빨간색이 같은 각으로 입사했다는 말과 같다. 따라서 $\theta_{1b} = \theta_{1r}$가 된다. 이때 파란색이건 빨간색이건, 공기에서의 굴절률을 일정하다고 하면[107], $n_{1b} = n_{1r}$가 된다. 그렇다면 처음의 두 식에서, $\theta_{1b} = \theta_{1r} = \theta_1$, 그리고 $n_{1b} = n_{1r} = n_1$로 놓을 수 있다. 즉,

$$n_1 \sin\theta_1 = n_{2b} \sin\theta_{2b}\,,\quad n_1 \sin\theta_1 = n_{2r} \sin\theta_{2r} \tag{5.11}$$

결국 식 (5.9)가 보이는 두 식들이 서로 동일하게 된다.

$$n_{2b} \sin\theta_{2b} = n_{2r} \sin\theta_{2r} \tag{5.12}$$

[107] 실제로도 공기와 같이 희박한 매질의 굴절률을 진공의 굴절률인 1과 같게 취급한다. 따라서 빛의 색깔(파장)에 무관하게 1로 놓을 수 있다.

여기에서 $n_{2b} > n_{2r}$ 를 이용하면, $\theta_{2b} < \theta_{2r}$ 이 성립한다는 것을 알 수 있다. 즉, 파장이 길면 굴절률은 작고, 굴절각은 크다는 것으로 정리할 수 있다. 이런 결과로 인해 프리즘을 통과하는 빛에 분산 현상이 발생하는데, 더 자세한 사항은 10장 산란과 분산에서 다루도록 하자.

[예제 5] 같은 매질에 입사한 파란색, 초록색, 그리고 빨간색 빛의 굴절각의 크기를 비교하라.

▶ 파란색, 초록색, 그리고 빨간색에 해당하는 물리량을 각각 아래첨자 b, g, 그리고 r로 정하자. $\lambda_b < \lambda_g < \lambda_r$ 이므로 $n_b > n_g > n_r$ 가 된다.

따라서 $n_b \sin\theta_b = n_g \sin\theta_g = n_r \sin\theta_r$ 로부터 $\theta_b < \theta_g < \theta_r$ 를 알 수 있다.

지금까지 각 파장에 따른 빛의 굴절률의 크기를 비교하기 위해 공기로부터 입사했다는 상황을 가정해서 결과를 유도했지만, 다른 상황에서도 같은 결과가 성립한다.

§ 4. 섬유 광학(fiber optics)

요즘 인터넷을 사용하는데 광케이블을 통해 정보를 주고 받는다. 광섬유(optical fiber)라는 케이블을 통해 빛을 보냄으로써 정보를 얻을 수 있는 편리한 장치인데, 이는 빛의 내부 전반사라는 성질을 이용한 것이다. 내부 전반사는 6장 2절에서 다루기로 하고, 여기에서는 빛의 속도만을 고려해 보자.

굴절에서 이미 언급했듯이, 매질 속을 통과하는 빛은 파장에 따라 각기 다른 굴절률을 경험하게 된다. 파장이 길수록 굴절률이 낮기 때문에, 속도는 상대적으로 빨라진다. 그래서 광케이블의 이쪽 끝에서 빛의 신호를 보내게 되면, 수 십 km 또는 수 백 km 저쪽에 있는 수신자가 신호를 받을 즈음에는 빛의 신호가 색깔 별로 따로따로 도착하게 된다. 물론 색깔이 어떻든 진공 속의 광속과 거의 비슷하지만, 신호라는 특성을 볼 때는 전혀 엉뚱한 신호가 수신될 수도 있다. 이런 부작용을 없애기 위해, 광케이블 중간 중간에 신호를 모아서 재편집해 다시 송신하는 장치가 필요하게 된다.

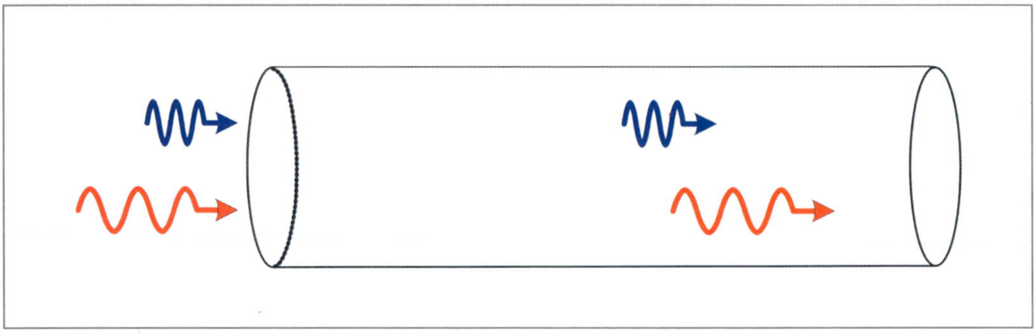

그림 5.3 매질에서 파장이 다른 빛의 속도

파장이 다른 빛이 광섬유 안에서 전파되어 가는 과정이다. 파란색 빛과 빨간색 빛이 동시에 출발해도, 매질 안에서는 빨간색 빛이 더 빠르게 전파된다.

그에 대해서 자세히 다루지는 않겠지만, 이런 현대적 문명의 이기 역시도 굴절률에 따라 속도 변화 때문에 발생하고 있다. 이렇듯 광케이블이 빛의 굴절률에 대한 실질적 예가 되고 있다.

[예제 6] 만일 광섬유가 크라운 유리로 제작되었다면, 이전의 예에서 빛이 발진한 0.00001초 후에 두 파장의 빛 사이에 벌어진 거리를 구하라.

▶ 두 파장의 속도 차이가 $v_2 - v_1 = 1700\,km/s$ 이므로, 0.00001초 후에 벌어진 거리는 $l = (1700\,km/s) \times (0.00001s) = 0.017km = 17m$ 가 된다. 이렇게 거리가 벌어지면, 빛이 중첩해서 구성하게 되는 정보가 변형될 수 밖에 없다.

[예제 7] 같은 예에서 서울을 출발한 빛이 직선 광섬유를 통해 부산에 도달할 때까지 시간차를 구하라. 서울에서 부산까지의 거리를 500 km로 하라.

두 파장의 속도 차이가 $v_2 - v_1 = 1700\,km/s$ 이므로, 500 km 후에 벌어진 시간차는 $t = \dfrac{500\,km}{1700\,km/s} = 0.294\,s$ 가 된다. 얼핏 미세한 시간차로 느껴질 수 있지만, 크라운 유리 속에서 1초에 거의 20만 km를 달리는 빛이 중첩해서 구성하게 되는 정보는 변형될 수 밖에 없다.

5장 연습을 위한 확인문제

Chapter V

1. 루비 속으로 빛이 진행하고 있다. 이때 빛($\lambda = 589.29 nm$)의 속도를 구하라.

▶ n = 1.760이므로 $v = 3 \times 10^8 / 1.760 = 1.704 \times 10^8 (m/s)$, 또는 $v = 0.568C$.

2. 알 수 없는 광물 속을 진행하는 빛($\lambda = 589.29 nm$)의 속도가 $1.240 \times 10^8\ m/s$ 로 측정되었다. 표 5.1로부터 어떤 광물인지 확인하라.

▶ 우선 굴절률을 알아야 한다. 식 (5.1)로부터 굴절률을 계산하면

$n = 3 \times 10^8 / 1.240 \times 10^8 = 2.419$. 표 5.1에서 광물은 다이아몬드.

3. 파란색 빛과 빨간색 빛이 같은 광물 속을 통과하고 있다. 어느 색깔의 빛이 더 큰 굴절률을 보이는지 판단하라.

▶ 식 (5.2)에서 굴절률과 파장은 서로 반비례. 따라서 파장이 더 짧은 파란색 빛의 굴절률이 빨간색 빛의 굴절률보다 크다.

4. 비록 우리들은 볼 수 없는 파장의 빛이지만, 자외선과 적외선 중에 어느 쪽의 굴절률이 더 큰가를 판단하라. 단, 같은 매질 속을 통과하고 있다고 가정하라.

▶ 자외선의 파장이 적외선의 파장보다 더 짧다(그림 4.5를 참조). 따라서 자외선의 굴절률이 적외선보다 더 크다.

5. 액체인 어떤 매질에 빛이 60° 의 각으로 입사했을 때 굴절각이 35.2° 으로 측정되었다.

a) 이 매질의 굴절률은 얼마인가?

b) 빛의 파장을 $589.29nm$ 로 가정하고, 어떤 매질인지 확인하라.

▶ a) $n_1 = 1$, $\theta_1 = 60°$, 그리고 $\theta_2 = 35.2°$. 식 (5.3)에서, $n_2 \sin\theta_2 = n_1 \sin\theta_1 = 1 \times \sin 60^0$.

따라서 $n_2 = \sin 60^0 / \sin 35.2^0 = 1.502$.

b) 표 5.1을 보면, 매질은 벤젠.

6. 20℃ 에탄올이 가득 담긴 얇고 투명한 그릇에 빛($\lambda = 589.29nm$)이 30° 로 입사했다. 투명한 그릇 자체의 굴절을 무시했을 때, 굴절각을 구하라.

▶ 빛이 공기 중에서 에탄올로 입사했으므로, $n_1 = 1$. $\lambda = 589.29nm$ 에 대한 에탄올의 굴절률은 표 5.1로부터 $n_2 = 1.361$.

이제 식 (5.3)로부터 $\theta_2 = \sin^{-1}\left(1 \times \sin 30^O / 1.361\right) = 0.376(radian) = 21.554°$.

7. 공기 중의 빛($\lambda = 589.29nm$)이 입사각 20° 로 루비 속으로 진행했다. 굴절각을 구하라.

▶ 표 5.1에서 루비의 굴절률은 $n_2 = 1.760$.

따라서 식 (5.3)로부터 $\theta_2 = \sin^{-1}\left(1 \times \sin 20^O / 1.760\right) = 0.196(radian) = 11.206°$.

8. 알 수 없는 고체인 매질로 진행하는 빛($\lambda = 589.29nm$)의 굴절각이 약 12.9° 로 확인되었다. 만일 공기 중에서 입사한 각이 정확히 17° 였다면, 이 고체를 표 5.1로부터 확인하라.

▶ 식 (5.3)로부터 $n_2 = n_1 \sin\theta_1 / \sin\theta_2 = 1 \times \sin 17° / \sin 12.9° = 1.31$. 표 5.1에서 1.31을 찾아보면, 고체는 얼음.

9. 그림과 같이, 공기 중에 유리가 놓여 있다. 만일 공기 중에서 빛($\lambda = 510nm$)이 30° 로 입사했을 때, 다음 물음에 답하라. 단, 510 nm 파장의 빛에 대한 유리의 굴절률을 1.5로 하라.

a) 유리 내부의 굴절각인 θ_2 를 구하라.

b) 다시 공기로 굴절되는 θ_3 를 구해서, θ_1 과 비교하라.

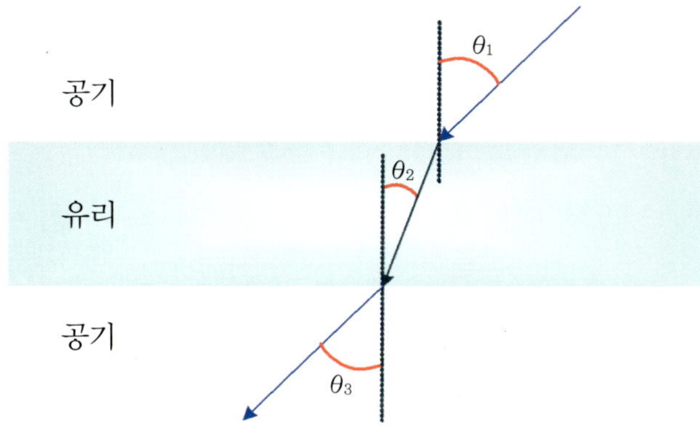

▶ 식 (5.3)으로부터 굴절각들을 하나씩 차례대로 구할 수 있다.

a) $n_1 \sin\theta_1 = n_2 \sin\theta_2$ 로부터, $\theta_2 = \sin^{-1}\left(1\times\sin 30^O/1.5\right) = 0.339(radian) = 19.471^\circ$.

b) 마찬가지로 $\theta_2 = \sin^{-1}\left(1.5\times\sin 19.471^O/1\right) = 0.524(radian) = 30^\circ$. 이 값은 θ_1과 동일한 각. 유리를 사이에 두고, 굴절되어 들어가고 나오는 과정에서, 스넬의 법칙에 사용되는 굴절률이 공통적으로 유리의 굴절률이기 때문.

10. 그림처럼, 유리에 불화마그네슘(MgF_2)이 덧입혀져 있다. 만일 공기 중에서 빛($\lambda = 510nm$)이 30° 로 입사했을 때, 다음 물음에 답하라. 단, 510 nm 파장의 빛에 대한 불화마그네슘과 유리의 굴절률을 각각 1.38과 1.5로 하라.

a) 불화마그네슘에서의 굴절각을 구하라.

b) 유리에서의 굴절각을 구하라.

c) 다시 공기로 굴절되는 θ_4를 구해서, θ_1과 비교하라.

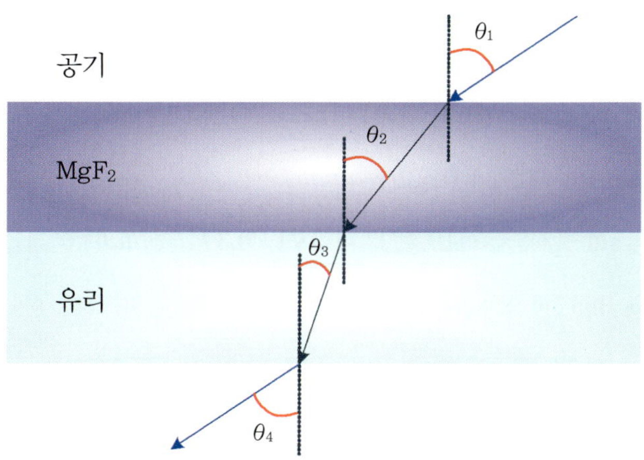

▶ a) 식 (5.3)인 $n_1 \sin\theta_1 = n_2 \sin\theta_2$ 로부터,

$$\theta_2 = \sin^{-1}\left(1\times\sin 30^o / 1.38\right) = 0.371(radian) = 21.243^\circ.$$

b) 마찬가지로 $\theta_3 = \sin^{-1}\left(1.38\times\sin 21.243^o / 1.5\right) = 0.339(radian) = 19.471^\circ$.

c) $\theta_4 = \sin^{-1}\left(1.5\times\sin 13.978^o / 1\right) = 0.524(radian) = 30^\circ$. 따라서 $\theta_4 = \theta_1$.

11. 유리의 아래쪽에 불화마그네슘(MgF_2)이 덧입혀져 있다. 만일 공기 중에서 빛($\lambda = 510nm$)이 30° 로 입사했을 때, 다음 물음에 답하라. 단, 510 nm 파장의 빛에 대한 유리와 불화마그네슘의 굴절률을 각각 1.5와 1.38로 하라.

a) 유리에서의 굴절각을 구하라.

b) 불화마그네슘에서의 굴절각을 구하라.

c) 다시 공기로 굴절되는 θ_4 를 구해서, θ_1 과 비교하라.

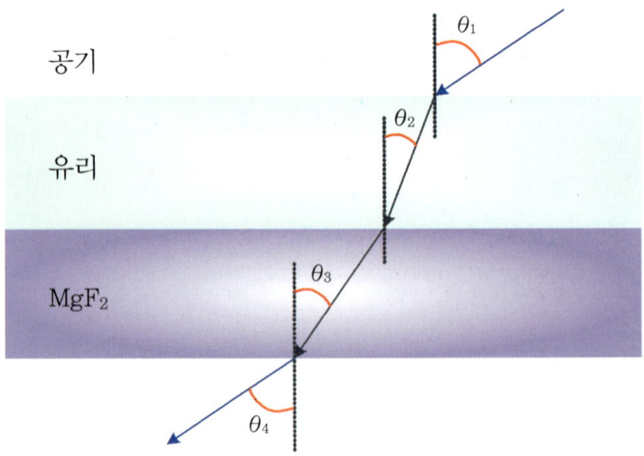

▶ a) 식 (5.3)인 $n_1 \sin\theta_1 = n_2 \sin\theta_2$ 로부터,

$$\theta_2 = \sin^{-1}\left(1\times\sin 30^o / 1.5\right) = 0.339(radian) = 19.471^\circ.$$

b) 마찬가지로 $\theta_3 = \sin^{-1}\left(1.5\times\sin 19.471^o / 1.38\right) = 0.371(radian) = 21.243^\circ$.

c) $\theta_4 = \sin^{-1}\left(1.38\times\sin 13.978^o / 1\right) = 0.524(radian) = 30^\circ$. 따라서 $\theta_4 = \theta_1$.

12. 확인문제 10과 11에서처럼 두 매질이 나란히 붙어 있다. 빛이 입사하는 매질들의 순서를 바꾸면, 결과인 굴절각도 뒤바뀐다는 것을 보이고자 한다.

a) 그러기 위해, $\theta_2 = \theta_3'$ 그리고 $\theta_3 = \theta_2'$ 임을 증명하라.

b) 또한 $\theta_4 = \theta_4'$ 임을 보여라.

c) 최종적으로 $\theta_1 = \theta_4 = \theta_4'$ 임을 보여라.

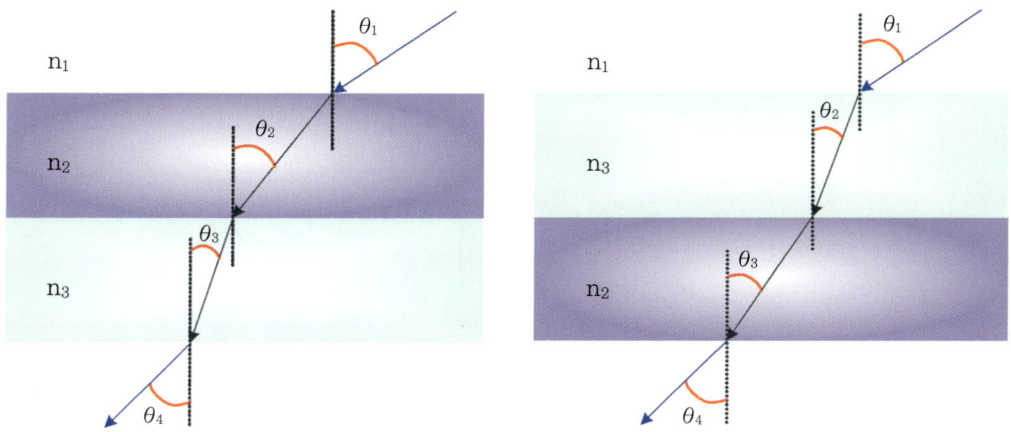

▶ a) • 왼쪽 그림 : θ_2 와 θ_3 를 구하자. 먼저 식 (5.3)의 $n_1 \sin\theta_1 = n_2 \sin\theta_2$ 으로부터, $\theta_2 = \sin^{-1}(n_1 \sin\theta_1 / n_2)$. 이때 초기값으로 θ_1 가 정해지면, $n_1 \sin\theta_1$ 가 고정된 값을 갖는다. 편의상 이를 N이라는 상수로 대체하자. 즉, $n_1 \sin\theta_1 = N = n_2 \sin\theta_2$. 따라서 $\theta_2 = \sin^{-1}(N / n_2)$. 마찬가지로 $\theta_3 = \sin^{-1}(n_2 \sin\theta_2 / n_3) = \sin^{-1}(N / n_3)$가 된다.

• 오른쪽 그림 : θ_2' 와 θ_3'를 구하자. 식 (5.3)의 $n_1 \sin\theta_1 = n_3 \sin\theta_2'$ 으로부터, $\theta_2' = \sin^{-1}(n_1 \sin\theta_1 / n_3) = \sin^{-1}(N / n_3)$. 마찬가지로 $\theta_3' = \sin^{-1}(N / n_2)$.

• 이제 구해진 θ_2 와 θ_3, 그리고 θ_2' 와 θ_3'를 비교해 보면, $\theta_2 = \sin^{-1}(N / n_2) = \theta_3'$, 그리고 $\theta_3 = \sin^{-1}(N / n_3) = \theta_2'$ 이라는 것을 알 수 있다.

b) 왼쪽 그림에서 θ_4 를 구하면, $\theta_4 = \sin^{-1}(n_3 \sin\theta_3 / n_1) = \sin^{-1}(n_3 N / n_3) = \sin^{-1}(N)$. 또한 오른쪽 그림에서 θ_4'를 구하면, $\theta_4' = \sin^{-1}(n_2 \sin\theta_3' / n_1) = \sin^{-1}(n_2 N / n_2) = \sin^{-1}(N)$. 따라서 $\theta_4 = \theta_4'$ 가 성립한다. 두 종류의 매질을 모두 통과한 결과이기에, 굴절각이 같을 수 밖에 없다.

c) θ_4 를 보자. $\theta_4 = \sin^{-1}(N)$를 정리하면 $N = \sin\theta_4$ 가 된다. 여기에서 굴절률 $n_1 = n_4 = 1$ 을 고려하면, $\theta_1 = \theta_4 = \theta_4'$ 가 증명된다. 따라서 빛이 같은 매질로 굴절되어 나올 때는 입사각이 굴절각과 같다는 것을 알 수 있다.[108]

13. 유리와 불화마그네슘(MgF_2) 사이에 공기층이 존재하고 있다. 만일 유리로 입사한 빛(λ = 510 nm)의 각이 30° 라고 했을 때, 다음 물음에 답하라. 단, 510 nm 파장의 빛에 대한 유리와 불화마그네슘의 굴절률을 각각 1.5와 1.38로 하라.

a) 공기층에서의 굴절각을 구하라.

b) 불화마그네슘에서의 굴절각을 구하라.

c) 다시 공기로 굴절되는 θ_4 를 구해서, θ_1 과 비교하라.

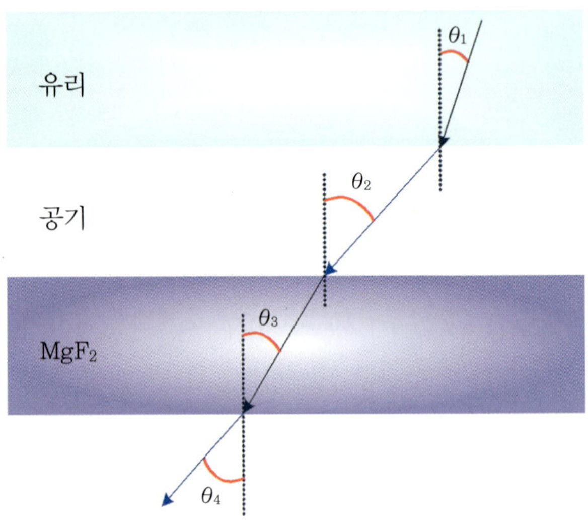

▶ a) $n_1 \sin\theta_1 = n_2 \sin\theta_2$ 로부터, $\theta_2 = \sin^{-1}(1.5 \times \sin 30^O / 1) = 0.848(radian) = 48.590^\circ$.

b) 마찬가지로 $\theta_3 = \sin^{-1}(1 \times \sin 48.590^O / 1.38) = 0.575(radian) = 32.921^\circ$.

c) $\theta_4 = \sin^{-1}(1.38 \times \sin 32.921^O / 1) = 0.848(radian) = 48.590^\circ$. 따라서 $\theta_4 \neq \theta_1$.

[108] 나중에 10장에서 다루겠지만, 무지개를 발생시키는 물방울의 내부에서는 빛이 전반사가 일으키지 않는다는 결과를 유도하게 된다. 그 과정에서 이 결과가 역할을 하게 된다.

14. 같은 매질에 입사한 파란색, 노랑색, 그리고 빨간색 빛의 굴절각의 크기를 비교하라.

▶ 파란색, 노랑색, 그리고 빨간색에 해당하는 물리량을 각각 아래첨자 b, y, 그리고 r로 정하자. $\lambda_b < \lambda_y < \lambda_r$ 이므로 $n_b > n_y > n_r$ 가 된다. 따라서 $n_b \sin\theta_b = n_y \sin\theta_y = n_r \sin\theta_r$ 로부터 $\theta_b < \theta_y < \theta_r$.

15. 크라운 유리에 입사한 $\lambda_1 = 434nm$ 와 $\lambda_2 = 656.3nm$ 인 빛의 굴절률이 각각 $n_1 = 1.534$ 와 $n_2 = 1.520$ 으로 주어졌다. 두 파가 공기 중에서 같은 각도로 입사했을 때, λ_1 의 굴절각이 12°였다면, λ_2 의 굴절각은 얼마인가?

▶ 식 (5.12)을 $1.534 \times \sin 12^\circ = 1.520 \times \sin\theta_2$ 로 쓸 수 있다. 이를 θ_2 에 대해 정리하면 $\theta_2 = \sin^{-1}\left(1.534 \times \sin 12^O / 1.520\right) = 0.211(radian) = 12.112^\circ$.

이때 주의할 점은, 식 (5.12)을 이용하기 위해서는 두 파가 공기 중에서 같은 각도로 입사해야 한다.

16. 공기 중에서 크라운 유리에 같은 각으로 입사한 두 파장의 빛이 있다. 굴절률이 $n_1 = 1.534$ 인 파장이 $\lambda_1 = 434nm$, 그리고 굴절각이 12°였을 때, λ_2 의 굴절각이 14°으로 측정되었다. 다음의 물음에 답하라.

a) λ_2 의 굴절률은 얼마인가?

b) 공기 중에서 λ_2 가 입사한 각을 구하라.

c) λ_1 과 λ_2 의 크라운 유리 안에서의 속도를 각각 구하라.

▶ a) 식 (5.12)로부터 $n_2 = 1.534 \times \sin 12^0 / \sin 14^0 = 1.318$.

b) λ_2 의 입사각을 θ_{2i} 라고 하면, 식 (5.3)으로부터 $1 \times \sin\theta_{2i} = 1.318 \times \sin 14^\circ$ 가 된다. 따라서 $\theta_{2i} = \sin^{-1}(\,1.318 \times \sin 14^\circ\,) = 0.325(radian) = 18.594^\circ$.

c) 공기에서 광속은 C. 식 (5.1)로부터

$v_1 = C / n_1 = C / 1.534 = 0.652C = 1.956 \times 10^8\,(m/s)$ 와

$v_1 = C / n_2 = C / 1.318 = 0.759C = 2.276 \times 10^8\,(m/s)$.

Chapter VI

빛의 특성 : 반사(Reflection)

(물체에 부딪친 빛이 진행 방향을 뒤쪽으로 바꾸는 현상)

반사는 이해하기 쉬운 개념이다. 일상생활에서 너무도 흔하게 접할 수 있기 때문일 것이다. 아침에 세면을 끝내고 거울 앞에서 스스로 감탄을 하거나 여드름 때문에 속상해 한 기억들이 있을 것이다. 이처럼 자신의 모습을 볼 수 있게 하는 존재가 바로 거울이다. 때로 빛의 반사라는 물리적 특성으로 끝나지 않고, 속까지도, 그리고 세월까지도 내비칠 수 있는 거울의 본질을 돌아보자.

§ 1. 입사각과 반사각(incident & reflected angle)

한 매질 속을 진행하던 빛이 다른 매질에 입사하면 그 순간 두 매질의 경계에서 반사가 일어난다. 빛의 반사를 규정하는 반사 법칙은 단순하다. 입사한 각도와 같은 각도로 반사한다는 것이 전부이다.

$$\sin\theta_i = \sin\theta_r \tag{6.1}$$

하지만 단순하다고 해서, 쉽게 볼 것만은 아니다. 너무 쉽다고 덤벙대다가는 나중에 헷갈리기 오히려 쉽다. 반사 법칙에서 많이 일으키는 착각은 각의 정의에 있다. 입사각과 반사각의 정의부터 확실하게 알아야 한다. 입사각과 반사각은 서로 다른 두 매질 사이의 경계에 수직인 법선(normal line)을 그어서 확인할 수 있다.

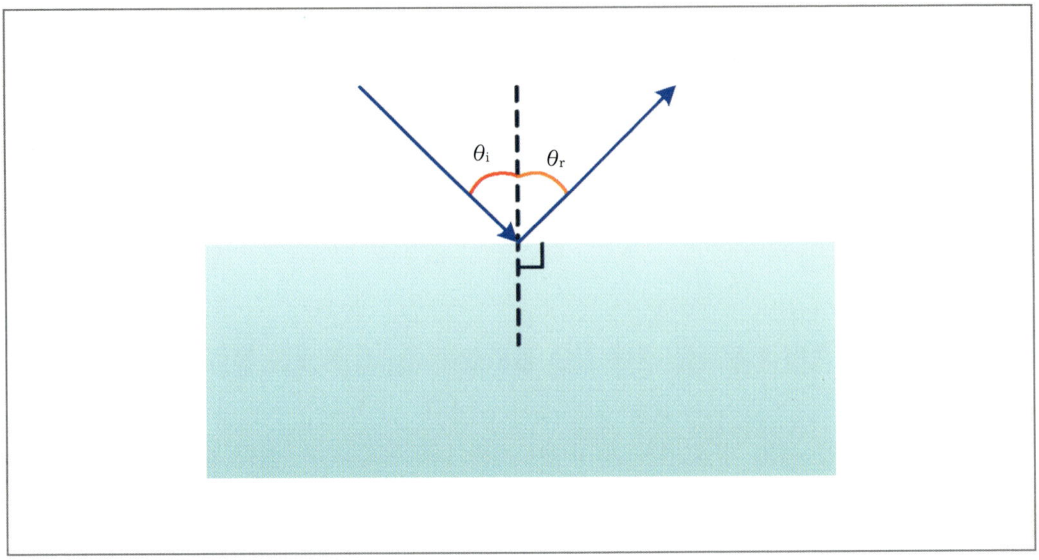

그림 6.1 입사각과 반사각

빨간색 원호로 그어진 입사각과 주황색 원호로 그어진 반사각의 크기는 같아야 한다. 그림에서 굴절된 빛은 생략했다.

입사각과 반사각이 같아야 한다는 것은 파동뿐 아니라, 입자에서도 그대로 성립한다. 예를 들어서, 공을 비스듬한 각도로 매끈한 벽에 던지면, 같은 각도로 튀어 나오게 된다.

단순하지만, 만일 반사의 법칙이 성립하지 않는다면, 아침에 거울을 보면서 이제까지와는 전혀 다른 광경에 소스라치게 놀라거나, 아예 거울을 멀리하게 될 것이다. 왜냐하면 눈, 코, 입의 위치가 뒤죽박죽 되거나, 심하게 일그러진 괴물을 거울에서 보게 될 것이기 때문이다.

§ 2. 내부 전반사(total internal reflection)

(입사한 빛이 굴절 없이 전부 반사되는 현상)

서로 다른 매질의 경계에 빛이 입사할 때마다 항상 반사와 굴절이 함께 발생한다. 암석이나 철과 같은 불투명한 물질의 표면에 빛이 입사하더라도, 물질에 따라 투과 정도가 미약할 뿐, 반사와 굴절은 여전히 발생한다. 예로부터 조각가들은 이태리산 대리석을 선호해왔다. 주로 흰색인 이태리산 대리석으로 조각해 놓으면 햇빛이 대리석 표면을 보다 깊숙이 침투해서 조각상이 마치 살아 있는 피부처럼 매끄럽게 보이기 때문이라고 한다.[109]

하지만 매질의 경계에서 굴절이 발생하지 않는 경우가 있다. 내부 전반사가 그런 경우이다. 종종 전반사라고 줄여 부르는데, 내부 전반사라는 말에서 짐작할 수 있듯이, 입사된 빛 이 굴절 없이 전부 반사만 한다. 그 상황에 대해서 알아보자.

요즘 활어(活魚)가 유행하고 있다. 그래서 횟집마다 큰 어항을 식당 앞에 설치해 놓은 경우가 많은데, 몸을 낮추어 어항을 들여다 보자. 낙지와 광어, 그리고 전복, 멍게와 같은 산해진미가 눈 앞을 왔다 갔다 한다. 잠시 머물며 나름대로 입맛 다시던 눈길이 점차 어항의 위쪽으로 훑어 올라가며, 마침내 어항의 수면을 아래쪽에서 위쪽으로 올려다 본다. 이때 이상하게도 수면에 비치는 광경은, 형광등 불빛과 같은 어항 위쪽의 모습이 아니라, 되려 수면 아래쪽의 모습이다. 내부 전반사 때문이다. 무심코 어항 속에 손을 집어 넣지 않도록 한다. 자칫 생선에게 물리거나, 횟집 주인이 극도로 싫어한다.

이제 내부 전반사에 대한 설명을 보자. 내부 전반사는 굴절률이 큰 매질에서 작은 매질로 빛이 이동하면서 발생하는 현상이다. 그래서 수면 위에서는 내부 전반사를 목격할 수 없다.

[109] 불투명 물체의 표면에 떨어져 내린 빛이 표면을 파고드는 것을 표피 효과(skin effect)라고 하고, 물질에 따라 어느 정도까지 파고 들었는지를 침투 깊이(skin depth)라고 한다. 이는 빛이 전자기파이기 때문에 발생하는 현상이지만, 크게 보면 굴절로도 볼 수 있다. 표피 효과에서 진폭이 감소하듯이, 굴절에서도 진폭은 감소한다. 따라서 바다 깊은 곳에는 밤처럼 어둡다. 한편 지금까지 파를 다루어 오면서 진폭의 변화에 대한 얘기는 없었다. 우선은 진폭이 물리량이라기 보다는 밝기라는 물리량을 구하기 위한 표현이기 때문이기도 하지만, 굳이 진폭의 변화를 얘기할 필요가 없었기 때문이다.

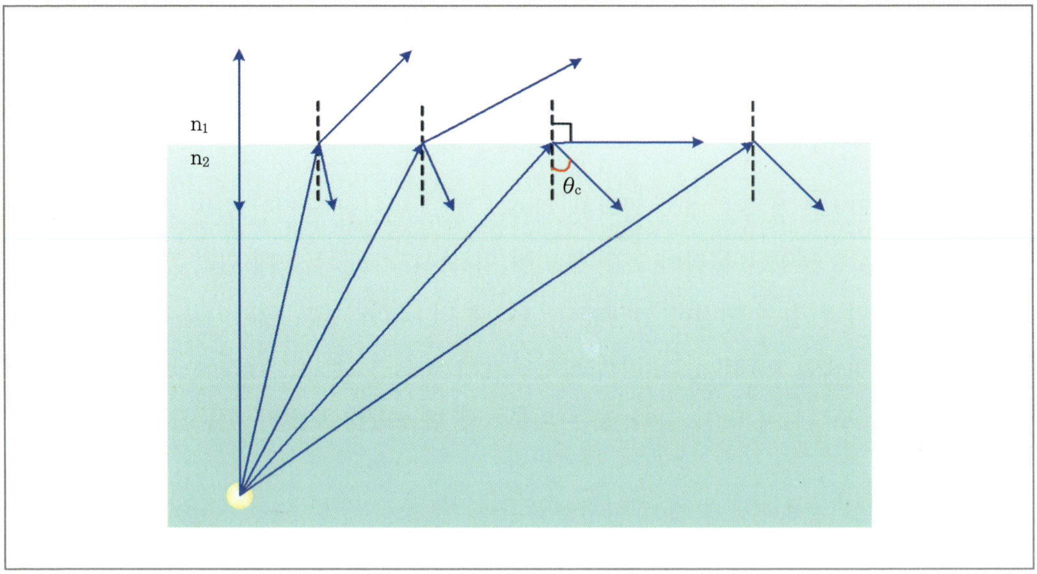

그림 6.2 내부 전반사의 발생

$n_2 > n_1$의 조건을 가정했다. 즉, 빛이 입사하기 전 매질의 굴절률이 바깥의 굴절률보다 크다.

내부 전반사를 발생시키는 입사각을 임계각(θ_c : critical angle)이라고 부른다. 굴절률이 큰 매질에서 작은 매질로 빛이 입사할 때, 임계각으로 입사하면 굴절각이 90° 가 되지만, 임계각보다 약간이라도 큰 각으로 입사하면 굴절 없이 빛 전체가 내부 전반사를 일으키게 된다.

내부 전반사를 스넬의 법칙에 대입시켜 보자. 입사각과 임계각이 같고, 굴절각이 90° 이므로,

$$n_1 \sin\theta_1 = n_2 \sin\theta_2 \quad \rightarrow \quad n_1 \sin 90^\circ = n_1 = n_2 \sin\theta_2 \tag{6.2}$$

따라서 $\theta_2 = \theta_c$ 로 두면,

$$\sin\theta_c = \frac{n_1}{n_2} \tag{6.3}$$

식 (6.3)에는 sin 함수가 포함되어 있는데, sin 함수의 절대값은 항상 1보다 작거나 같아

야 한다는 선천적 범위를 지닌다. 따라서 식 (6.3)이 항상 동반하는 조건은 다음과 같다.

$$\frac{n_1}{n_2} \le 1 \qquad (6.4)$$

식 (6.3)과 식 (6.4)는 같은 의미를 갖는다.

매질의 굴절률이 빛의 파장에 반비례하기 때문에, 같은 매질이라도 임계각이 빛의 파장에 따라 달라진다. 같은 매질에서 빨간색과 파란색 계통의 빛을 비교해 보자. 빨간색이 짙을 빛일수록 굴절률이 낮아지면서 임계각은 증가하며, 반대로 파란색이 짙은 빛일수록 굴절률은 커지고 임계각은 감소한다.

[예제 1] 물이 가득 담겨 있는 큰 수조의 바닥에 작은 광원이 켜져 있다. 파장이 589 nm의 빛에 대한 물의 굴절률이 1.33이라고 할 때, 임계각을 구하라.

▶ 공기의 굴절률을 1로 근사 시키면, $\sin\theta_c = 1/1.33$가 되고, 임계각은 다음과 같이 계산된다. $\theta_c = \sin^{-1}(1/1.33) = 0.851\ (radian) = 48.8^0$[110]

§ 3. 위상 변화(phase change) : 낙타와 컵

1장 7절에서 다루었던 위상이 무엇인지 이해했을 것이다. 파에 대한 기본적인 모든 정보를 포괄하고 있는 위상이 상황에 따라 바뀔 수 있다는 것이다. 파장이나 진동수와 같은 파의 본질적인 특징에 변화가 생기는 것은 아니고, 매질의 진동의 순서가 아래와 위로 바뀔 수 있다. 이를 위상 변화라고 한다.

반사에서 발생하는 위상 변화를 간단히 그림으로 설명해 보자. 그림 6.3에서 매질을 비록 줄로 단순화해서 표현했지만, 실제로는 3차원의 입체 매질이 고려될 수 있다.

[110] 마찬가지로, 전반사에 대한 요약에서 두 번째 경우에 해당된다.

1. 굴절률이 작은 매질에서 큰 매질로 입사

본론으로 돌아가서, 굴절률이 작은 매질에서 큰 매질로 빛이 진행할 때, 반사파에만 180° 의 위상 변화가 발생한다. 360° 마다 같은 파의 같은 모양이 반복되므로, 180° , 즉 π 위상 변화는 입사된 파(∩)가 뒤집어진 형태(∪)로 반사된다는 것을 표현했다. 하지만 관통해서 진행하는 굵은 줄의 파는 그대로 꼿꼿이 서서 통과한다(∩). 강의할 때는 ∩를 낙타로, ∪를 컵으로 부르곤 했었다. 이와 같은 명칭을 그대로 사용하자.

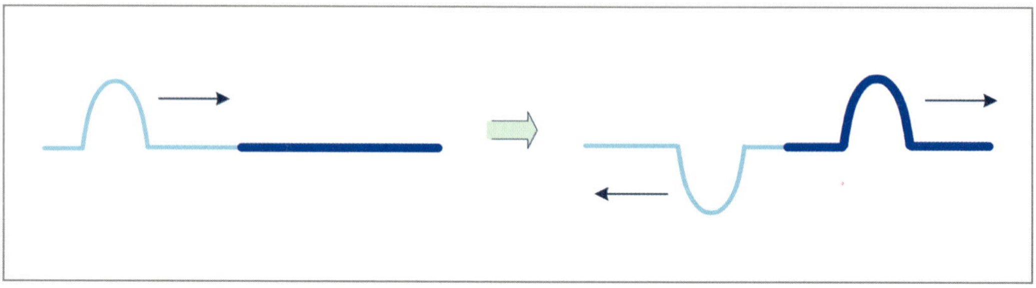

그림 6.3 작은 굴절률의 매질에서 큰 굴절률의 매질로 진행하는 파의 편광
굴절률이 작은 매질은 얇은 줄, 그리고 굴절률이 큰 매질은 굵은 줄로 표현했다.

낙타(∩)가 입사했지만, 서로 다른 두 매질의 경계에서 반사파는 컵으로(∩ → ∪), 굴절파는 낙타로(∩ → ∩) 다시 태어나는 과정이다.

2. 굴절률이 큰 매질에서 작은 매질로 입사

이번에는 굴절률이 큰 매질에서 작은 매질로 빛이 진행하는 경우를 생각해 보자. 이전과는 다르게, 반사된 파에서도, 그리고 통과한 파에서도 위상 변화는 전혀 발생하지 않고 있다. 즉, 낙타가 들어가서 반사도 낙타, 통과도 낙타가 하고 있다.

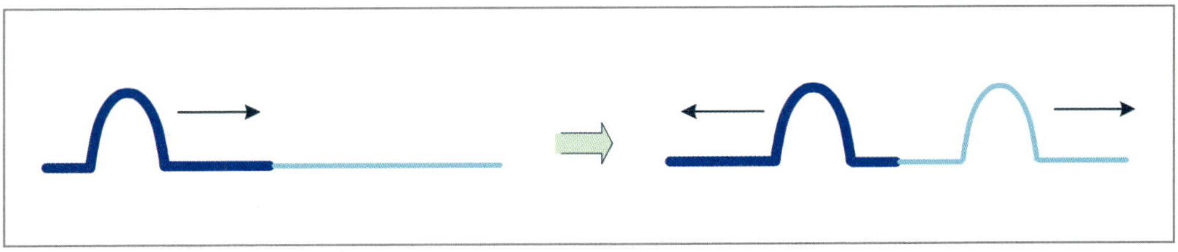

그림 6.4 큰 굴절률의 매질에서 작은 굴절률의 매질로 진행하는 파의 편광
입사한 낙타가 두 매질의 경계에서 변환하지 않고, 낙타(∩ → ∩) 그대로 진행하고 있는 모습이다.

[예제 2] 빛이 이산화탄소(CO_2) 가스 안에 놓인 납유리로 입사할 때, 위상 변화를 설명하라.
▶ 표 5.1에서 이산화탄소 가스의 굴절률은 1.00049, 그리고 납유리의 굴절률은 1.61이다. 따라서 굴절률이 낮은 매질에서 높은 매질로 입사하므로, 180°, 즉 π의 위상 변화가 발생한다. 낙타가 컵으로 바뀐 것이다(∩ → ∪).

보이는 것이 다가 아니라고, 위상 변화의 두 결과가 너무 단순하기 때문에 간과하는 경향이 많다. 두 결과와 함께 의미를 충분히 인식하지 못하고 넘어가면, 간섭이나 회절에서 번번히 낭패보기 쉽다. 이해가 필요하다.

니체(Friedrich Nietzsche)는 그의 수상록에서 3단 연역법(syllogism)을 통해 낙타를 사자로, 사자를 어린이로 변화시키고 있다. 비록 관념적 논리의 전개이지만, 광학에서는 생명체의 테두리를 넘나들며 더 기상천외한 전개를 보였다. 낙타에서 컵으로, 또는 컵에서 낙타로의 변환이라는 오묘한 변화를 가역적으로 다뤘다. 결국 짜라투스트라(Zarathushtra)가 어떻게 말을 했건, 낙타가 항상 변화를 추구하기 보다는, 주어진 상황에서 제 갈 길을 가다 보면 적절한 변화가 찾아온다는 것을 보인 셈이다. 인본주의 철학과 자연철학을 접목시킨 결과가 사뭇 작지 않다.

빛이 통과하는 매질의 진동 방향이 바뀌건 말건, 우리가 상관할 필요가 있느냐고 다소 회의스러운 의문이 떠오를 수 있다. 위상 변화를 써먹을 데가 있느냐는 물음으로 생각된다. 성급한 회의론은 접어두자. 나중에 다룰 간섭 현상에서 위상 변화를 톡톡히 이용하게 된다.

§ 4. 반사와 굴절에서의 위상 변화

두 매질의 경계에서 일어나는 반사와 굴절, 그리고 위상 변화를 한꺼번에 다루어 보자. 일정한 두께를 갖는 유리판이 공기 중에 놓여 있고, 유리판에 θ_1으로 빛(왼쪽 제일 위의 파란색 화살표)이 입사했다고 하자. 서로 다른 두 매질의 경계에서는 항상 반사와 굴절이 동시에 일어난다. 이때 반사되는 빛과 굴절되는 빛, 반사각과 굴절각, 그리고 편광을 표시해 보자. 단, 공기의 굴절률은 n_1으로, 유리의 굴절률은 n_2으로 주어졌다.

각자가 점검해야 할 세 가지 요소는 다음과 같다.

- 반사의 법칙 : 입사각 = 반사각
- 굴절의 법칙 : 굴절각을 위한 스넬의 법칙
- 위상 변화 : 반사된 빛의 위상 변화가 발생하는지 확인

반사와 굴절이 일어나는 공기와 매질의 경계를 주황색 동그라미로 표시했다(그림 6.5). 동그라미 1에서 θ_1로 입사한 빛이 공기와는 다른 굴절률을 갖는 유리의 경계에서 반사와 굴절을 일으키고 있다. 반사는 입사각과 같은 각으로 이루어지며, 굴절에 있어서는 스넬의 법칙($n_1 \sin\theta_1 = n_2 \sin\theta_2$)으로부터 $n_1 < n_2$이므로 $\theta_1 > \theta_2$라는 결론이 나온다. 또한 $n_1 < n_2$이므로, 공기 중에서 입사한 빛이 반사될 때는 위상 변화(∩ → ∪)가 발생하지만, 굴절에서는 위상 변화가 없다.

같은 현상이 나머지 동그라미 두 개에서도 공통적으로 일어난다. 입사각 = 반사각, 굴절각은 스넬의 법칙에 의해 주어지며, $\theta_2 = \sin^{-1}\left(\frac{n_2}{n_1}\sin\theta_1\right)$, 위상 변화는 공기에서 유리로 입사한 빛이 반사될 때만 발생하고 있다.

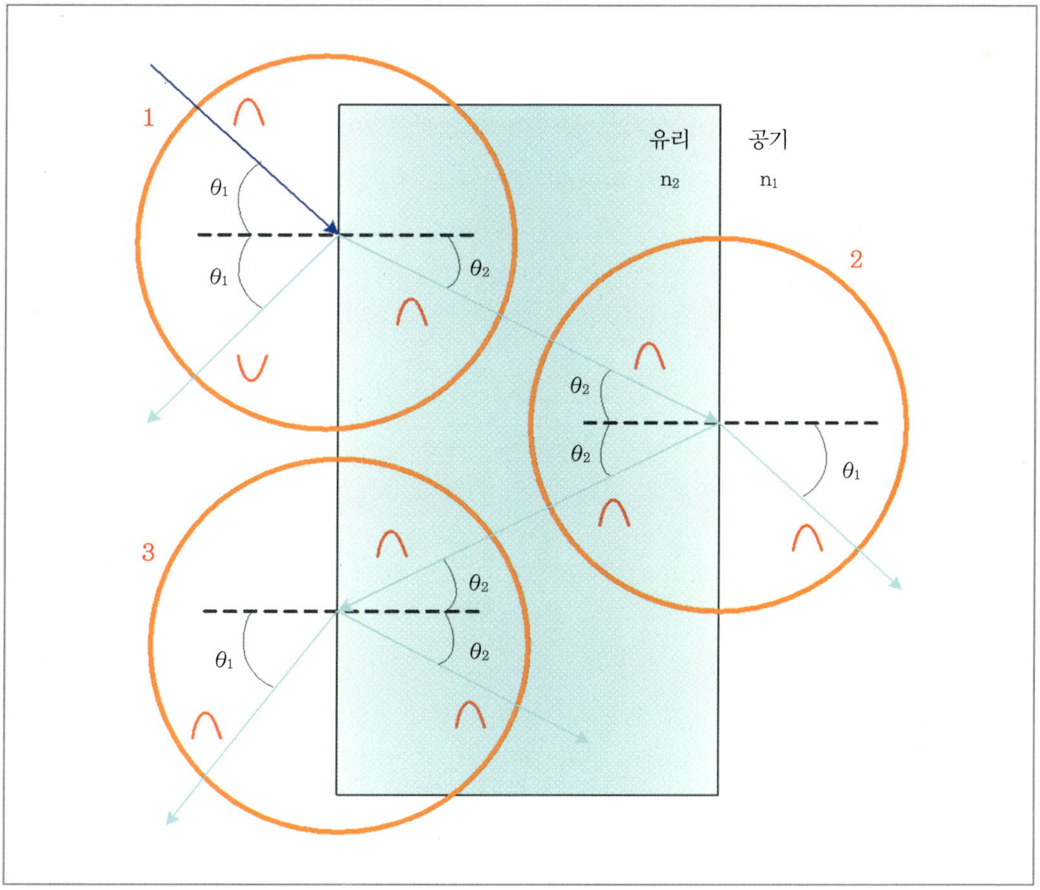

그림 6.5 유리판에서 빛의 특성

왼쪽 위에서 입사한 빛(파란색)이 굴절률 n_1인 공기로부터 굴절률이 n_2인 유리로 입사했다. 하늘색 화살표들은 반사 또는 굴절한 빛을 말하며, 빨간색의 곡선들은 낙타와 컵을 가리킨다.

각 동그라미에 대한 답이 그림에 주어졌으니, 각자가 내린 결론을 비교하면서 어떤 점을 놓치고 있는지 점검해 보는 것이 좋다.

전반사에 대해서는 예제에서 충분히 다루었기 때문에, 그림 6.5에서 전반사가 일어나지 않는다는 것을 재차 거론할 필요가 없을 것이다. 하지만 $n_1 < n_2$이기 때문에, 굴절률만 본다면, 전반사가 일어날 수 있는 가능한 상황임에는 틀림없다. 따라서 만일 빛을 그림의 위쪽으로부터 유리 안으로 입사시킨다면, 동그라미 1을 제외한 나머지 두 개의 동그라미

에서는 내부 전반사가 일어날 수 있다. 일단 동그라미 2에서 내부 전반사가 발생하게 된다면, 동그라미 3에서도 내부 전반사가 반드시 발생한다는 것을 알 수 있다. 만일 유리가 무한히 길다면, 유리 안으로 굴절되어 들어간 빛은 내부 전반사를 반복하면서 영원히 유리 안에 갇히고 말 것이다. 이것이 5장 4절에서 다룬 광케이블을 통해 전기 신호를 전송하는 원리이기도 하다.

6장 연습을 위한 확인문제

Chapter VI

1. 바닥에 얇게 깔려 있는 벤젠이 공기에 노출되어 있다. 만일 가시광선에 대한 벤젠의 굴절률을 1.79이라고 하면, 빛이 벤젠의 내부에서 공기와의 경계를 이루는 층을 따라 흐를 수 있는 임계각을 구하라.

▶ 식 (6.3)에서 공기의 굴절률을 1로 근사시키면, $\sin\theta_c = 1/1.79$. 따라서 임계각은

$\theta_c = \sin^{-1}(1/1.79) = 0.593\ (radian) = 33.963^0$ [111]

2. 유리판이 공기 중에 놓여 있다고 하자. 파장에 상관없이 유리판에서 빛의 굴절률을 1.5라고 하자.

a) 전반사가 일어날 가능성이 있는 경계를 모두 찾아라. 단, 1차 반사까지만 고려하라.

b) 주어진 수치들을 이용해서 전반사가 일어나기 위한 임계각을 구하라.

c) 구한 임계각으로부터 최초의 입사각 θ_1을 구하라.

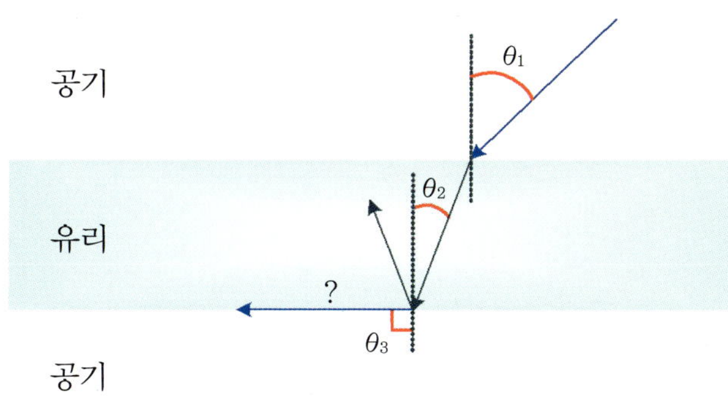

▶ a) 전반사는 굴절률이 큰 매질에서 작은 매질로 빛이 진행할 때만 발생. 따라서 유리알을 통과한 빛이 공기 중으로 다시 빠져 나올 때, 빛이 전반사를 일으킬 가능성이 있다.

[111] 전반사에 대한 요약에서 두 번째 경우에 해당된다.

b) 유리알 내부에서만 전반사가 발생하기 때문에, 그림에서 θ_2 이 입사각, 그리고 θ_3 가 굴절각이 된다. 따라서 $\theta_3 = 90^\circ$ 일 때 임계각 θ_2 를 구하는 문제이다. 식 (6.3)으로부터, $\theta_c = \sin^{-1}(n_3 / n_2) = \sin^{-1}(1/1.5) = 0.729\ (radian) = 41.820^\circ$.

c) 이제 θ_1을 구하기 위해, 식 (5.3)을 보면, $1 \times \sin\theta_1 = 1.5 \times \sin 41.820^\circ$ 로부터, $\theta_1 = \sin^{-1}\left(1.5 \times \sin 41.820^\circ\right) > 90^\circ$. 하지만 θ_1이 90° 보다 크면 입사 자체가 불가능해진다. 따라서 전반사가 일어날 수 없다. 또는 이렇게 말할 수 있다. 스넬의 법칙에 따르면, 공기 중에서 유리판으로 입사한 빛이 다시 공기 중으로 굴절할 때, 최초 입사각과 같은 각도로 굴절한다. 즉, $\theta_1 = \theta_3$. 하지만 전반사를 위해서는 $\theta_3 = 90^\circ$ 가 성립해야 한다. 따라서 $\theta_1 = \theta_3 \neq 90^\circ$ 가 되어서 모순을 낳고 만다. 결론적을 내리자면, 굴절률만 보면 비록 그림 자체는 전반사가 가능한 상황($n_i > n_f$)이지만, 실제로는 전반사가 발생하지 않는다.[112]

3. 유리판이 아래쪽에 불화마그네슘(MgF_2)이 덧입혀져 있다. 만일 공기 중에서 빛(λ = 510 nm)이 θ_1으로 입사했을 때, 다음 물음에 답하라. 단, 510 nm 파장의 빛에 대한 유리알과 불화마그네슘의 굴절률을 각각 1.5와 1.38로 하라.

a) 어떤 매질의 어느 경계에서건 전반사가 일어날 수 있는 경계를 모두 찾아라. 단, 1차 반사까지만 고려하라.

b) 주어진 수치들을 이용해서 전반사가 일어나기 위한 임계각을 구하라.

c) 구한 임계각으로부터 최초의 입사각 θ_1을 구하라.

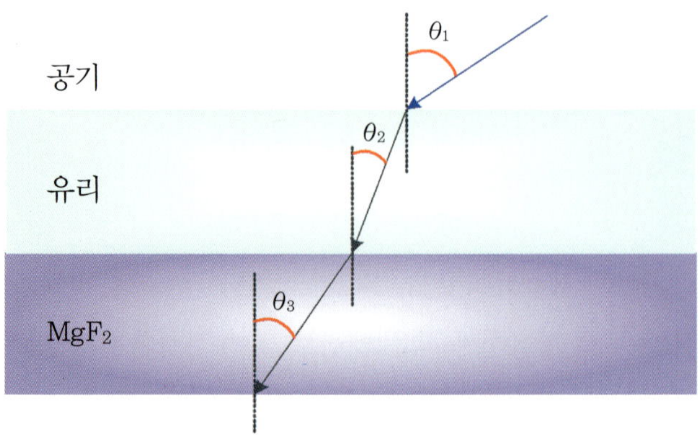

[112] 전반사에 대한 요약에서 세 번째 경우에 해당된다. 하지만 무조건적으로 전반사가 발생하지 않는다는 것은 아니다. 밀면의 굴곡에 따라 달리 반사가 일어나면 그것이 전반사가 될 수도 있다.

▶ a) 전반사는 굴절률이 큰 매질에서 작은 매질로 빛이 진행할 때만 발생할 수 있다. 따라서 유리알을 통과한 빛이 불화마그네슘으로 입사할 때, 빛이 전반사를 일으킬 수 있다. 즉, 그 외의 다른 경계에서는 전반사가 발생할 수 없다.

b) 유리알 내부에서만 전반사가 발생하기 때문에, 그림에서 θ_2 이 입사각, 그리고 θ_3 가 굴절각이 된다. 따라서 $\theta_3 = 90^\circ$ 일 때 임계각 θ_2 를 구하는 문제이다. 식 (6.3)으로부터, $\theta_c = \sin^{-1}(n_3 / n_2) = \sin^{-1}(1.38/1.5) = 1.168\ (radian) = 66.926^\circ$.

c) 최초 입사각 θ_1 을 구하기 위해, 식 (5.3)인 스넬의 법칙을 이용하면, $1 \times \sin\theta_1 = 1.5 \times \sin 66.926^\circ$ 가 된다. 이를 정리하면, $\theta_1 = \sin^{-1}\left(1.5 \times \sin 66.926^\circ\right) > 90^\circ$. 하지만 θ_1 이 90° 보다 커질 수는 없기 때문에, 전반사는 불가능하다.[113]

문제 2와 3에서, 비록 식 (6.4)가 만족되었다고 하더라도, 전반사가 발생하지 않을 수 있다는 것을 보였다. 즉, 공기 중에서 입사한 빛을 하나의 줄기로만 생각해서, 계속 연장선을 따라가다 보면, 스넬의 법칙에 의해 전반사는 발생하지 못한다. 하지만 매질 내부의 상황으로 인해, 예를 들어 난반사가 발생했다면, 그래서 스넬의 법칙이 적용되지 않는 상황이라면 전반사가 발생할 수 있다.[114]

4. 빛이 물에 잠겨 있는 실리콘에 입사했을 때, 위상 변화를 설명하라.

▶ 표 5.1에서 물의 굴절률은 1.333, 그리고 실리콘의 굴절률은 4.01이다. 따라서 굴절률이 낮은 매질에서 높은 매질로 입사하므로, π의 위상 변화 발생. 즉, ∩ → ∪.

5. 빛이 액체 이황화탄소(CS_2)에 잠겨 있는 호박에 입사할 때의 위상 변화를 설명하라.

▶ 표 5.1에서 이황화탄소의 굴절률은 1.628, 그리고 호박의 굴절률은 1.55. 따라서 굴절률이 높은 매질에서 낮은 매질로 입사하므로, 위상 변화는 없다. 즉, ∩ → ∩. 또는 ∪ → ∪.

[113] 이 문제도 역시 전반사에 대한 요약에서 세 번째 경우에 해당된다.

[114] 이에 대한 반응이 다양할 수 있다. 특히 전반사에 대한 세 번째 요약에 대해 반론이 있을 수 있다. 우리가 실생활에서 쉽게 접할 수 있는 예를 들어보자. 흔히 수족관 꼭대기에 형광등을 켜놓는다. 분명히 광원이 물 바깥에 있기 때문에 세 번째 요약에 해당이 될 것이지만, 분명히 전반사는 발생하고 있다. 이는 물 바깥에 있는 형광등이라는 불빛이 수족관 내부, 즉 수면 아래에서 다양한 각도로 반사되기 때문에 발생하는 전반사이다. 예로써, 꼬물락거리는 낙지가 전반사 되어 보이는 이유는, 낙지의 피부에서 반사된 빛이 전반사를 일으키기 때문이지, 형광등 불빛이 직접적인 전반사를 일으키는 것이 아니다.

6. 거울 두 장이 다음과 같이 배치되어 있다.

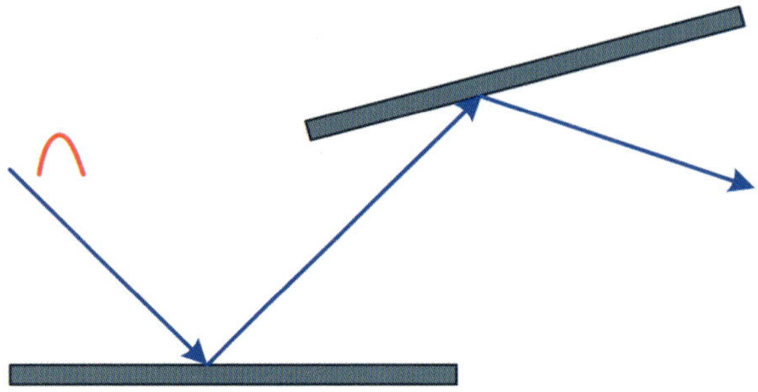

a) 거울마다 입사각과 반사각이 같다는 것을 직접 그려서 보여라.

b) 또한 위상의 변화를 낙타와 컵으로 각각 표시하라.

▶ a) 각 거울의 표면에 법선을 그려서, 첫 번째 거울에 입사한 각을 θ_{1i}, 반사각을θ_{1r}, 그리고 두 번째 거울에서의 입사각과 반사각을 각각 θ_{2i}와 θ_{2r}로 두면, 다음 그림과 같이 표현된다.

b) 또한 공기라는 매질보다 거울이라는 매질의 굴절률이 더 크므로, 빛이 거울이라는 매질에서 반사할 때마다, 위상의 변화가 발생하게 된다. 따라서 첫 거울에서는 낙타가 입사해서 컵이 반사되어 나왔으며, 두 번째 거울에서는 그 컵이 낙타로 반사되어 나오게 된다.

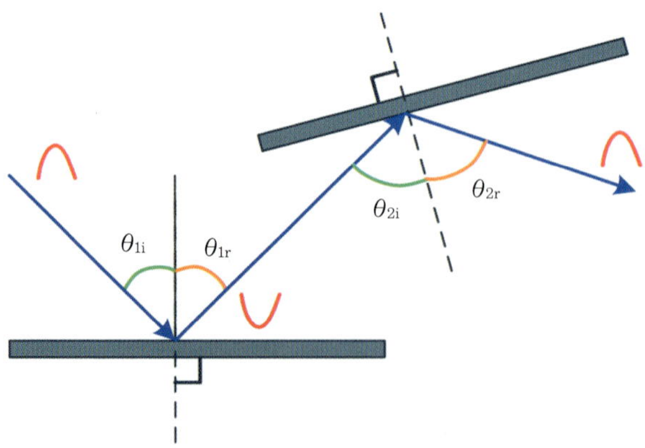

Chapter VII

빛의 특성 : 편광(Polarization)

(빛에서 특정 방향의 진동이 제한되는 현상)

횡파인 빛은, 흡수, 반사, 산란, 2중 굴절과 같은 특별한 상황에서 진동이 제한될 수 있는데, 이를 편광 되었다고 한다. 진행 방향과 동일한 방향으로만 진동하게 되는 종파의 경우에는 편광이 일어날 수 없다. 종파에서는 파 자체가 소멸하지 않고서는 편광될 수 없기 때문이다. 편광(偏光)이라는 말이 무색하지 않다는 것을 엿볼 수 있다. 편광의 종류부터 알아보자.

§ 1. 편광의 종류

전자기파인 빛은 전기파와 자기파가 서로 직각으로 만나는 형태로 진동을 하는데, 전기장과 자기장의 크기가 서로 비례하지만, 전기파의 세기가 자기파의 세기보다 월등히 크다.[115] 그래서 편광을 다룰 때는 간편하게 전기파만 고려한다.

주변의 상황에 따라 전기파의 크기나 방향에 변화가 발생한다. 이로 인해 빛의 진행 방향에서 바라본 모습이 완전한 원의 형태를 갖추기도, 때로는 찌그러진 원의 형태를 갖추

[115] 전기장(E)과 자기장(B)의 크기를 보면, $E \propto CB$ 정도가 된다. C는 광속. 크기 차이가 상당하다.

기도, 심지어는 직선의 형태를 띠기도 한다. 이들을 각각 원편광, 타원편광, 그리고 선편광이라고 부른다.

각 편광 형태를 이해하기 위해서는 빛의 진동을 벡터로 표현할 수 있다는 것부터 이해하도록 하자. 진동을 벡터로 놓고 $\vec{E_0}$라고 하자.

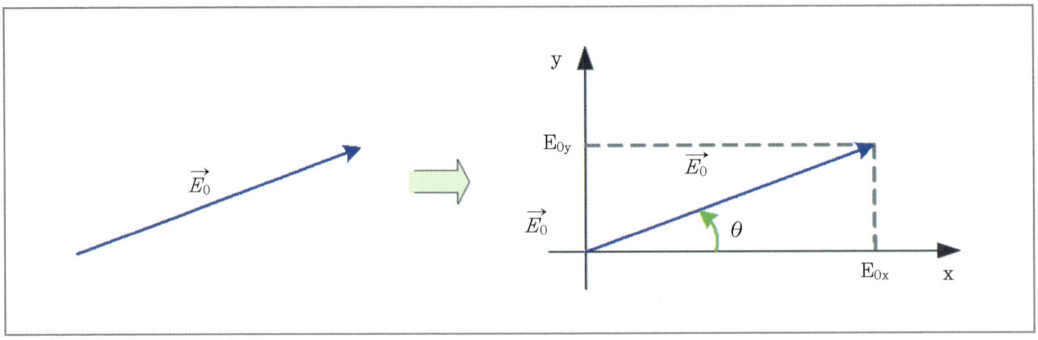

그림 7.1 전기장의 벡터 취급

벡터 E_0를 다루기 위해 위상계라는 좌표계를 도입했다. 위상계에서 가로축을 x축으로, 그리고 세로축을 y축으로 임의적으로 구분했다. 만일 시간축을 둔다면, 지면을 뚫고 나오거나 뚫고 들어가는 방향이 될 것이다.

비록 원래는 E라는 하나의 물리량 밖에는 없었지만, 이를 각 성분별로 $E_{0x} = E_0 \cos\theta$, 그리고 $E_{0y} = E_0 \sin\theta$로 분류할 수 있다. 이들 벡터의 성분들이 실제로는 $\tan\theta = \frac{E_{0y}}{E_{0x}}$ 또는 $\theta = \tan^{-1}\left(\frac{E_{0y}}{E_{0x}}\right)$이라는 조건과 $E_0{}^2 = E_{0x}{}^2 + E_{0y}{}^2$의 조건에 매여 있지만, 이들 조건에서 벗어나지 않는 이상 개별의 독자적인 진폭으로 취급해도 무난하다. 따라서 편광을 다루는 동안은 E_{0x}와 E_{0y}를 서로에게서 상관없는 독자적인 진폭으로 간주하고자 한다.

1. 타원편광(elliptical polarization) : $E_x{}^2 + E_y{}^2 = E_2$

타원편광의 조건 자체가 편광이 되기 위한 기본적 조건과 일치하고 있으며, 이는 타원편광이 가장 일반적인 형태라는 것을 말해준다.

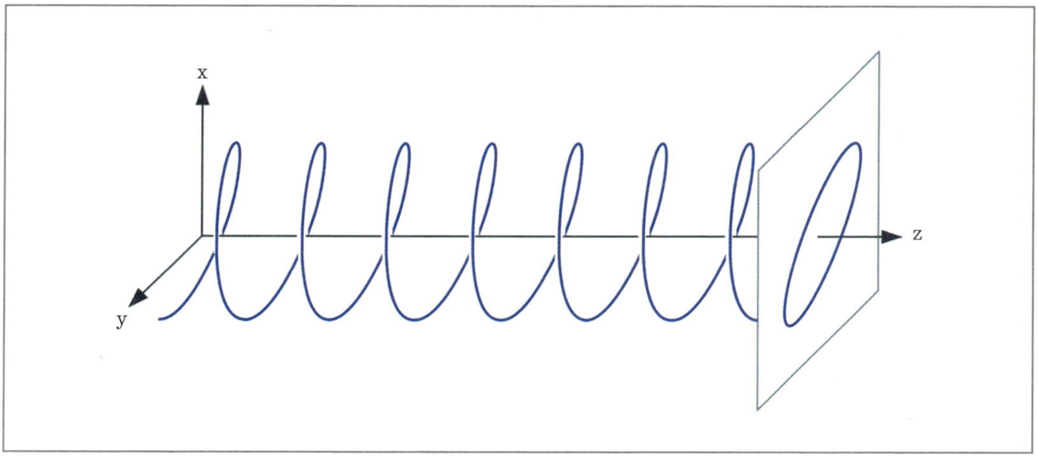

그림 7.2 타원편광

흔히 좌표계를 그릴 때, 앞쪽 아래에 x축, 그리고 세로축을 y축으로 삼지만, 그림에서는 오른손 법칙을 따르기 위해, 부득불 x축과 y축의 위치를 바꾸었다. 여기에서 오른손 법칙이란, x축에서 y축으로 거머쥘 때 엄지의 방향이 z축이 되도록 그리는 법칙이다.

각 성분을 파동식으로 표현하면, 다음과 같다.

$$\begin{aligned}\vec{E} &= \hat{i}E_x + \hat{j}E_y \\ &= \hat{i}E_{0x}\sin(kz-\omega t) + \hat{j}E_{0y}\sin(kz-\omega t+\varphi)\end{aligned} \tag{7.1}$$

식에서 z는 z축의 변위를 말하며, φ는 위상차이다.[116] 또한 E_{0x}와 E_{0y}는 원래 진폭(E_o)의 x와 y의 성분이다. 파동식이 $E^2 = E_x{}^2 + E_y{}^2$ 이라는 조건을 만족시키므로 아무런 문제가 없다.

[116] E는 E_0를 공간과 시간 속에서 고려한 진폭이다. 즉, $E = E_0\sin(kz-\omega t)$. 이때 위상계에서 도입되는 θ를 파동식에 삽입해서 각 성분의 파동식을 하나의 파동식으로 합치거나, 서로 연결할 수는 있지만, 굳이 서로 다른 두 각(θ와 φ)을 하나의 파동식에 삽입시켜 혼란을 야기할 필요가 없다.

2. 원편광(circular polarization) : $E_x^2 + E_y^2 = E^2$, $E_{0x} = E_{0y}$, $\varphi = \pm\pi/2$

E_x 와 E_y 의 크기가 동일할 때는 편의상 E_x 와 E_y 를 같게 취급하면서 단지 위상차만으로 구별할 수 있다. 실질적으로도 서로 수직으로 만난다는 것 외에는 다른 차이가 전혀 없기 때문에, 이 둘을 구분할 방법이 없다.[117] 따라서 $E_x = E$ 와 $E_y = E\sin\varphi$, 또는 $E_x = E\sin\varphi$ 와 $E_y = E$ 로 놓을 수 있으며, 이제 위상차에만 집중하면 된다.

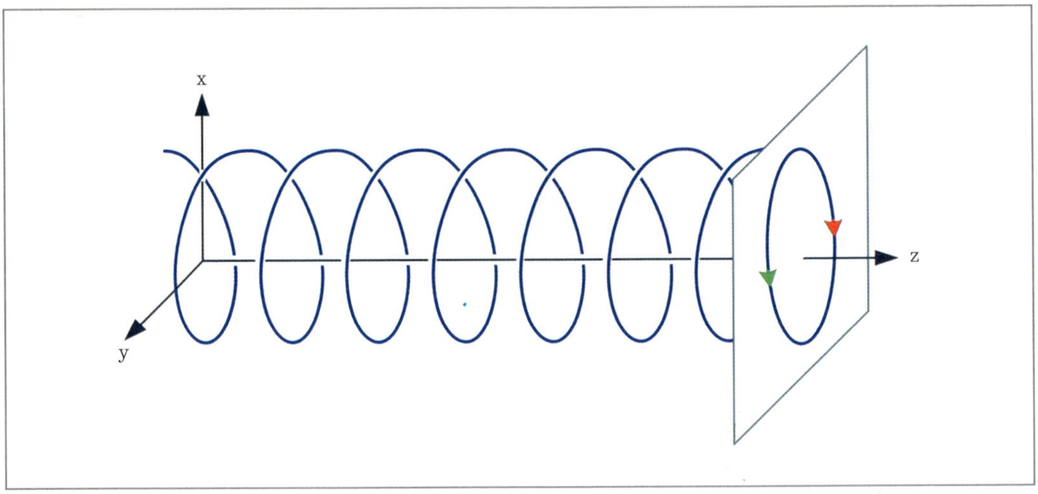

그림 7.3 원편광

[117] 1장 2절에서 다루었듯이, 좌표계는 편리 때문에 도입하기 때문에 절대적 기준을 제공할 수 없다. 따라서 좌표계 위에 똑같은 길이의 E_x와 E_y를 그려놓고 눈으로 이것은 E_x, 저것은 E_y라고 판단하는 것은 아무런 의미가 없다. 이들을 물리적인 특성으로 구분해야 되기 때문이다. 어차피 둘을 물리적으로 구별하지 못할 바에는, E_x와 E_y를 동일한 크기의 진폭으로 놓고 위상차로 구별해도 아무런 하자가 없다. 덧붙이자면, 타원의 경우에는 $E_{0x} \neq E_{0y}$ 이므로. E_x와 E_y를 구별할 수 있다. 따라서 타원편광을 원편광처럼 다루어서는 안 된다.

- 오른쪽 원편광(right-circular polarization) : E_x의 위상이 E_y의 위상보다 90° 앞설 경우, 편광상태는 반시계 방향으로 회전하며(초록색 화살표), 이를 오른쪽 원편광이라 부른다. 각 성분을 고려하면, 타원편광의 파동식에서, 성분별 진폭이 동일(E_o = E_{ox} = E_{oy})하고, 위상차가 $+\pi/2$일 때, 오른쪽 원편광에 해당한다는 것을 알 수 있다.

$$\begin{aligned}\vec{E} &= E_0[\hat{i}\sin(kz-\omega t)+\hat{j}\sin(kz-\omega t+\pi/2)] \\ &= E_0[\hat{i}\sin(kz-\omega t)+\hat{j}\cos(kz-\omega t)]\end{aligned} \tag{7.2}$$

- 왼쪽 원편광(left-circular polarization) : E_y 의 위상이 E_x 의 위상보다 90° 앞설 경우, 편광상태는 시계 방향으로 회전하는데(빨간색 화살표), 이를 왼쪽 원편광 되었다고 말한다. 타원편광에서 각 성분별 진폭은 동일하고, 위상차가 $-\pi/2$일 때 왼쪽 원편광에 해당한다는 것을 알 수 있다. 따라서

$$\begin{aligned}\vec{E} &= E_0[\hat{i}\sin(kz-\omega t)+\hat{j}\sin(kz-\omega t-\pi/2)] \\ &= E_0[\hat{i}\sin(kz-\omega t)-\hat{j}\cos(kz-\omega t)]\end{aligned} \tag{7.3}$$

3. 선편광(linear polarization) : $E_x^2+E_y^2 = E^2$, $\varphi = \pm\pi$

파의 진행 방향으로 보았을 때, 직선만 나타나는 편광이 선편광이다.

선편광은 각 성분의 진폭이 어떻든 타원편광에서 위상차가 180°, 즉 π일 경우에 해당한다. 선편광이 발생할 때 빛의 각 성분을 파동식으로 표현하면,

$$\begin{aligned}\vec{E} &= \hat{i}\,E_{0x}\sin(kz-\omega t)+\hat{j}\,E_{0y}\sin(kz-\omega t+\pi) \\ &= \hat{i}\,E_{0x}\sin(kz-\omega t)-\hat{j}\,E_{0y}\sin(kz-\omega t) \\ &= (\hat{i}\,E_{0x}-\hat{j}\,E_{0y})\sin(kz-\omega t)\end{aligned} \tag{7.4}$$

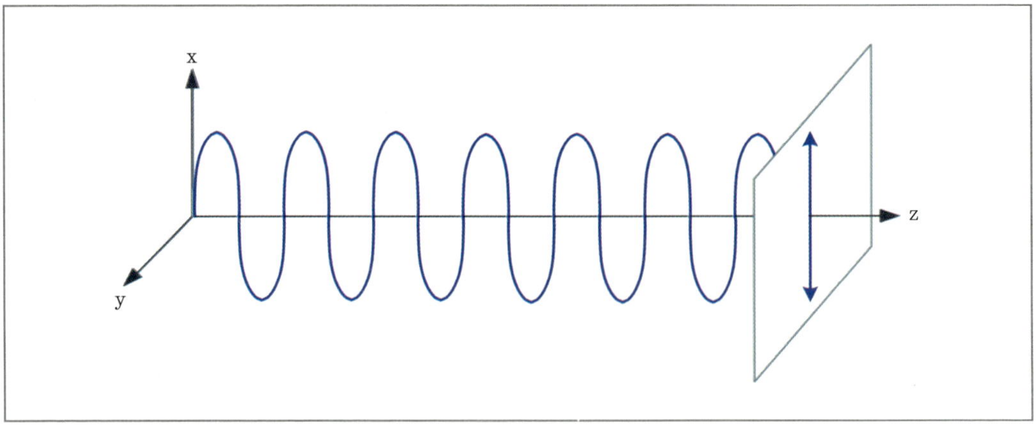

그림 7.4 선편광

가장 단순한 형태의 선편광을 그렸을 뿐, 꼭 수직으로 편광 되란 법은 없다. 어느 쪽으로 건, 옆으로 기운 편광도, 그리고 수평 편광도 가능하다.

지금까지 편광의 형태에 대해 얘기를 했는데, 그렇다고 각 편광 형태가 영원히 지속되는 것은 아니다. 이미 언급했듯이, 주변 상황에 따라 빛이 편광 형태를 띠는 것이기 때문에, 주변 상황이 또 변한다면, 편광 형태도 변하게 된다. 예로써, 원편광자가 있어서, 선편광을 임의적으로 원편광으로 바꿀 수도 있다.

빛에 편광이 발생하는 여러 경우 중에, 흡수, 반사, 그리고 산란에 의한 편광만을 고려하면서, 각각의 경우에 편광이 일으키는 현상과 그 원인에 대해서 알아보자.

§ 2. 선택 흡수(selective absorption) : 말러스의 법칙(Malus' law)

(편광판에 의한 빛의 진동 제한)

선택 흡수에 의한 편광의 대표적인 예는 편광판(polarizer)을 이용한 편광이다. 편광판을 아무리 이쪽 저쪽 뚫어지게 들여다봐도 아무 것도 보이지 않지만, 잘게 잘라 확대해 보면, 실보다 더 가느다란 금속 줄들이 촘촘히 나열해 있다. 이들 금속 줄들이 편광판의 핵심 부품인 셈이다. 빛은 전자기파이기 때문에, 금속인 줄과 상호작용을 일으켜서 상황에 맞게 걸러지거나 차단된다.

하지만 이 책이 고체 물리에 대한 책이 아니라, 광학 책이니만큼 구체적인 빛의 여정은 생략하고, 앞으로는 투과축(transmission axis)을 기준으로 편광판과 빛의 상호작용을 기술하고자 한다. 투과축은 빛이 실제 투과(굴절)하는 방향을 의미하는데, 금속 줄의 방향과는 직각을 이룬다. 굳이 금속 줄들의 방위보다는 투과축을 기준으로 삼는 이유는, 광학에서의 편광 개념을 호도하지 않는 범위 내에서 비교적 단순하게 설명과 이해를 할 수 있기 때문이다.

즉, 편광판을 통과한 빛의 밝기는 줄어들 수 밖에 없는데, 이를 기술한 말러스[118]의 법칙을 통해서 빛의 밝기가 얼마나 감소하는지 구체화해 보자.

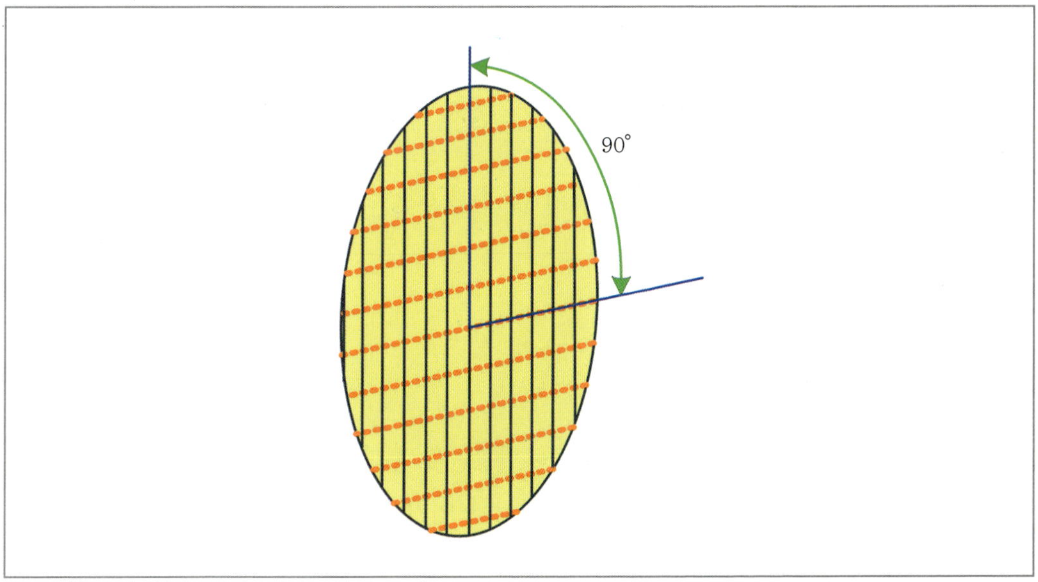

그림 7.5 금속 줄과 투과축

노르스름한 둥근 편광판이 보이고, 가로의 주황색 점선은 금속 줄을, 그리고 세로의 검은 실선은 투과축을 의미한다.

[118] 말러스(Étienne-Louis Malus 1775~1812)는 프랑스의 물리학자이자 수학자, 그리고 기술자였다. 평생을 빛에 대한 연구에 매달렸던 말러스는 나폴레옹의 이집트 탐사에 참여하기도 했지만, 반사에 의한 편광을 발견하고 발표했다.

1. 말러스의 법칙 : 한 장의 편광판

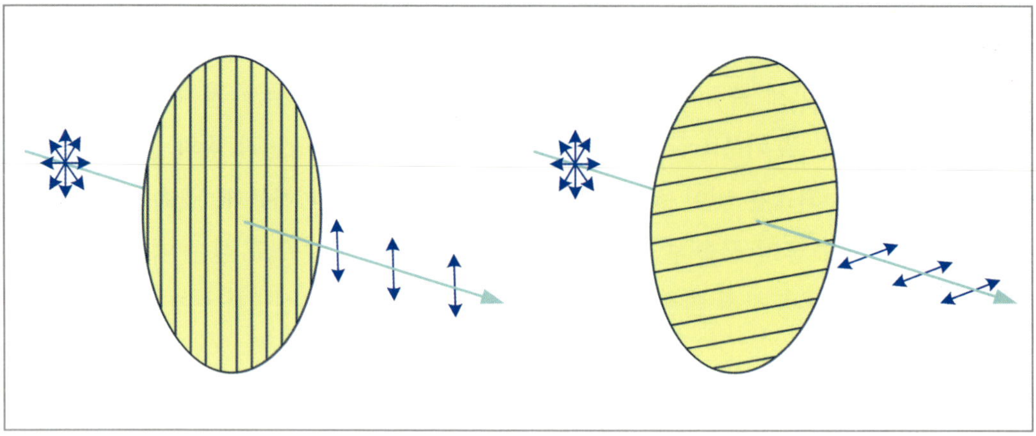

그림 7.6 편광판에 의한 편광

첫 번째와 두 번째 그림에서 편광판을 통과해 나온 빛의 밝기는 원래 밝기보다 1/2배 감소한다.

- 수직 편광판 : 수직 편광판의 방향과 평행한 빛의 진동 성분만이 통과했다.
- 수평 편광판 : 수평 편광판에서도 편광판 방향에 평행한 빛의 진동 성분만이 통과했다.

따라서 차단된 성분으로 인해 빛의 원래 밝기도 줄어든다.[119] 이를 기술한 것이 말러스의 법칙이다.

$$I = I_0 \cos^2 \theta \tag{7.5}$$

I는 편광판을 통과한 빛의 밝기이며, I_0는 편광판을 통과하기 전의 밝기이다. 여러 함수들 중에 하필이면 cos 함수가 적절한가는 차차 보이기로 하고, θ를 먼저 보자. θ는 빛이 편광판을 통과하기 전의 진동 방향을 기준으로 통과할 편광판의 투과축이 이루는 각을 말한다. 그림 7.6에서 통과할 편광판의 방향은 알지만, 통과 전에는 진행 방향에 수직인 모든 방향으로 빛이 진동하기 때문에, θ를 하나의 값으로 정할 수 없는 상황이다. 이 경우에

[119] 이때 편광판을 통과하는 빛알갱이들의 진동수가 줄었다는 말보다, 빛의 진동 방향에 따라 통과할 수 있는 빛알갱이들의 수가 줄었다는 표현이 현대 물리적 시각에 합당하다. 따라서 광전 효과에서 얻은 결과대로, 밝기가 줄어든다.

는 가능한 모든 방향(0에서 2π)을 다 고려해 주면 된다. 즉, 가능한 모든 방향을 다 더해서 평균을 내면 된다. 각이 $\cos^2\theta$의 형태로 나타나므로, $\cos^2\theta$에 대한 평균치를 계산하면 1/2이 된다.[120] 편광판이 어떤 방향의 진동을 제한하건, 편광판이 하나만 있을 경우에 통과한 빛의 밝기는 원래 빛의 밝기의 1/2이 된다는 것이다.

$$\text{한 개의 편광판만 있을 경우 : } I = \frac{1}{2} I_0 \tag{7.6}$$

2. cosθ가 적합한 이유 : 두 장의 편광판

편광판을 360° 회전시키면 본래의 상태로 돌아온다. 즉, 회전에 대한 주기성을 갖는 것이고, 이를 기술하는데 적합한 함수는 삼각함수일 것이다. 이제 여러 삼각함수들 중에 왜 하필이면 말러스의 법칙이 왜 cos 함수로 기술되어야 하는가를 이미 나와있는 실험 결과를 토대로 살펴보자. 서로 90° 인 상대각을 두고, 두 장의 편광판이 일직선으로 배열해 있는 경우를 보자.

편광판 1을 통과한 빛은 상하 진동만을 하기 때문에 좌우 진동만 허용하는 편광판 2를 통과할 수 없다. 따라서 이웃하는 두 편광축의 상대각 θ가 90° 일 때는 빛이 소멸되며 밝기는 0이 된다. 만일 말러스의 법칙이 sin 함수, 또는 tan 함수로 기술된다면, 실험 결과에 위배된다.[121] 따라서 편광판을 통과한 빛의 밝기가 cos 함수로 기술되어야 한다는 것을 알 수 있다.

120 $\sin^2\theta$의 평균치를 구하는 방법을 소개하고자 한다. 그래프를 그려보면, 한 주기(0에서 2π 사이)에서 $\sin^2\theta$의 그래프가 $\sin^2\theta$의 그래프와 정확히 같은 면적을 나타낸다는 것을 알 수 있다. 이런 특징을 이용해서 $\sin^2\theta$의 평균치를 구할 수 있다. 우선 $\sin^2\theta + \sin^2\theta = 1$을 이용해서 $\sin^2\theta + \sin^2\theta$에 대한 합(적분)을 구한다. 이는 같은 면적을 두 번 더한 것이므로 2로 나누면 $\sin^2\theta$만의 적분이 나온다. 즉, $\int_0^{2\pi} \cos^2\theta\, d\theta = \frac{1}{2}\int_0^{2\pi} \left(\cos^2\theta + \sin^2\theta\right) d\theta = \frac{1}{2}\int_0^{2\pi} (1)\, d\theta = \frac{1}{2}(2\pi) = \pi$. 하지만 우리가 원하는 것은 평균치이므로, 적분을 시도한 구간의 간격, 즉 주기인 2π로 나누게 된다. 따라서 1/2이 나온다. 이 값은 $\sin^2\theta$만의 평균치와도 같다.

121 sin 90° $\neq$ 0, 그리고 tan 90° $\neq$ 0.

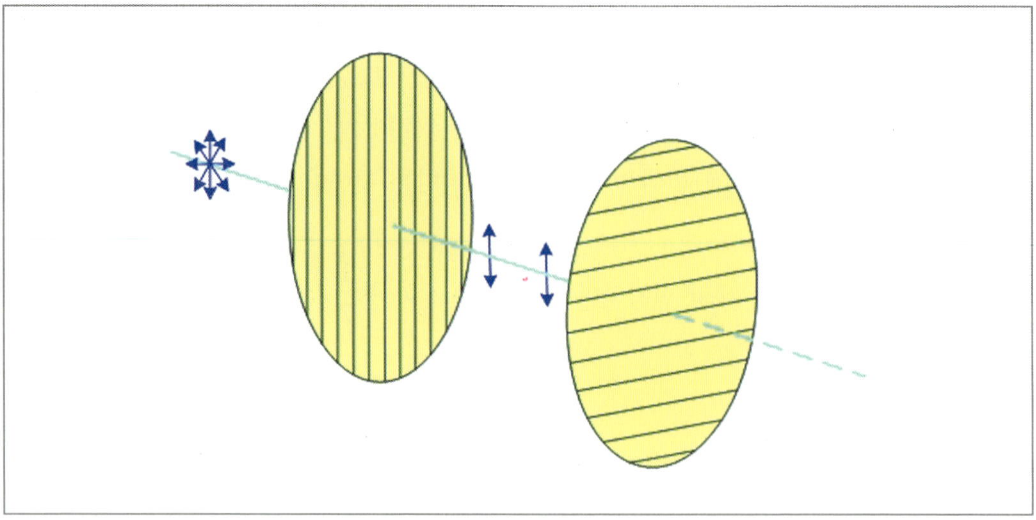

그림 7.7 편광판 두 장에 의한 빛의 소멸

첫 번째 편광판을 편광판 1, 두 번째 편광판을 편광판 2라고 하자. 편광판 1을 통과한 빛이 편광판 2를 통과하면서 모두 흡수 소멸되었다. 두 편광판의 상대각이 90° 이기 때문이다.

위의 결과로부터 I와 θ가 만족하는 제일 간단한 형태의 관계식은 $I \propto \cos\theta$ 이 되어야 하겠지만, 빛의 밝기는 진폭을 제곱한 것이므로 $\cos^2\theta$가 적절할 것이다. 따라서 $I \propto \cos^2\theta$.

한편 원래 빛의 밝기가 강하면 강할수록 편광판을 통과한 빛의 밝기도 증가하므로, I가 원래 밝기인 I_0에 비례한다는 것을 알 수 있다. 이렇게 해서 말러스의 법칙 $I = I_O \cos^2\theta$가 유도되었다.

[예제 1] 직각으로 배열된 편광판 두 장을 통과한 빛이 소멸된다는 것을 보여라.

▶ 편광판들이 이루는 상대각이 90° 이므로, 말러스의 법칙을 적용시키면 다음과 같이 된다.

$$I_2 = I_1 \cos^2 90^0 = 0 \qquad (7.7)$$

이때 두 장의 편광판을 모두 통과한 빛은 결국 소멸되므로, 빛의 원래 밝기는 필요하지 않다.

3. 말러스의 법칙 적용 : 여러 장의 편광판

확인을 위해 하나의 예를 더 들어보자. 서로 수직인 기존의 편광판들 사이에 비스듬한 각도로 편광판 한 장이 삽입되었다. 삽입된 편광판이 첫 번째 편광판과 이루는 상대각을 θ라고 하면, 마지막 편광판과의 상대각은 $90° - \theta$가 된다. 이때 편광판 세 장을 모두 통과한 빛의 밝기를 구하기 위해 말러스의 법칙을 적용해 보자.

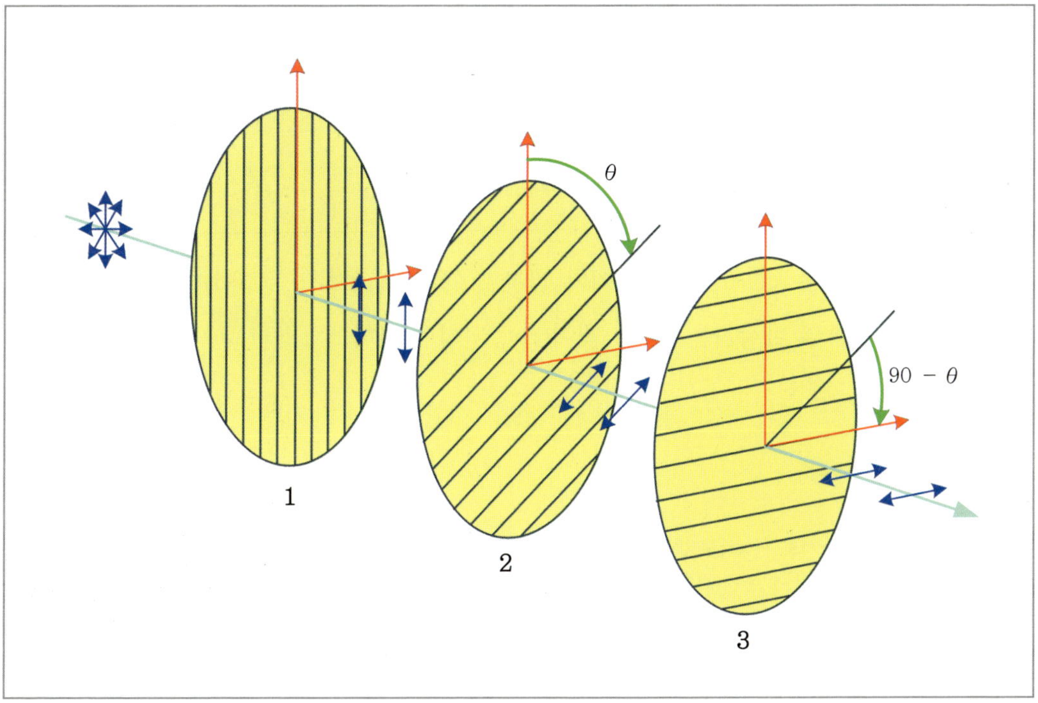

그림 7.8 편광판 세 장에 의한 빛의 흡수

빛의 진행 방향은 파란색, 그리고 직각 좌표계는 빨간색으로 그려져 있다. 편광판 1과 2 사이의 각과 편광판 2와 3 사이의 각이 초록색 화살표로 그려져 있다.

얼핏 보면, 편광판 1과 3이 $\theta = 90°$ 로 어긋나 있기 때문에, 최종으로 나오는 빛은 모두 소멸될 것 같지만, 실제로는 그렇지 않다. 이들 사이에 위치해 있는 편광판 2가 중요한 역할을 하기 때문이다. 비스듬히 경사진 편광판 2는 편광판 1을 통과한 빛을 사정없이 뒤섞어서 상하로 진동하던 빛의 편광성을 없애는 역할을 한다.[122]

편광판 2의 역할을 직접 보기 위해, 여러 편광판을 통과한 빛의 밝기를 보자. 편광판 1을 통과한 빛의 밝기를 I_1이라 하면, 편광판 2를 통과한 빛의 밝기인 I_2는 다음과 같다.

$$\begin{aligned} I_2 &= I_1 \cos^2\theta \\ &= \frac{I_0}{2}\cos^2\theta \end{aligned} \tag{7.8}$$

이때 $I_1 = I_0/2$ 를 삽입했다. 그렇다면 편광판 3을 통과한 빛의 밝기 I_3는, 편광판 2와 편광판 3 사이의 상대각인 $90° - \theta$에 의해 다음과 같이 주어질 것이다.

$$\begin{aligned} I_3 &= I_2 \cos^2(90-\theta) \\ &= \left(\frac{I_0}{2}\cos^2\theta\right)\cos^2(90-\theta) \end{aligned} \tag{7.9}$$

따라서 편광판 1을 통과한 빛의 밝기가 편광판 2와 3을 하나씩 통과하면서 비록 약해지기는 하지만, 애초의 예상과는 달리, 빛이 소멸되지 않았다.

[122] 전기파와 자기파가 서로 수직으로 마주쳐 전자기파를 형성하기 때문에, 만일 전기장이 상하로 진동하면, 자기장은 그에 수직인 좌우로 진동하게 된다(그림 1.7 빛의 진동 참조). 따라서 빛의 진동에서 상하와 좌우 진동을 하나의 쌍(mode)으로 묶어 생각할 수 있다. 이는 편광판에서도 마찬가지라서, 같은 쌍끼리는 서로의 진동을 인정하고 차단할 것은 차단하지만, 다른 쌍끼리는 서로를 흩어서 원래 빛의 진동으로 바꿔 놓게 된다. 결과적으로 상하 또는 좌우로 진동하던 빛이 비스듬한 편광판에 입사하는 순간, 기존의 진동이 헝클어지면서 원래의 모든 방향의 진동이 되살아 났다가, 통과하는 순간에는 비스듬한 방향의 진동만 살아남는다. 같은 논리가 편광판 2와 3을 통과하는 빛에도 적용된다. 만일 편광판 3이 2에 직각이었다면, 빛이 편광판 3을 통과하면서 소멸될 것이다. 하지만 그림에서의 편광판 3이 2에 비스듬하므로, 2를 통과한 빛이 3에 입사하는 순간 편광성이 흩어지면서 원래의 모든 방향의 진동이 되살아나고, 3을 빠져 나가는 순간부터는 좌우의 진동만이 통과한다.

이를 거시적으로 보면, 편광판 1과 2의 상대각이 θ, 그리고 2와 3의 상대각이 $90° - \theta$일 뿐, 말러스의 법칙 어느 곳에도 1과 3의 상대각인 90°가 작용할 상황이 없기 때문이다.

[예제 2] 두 개의 편광판이 상대각 90°로 일직선상에 나열해 있다. 이들 사이에 편광판을 첫 번째 편광판과 30°의 각을 이루도록 삽입했다. 처음 입사한 빛의 밝기를 I_0라 할 때, 마지막 편광판을 빠져나온 빛의 밝기를 구하라.

▶ 편광판 1을 통과해 나온 빛의 밝기를 I_1이라고 하면, $I_1 = \frac{I_0}{2}$가 된다. 따라서 편광판 2를 통과한 빛의 밝기인 I_2는 다음과 같다. $I_2 = \frac{I_0}{2}\cos^2 30 = \frac{I_0}{2}\left(\frac{\sqrt{3}}{2}\right)^2 = \frac{3}{8}I_0$.

따라서 편광판 3을 통과한 최종 빛의 밝기는 다음과 같다.

$I_3 = I_2\cos^2 60 = \left(\frac{3}{8}I_0\right)\left(\frac{1}{2}\right)^2 = \frac{3}{32}I_0$. 원래 밝기보다 거의 10배 어두워졌다.

편광판, 즉 말러스의 법칙의 응용을 보자면, 편광판을 응용한 편광 색안경을 이용해서, 안경을 통과하는 눈부심을 방지하거나, 난반사 되는 자연광(편광 되지 않은 빛)을 처리하기도 한다.

§3. 반사 : 부르스터의 법칙(Brewster's law)

(반사에 의한 편광)

빛이 다른 매질로 입사하면 경계에서 반사와 굴절이 되며, 상황(굴절률)에 따라 위상에 변화가 생긴다는 것을 알았다. 뿐만 아니라 편광도 발생할 수 있는데, 이때의 편광은 전기쌍극자에 의해 발생한다. 따라서 반사와 굴절에 의한 편광을 이해하기 위해 우선 전기쌍극자가 무엇인지부터 알아보자.

1. 전기쌍극자(electric dipole)의 형성

물체를 작은 단위로 계속 쪼개면, 그 물질을 특성을 유지하는 가장 작은 단위가 나온다. 이를 분자(molecule)라고 하는데, 여기에서 그치지 않고 더욱 작게 쪼개면 물질의 특성을 완전히 잃어버리는 단계가 나온다. 이 단계를 원자(atom)라고 분류한다.

원자는 핵과 핵을 중심으로 주변을 맴도는 전자(들)로 구성되어 있는데, 핵은 +전하를, 그리고 낱개의 전자들은 각각이 −전하를 지닌다. 한편 +전하와 −전하 사이에는 서로 잡아당기는 힘인 쿨롬의 힘(Coulomb force)이 작용하기 때문에, 핵과 전자(들)는 서로에게 구속되어 있다. 물론 핵의 +와 전자의 −가 합쳐지면서 원자 전체적으로는 전기적 중성을 유지한다.

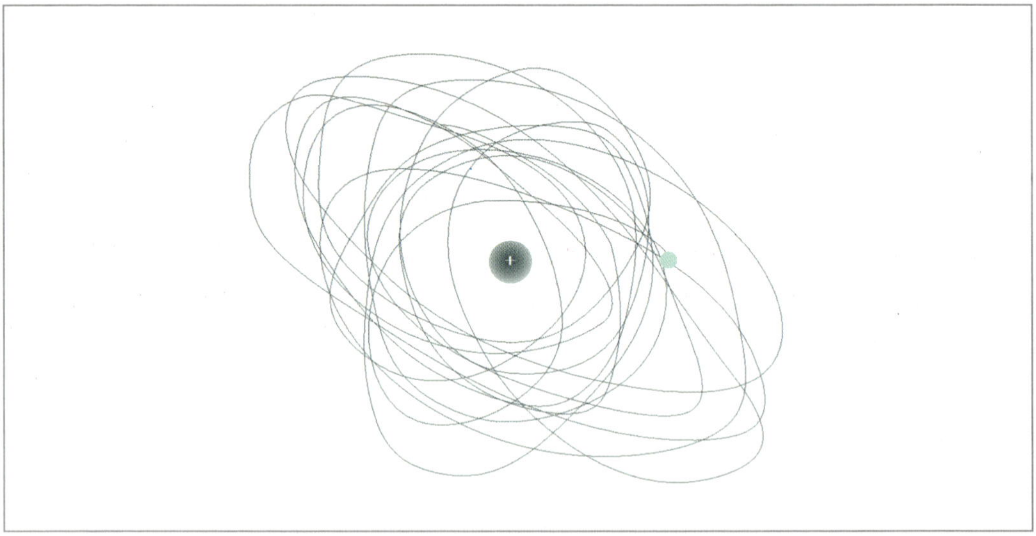

그림 7.9 핵과 전자의 궤도

원자를 구성하는 핵(중심에 있는 회색 동그라미)과 오른쪽에 전자(하늘색 동그라미)가 보이는 가운데, 전자가 핵을 중심으로 그 주변을 돌고 있는 수소 원자의 모습을 대략적으로 그렸다.

핵과 전자의 운동을 잠시 살펴보자. 전자가 아무리 핵의 주변을 크게 돈다고 해도, 핵 자체의 크기가 워낙 작기 때문에, 하나의 궤도를 그려낼 수도 없을 뿐 아니라, 궤도의 반지름조차 계산해 낼 수 없다. 이에 대한 증거는 현대 물리학을 주도하고 있는 양자역학

(Quantum Mechanics)과 관련된 수 많은 실험적 결과가 보여준다. 그래서 전자가 핵 주변에 궤도를 그린다고 말하지 않고, 전자 구름(electron cloud)처럼 분포한다는 말을 쓴다. 하지만 이에 대한 얘기를 하고자 하는 것은 아니기 때문에, 우리는 편리성 앞세워, 미세하고 작은 전자 궤도를 잔뜩 그려 넣는 것으로 전자 구름을 대체하자.

비록 원자 자체는 전기적 중성이지만, 핵의 +전하와 전자의 −전하로 인해 상황에 따라 전기쌍극자가 발생하게 된다. 전기적으로 중성인 원자가 전기쌍극자화되는 과정을 간략하게 살펴보자.

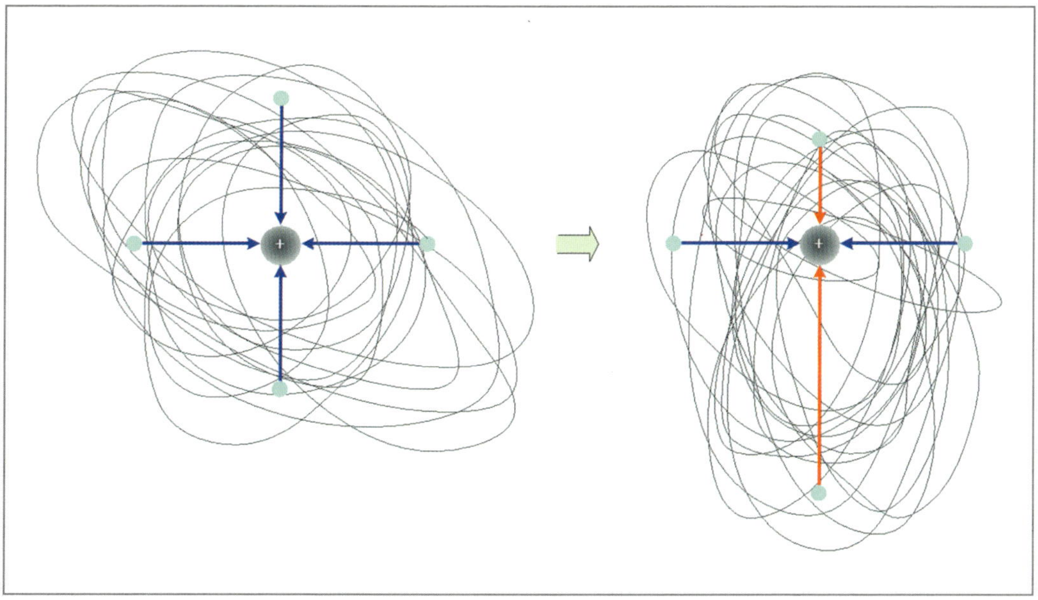

그림 7.10 원자의 전기쌍극자화

기다란 화살표들은 전기쌍극자를 의미한다. 양쪽 그림에서 서로 상쇄되는 전기쌍극자는 파란색으로, 그리고 서로 상쇄되지 않는 전기쌍극자는 굳이 빨간색으로 표시했다.

- 전기쌍극자 = 0 : 매 순간 전자가 위치를 바꾸기 때문에 전자와 핵이 구성하는 전기쌍극자의 방향도 지속적으로 바뀌게 된다. 이들의 평균을 고려하면, 시간에 대한 평균 분포가 0이 되기 때문에 전기쌍극자는 겉으로 드러나지 않는다. 그림 7.10의 첫 번째 그림에서는, 전자가 그리는 연속적인 궤도에서 상징적으로 네 군데만 표시했다.

이들 중에 왼쪽과 오른쪽을 가리키는 파란색 화살표끼리, 또한 아래쪽과 위쪽을 가리키는 파란색 화살표끼리 상쇄가 되면서, 전체적으로 전기쌍극자가 0이 된다.

- 전기쌍극자 ≠ 0 : 빛의 입사나 전(자)기장과 같은 외부의 에너지가 유입되면, 전자가 그 에너지를 흡수하는 바람에 전자의 궤도가 뒤틀린다. 예를 들어, 위쪽으로부터 − 전기장이 걸렸다고 하자. 그러면 −극끼리는 서로 밀치므로, 전자 궤도가 아래쪽으로 치우치게 된다. 비록 이전과 마찬가지로 매 순간 전자의 위치를 따라 전기쌍극자의 방향도 바뀌지만, 아무래도 아래쪽으로 더욱 치우치게 된다. 그림 7.10의 두 번째 그림에서, 왼쪽과 오른쪽을 가리키는 파란색 화살표끼리는 상쇄가 되지만, 아래쪽과 위쪽을 가리키는 빨간색 화살표끼리는 상쇄되지 않는다. 따라서 원자가 전기쌍극자의 성질을 드러내게 되고, 원자가 전기쌍극자화 된 것이다.

전기쌍극자가 발생되는 기본 개념을 이해했으리라 여기고, 이제는 전기쌍극자를 직접 다루어 보자.

2. 전기쌍극자의 표현

+q 전하를 띤 입자와 -q 전하를 띤 입자가 서로에게서 일정한 간격(d)을 두고 떨어져 있는 전하의 배열 형태를 전기쌍극자라고 부른다. 수학적으로는 $\vec{p} = q\vec{d}$로 표현하는데, $\vec{p}$는 크기와 방향을 갖는 벡터로써 방향은 −전하에서 +전하를 가리킨다. 그림 7.10에서 전기쌍극자를 화살표로 표시한 이유를 이제 이해했을 것이다.

흔히 외부의 영향으로 인해 분자가 뒤틀리면서 전기쌍극자를 형성하게 되지만, 지구의 대기 상층부에 분포하는 분자들은 항상 전기쌍극자의 형태를 띤다.[123]

[123] 잠시 당황했을 수 있다. 왜냐하면 그림 7.10에서 설명한 것은 원자의 전기쌍극자였지, 분자에 대한 것이 아니었기 때문이다. 대기 상층부의 공기 분자들은 대부분 이온화되어 있다. 이온화된 입자들을 플라즈마 가스(plasma gas)라고 부르는데, 이들은 서로간의 빈번한 고속 충돌로 인해, 완전한 분자의 형태를 갖추지 못하고, 이온화되어 있기 때문에 전기쌍극자의 형태를 띠게 된다. 그림 7.10과 비슷한 경우라고 여겨도 크게 어긋나지 않는다.

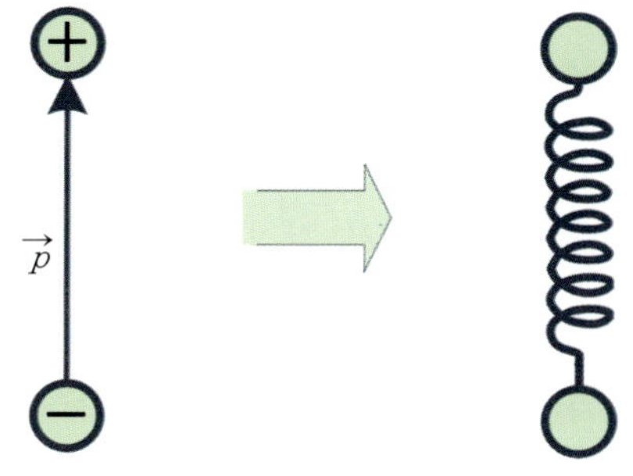

그림 7.11 전기쌍극자

왼쪽 그림이 실제에 더 가까운 형태이지만, 빛의 흡수와 방출로 인한 진동을 설명하기에는 +와 -의 구분이 없는 오른쪽 그림이 더 간편하다. 전기쌍극자의 진동은 마치 용수철과 같아서, 양끝에 있는 전하들 사이의 간격이 늘었다, 줄었다 하며 진동한다. 이때 핵과 전자를 잇는 세로선을 진동축이라 부른다.

전기쌍극자의 형성을 다루면서, 대기 상층부의 공기 입자들이 전기쌍극자를 형성한다는 것까지 얘기를 했지만, 광학에서 우리가 정작 관심이 있는 것은 전기쌍극자 자체보다는 전기쌍극자와 빛의 충돌에 있다. 이제부터 그를 기술해 보자.

빛이 충돌하는 순간에 전기쌍극자에 흡수 되면서 전기쌍극자의 진동이 시작된다. 진동은 전하들이 서로에게서 멀어졌다 가까워졌다는 반복하는 형태로 이루어지는데, 빛을 다시 방출할 때까지 진동은 지속된다. 진동이 지속되는 대략적인 시간은 10^{-8}~10^{-9}초 걸린다. 눈 한번 깜빡이는데 약 1/40초, 즉 2.5×10^{-2}초 정도 걸린다니까, 얼마나 짧은 시간 동안의 진동인지 짐작조차 쉽지 않다. 하지만 전기쌍극자는 그 짧은 시간에도 할 일을 다 하고 있다.

충돌, 흡수, 그리고 재방출의 과정을 거치는 빛과 전기쌍극자와의 충돌을 알아봤는데, 이제 전기쌍극자의 성질을 알아보자.

- 전기쌍극자의 진동 방향 : 상하로 진동하는 빛이 입사해서 전기쌍극자에 흡수되면, 전기쌍극자의 진동도 상하로 이루어지며, 진동을 멈춘 전기쌍극자에서 방출된 빛의 진동 역시도 상하로만 이루어진다.[124] 즉, 입사한 빛의 진동 방향, 전기쌍극자의 진동 방향, 그리고 방출된 빛의 진동 방향이 모두 일치한다.
- 전기쌍극자의 빛 방출 방향 : 광학에서 전기쌍극자를 비중 있게 다루는 이유가 하나 더 있다. 전기쌍극자는 자신의 진동축 방향으로는 빛을 방출하지 않으며, 나머지의 모든 방향으로는 빛을 방출하지만, 주로 진동축에 수직 방향에 집중된다.[125] 그래서 앞으로는 전기쌍극자의 진동축에 수직인 방향으로 방출되는 빛만을 고려하겠다.

전기쌍극자의 진동에 관련된 두 가지 성질을 다음 그림을 통해서 점검해 보자.

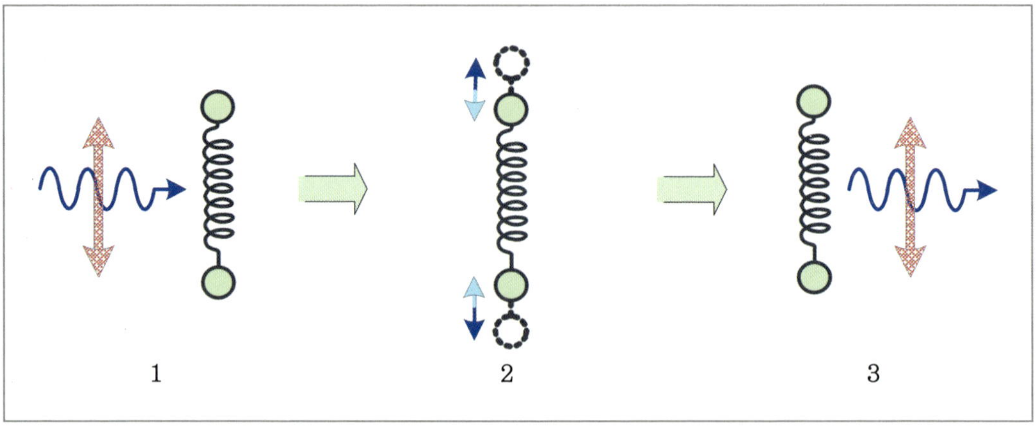

그림 7.12 선편광 된 빛에 의한 전기쌍극자의 진동

1에서 반투명한 붉은 화살표는 선편광 된 빛의 진동을, 그리고 2에 있는 전기쌍극자 그림에서 파란색과 옅은 파란색으로 그려진 짧은 화살표 쌍들은 전기쌍극자의 진동 방향을 나타낸다. 3에서 전기쌍극자가 다시 토해낸 빛의 진동 역시 아래위로만 진동하고 있다.

[124] 입사한 빛의 진동이 전기쌍극자의 진동 방향과 같아지는 이유는 전기력 때문이다. 전기쌍극자가 전하를 띠기 때문에 빛이 진동(전기장)하는 방향으로 힘을 받게 되고, 입사한 빛의 진동 방향으로 진동하게 된다. 같은 이유로, 전기쌍극자가 방출하는 빛은 전기쌍극자의 진동축에 따르는 수 밖에는 없다. 이 책의 범위를 넘어가지 않는 한도 내에서 단순하게 설명했다.

[125] 진동하는 전기쌍극자의 빛 방출은 포인팅 벡터(Poynting vector)로 결정된다. 여기에서 Poynting은 pointing의 오타가 아니라, 사람의 이름이다. 포인트(John Henry Poynting 1852~1914)는 전자기파에 의한 에너지 흐름의 방향과 크기를 설명하기 위해 포인팅 벡터를 개발한 영국의 물리학자 포인트의 이름이다. 묘하게도 pointing과 의미가 일치하고 있다.

여기까지, 아닌 밤에 홍두깨라고, 전기쌍극자를 들먹이는 통에 당황했을 수 있겠지만, 전기쌍극자가 일으키는 현상은 광학에서 다양하게 일어나고 있다. 기회가 되었을 때 기본 개념을 이해해 두면, 전기쌍극자가 일으키는 현상들에 보다 근본적으로 접근할 수 있다.

3. 부르스터의 법칙

서론이 길어졌다. 부르스터의 법칙을 다루기 위한 상황을 그림으로 설정해 보자. 공기와 물이라는 서로 다른 매질의 경계에 자연광이 입사했다. 빛이 입사하였을 때, 입사한 빛과 두 매질의 경계에 수직으로 긋게 되는 법선이 이루는 면을 입사면(incident plane)이라고 정의한다. 따라서 그림 7.13에서는 책의 지면이 입사면이 된다.

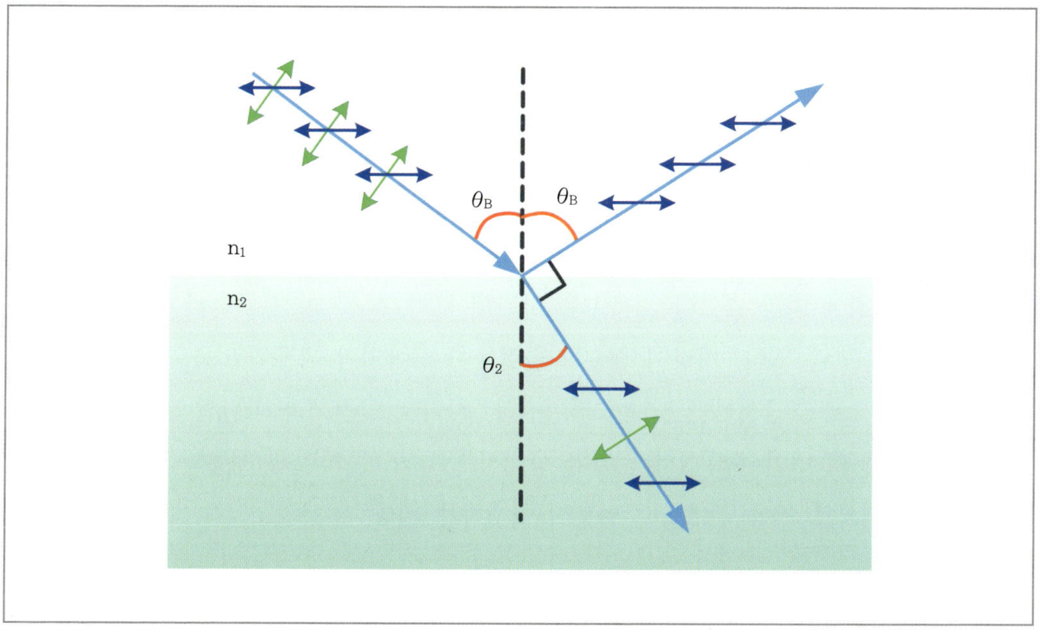

그림 7.13 반사에 의한 편광

입사한 빛이 서로 직각인 두 방향으로 진동한다고 하자. 파란색 진동은 입사면에 수직이고, 녹색 진동은 입사면에 평행하다.[126]

[126] 이전에는 편광 되지 않은 빛을 표현하기 위해 8개의 화살표를 그렸지만, 앞으로는 특별한 경우만 빼고 4개의 화살표만으로 표시하고자 한다. 그리기 녹녹하지 않아서 그렇다.

$n_1 < n_2$인 상황에서 반사된 빛과 굴절된 빛 사이의 각이 90° 가 되도록 입사각을 조절하면서 빛을 입사시키면, 반사된 빛은 완전히 편광 되고, 굴절된 빛도 부분적으로 편광 된다는 사실이 밝혀졌다.[127] 이 각을 부르스터의 각(θ_B : Brewster's angle)이라고 부른다. 즉, 부르스터의 각보다 작은 각으로 빛이 입사한 경우, 반사된 빛이 완전히 편광 되지 않았다는 말도 된다.

$$\theta_B + 90^0 + \theta_2 = 180^0 \quad \rightarrow \quad \theta_2 = 90^0 - \theta_B \tag{7.10}$$

한편 스넬의 법칙, $n_1 \sin\theta_B = n_2 \sin\theta_2$에 의하면, $n_2 = n_1 \dfrac{\sin\theta_B}{\sin\theta_2}$가 된다. 이때 삼각함수의 법칙 $\sin\theta_2 = \sin(90 - \theta_B) = \cos\theta_B$를 이용하면,

$$n_2 = n_1 \frac{\sin\theta_B}{\cos\theta_B} = n_1 \tan\theta_B \quad \rightarrow \quad \tan\theta_B = \frac{n_2}{n_1} \tag{7.11}$$

식 (7.11)을 부르스터의 법칙이라고 부른다. 예로써 가시광선의 경우, 물(n_2 = 1.33)과 공기의 경계에서 θ_B가 53° 가량 된다.

굴절률이 파장에 따라 다르다는 사실을 상기해 보면, θ_B가 파장에 따라 다르게 나타난다는 것을 짐작할 수 있다. 파장이 길수록 굴절률이 낮아지기 때문에(n_1을 공기 중의 굴절률로 간주하고 1로 고정시키면), θ_B이 작아진다. 따라서 빨간색과 파란색 빛을 비교해 보면, 빨간색 계통의 빛일수록 입사각 θ_B가 상대적으로 작고, 파란색 계통의 빛일수록 입사각 θ_B가 상대적으로 커야 부르스터 편광이 발생하게 된다.

[예제 3] 굴절률이 1.2인 유리판에 공기로부터 입사한 백색광을 편광 시키려고 한다.
a) 입사각을 얼마로 해야 편광이 되겠는가?

[127] 입사면에 평행인 방향으로의 편광을 p-편광(p-polarization : parallel polarization), 입사면에 직각인 방향으로의 편광을 s-편광(s-polarization : senkrecht polarization: senkrecht는 독일어로 직각이라는 뜻)으로 구분한다. 따라서 부르스터의 각으로 반사된 빛은 완전히 s-편광 된다. p파와 s파와 같은 지진파에서도 같은 개념을 사용한다.

b) 이때의 굴절각을 구하라.

▶ a) 공기의 굴절률을 1로 근사 시키면, n_1이 1이 된다. 식 (7.11)로부터 입사각인 부르스터의 각은 $\theta_B = \tan^{-1}\left(\frac{1.2}{1}\right) = \tan^{-1}(1.2) = 0.876\,(radian) = 50.2^0$. 물론 자연광인 백색광 대신, 빨간색 빛과 파란색 빛을 각각 입사시키게 되면, 빨간색이 편광 되는 각은 파란색보다 작다.

b) 식 (7.12)에서 $\theta_r = 90^0 - 50.2^0 = 39.8^0$.

지금까지의 설명은 부르스터 편광이 발생하는 조건에 대해 알아본 것이다. 반사된 빛이 입사면에 직각인 방향으로만 편광 되는 이유는 물분자에 포함된 전자의 진동과 연관되어 있는데, 이제 왜 부르스터 편광이 발생하는지 얘기를 해보자.

4. 부르스터의 편광이 발생하는 이유

전기쌍극자 때문에 길어진 서론이 더 길어질까봐, 순서를 약간 바꾸었다. 부르스터의 법칙에서 편광이 발생하는 이유를 지금 살펴보자.

반사된 빛이 입사면에 직각인 방향으로만 편광되는 이유는 물분자에 포함된 전자와 연관되어 있다. 자연광이 입사해서, 전자가 전기쌍극자를 형성하고, 전기쌍극자가 다시 빛을 방출하는 단계를 둘로 나누어서 생각해 보자.

1) 입사한 빛으로 전자가 전기쌍극자 형성

물에 입사한 자연광은 두 매질의 경계에 위치해 있던 전자들에게 흡수된다. 이때 빛을 흡수한 전자들이 전기쌍극자를 형성해서 진동하는데,

- 전기쌍극자 1 : 입사면에 수직으로 진동하는 빛을 삼킨 전자가 형성한 전기쌍극자는 입사면에 수직으로 진동하고,
- 전기쌍극자 2 : 입사면에 평행으로 진동하는 빛을 삼킨 전자가 형성한 전기쌍극자는 입사면에 평행하게 진동한다.

형성된 전기쌍극자는 진동 끝에 빛을 다시 방출한다. 이때 방출된 빛의 일부는 굴절되고, 나머지 일부는 반사된다.

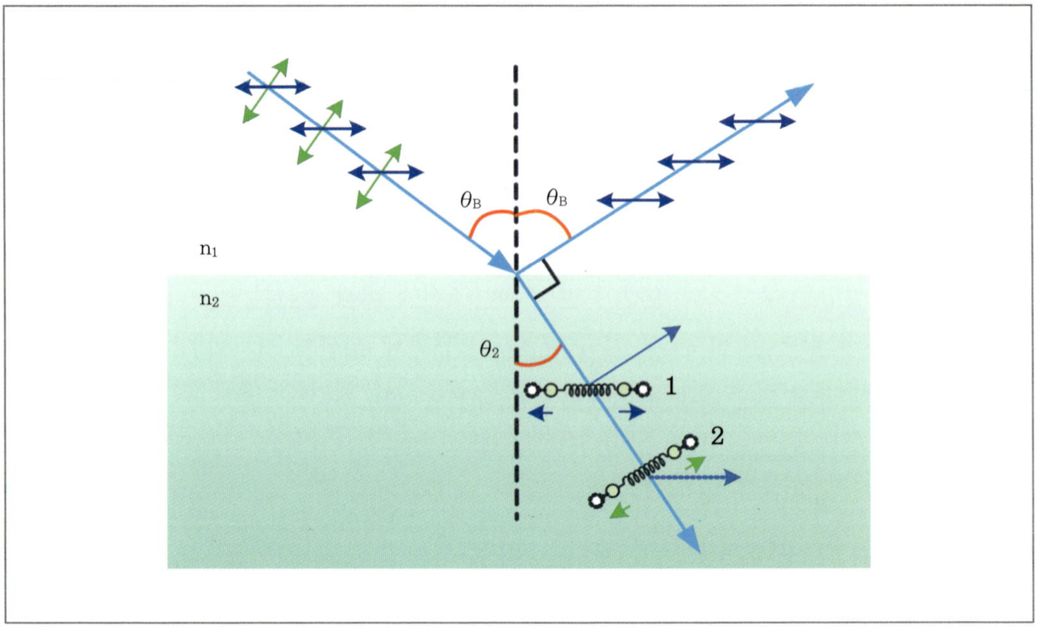

그림 7.14 부르스터의 법칙이 성립하는 이유

그림 7.13에 전기쌍극자의 진동을 덧붙였다. 비록 전기쌍극자 1과 2가 물 깊숙이 들어가 있는 것처럼 표현되었지만, 이들 모두 공기와 물의 경계에 위치해 있다. 전기쌍극자 1의 진동은 파란색으로, 그리고 2의 진동은 녹색으로 그렸다.

2) 전기쌍극자의 빛 방출

물의 표면에 분포해 있던 전기쌍극자들 중에 입사면에 수직으로 진동하는 전기쌍극자를 1, 입사면에 평행하게 진동하는 전기쌍극자를 2로 구분하자.

- 전기쌍극자 1 : 입사면에 수직으로 진동하던 전기쌍극자 1은 진동축 방향을 뺀 나머지 방향으로 빛을 방출한다. 따라서 방출한 빛의 일부는 그대로 물속으로 굴절되고, 나머지 일부는 반사되는 빛에 기여한다. 전기쌍극자 1에 의해 반사된 빛의 진동과 굴절된 빛의 진동이 일치하고 있다. 부르스터의 법칙이 기술하듯이, 굴절된 빛과 반사된 빛이 이루는 각이 직각이다. 한편 전기쌍극자 1의 진동 방향이 반사된 빛에 수직이라는 것을 그림 7.14에서 확인할 수 있다.

- 전기쌍극자 2 : 입사면에 평행하게 진동하던 전기쌍극자 2 역시도 진동축 방향으로는 빛을 방출하지 않고, 나머지 방향으로만 빛을 방출한다. 따라서 전기쌍극자 2가 방출한 빛은 반사되는 빛에는 기여하지 못하고, 굴절하는 빛에만 기여하게 된다. 전기쌍극자 2의 진동 방향이 반사된 빛과 평행 하다는 것을 그림 7.14에서 확인할 수 있다.

따라서 반사된 빛은 온전히 전기쌍극자 1에게서 나온 빛이며, 전기쌍극자 1의 진동 방향으로 편광 되어 있다.

§ 4. 산란(scattering)

(전기쌍극자 산란에 의한 편광)

편광판을 이용해서 하늘을 보면 햇빛이 편광 되어 보인다. 이는 공기 입자에 산란된 햇빛을 어느 방향에서 관찰하느냐에 따라 발생하는 현상이다. 여기에서 산란이란 산천어가 체외수정으로 알을 낳는 것을 말하는 것이 아니다. 시장한 사람은 방금 산란한 산천어조차 해치우고 싶을 수도 있고, 그보다 더 심술궂게 산란한 장소를 발파 작업장으로 삼을 수도 있겠지만, 다행히 물리의 산란은 이와 다르다.[128]

전기쌍극자의 성질을 다루면서 익숙해졌듯이, 빛이 입자와 충돌하면 당구공처럼 튀어나오는 것이 아니라, 일단 입자에 흡수되었다가 (재)방출되는 과정을 거친다. 그렇기 때문에 햇빛이 대기권에 입사할 때는 지구를 향하고 있었지만, 공기 입자들에 의해 방출될 때는 특정 방향 없이 사방으로 흩뿌려진다. 이를 산란이라고 부른다. 산란된 햇빛이 어떤 과정을 거쳐 편광 되는지 알기 위해는, 공기 입자의 성질과 관찰자의 시선에 따른 요소를 각각 고려해 보자.

[128] 햇빛이 일으키는 산란에는 대략 공기 입자와의 충돌로 발생하는 레일리 산란, 그리고 구름을 형성하는 물 입자와의 충돌로 인해 발생하는 미 산란이 있다. 이들은 나중에 다루도록 하자.

1. 공기 입자의 성질 : 전기쌍극자

밀도가 희박한 대기의 상층부에는 고속으로 움직이는 공기 분자들이 분포해 있는데, 이들은 미세한 전기쌍극자를 형성해 있다. 햇빛이 입사하면, 전기쌍극자는 햇빛(햇빛의 에너지)을 흡수해서 짧은 시간 동안 왕성하게 진동하다가 곧 빛을 방출하면서 진동을 멈추게 된다. 이때 전기쌍극자의 성질 때문에 특정한 방향으로만 진동하는 빛을 특정한 방향으로 발산하게 된다. 선편광 된 빛이 입사한 경우를 먼저 보자.

1) 선편광 된 빛의 입사

선편광 된 빛이기 때문에, 한 방향으로만 빛의 진동이 이루어진다. 햇빛의 산란을 다루며 1차원의 진동을 가정한다는 것은 현실성 없는 설정이지만, 더 복잡한 경우를 다루기 위한 연습쯤으로 생각하자.

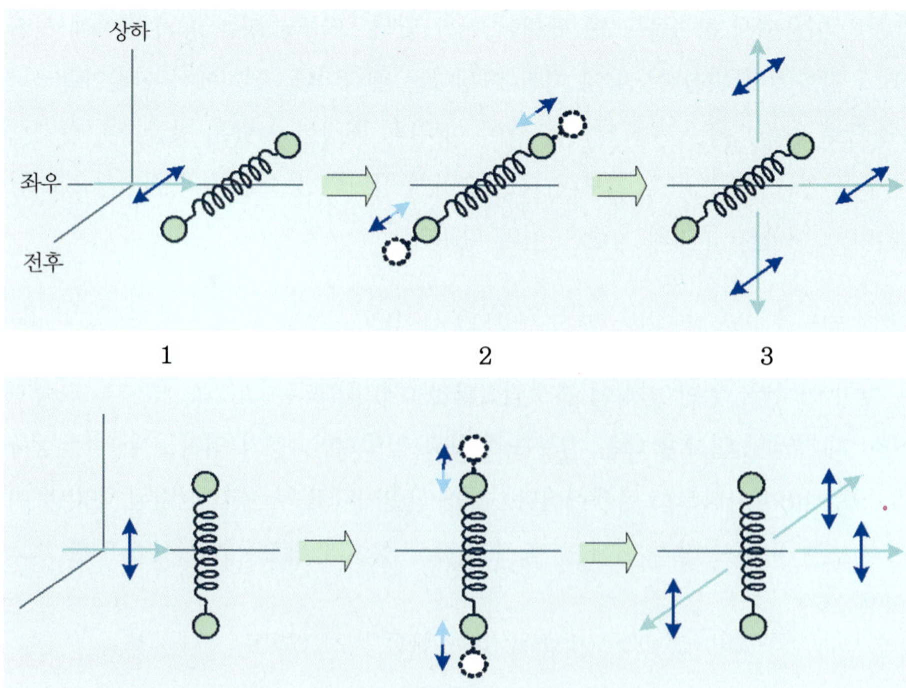

그림 7.15 선편광 된 빛의 산란

위쪽의 경우는 전후로, 그리고 아래쪽 경우에는 상하로 편광 된 빛이 산란되고 있다. 임의적으로 전후, 좌우, 그리고 상하라는 말을 썼다. 하늘색 화살표는 빛의 진행 방향을, 파란색 화살표는 진동 방향을 가리킨다. 입사한 빛의 진동 방향과 방출된 빛의 진동 방향이 일치하고 있다.

다음에는 선편광 된 빛이 입사한 경우를 토대로, 편광 되지 않은 빛의 입사를 다루자.

2) 편광 되지 않은 빛의 입사

공기 입자에 의한 산란은 빛이 방출되지 않는 방향만 제시하는 것이 아니라, 자연광을 편광시키는 역할도 한다. 실질적인 편광을 이해하기 위해 상황을 3차원으로 일반화하자.

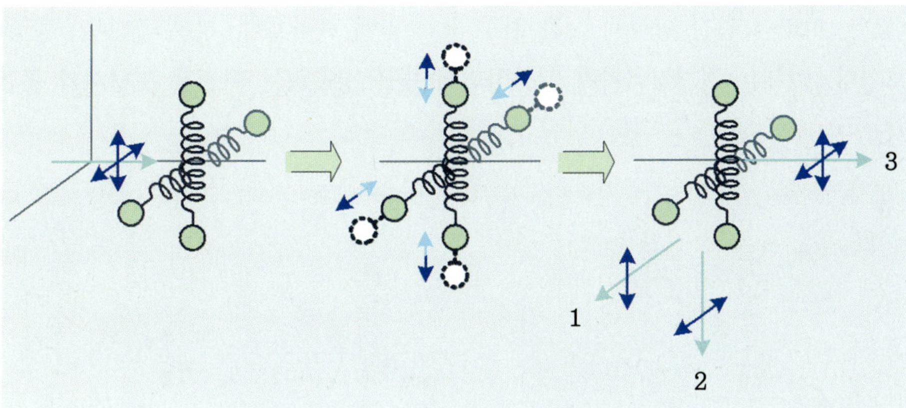

그림 7.16 편광 되지 않은 빛의 산란

3차원 그림을 입체적으로 그리기 쉽지 않아서 복잡하게 보일 수 있지만, 그림 7.15의 두 경우를 한 장에 겹쳐 놓은 것일 뿐이다.

전자기파인 빛이 그렇듯이 입사한 햇빛은 편광 되지 않았으며, 상하와 좌우로 동시에 진동하고 있다. 하지만 전기쌍극자에 의한 산란을 거치며,

- 화살표 1 : 전후의 방향으로 방출된 빛은 상하로만 진동한다. → 상하로 편광
- 화살표 2 : 상하의 방향으로 방출된 빛은 좌우로만 진동한다. → 좌우로 편광
- 화살표 3 : 좌우의 방향으로 방출된 빛은 편광 되지 않았다.

  방출된 빛이 전기쌍극자의 진동축 방향으로만 진동하기 때문에 편광 되는 것이다.

이론상으로 전기쌍극자의 진동축의 방향에서는 햇빛이 관찰될 수 없지만, 현실에서는

그렇지도 않다. 왜냐하면 다양한 방향의 다른 전기쌍극자들이 산란시킨 햇빛을 볼 수 있기 때문이다.[129]

2. 햇빛의 편광과 관찰자의 시선 방향

이제 관찰자가 햇빛을 관찰하게 되는 방향을 정해보자. 빛은 옆에서는 볼 수 없기 때문에,[130] 전기쌍극자의 진동축과 시선이 일치할 경우에 빛의 편광 유무를 떠나서 워낙 빛을 볼 수 없다. 따라서 관찰 방향에 따라 편광 되지 않게 보이거나, 부분적으로만 편광된 것으로 보인다. 이제는 전기쌍극자가 진동하면서 빛을 방출하는 과정을 포함시켜 종합적으로 보자.

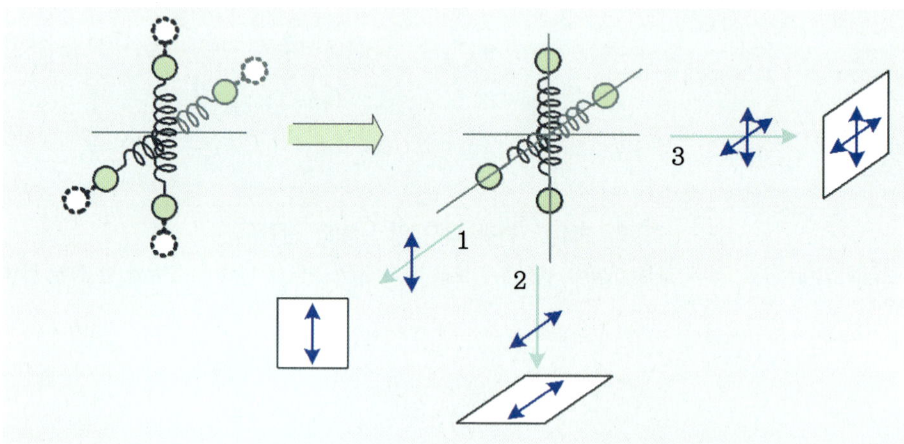

그림 7.17 시선 방향에 따라 관찰되는 편광

편광 되지 않은 빛이 산란되면서 발생하는 겉보기 편광을 보여주고 있다. 두 개의 파란색 화살표가 겹쳐 있는 경우는 편광이 일어나지 않은 빛이다. 그림에는 없지만, 비스듬한 각으로 관찰하면, 상하 진동과 전후 진동의 어느 한쪽이 다른 쪽보다 더 잘 보이게 되면서 부분 편광이 관찰된다.

[129] 빛을 산란시키는 입자가 하나일 경우에는 빛을 방출하는 방향에 제약이 없지만, 전기쌍극자는 두 개의 입자가 모여 있는 상태라서 제약이 따른다. 그래서 산란의 개념을 처음에 설명할 때는 제한 없이 모든 방향으로 빛을 방출한다고 설명했다.

[130] 11장 산란에서 다루겠지만, 틴들 산란에 의해 달리는 자동차의 헤드라이트 불빛을 옆에서 볼 수 있다. 하지만 이 역시도 산란 때문에 옆모습을 보는 것처럼 느껴질 뿐, 빛의 진행 옆모습은 볼 수 없다.

- 화살표 1 : 빛 1의 진행 방향과 나란히 시선을 둔 관찰자에게는 빛 2와 3이 보이지 않는다. 따라서 관찰자에게 빛은 상하로 편광 되어 있다.
- 화살표 2 : 빛 2의 진행 방향과 나란히 시선을 둔 관찰자에게는 빛 1과 3은 보이지 않는다. 따라서 이 관찰자에게 빛은 전후로 편광 되어 있다.
- 화살표 3 : 빛 3의 진행 방향과 나란히 시선을 둔 관찰자에게는 빛 1과 2는 보이지 않는다. 따라서 이 관찰자에게 빛은 편광 되어 있지 않다.

공기 입자(전기쌍극자)들의 산란이 없다면, 햇빛을 여러 방향에서 볼 수 없을 뿐 아니라, 편광이 관찰되지도 않는다. 공기 입자들이 빛의 진행 방향을 바꾸기 때문에, 원래의 진행 방향과는 다른 방향에서도 빛을 볼 수 있게 되고, 보는 방향에 따라서 편광도 관찰되는 것이다. 지금까지의 내용을 다음과 같이 간략하게 정리할 수 있다.

다음 그림에서는 대기에 산란된 햇빛의 편광이 관찰되는 방향, 부분적 편광이 관찰되는 방향, 그리고 편광이 전혀 관찰되지 않는 방향을 표시했다.

정리하자면, 빛이 입사한 방향에 직각인 방향으로 가장 크게 편광 되며, 180° 에서 편광 정도가 0으로 떨어진다. 그 사이의 각에서는 부분적으로 편광이 된다. 그러나 어느 경우건, 시선의 각도와 나란한 진동은 관찰되지 않는다. 예로써, 완전 편광이 발생한 각(그림에서는 사람의 머리 바로 위쪽)을 보자. 올려다 보는 각도와 평행한 방향의 진동은 관찰되지 않는다.

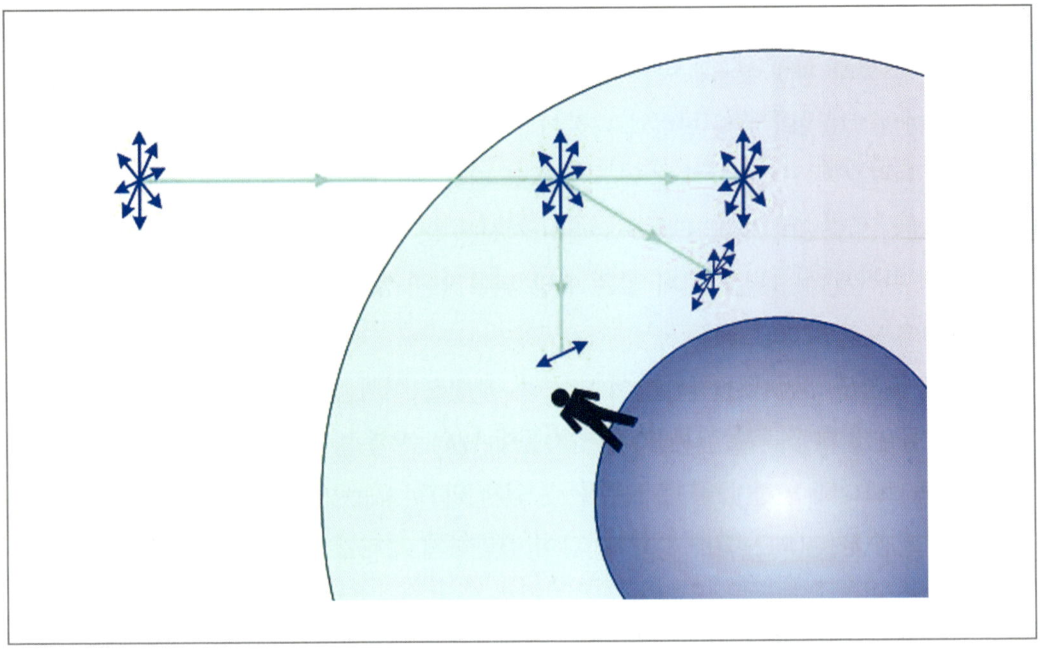

그림 7.18 산란에 의한 편광

대기권에 입사한 빛이 공기 입자에 의해 산란되고 있다. 지표면에 서 있는 사람이 어느 방향에서 바라 보느냐에 따라 편광이 관찰된다. 머리 꼭대기 부분의 대기권은 한창 대낮이며, 대기권의 오른쪽 위 귀퉁이에서는 노을이 붉게 내리고 있다. 그림에서 보듯, 대낮의 햇빛은 편광된 빛이며, 저녁의 붉은 햇빛은 편광이 안 된 빛이다. 그 중간에서 관찰되는 빛은 부분 편광으로 관찰된다. 편광이 관찰되는 이유는, 이미 설명한 바와 같이, 전기쌍극자의 진동으로 인한 편광이 우리가 관찰하는 각도에 따라 보이고 안 보이고의 결과이다. 파란 창공과 붉은 노을에 대해서는 나중에 레일리 산란에서 다루자.

7장 연습을 위한 확인문제

Chapter VII

1. 두 개의 편광판이 상대각 45° 로 일직선상에 나열해 있다. 처음 입사한 빛의 밝기를 I_o라 할 때, 편광판 두 개를 통과한 빛의 밝기를 구하라.

▶ 편광판 1을 통과한 빛의 밝기를 I_1이라고 하면, $I_1 = I_0/2$. 편광판 2를 통과한 빛의 밝기는 $I_2 = \frac{I_0}{2}\cos^2 45 = \frac{I_0}{2}\left(\frac{1}{\sqrt{2}}\right)^2 = \frac{1}{4}I_0 = 0.25I_0$.

2. 두 개의 편광판이 상대각 50° 로 일직선상에 나열해 있다. 처음 입사한 빛의 밝기를 I_o라 할 때, 편광판 두 개를 통과한 빛의 밝기를 구하라.

▶ I_1이 $I_1 = I_0/2$이므로, $I_2 = \frac{I_0}{2}\cos^2 50 = \frac{I_0}{2}(0.643)^2 = 0.207I_0$.

3. 세 개의 편광판이 상대각 20° 로 일직선상에 나열해 있다. 처음 입사한 빛의 밝기를 I_o라 할 때, 편광판을 모두 통과한 빛의 밝기인 I_3를 구하라.

▶ $I_1 = I_0/2$이므로, $I_2 = \frac{I_0}{2}\cos^2 20$.

즉, $I_3 = \frac{I_2}{2}\cos^2 20 = I_0\left(\frac{\cos^2 20}{2}\right)^2 = 0.195I_0$.

4. 일직선상에 나열해 있는 세 개의 편광판 중에, 편광판 1과 2는 상대각 30°, 2와 3은 상대각 60° 를 이루고 있다. 처음 입사한 빛의 밝기를 I_o라 할 때, 편광판을 모두 통과한 빛의 밝기 I_3를 구하라.

▶ $I_1 = I_0/2$이므로 $I_2 = \frac{I_0}{2}\cos^2 30$. 따라서

$$I_3 = \frac{I_2}{2}\cos^2 60 = \frac{1}{2}\left(\frac{I_0}{2}\cos^2 30\right)\left(\cos^2 60\right) = I_0\frac{\cos^2 30\times\cos^2 60}{4} = 0.047 I_0 .$$

5. 다섯 개의 편광판들이 서로간에 30° 씩의 상대각을 두고 일직선상에 나열해 있다. 편광판 5를 통과해 나온 빛의 밝기를 원래 빛의 밝기인 I_0와 비교하라.

▶ 편광판 1을 통과해 나온 빛의 밝기를 I_1이라고 하면, 편광판 2를 통과한 빛의 밝기인 I_2는 다음과 같다.

$$I_2 = \frac{I_0}{2}\cos^2 30 .$$

마찬가지로 편광판 3을 통과한 빛의 밝기인 I_3는

$$I_3 = I_2\cos^2 30 = \left(\frac{I_0}{2}\cos^2 30\right)\cos^2 30 = \frac{I_0}{2}\cos^{2\times 2} 30 = \frac{I_0}{2}\left(\frac{\sqrt{3}}{2}\right)^{2\times 2} .$$

같은 방법으로, 편광판 4를 통과한 후 편광판 5를 통과한 빛의 최종 밝기 I_5는 다음과 같다.

$$I_5 = I_4\cos^2 30 = \frac{I_0}{2}\left(\frac{\sqrt{3}}{2}\right)^{2\times 4} = \frac{I_0}{2}\frac{81}{256} .$$

따라서 원래 빛보다 약 1/6로 빛의 밝기가 감소했다. 이제 이 공식을 일반화해 보자. 만일 n개의 편광판들이 죄다 같은 상대각인 θ로 일직선상에 배열해 있다면, 일반적인 공식은 다음과 같다는 것을 쉽게 짐작할 수 있을 것이다.

$$I_n = I_{n-1}\cos^2\theta = \frac{I_0}{2}\cos^{2(n-1)}\theta .$$

6. 굴절률이 1.57인 유리판에 백색광이 입사시켜 편광 시키려고 한다.

a) 입사각을 얼마로 해야 완전 편광이 발생하겠는가?

b) 이때의 굴절각을 구하라.

▶ a) 식 (7.11)로부터, $\theta_B = \tan^{-1}(1.57/1) = 1.004\ (radian) = 57.505^0$.

b) 굴절각은 식 (7.10)에서 $\theta_r = 90^0 - 57.505^0 = 32.495^0$.

7. 굴절률을 모르는 유리판에 백색광이 공기로부터 입사해서 완전 편광 되었다. 이때 굴절각이 37° 였다면, 다음 물음에 답하라.

a) 부르스터의 각을 구하라.

b) 유리의 굴절률을 구하라.

▶ a) 식 (7.10)으로부터, $\theta_B = 90^0 - 37^0 = 53^0$.

b) 식 (7.11)로부터 굴절률은 $n_2 = 1 \times \tan 53^0 = 1.327$.

8. 굴절률이 1.361인 에탄올에 파장 589.29 nm인 빛이 입사해서 완전 편광 되었다.

a) 부르스터의 각을 구하라.

b) 굴절각을 구하라.

▶ a) 식 (7.11)로부터, $\theta_B = \tan^{-1}(1.361/1) = 0.937\ (radian) = 53.693^0$.

b) 따라서 굴절각은 식 (7.10)으로부터 $\theta_r = 90^0 - 53.693^0 = 36.307^0$.

9. 굴절률을 알 수 없는 액체 매질에 파장 589.29 nm인 빛이 공기로부터 53.1° 로 입사해서 완전 편광 되었다.

a) 유리의 굴절률을 구해서, 표 5.1로부터 매질을 확인하라.

b) 굴절각을 구하라.

▶ a) 식 (7.11)로부터, $n_2 = n_1 \tan\theta_B = 1 \times \tan 53.1^0 = 1.332$. 표 5.1에서 굴절률 1.332에 제일 근사한 매질은 물.

b) 식 (7.10)으로부터 굴절각은 $\theta_r = 90^0 - 53.1^0 = 36.9^0$.

10. 알 수 없는 액체 매질에 파장 589.29 nm인 빛이 공기로부터 입사해서 완전 편광되었다. 이때 측정된 굴절각이 33.7° 였다.

a) 부르스터의 각을 구하라.

b) 액체의 굴절률을 구해서, 표 5.1로부터 매질을 확인하라.

▶ a) 식 (7.10)으로부터, $\theta_B = 90^0 - 33.7^0 = 56.3^0$.

b) 굴절각은 식 (7.11)에서 $n_2 = 1 \times \tan 56.3^0 = 1.499$. 이 값은 벤젠의 굴절률과 제일 근사하다. 따라서 매질은 벤젠.

11. 부르스터의 각이 갖는 조건을 유도하라.

▶ 부르스터의 각은 $n_1 < n_2$인 상황에서만 발생하므로, $\tan\theta_B = n_2/n_1 > 1$ 이 되어야 한다.

따라서 $\theta_B > \pi/4$ 의 조건을 항상 만족한다.

Chapter VIII

빛의 특성 : 간섭(Interference)

(결맞는 두 개 이상의 파가 한 점에 모아질 때, 발생하는 현상)

요즘은 인도와 차도가 잘 구분되어 있어서 길바닥에 기름이 고여 있는 것을 직접 보기가 쉽지 않지만, 예전에는 비 온 뒤 길가에 나와 노는 아이들의 눈길을 끄는 것은 고여 있

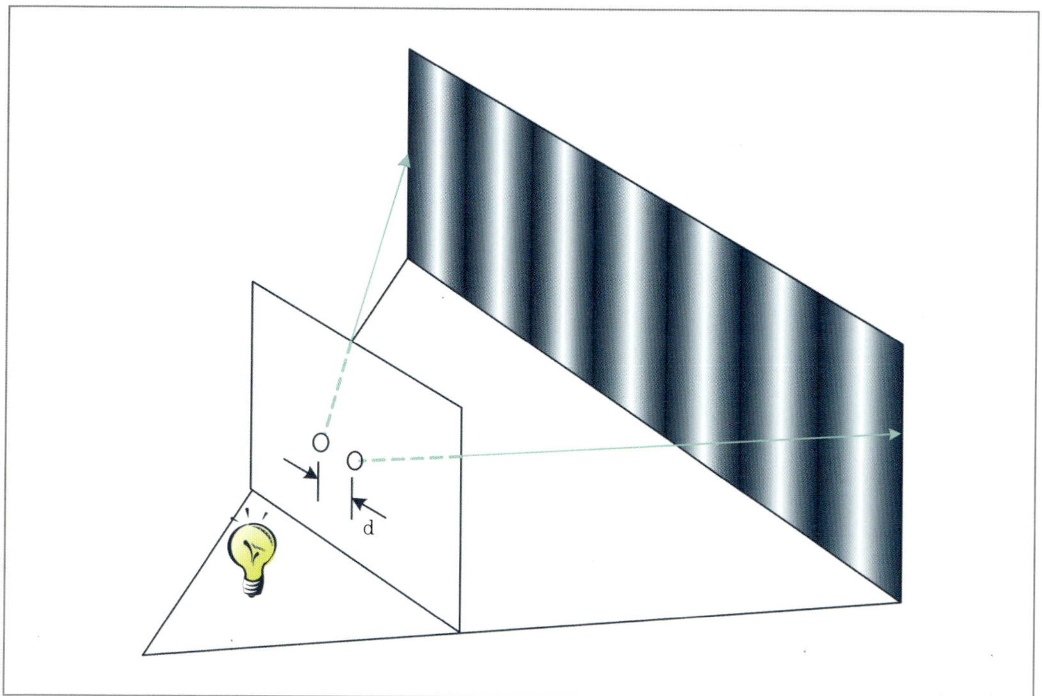

그림 8.1 영의 실험 : 간섭 현상의 발생

는 기름에서 발산되어 나오는 무지개 빛깔이었다. 어떻게 무지개가 만들어지는지 몰라도, 그곳에 기름이 고여 있다는 것은 알 수 있었다. 커가면서는 비누 방울을 만들기 시작하면서, 비누 방울의 껍질에서 발산되어 나오는 무지개 빛깔은 또 다른 동심을 키우기 충분했을 것이다. 이제는 동심의 세계에 머물기 보다는, 찬란한 무지개 빛깔이 왜 생기는지 알아보자.

§ 1. 간섭 현상 : 영의 실험(Young's experiment)

간섭을 위한 상황부터 설정하자. 전구 하나를 켜놓고, 구멍이 나란히 두 개 뚫린 두꺼운 종이로 막았다고 하자(그림 8.2). 맞은편 거리 D만큼 떨어진 곳에는 스크린이 위치해 있어서, 구멍으로 빠져 나온 빛이 어떤 규칙적인 무늬를 만들고 있다.[131] 빛의 어떤 특성이 스크린에 이와 같은 무늬를 형성했을까? 이는 간섭이라고 불리는 현상이 설명한다.

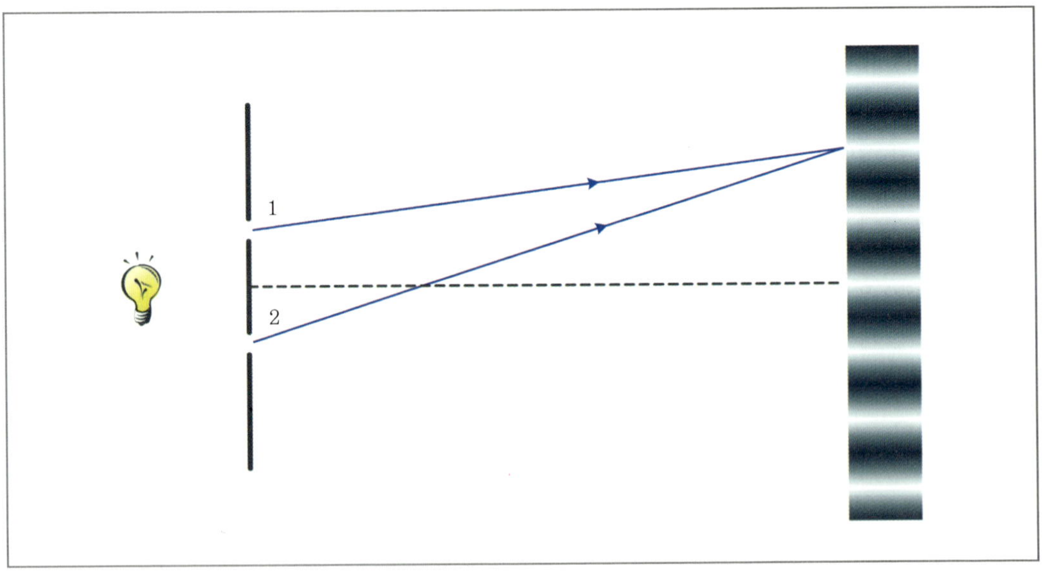

그림 8.2 간섭 현상

간섭 실험을 위한 배치도와 실험의 개념을 단순화해서 보여주고 있다.

[131] 이 실험을 최초로 실시한 영국 물리학자의 이름(Thomas Young 1773~1829)을 따서 영의 실험이라고 부른다. 외과의사로 활동하던 영이 물리학자가 된 후, 눈이 색깔을 인식할 수 있는 것은 안구에 세 가지의 색깔을 인식할 수 있는 세포가 결집되어 있다는 가설을 세우기도 했고, 전혀 뜻밖으로 고대 이집트의 비석에 새겨진 상형문자를 해석한 사람이기도 하다. 다재다능했던 영은 파동설의 신봉자로서, 자신의 실험을 통해 간섭 현상을 발견하고 빛의 파동설을 지지하게 된다.

일상생활에서 간섭이라는 말을 보면, 한창 인격이 성장하는 청소년들이 제일 싫어하는 것이 부모나 학교의 간섭이라 한다. 하지만 과학적인 의미에서 보면 엄밀하게는 틀린 말이 된다. 곧 알게 되겠지만, 간섭이란 서로의 상호작용이기 때문이다.

1. 실험 기구 배치

실험 도구를 배치하기 전에 주의할 점이 있다. 빛줄기 두 개를 만들어내기 위해서 두 개의 광원을 쓰지 말고, 한 개의 광원을 써야 한다는 것이다. 한 개의 광원으로 두 개의 효과를 얻기 위해서는, 구멍 두 개를 뚫어서 두 개의 빛줄기를 얻으면 된다. 에너지를 절약하자는 뜻도 신선하겠지만, 실제 이유는 결맞음 현상에 있다. 만일 두 개의 광원을 쓰게 되면, 간섭 무늬 대신에 흐릿한 무늬만 나타나기 때문에 조심해야 한다.

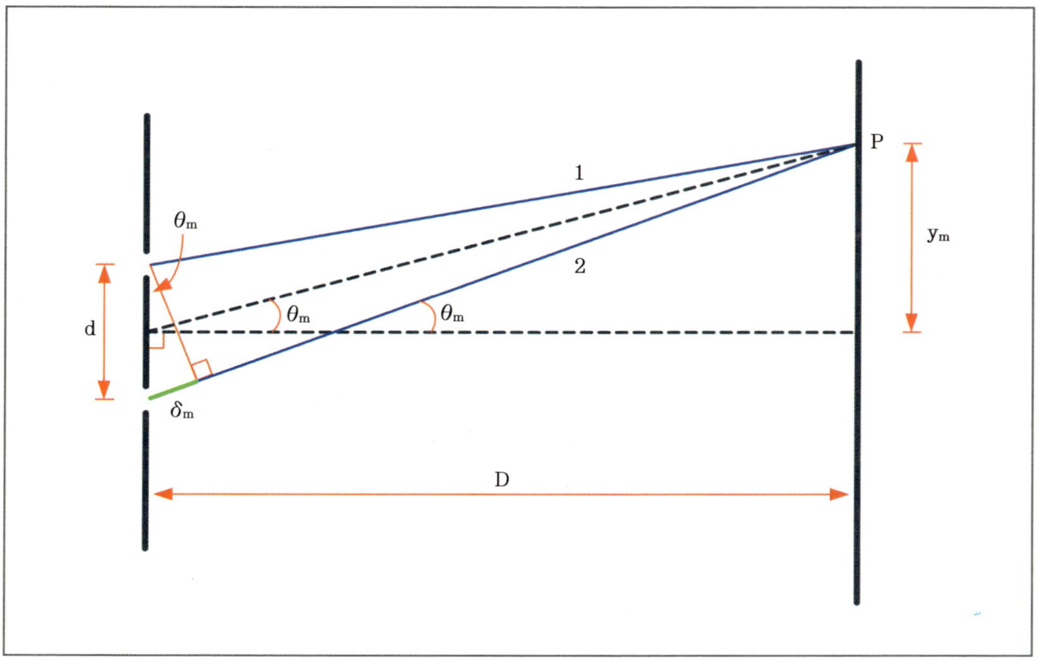

그림 8.3 영의 실험 분석

d는 두 구멍 사이의 거리, D는 구멍에서 스크린까지의 거리, y_m은 스크린 중앙에서부터 m번째 간섭 무늬까지의 거리에 해당한다. 만일 D가 충분히 길다면, 두 구멍에서 각각 나오는 빛줄기끼리 서로 평행하다고 가정해도 무리가 없다. 같은 이유로 표시된 θ_m들은 모두 같다. θ_m은 두 구멍 사이에서 스크린의 m번째 무늬에 이르는 최단거리와 구멍에서 나온 빛줄기가 이루는 각이다. 실험에서 θ_m을 실제로 측정하기란 쉽지 않다.

광원을 마무리하고 이제 간섭 실험기구를 그림 8.3처럼 설치했다고 하자. 두 구멍 사이의 간격보다 구멍과 스크린 사이의 거리를 더 멀리해서 두 빛줄기가 서로 평행하게 진행할 수 있도록 하자.

2. 빛의 경로차 : 간섭 무늬

하나의 광원에서 나온 빛이 구멍 두 개를 통과하면서 두 빛줄기(1과 2)로 갈라지고, 이들이 각각 진행하다가 스크린 위의 점 P에서 다시 합쳐진다. 이들은 하나의 광원에서 출발했기 때문에 빛줄기끼리 파장과 진동수가 같다. 그렇기 때문에 두 줄기의 빛이 각각 P점에 이르기까지 거치는 경로의 차이에 따라, 빛줄기들이 P점에서 보강으로 합쳐질지, 아니면 소멸로 합쳐질지 결정된다.

그림 8.4에서 경로차에 따른 보강과 소멸 간섭의 형성을 보자. 파는 동일한 모양(sin 함수)으로 처음을 시작할 뿐 아니라, 같은 형태가 반복되기 때문에,

- 만일 한 개의 파가 들어갈 정도로만 경로차가 벌어지면, 빛줄기 1과 2가 겹치는 끝부분(P점)에서는 마루와 마루, 또는 골과 골이 마주칠 것이라는 예상을 할 수 있다. 보강이 발생한다.
- 물론 스크린의 한가운데, 즉 두 빛줄기의 경로 길이가 정확히 일치하기 때문에 경로차가 0인 경우에도, 마루끼리, 또는 골끼리 마주치며 보강이 발생한다.
- 반면에 반 개의 파가 들어갈 정도의 경로차가 벌어진다면, P점에서는 마루와 골이 마주치면서 서로 상쇄되어 소멸이 발생하게 된다.

이렇듯 보강이나 소멸이 일어날 조건이 경로차에 의해 결정된다. 위의 결과를 그림 8.4에서 확인하자.

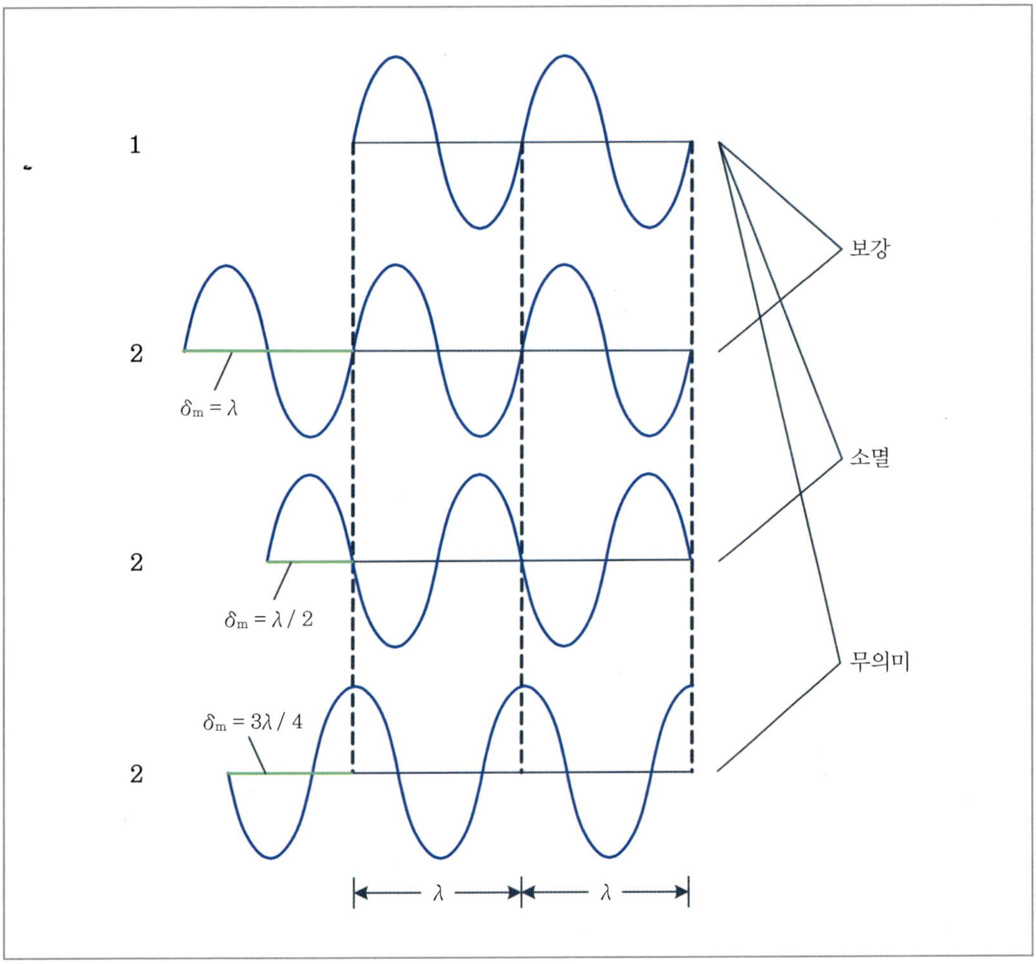

그림 8.4 경로차에 따른 간섭 현상

경로차(녹색의 짤막한 선)를 뺀 나머지 거리는 파가 몇 개 들어가건 상관없다. 왜냐하면 경로차를 뺀 거리는 동일할 뿐 아니라, 두 빛줄기의 파장이 같기 때문에 같은 수의 파들이 들어갈 것이기 때문이다. 제일 아래 그림은 첫 번째 그림과 합쳐지면서 흐릿한 간섭 무늬만 남기게 된다. 결국 파(에너지 전달)는 불연속적이지 않고, 연속성(continuity)을 지닌다는 것을 엿볼 수 있기도 하다.

같은 논리로, 경로차에 두 개의 파가 들어가거나, 세 개 또는 네 개의 파들이 들어가더라도 보강이 일어나게 된다. 마찬가지로 경로차에 한 개 반의 파가 들어가거나, 두 개 반 또는 세 개 반의 파들이 들어가더라도 소멸이 일어나게 된다.

이제까지의 결과를 일반화하자.

- 경로차 δ에 n이라는 정수개의 파($n\lambda$)가 들어간다면, P점에서 보강 중첩이 발생하는 바람에 밝은 무늬가 형성된다.
- 반정수개의 파, 즉 $\left(m+\frac{1}{2}\right)\lambda$ 가 들어간다면 P점에서 소멸 중첩이 발생하는 탓에 어두운 무늬가 형성된다.

위의 두 경우 모두에 해당되지 않는 경우는 고려하지 않겠다. 지금까지의 결과를 수식으로 정리하자.[132]

- 보강 간섭(밝은 무늬) : $\delta_m = m\lambda$ (8.1)
- 소멸 간섭(어두운 무늬) : $\delta_m = \left(m+\frac{1}{2}\right)\lambda, \quad m = 0, 1, 2, \cdots$ (8.2)

3. 측정

하지만 결과가 나왔다고 해서, 이들을 직접적으로 측정할 수 있는 것은 아니다. 실제 간섭 실험에서 δ_m을 직접 측정하기란 여간 어렵지 않다. 따라서 우리들이 측정할 수 있는 물리량인 d로 표현해 보자. δ_m을 d로 전환시키기 위해서는 삼각함수를 도입할 수 있다. 즉, $\delta_m = d\sin\theta_m$ 을 염두에 두면, 식 (8.1)과 (8.2)를 다음과 같이 정리할 수 있다.

- 보강 간섭 : $d\sin\theta_m = m\lambda$ (8.3)
- 소멸 간섭 : $d\sin\theta_m = \left(m+\frac{1}{2}\right)\lambda, \quad m = 0, 1, 2, \cdots$ (8.4)

[132] 빛만 간섭을 일으키는 것은 아니다. 종파인 소리파도 파가 확실한 이상, 간섭을 일으킨다. 즉, 스피커 두 대에서 듣는 사람까지의 거리를 각각 측정하여 소리파의 경로차를 구하면, 소리가 들리는 지점과 잘 들리지 않는 지점이 분명 발생하게 된다. 소리파의 보강 간섭과 소멸 간섭이 발생한 것이다.

한편 δ_m을 d로 표현하는 와중에 $\sin\theta_m$ 이 나타났는데, θ_m 역시도 실험에서 측정하기 쉽지 않다. 이제 $\sin\theta_m$ 을 정밀한 자만 있으면 간단히 확인할 수 있는 물리량으로 바꾸자. 그러자면 두 조건식을 y_m이 포함된 식으로 유도하면 된다. $d << D$ 를 가정하면, θ_m이 충분히 작아지므로 $\sin\theta_m \sim \theta_m$ 로 근사 시킬 수 있다.[133] 즉, 보강 간섭의 조건이 $d\theta_m \sim m\lambda$ 가 되어 $\theta_m \sim \frac{m\lambda}{d}$ 로 정리된다. 한편 그림에서 $\tan\theta_m$ 는 $\frac{y_m}{D}$ 가 되면서, 이는 $\theta_m \sim \frac{y_m}{D}$ 로 근사 된다. θ_m에 대한 두 식으로부터 $\frac{m\lambda}{d} = \frac{y_m}{D}$ 를 얻을 수 있고, 이를 y_m에 대해서 풀면 $y_m = \frac{m\lambda}{d}D$ 가 된다.

$$y_m = \frac{m\lambda}{d}D \tag{8.5}$$

식 (8.5)를 이용해서 무늬와 무늬 사이의 직선 거리를 계산할 수 있다. 즉, y_{m2}과 y_{m1} 사이의 거리를 말한다.

$$\begin{aligned} y_{m2} - y_{m1} &= \frac{m_2\lambda}{d}D - \frac{m_1\lambda}{d}D \\ &= (m_2 - m_1)\frac{\lambda}{d}D \end{aligned} \tag{8.6}$$

이때 m_1이 m_2의 바로 이웃하는 무늬라고 가정하면, $m_2 = m_1 + 1$ 가 된다. 또한 두 무늬 사이의 간격 $y_{m+1} - y_m$ 를 Δy_m 로 두면,

$$\Delta y_m = \frac{\lambda}{d}D \tag{8.7}$$

133 θ가 매우 작다면, $\sin\theta \sim \theta$와 $\tan\theta \sim \theta$으로, 그리고 $\cos\theta \sim 1$로 근사 시킬 수 있다. 이에 대해서는 원점에 대한 테일러의 급수(Taylor's expansion about origin) 또는 매클로린 급수(Maclaurin expansion)를 참조하라.

식 (8.6)과 (8.7)을 보자. 식 (8.6)에서 (8.7)을 유도할 때, 바로 옆에 이웃하는 무늬라는 가정을 했기 때문에, 식 (8.6)이 더 보편적이라서, 일반적으로 무리 없이 쓸 수 있다. 예제를 다루자.

[예제 1] 영의 실험에서 구멍으로부터 2 m 떨어진 곳에 스크린이 설치되어 있다. 두 번째 밝은 무늬와 네 번째 밝은 무늬 사이의 거리를 구하라. 단, 구멍 사이의 간격은 0.05 mm, 그리고 파장은 650 nm로 하라.

▶ 식 (8.6)을 이용해서 y_4과 y_2 사이의 거리를 구하라는 문제이다. 따라서

$$y_4 - y_2 = (4-2)\frac{650\times10^{-9}}{5\times10^{-5}}(2\,m) = 520\times10^{-4}\,m = 5.2\ cm.$$

[예제 2] 영의 실험에서 구멍으로부터 2 m 떨어진 곳에 스크린이 설치되어 있다. 두 번째 밝은 무늬와 세 번째 밝은 무늬 사이의 거리를 구하라. 단, 구멍 사이의 간격은 0.05 mm, 그리고 파장은 650 nm로 하라.

▶ 식 (8.6)을 이용해서 y_3과 y_2 사이의 거리를 구하라는 문제이다.

$$y_3 - y_2 = (3-2)\frac{650\times10^{-9}}{5\times10^{-5}}(2\,m) = 260\times10^{-4}\,m = 2.6\ cm.$$

우리가 간섭 현상을 풀어오면서 슬쩍 넘긴 부분이 있다. 다들 별생각 없이 따라왔으리라 여겨지는데, 지금까지 간섭 현상을 일으킨 구멍 사이의 간격은 고려했어도, 정작 구멍 자체의 크기에 대해서는 언급조차 하지 않았다. 그 이유는 구멍의 크기가 빛의 파장에 비해 무한으로 작다는 가정을 했기 때문이다. 이런 가정을 세운 것은, 회절이라는 현상이 간섭과 중복되는 것을 방지하기 위해서이다. 이는 회절에 가서 다루게 되니까, 잠시 잊어버리도록 하자.[134] 지금까지 빛의 파동성을 재확인한 영의 실험을 통한 빛의 간섭을 알아 보았다.

[134] 9장 4절에서 영의 이중 틈 실험을 회절의 입장에서 다시 다루게 된다.

§ 2. 간섭의 밝기

간섭 현상에서 보았듯이, 두 구멍을 통해 나오는 빛줄기들의 경로차에 의해 간섭에서의 소멸과 보강이 결정된다. 이때 경로차를 위상차로 바꾸어 다루면 단순하게 두 파를 겹친 결과를 얻을 수 있다. 그러기 위해서 새로운 좌표계를 도입하고자 한다.

때로 영의 이중 틈의 경우에 빛줄기가 단 두 개뿐이기 때문에, 굳이 새로운 형태의 좌표계를 도입해서까지 밝기를 구할 필요가 있을까라는 회의감이 들 수 있지만, 틈의 수가 세 개 이상인 다중 틈의 경우에는 빛줄기들이 겹쳐진 효과를 짐작하기조차 어렵다.

1. 위상계(phasor) : 길이를 각으로 전환

구멍이 두 개이건, 세 개이건, 간섭을 일으키는 빛줄기들은 모두 한 광원에서 나오기 때문에, 경로차만 있을 뿐, 모두 같은 진폭, 같은 파장, 그리고 같은 진동수를 갖는다. 따라서 이들을 모두 한 어머니에서 나온 쌍둥이로 취급할 수 있고, 흔히 빛줄기를 선으로 그렸듯이, 빛줄기들을 모두 같은 길이의 직선으로 취급할 수 있다. 이와 같은 장점을 이용해서, 쌍둥이들을 모두 동일한 길이의 벡터로 놓을 수 있다. 하필이면 왜 벡터로 표현해야 하는지 보자. 이들이 비록 쌍둥이들이지만, 경로차가 발생한다. 곧 도입할 위상계라는 좌표계에서는 경로차라는 거리가 위상차라는 각도로 표현되기 때문에, 동일한 길이의 벡터(쌍둥이)들이 위상차에 따라 방향만 조금씩 달리하게 된다. 따라서 빛줄기를 크기(길이)와 방향을 갖는 벡터로 표현하는 것이 적절하다.

일반 공간을 위상계로 바꾸기 위한 두 단계를 요약해 보자.

- 빛줄기의 진폭 → 벡터(화살표)
- 경로차 → 위상차

빛줄기를 위상계에서는 벡터로 표현하는데, 빛줄기 한 개가 벡터 한 개에 해당한다. 이때 빛줄기의 진폭을 벡터의 길이로 그리고 경로차를 위상차로 전환하게 되는데, 위상차는 벡터의 방향으로 표현한다. 벡터의 길이는 신경 쓸 필요가 없다. 왜냐하면 빛줄기들이 모두 쌍둥이이기 때문에, 모두 같은 길이로 그리면 된다.[135] 지금의 설명을 실행해 보자.

간섭에서 두 개의 빛줄기만 있다면, 빛줄기 1에 해당하는 벡터 1을 위상계에 아무렇게나 올려 놓고서, 빛줄기 2에 해당하는 벡터 2를 벡터 1에 이어주기만 하면 된다. 단지 이들 둘을 이어줄 때 경로차에 해당하는 위상차를 고려하면 된다.

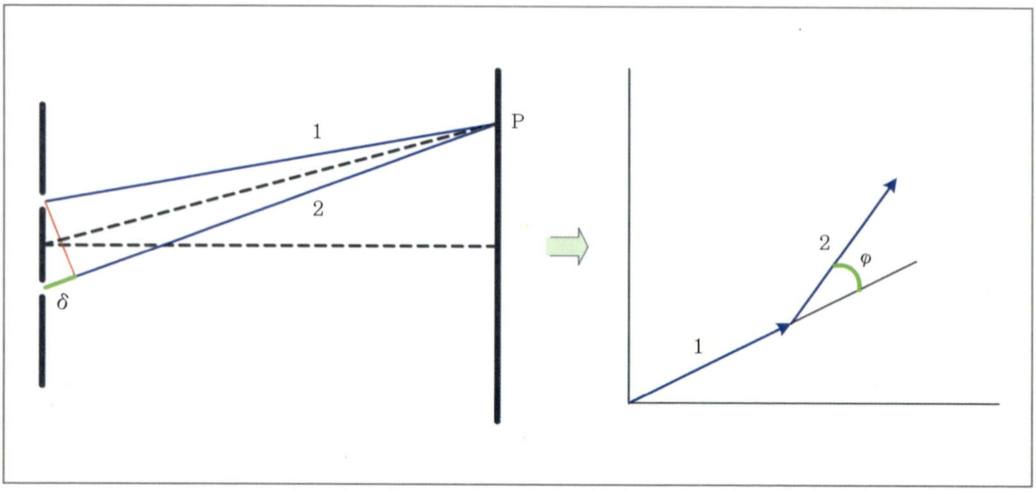

그림 8.5 위상계로 전환

이중 틈에서의 빛줄기 1, 2를 위상계의 벡터 1, 2(화살표)로 표시하기 위해, 경로차가 위상차로 전환되었다. 빛줄기의 길이, 즉 경로차와 벡터의 길이는 상관없다는 것에 유의해야 한다.

이제 경로차를 위상차로 전환되는 것에 대해 얘기하자. 1장 6절 파동식에서 원판의 회전이 어떻게 구불구불한 파의 형태로 변환되는가에 대해서 얘기했다. 그 변환이 각도를 길이로 전환시켜 주는 유용한 원리를 제시한다. 원판은 회전만을 하지만, 그것이 파로 표현되면서 길이와의 상관관계를 유지하게 된다. 즉, 1장 6절의 파동식에서 $\theta = \frac{2\pi}{\lambda}x$ 라는 관계식을 얻었는데, 이 관계식은 각과 거리와의 관계를 규정해주고 있다. 이 식에서 거리 x 대신 경로차 δ를 대입하면, 위상차 φ와 경로차의 관계로 전환된다. 즉,

[135] 만일 두 빛줄기의 진폭이 동일하지 않다면, 서로 다른 길이의 화살표가 도입되어야 할 것이고, 그 경우 계산이 꽤나 복잡하게 진행될 것이다.

$$\varphi = \frac{2\pi}{\lambda}\delta \tag{8.8}$$

이제 1과 2를 벡터적으로 더해주면 된다.

만일 영의 실험에서 간섭 무늬가 맺힌 곳의 각이 주어졌다면, 식 (8.8)의 δ 에 $d\sin\theta$ 를 대입하면 된다. 즉,

$$\varphi = \frac{2\pi}{\lambda}d\sin\theta \tag{8.9}$$

식 (8.9)로부터 실제 실험에서 측정되는 각 θ와 위상계의 기본 변수인 φ 의 상관관계를 읽어낼 수 있다. 식 (8.9)만으로는 보강인지 소멸인지 알 수 없다.

2. 간섭의 밝기

간섭의 두 구멍을 통과해 나오는 빛줄기들 각각의 파동식이 다음과 같이 주어졌다고 하자.

$$y_1(x,t) = y_m\sin(kx-\omega t),\ \ y_2(x,t) = y_m\sin(kx-\omega t+\varphi) \tag{8.10}$$

이들 두 파동식은 결맞는 빛줄기들이기 때문에, 두 식에서의 k와 ω가 같다. 경로차 대신에 위상차 φ 가 삽입되어 있다. 이 두 식을 위상계에서 표현하면 다음과 같다.

그림 8.6에서 빨간 벡터는 마치 작은 직각 삼각형 두 개를 맞붙여 놓은 형태로 보이는데, 직각 삼각형의 밑변의 길이는 삼각함수로 얻을 수 있다. 두 직각 삼각형의 밑변의 길이를 더한 값이 결국 빨간 벡터의 길이가 된다(그림 8.6).

$$y_\varphi = 2y_m\cos\left(\frac{\varphi}{2}\right) \tag{8.11}$$

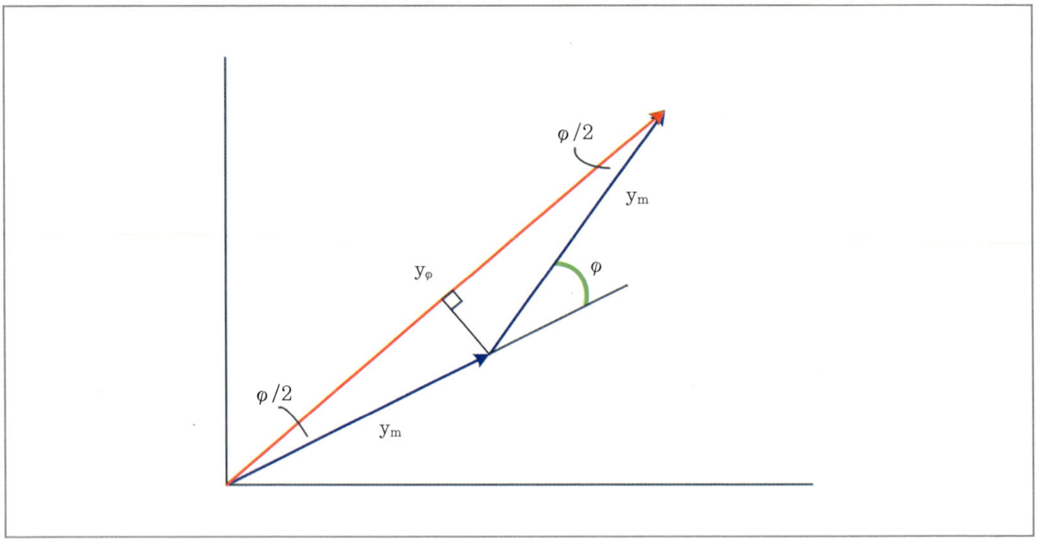

그림 8.6 위상계에서 두 벡터의 합

위상계에 그려진 화살표들은 벡터이므로, 이들은 벡터의 덧셈을 따른다. 두 벡터의 각각의 길이는 진폭인 y_m으로 동일하고, 두 벡터의 위상차는 φ이므로, 두 벡터의 합은 그림에서 빨간 벡터의 길이에 해당한다.

한편 빛의 밝기는 진폭의 제곱에 해당되므로, 식 (8.11)를 제곱한 것이 밝기에 해당한다.

$$I_{\varphi} = 4I_M \cos^2\left(\frac{\varphi}{2}\right) \tag{8.12}$$

이때 $I_{\varphi} = {y_{\varphi}}^2$, 그리고 $I_M = {y_m}^2$ 이다.

덧붙이자면, 밝기를 구할 수 있는 경우는 보강 간섭의 경우이다. 소멸의 경우에는 밝기가 없기 때문이다.

한편 식 (8.1)과 (8.2), 또는 식 (8.3)과 (8.4)에서 간섭의 조건을 경로차로 표현했듯이, 위상차로도 표현할 수 있어야 한다. 식 (8.8)에 $\delta = m\lambda$, 그리고 $\delta = \left(m + \frac{1}{2}\right)\lambda$ 를 각각 대입하면, 다음과 같이 정리할 수 있다.

- 보강 간섭 : $\varphi = 2m\pi$ (8.13)

- 소멸 간섭 : $\varphi = 2\left(m + \frac{1}{2}\right)\pi, \quad m = 0, 1, 2, \cdots$ (8.14)

위상계를 통해서 간섭 현상의 밝기를 구했다. 위상계는 전류에서 뿐 아니라, 다양한 목적으로 많이 쓰이곤 하는데, 10장 회절에서 회절 무늬의 밝기를 구할 때도 위상계를 도입하게 된다. 따라서 처음 다룰 때 확실히 이해하는 것이 소중한 노력을 아끼기 위한 노력이 될 것이다.

§3. 위상 변화

간섭에서 보강과 소멸을 판단하기 위해 지금까지는 경로차만을 고려해 왔는데, 실제로는 경로차 외에도 위상 변화를 함께 고려해야 한다. 위상 변화를 무시하면 보강과 소멸이 정반대로 나올 수 있기 때문이다.

1. 경로차 없이 위상 변화가 발생하는 경우

이제까지는 위상 변화가 0이 되는 경우, 즉 위상 변화가 개입할 여지가 없는 경우만 다루었기 때문에, 경로차만 고려하는 것으로도 충분했었다. 그리고 경로차가 0일 때는 항상 보강 간섭만이 유효했었다. 하지만 실제 자연에서는 위상 변화가 발생하지 않을 수도 있지만, 발생할 수도 있다. 위상 변화가 발생하면 이전의 결과가 뒤집어질 수 있다. 위상 변화가 발생하는 상황에 대해서는 6장 3절에서 다루었으니, 이제 위상 변화를 간섭에 어떻게 적용시키는지 보자.

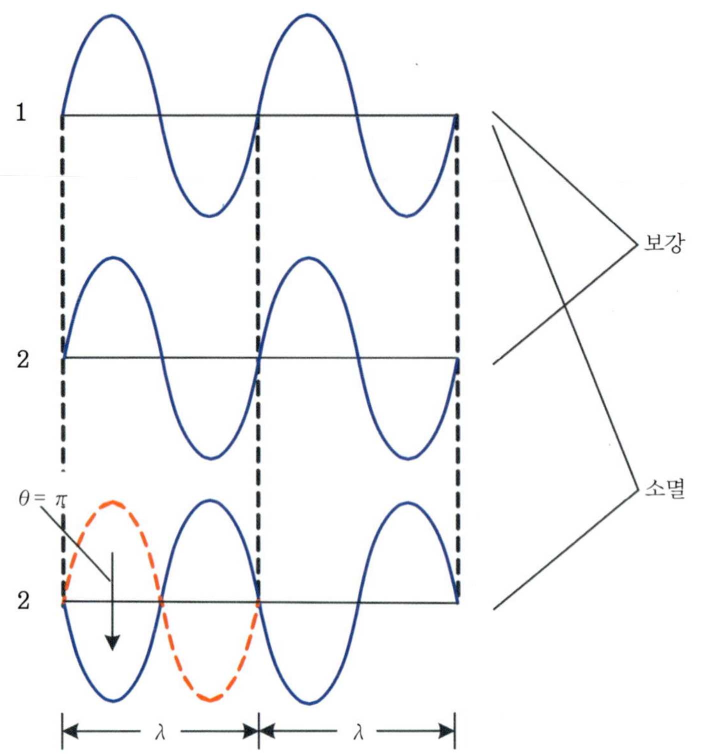

그림 8.7 경로차 없이, 위상 변화에 따른 간섭

1은 영의 실험에서 첫 번째 구멍을 통과한 빛줄기이고, 2는 두 번째 구멍을 통과한 빛줄기를 말한다. 제일 아래의 빛줄기 2는 π라는 위상 변화를 겪었다.

빛줄기 1과 첫 번째 2는 위상 변화를 겪지 않은 반면에, 두 번째 2는 π라는 위상 변화를 겪었다. 그래서 빛줄기 1과 첫 번째 2는 보강, 그리고 빛줄기 1과 두 번째 2는 소멸된다.

위상 변화 θ가 발생하지 않을 경우에는 파의 시작 모양이 같았지만, 어느 한쪽 파에만 위상차 π가 발생한 경우에는 해당 파의 시작 모양이 아래위로 뒤바뀌게 되면서, 경로차가 없을 때라도 소멸이 발생할 수 있다. 다음에는 경로차가 발생한 경우를 보자.

2. 경로차에서 위상 변화가 발생한 경우

경로차 없이 발생한 위상 변화가 간섭의 보강과 소멸에 미치는 영향을 보았다. 이제는 경로차가 발생할 때, 위상 변화가 어떤 영향을 미치는가를 살펴보자.

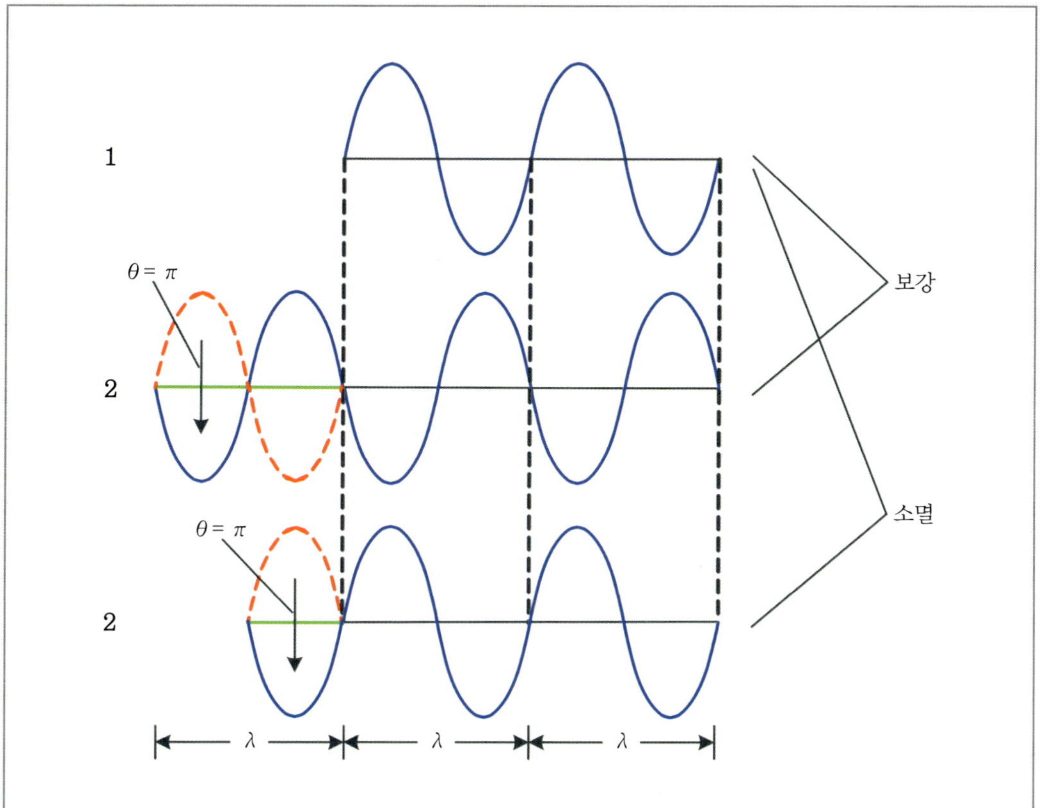

그림 8.8 위상 변화에 따른 간섭

빛줄기 1과는 한 파장의 경로차를 보이는 첫 번째 2에 위상 변화가 발생했으며, 반 파장의 경로차를 보이는 두 번째 2에도 위상 변화가 발생했다.

- 한 파장의 경로차가 벌어진 경우, 빛줄기 1과 2가 합쳐졌지만 π라는 위상 변화 때문에 소멸이 발생하고,
- 반 파장의 경로차가 벌어진 경우에는, π라는 위상 변화 때문에 보강이 발생한다.

따라서 위상차가 발생하지 않았을 경우와는 보강과 소멸의 조건이 서로 바뀌게 된다. 이를 정리해 보자.

- 보강 간섭 : $\delta_m = d\sin\theta_m = \left(m + \frac{1}{2}\right)\lambda$ (8.15)
- 소멸 간섭 : $\delta_m = d\sin\theta_m = m\lambda, \quad m = 0, 1, 2, \cdots$ (8.16)

식 (8.15)와 (8.16)을 식 (8.3)과 (8.4)와 비교해 보라.

만일 빛줄기 1, 2 모두 같은 위상 변화를 겪는다면, 위상 변화가 없는 경우와 동일한 결과가 나온다. 이를 정리해 보자.

표 8.1 경로차와 위상 변화에 따른 간섭 현상

간 섭		위상 변화	
		0	π
경로차	λ : $\delta_m = m\lambda$	밝은	어두운
	$\lambda/2$: $\delta_m = (m + \frac{1}{2})\lambda$	어두운	밝은

위상 변화를 0과 π의 경우만 보였지만, 0은 π의 짝수배(0, 2π, 4π, …)에 해당하며, π는 π의 홀수배(π, 3π, 5π, …)에 해당한다. 표에는 포함되지 않았지만, 경로차가 발생한 매질에서의 파장을 고려해야 한다. 따라서 때로는 λ 대신 λ_n을 고려해야 한다는 언급이 빠져 있다.

§ 4. 간섭 현상의 예

간섭 현상의 예를 보자. 예를 다루는데 있어서,

1) 간섭 현상 : 간섭 현상을 일으키는 빛줄기들을 골라내야 한다. 하나의 빛줄기만 입사했다 하더라도, 거치는 매질의 경계마다 반사와 굴절을 반복하기 때문에 여러 군데에서 간섭 현상이 일어날 수 있다. 따라서 어느 곳에 맺힌 간섭 현상을 말하는지 알아야 한다.[136] 엉뚱한 곳을 찾게 되면, 경로차가 달라진다.

2) 경로차 : 원하는 곳의 간섭 현상이 인지되었으면, 다음으로 해야 하는 일은 경로차를 파악해야 한다. 경로차를 파악하는데 있어서, 다음 두 가지를 알아야 한다.

3) 어느 매질 : 경로차가 어느 매질 속에서 발생하는가를 알아야 한다. 이때 λ를 고려해야 할지, 아니면 λ_n을 고려해야 할지 결정된다.

4) 위상 변화 : 또한 경로차를 겪는 빛줄기가 위상 변화를 일으키는지 확인해야 한다.

백문(百聞)이 불여일견(不如一見)이다. 예를 들면서, 위에서 설명한 네 개의 과정을 재차 확인해 보자.

1. 물 위에 뜬 기름

비 온 뒤 길을 가다 보면, 얕은 물 웅덩이 위에 기름이 한 두 방울씩 떨어져 번져 있는 것을 볼 수 있다. 이들을 가만히 들여다 보면, 어떤 무늬가 형성되어 있다. 이런 무늬는 간섭 현상으로 생기는 것으로, 이제는 왜 이런 무늬가 형성되는지 이해할 수 있어야 한다.

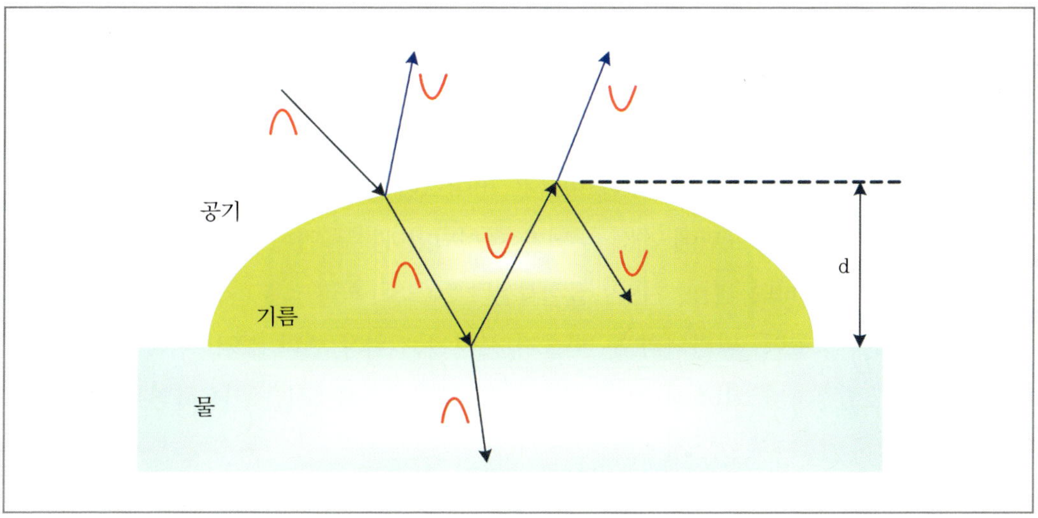

그림 8.9 기름 방울이 일으키는 간섭

실제로는 수직 상방에서 빛이 입사하게 되지만, 이해를 돕기 위해 삐딱하게 입사하는 모습을 그렸다.

136 흔히는, 경로차를 일으키는 빛줄기들을 찾으면 된다.

1) 간섭 현상 : 기름 방울에 형성된 간섭 무늬는 기름 방울의 안이 아니라, 겉에 형성된다. 따라서 파란색의 두 빛줄기가 일으킨 간섭 현상을 고려한다.

2) 경로차 : 파란색 빛줄기 두 개를 비교해 보면, 왼쪽의 빛줄기보다 오른쪽 빛줄기가 왕복 2d만큼 먼 거리를 거쳤다는 것을 알 수 있다. 경로차는 2d.

3) 매질 : 경로차가 기름 방울 속에서 발생했다. 따라서 기름의 굴절률을 포함한 $\lambda_n = \lambda / n$를 고려한다.

4) 위상 변화 : 기름의 굴절률이 공기의 굴절률보다는 크지만, 물의 굴절률보다는 작다. 따라서 기름 방울에서 반사된 왼쪽의 빛줄기와, 물과의 경계에서 반사된 오른쪽 빛줄기 모두 180° 의 위상 변화(∩ → ∪)를 겪는다.

위의 네 가지 사항을 바탕으로, 식 (8.3)과 (8.4)를 정리해보자. 두 식에서 $\theta_m = \pi / 2$ 이므로 다음과 같이 결론 내릴 수 있다.

- 보강 간섭 : $2d = m\lambda_n$
- 소멸 간섭 : $2d = \left(m + \frac{1}{2}\right)\lambda_n, \quad m = 0, 1, 2, \cdots$

[예제 3] 실험실에서 물 위에 기름 한 방울을 떨어뜨린 후, 650 nm의 빛을 수직 아래로 비추었더니 기름 방울의 표면에 간섭 무늬가 형성되었다. 두 번째 어두운 무늬가 형성된 곳의 기름 두께를 구하라. 단, 기름의 굴절률은 1.20으로 하라.

▶ 그림 8.9에서 보듯이, 파란색의 두 빛줄기 사이에는 위상 변화 없이, 기름 내부에서 d라는 경로차가 발생했다. 따라서 두 번째 어두운 무늬에 대한 식을 이용하면,

$d = \frac{1}{2}\left(1 + \frac{1}{2}\right)\lambda_n = \frac{3}{4}\frac{650 \times 10^{-9}}{1.20} = 406.3 \times 10^{-9} = 406.3(nm)$. 두께가 굉장히 얇은 층이 형성되었다.

2. 유리판에 형성된 간섭 현상

두 개의 유리판이 약간의 틈을 두고 한쪽 끝이 맞닿아 있다. 이때 수직 상방에서 단색광[137]을 쪼여주게 되면, 어둡고 밝은 무늬들이 교대로 나타나면서, 간섭 현상을 일으킨다. 두 유리판 사이에 틈을 주기 위해서는 가느다란 머리카락 하나 끼워 넣으면 된다.

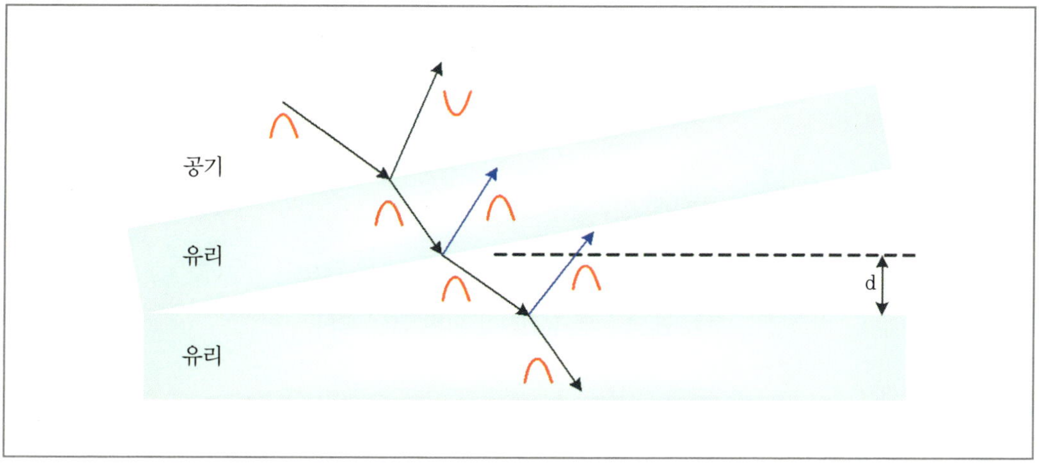

그림 8.10 유리판

1) 우리가 찾는 간섭 무늬는 위쪽 유리판의 내부에 형성된 것이다. 따라서 파란색으로 표시된 두 빛줄기가 간섭 현상을 일으킨다.
2) 파란색 빛줄기 두 개를 비교해 보면, 위보다 아래 빛줄기가 2d만큼의 경로를 더 거쳤다. 경로차는 2d.
3) 경로차가 공기 중에서 발생했으므로 λ.
4) 유리판의 굴절률이 공기의 굴절률보다 크기 때문에, 유리판에서 반사된 빛들은 180° 의 위상 변화를 겪지만(∩ → ∪), 공기에서 반사된 빛들은 위상 변화를 겪지 않는다(∩ → ∩).

137 단색광은 색깔이 하나인 빛, 즉 한 가지의 진동수 또는 파장의 빛을 말한다. 단색광을 써야지만 다른 진동수의 빛들 사이에 발생할 수 있는 중첩의 원리를 배제하고, 뚜렷한 간섭 무늬를 볼 수 있다.

따라서 식 (8.15)와 (8.16)으로부터 $\theta_m = \pi/2$ 이므로, 다음을 얻을 수 있다.

- 보강 간섭 : $2d = \left(m + \frac{1}{2}\right)\lambda$
- 소멸 간섭 : $2d = m\lambda, \quad m = 0, 1, 2, \cdots$

위의 두 식으로 인해 발생한 간섭 무늬의 형태는 아래와 같다.

그림 8.11 두 유리판이 만든 간섭 무늬

[예제 4] 그림 8.10처럼 두 개의 유리판을 겹쳐 놓고, 그 위에서 수직으로 빛을 비추었다. 다섯 번째 어두운 간섭 무늬가 형성된 곳의 틈을 구하라. 단, 빛의 파장을 650 nm, 그리고 유리의 굴절률은 1.50으로 하라.

▶ 그림 8.10에서 보듯이, 파란색의 두 빛줄기 사이에는 위상 변화 없이, 공기 중에서 2d 라는 경로차가 발생했다. 따라서 다섯 번째 어두운 무늬에 대한 식을 이용하면,

$d = \frac{5}{2}\lambda = \frac{5}{2}(650 \times 10^{-9}) = 1625 \times 10^{-9} = 1625(nm)$. 경로차가 공기 중에서 발생했기 때문에, 유리의 굴절률은 필요가 없다.

[예제 5] 물속에 그림 8.10처럼 두 개의 유리판을 겹쳐 놓고, 그 위에서 수직으로 빛을 비추었다. 다섯 번째 어두운 간섭 무늬가 형성된 곳의 틈을 구하라. 단, 빛의 파장을 650 nm, 그리고 물의 굴절률은 1.33으로 하라.

▶ 유리의 굴절률이 물의 굴절률보다 큰 이상, 유리판이 공기 중에 있건, 물속에 있건, 위

상 변화에는 차이가 없다. 하지만 경로차를 일으키는 파장은 물의 영향을 받는다. 따라서 그림 8.9의 소멸 간섭 식에서 λ 대신 λ_n 를 고려해야 한다. 즉,

$d = \frac{5}{2}\lambda_n = \frac{5}{2}\frac{650\times10^{-9}}{1.33} = 1222\times10^{-9} = 1222(nm)$. 경로차가 어디에서 발생하는가를 항상 주목해야 한다.

3. 뉴턴의 고리(Newton's ring)

렌즈가 뒤집어진 채, 유리판 위에 올려져 있고, 단색광을 위에서 내리 비추고 있다. 실험을 통해서 직접 확인해 사람도 있을 것이지만, 이 경우에도 렌즈와 유리판 사이의 경로차에 의해 간섭 현상이 발생한다. 그 결과, 마치 점점 커지는 동심원들을 수 없이 겹쳐 놓은 양, 렌즈 안쪽에 밝고 어두운 무늬들이 교대로 형성되는데, 이를 처음 발견한 뉴턴의 이름을 따서, 뉴턴의 고리라고 부른다.

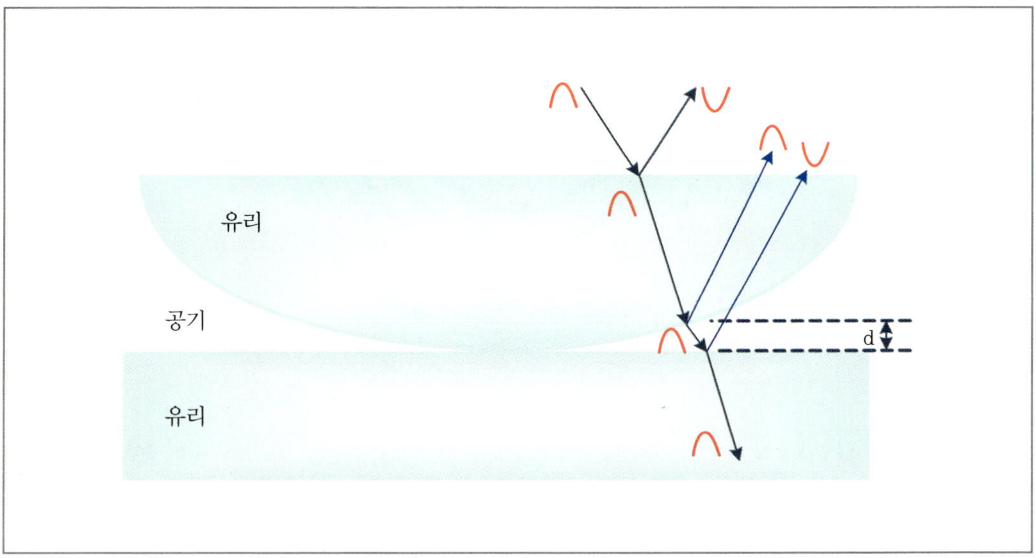

그림 8.12 렌즈와 유리판이 일으키는 간섭

1) 간섭 무늬는 렌즈 안에 형성되므로 파란색의 두 빛줄기가 간섭 현상을 일으킨다.[138]

2) 아래쪽 빛줄기가 2d 더 긴 경로를 거친다. 경로차는 2d.

3) 경로차가 공기 중에서 발생, 따라서 λ.

4) 유리의 굴절률이 공기의 굴절률보다 크기 때문에, 유리(렌즈)에서 반사된 빛들은 180° 의 위상 변화를 겪지만(∩ → ∪), 공기에서 반사된 빛들은 위상 변화를 겪지 않는다(∩ → ∩).

따라서 식 (8.15)와 (8.16)로부터 $\theta_m = \pi/2$ 이므로, 다음 결론을 얻는다.

- 보강 간섭 : $2d = \left(m + \frac{1}{2}\right)\lambda$
- 소멸 간섭 : $2d = m\lambda, \quad m = 0, 1, 2, \cdots$

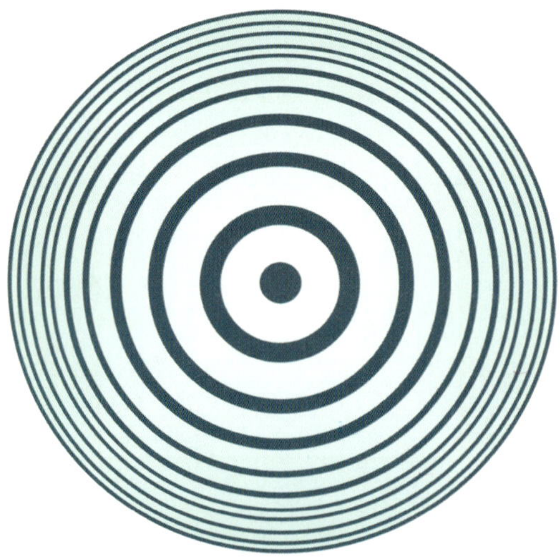

그림 8.13 뉴턴의 고리 무늬

착시 현상을 일으키는 기하학적 모양처럼 보이지만, 뉴턴을 사로 잡았던 빛의 간섭 무늬이다. 영의 실험에서 관찰한 간섭 무늬는 보강과 보강, 또는 소멸과 소멸 사이의 간격이 일정했지만, 뉴턴의 고리에서는 간격이 일정하지 않다. 렌즈가 평면이 아니라, 아래로 볼록하기 때문이다. 잠시 후 렌즈의 반지름을 구하면서, 스스로 답을 얻게 될 것이다. 그렇다 하더라도, 그림을 너무 오래 들여다 보진 말길.

[138] 그림의 파란색 빛줄기들만이 간섭을 일으키는 것은 아니다. 렌즈 위나 유리에서 반사한 다른 빛들도 간섭을 일으키지만, 렌즈의 내부가 아닌 다른 여러 위치에 간섭 무늬를 남기게 된다.

두 공식에 따라, 경로차가 0인 곳, 즉 렌즈와 유리판이 서로 맞닿은 곳에서는 어두운 무늬가 형성될 수 밖에 없다는 것을 조건에서 확인해 볼 수 있다.

[예제 6] 뉴턴의 고리 실험에서 중앙에서부터 세 번째 어두운 무늬가 맺힌 곳의 두께를 구하라. 단, 빛의 파장은 650 nm.

▶ 그림 8.12에서 보듯이, 파란색의 두 빛줄기 사이에는 위상 변화가 발생했으며, 2d라는 경로차는 공기 중에서 발생했다. 따라서 다섯 번째 어두운 무늬에 대한 식을 이용하면, $d = \frac{5}{2}\lambda = \frac{5}{2}(650 \times 10^{-9}) = 1625 \times 10^{-9} = 1625(nm)$. 경로차가 공기 중에서 발생했기 때문에, 유리의 굴절률은 필요가 없다.

뉴턴의 고리 경우에 실험 기구가 결코 싸지 않은 탓에 물속에 풍덩 빠뜨릴 일이 없다. 따라서 유리판의 경우와는 달리, 경로차는 항상 공기 중에서만 발생하는 것으로 하자.

5) 뉴턴의 고리에서 자주 등장하는 것이 간섭 무늬가 형성된 곳의 구면 반지름을 구하는 문제이다. 이 경우에는 근사치를 도입해서 간단하게 유도할 수 있다.

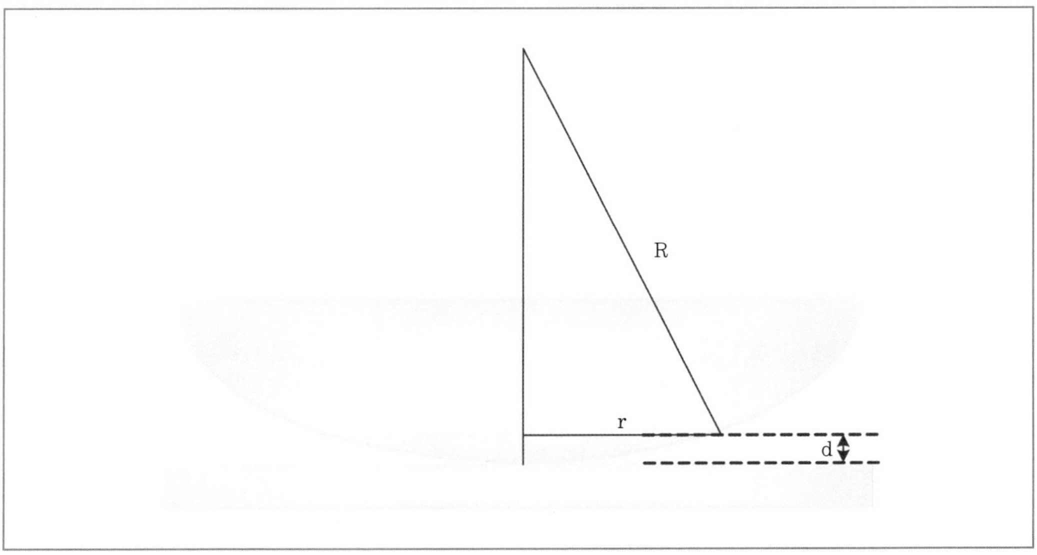

그림 8.14 뉴턴의 고리에서 구면 반지름(R)과 무늬의 반지름(r)

구면 반지름은 R, 그리고 무늬의 반지름을 r로 표시되어 있다.

구면 반지름을 R, 무늬의 반지름을 r, 그리고 경로차를 d라고 하면, 피타고라스의 정리에 의해 $R^2 = (R-d)^2 + r^2 = R^2 - 2Rd + d^2 + r^2$ 가 성립해서, 결국 $r^2 = 2Rd - d^2$ 만 남게 된다. 이때 d가 R이나 r에 비해서 무시할 수 있을 정도로 작다고 가정하면(실제로도 작다), d는 그렇다고 해도, d^2은 무시할 수 있다. 따라서

$$r^2 = 2Rd - d^2 \sim 2Rd$$

즉, 근사치를 도입함으로써, $2d \sim \frac{r^2}{R}$ 이 성립한다는 것을 확인할 수 있었다. 이를 도입한 간섭의 조건은 다음과 같다.

- 보강 간섭 : $2d = \frac{r^2}{R} = \left(m + \frac{1}{2}\right)\lambda$
- 소멸 간섭 : $2d = \frac{r^2}{R} = m\lambda, \quad m = 0, 1, 2, \cdots$

여기서 잠시 주의하자. 보강 간섭과 소멸 간섭이 발생하기 위한 조건식들을 보면, r^2 이 나타나 있다. 이를 R에 대해 정리해 보면, $R = \frac{r^2}{m\lambda}$ 가 된다. 즉, 렌즈의 반지름이 균일하기 보다, r^2 에 비례하고 있다. 이로 인해 간섭 무늬와 무늬 사이의 간격이 균일하게 나타나지 않는다. 이는 그림 8.13에 잘 나타나 있다.

[예제 7] 다섯 번째 어두운 무늬가 형성된 곳에서 무늬의 반지름이 0.5 mm로 측정되었다. 렌즈의 반지름을 구하라. 단, 실험에 사용된 빛의 파장을 520 nm로 하라.

▶ 소멸 간섭이 형성되기 위한 조건을 R에 대해 정리하면, $R = \frac{r^2}{m\lambda}$ 가 된다. 따라서 $m = 2$ 를 대입해서 풀면, $R = \frac{(0.5 \times 10^{-3})^2}{4(520 \times 10^{-9})} = 0.00012 \times 10^3 = 1.2(m)$.

4. 무광택 코팅(anti-reflection coating)

안경알에 코팅 물질을 입혔을 때, 무광택, 즉 반사된 빛이 소멸되는 조건을 찾아보자. 안경알로부터 빛이 반사되면 상대방에게 안경 쓴 사람의 눈동자가 보이지 않기 때문에 좋지 않은 인상을 풍길 수도 있고, 사회생활 하면서 상대에게 빛이 반사되어 실례가 되기도 한다. 뿐만 아니라, 코팅 물질이 얇게 발라져 있을수록 착용자가 느끼는 안경의 무게도 가볍고, 착용감도 뛰어나며, 안경을 제작할 때의 재료비도 적게 들어가는 이점이 있다. 즉, 무광택의 조건을 만족하면서 가장 얇게 코팅할 수 있는 두께를 구해 보자는 것이다.

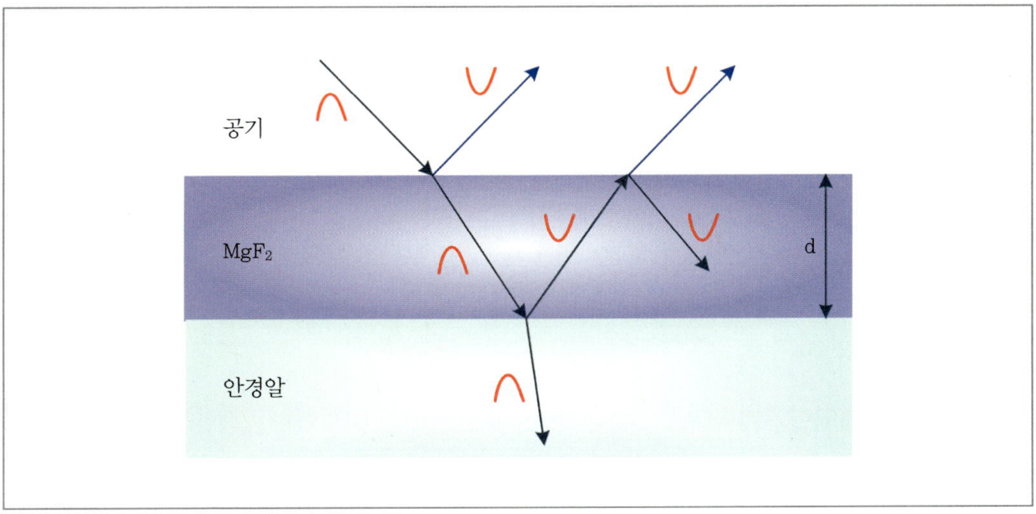

그림 8.15 안경알 코팅

무광택, 즉 안경으로부터 반사되어 나오는 빛을 없애기 위해, 특수한 물질로 안경알을 덧씌우곤 한다. 이때 많이 쓰이는 물질이 불화마그네슘이다. 무광택을 얻기 위해서는 소멸 간섭이 발생해야 한다. 이 문제가 왜 간섭 현상과 연결되는지 보자.

1) 불화마그네슘의 표면에서 반사된 빛과 불화마그네슘과 안경알의 경계에서 반사된 빛이 서로 간섭 현상을 일으키게 되는데, 특히나 무광택을 위해서는 소멸 간섭이 일어나야 한다.
2) 불화마그네슘의 두께를 d라고 하면, 경로차는 2d.

3) 경로차가 코팅 물질 안에서 일어났다. 따라서 $\lambda_n = \lambda/n$.

4) 공기 중에서 불화마그네슘에 입사한 빛과, 불화마그네슘을 통과해서 안경알에서 반사한 빛 모두 180° 의 위상 변화를 겪는다(∩ → ∪). 이때, 코팅 물질의 굴절률은 안경알의 굴절률보다 항상 작다는 것을 명심하자.

따라서 식 (8.3)과 (8.4)로부터 $\theta_m = \frac{\pi}{2}$ 을 고려하면, 다음을 짐작할 수 있다.

- 보강 간섭 : $2d = m\lambda_n$
- 소멸 간섭 : $2d = \left(m + \frac{1}{2}\right)\lambda_n, \quad m = 0, 1, 2, \cdots$

이때 안경알에 대한 코팅의 경우, 어두운 무늬를 주목해야 하며, 가장 얇은 코팅 막을 형성하기 위해서 m = 0이 되어야 한다. 즉,

$$2d = \frac{\lambda_n}{2} = \frac{\lambda}{2n}.$$

[예제 8] 흔히 불화마그네슘(MgF_2)을 사용해서 안경알을 코팅한다. 가장 얇게 코팅할 수 있는 코팅 막의 두께를 구하라. 단, 510 nm 파장의 빛에 대한 불화마그네슘의 굴절률은 1.38이며, 빛은 안경알에 수직으로 똑바로 입사된다고 가정하라.

▶ 마구잡이로 얇게 해서는 코팅을 하는 목적이 없다. 그림 8.15에서 파란색의 두 빛줄기들 둘 다 위상 변화를 겪기 때문에, 둘 사이의 위상 변화는 없다. 또한 경로차가 불화마그네슘 내부에서 발생하고 있다. 코팅 막의 두께를 최소화하기 위해서 $m = 0$ 인 경우를 고려해야 하며, 또한 무광택을 위해서는 소멸 간섭의 조건식이 만족되어야 한다. 따라서

$$d = \frac{1}{2}\left(0 + \frac{1}{2}\right)\lambda_n = \frac{\lambda}{4n} = \frac{510}{4(1.38)} = 92.4\,(nm).$$

지금까지 간섭 현상을 설명해왔다. 간섭 현상을 이용한 응용기구들이 많지만, 가장 신기한 응용기술은 홀로그램(Hologram : 3차원 영상)이라고 할 수 있다.

1. 영의 실험에서 구멍으로부터 2 m 떨어진 곳에 스크린이 설치되어 있다. 두 번째 밝은 무늬와 세 번째 밝은 무늬 사이의 거리를 측정했더니 3 cm였다고 하자. 구멍 사이의 간격을 구하라. 단, 파장은 650 nm로 하라.

▶ 단위를 미터(m)로 통일해서, 식 (8.7)을 d에 대해서 풀면,

$d = \lambda D/(y_3 - y_2) = 2\times(650\times10^{-9})/3\times10^{-2} = 43.3\times10^{-6} = 43.3(\mu m)$.

2. 영의 실험에서 구멍으로부터 2 m 떨어진 곳에 스크린이 설치되어 있다. 구멍 사이의 간격은 0.07 mm일 때, 두 번째 밝은 무늬와 세 번째 밝은 무늬 사이의 거리가 2.5 cm로 측정되었다. 사용된 빛의 파장을 구하라.

▶ 주어진 자료들의 단위를 통일한 후에, 식 (8.6)을 λ에 대해서 풀면,

$\lambda = (y_{m+1} - y_m)d/D = (2.5\times10^{-2})(7\times10^{-5})/2 = 8.75\times10^{-7} = 875(nm)$.

3. 영의 실험에서 구멍으로부터 2 m 떨어진 곳에 스크린이 설치되어 있다. 구멍 사이의 간격은 0.07 mm일 때, 두 번째 밝은 무늬와 네 번째 밝은 무늬 사이의 거리가 2.5 cm로 측정되었다. 사용된 빛의 파장을 구하라.

▶ 주어진 자료들의 단위를 통일한 후에, 식 (8.6)을 λ에 대해서 풀면,

$\lambda = (y_{m+1} - y_m)d/2D = (2.5\times10^{-2})(7\times10^{-5})/4 = 4.375\times10^{-7} = 437.5(nm)$.

4. 물 위에 기름 한 방울을 떨어뜨린 후, 수직 아래로 빛을 비추었더니 기름 방울에 간섭 무늬가 형성되었다. 두 번째 어두운 무늬가 형성된 곳의 기름 두께가 700 nm로 측정되었을 때, 빛의 파장을 구하라. 단, 기름의 굴절률은 1.20으로 하라.

▶ 그림 8.9의 소멸 간섭 식을 λ_n에 대해서 풀면, $\lambda_n = 2d/(m+1/2)$.

이를 λ에 대해 정리하면,

$\lambda = 2nd/(m+1/2) = 2\times1.20\times(700\times10^{-9})/(1+1/2) = 1120\times10^{-9} = 1120(nm)$.

5. 물 위에 굴절률을 알 수 없는 기름 한 방울이 떨어져 있고, 수직 아래로 빛을 비추었더니 간섭 무늬가 형성되었다. 두 번째 어두운 무늬가 형성된 곳의 기름 두께가 730 nm로 측정되었을 때, 기름의 굴절률을 구하라. 단, 빛의 파장을 550 nm로 하라.

▶ 그림 8.9의 소멸 간섭 식을 λ_n 에 대해서 풀면, $\lambda_n = 2d/(m+1/2)$. n에 대해 정리하면,

$n = (m+1/2)\lambda/2d = (3+1/2)\times 550\times 10^{-9}/2(730\times 10^{-9}) = 1.32$.

6. 물위에 떠있는 기름에 수직 아래로 빛을 비추었을 때, 기름의 두께가 거의 0인 곳에서는 어떤 간섭 무늬가 맺히겠는가?

▶ 기름 방울의 두께가 0이라는 말은 경로차가 0. 따라서 보강 간섭만 타당.

7. 공기 중에 일정한 두께로 물의 층이 형성되어 있다. 층에 550 nm 파장의 빛을 직각으로 쪼였다면, 밝은 무늬가 형성될 수 있는 제일 얇은 두께를 구하라. 단, 공기의 굴절률은 1, 물의 굴절률은 1.33으로 하라.

▶ 각 경계에서의 위상 변화를 살펴야 한다. 공기 중에서 물의 층으로 입사한 빛이 반사될 때는 위상 변화 π를 겪게 되지만, 물의 층에서 공기로 입사할 때는 위상 변화가 없다. 따라서 보강 간섭이 일어나기 위해서는 식 (8.15)가 만족되어야 한다. 제일 얇은 층에서는 $m=0$ 이므로, $\delta_0 = (0+1/2)\lambda_n = 550\times 10^{-9}/2(1.33) = 207\times 10^{-9} = 207(nm)$.

8. 그림 8.10처럼 두 개의 유리판을 겹쳐 놓고, 그 위에서 수직으로 빛을 비추었다. 세 번째 어두운 간섭 무늬가 형성된 곳의 틈을 측정했더니 1200 nm였다. 유리의 굴절률을 1.50으로 할 때, 사용된 빛의 파장을 구하라.

▶ 그림 8.9의 소멸 간섭 식을 이용하면,

$\lambda = 2d/m = 2(1200\times 10^{-9})/3 = 800\times 10^{-9} = 800(nm)$.

9. 굴절률이 각각 다른 두 개의 유리판을 그림 8.10처럼 겹쳐 놓은 상태에서, 수직 아래로 빛을 비추었다. 여섯 번째 어두운 간섭 무늬가 형성된 곳의 틈이 1450 nm로 측정되었다. 유리의 굴절률을 각각 1.50, 그리고 1.55로 할 때, 사용된 빛의 파장을 구하라.

▶ 그림 8.9의 소멸 간섭 식에서,

$\lambda = 2d/m = 2(1450\times 10^{-9})/6 = 483.3\times 10^{-9} = 483.3(nm)$.

10. 굴절률이 각각 다른 두 개의 유리판을 그림 8.10처럼 겹쳐 놓은 상태에서, 수직 아래로 빛을 비추었다. 여섯 번째 어두운 간섭 무늬가 형성된 곳의 틈이 1450 nm으로 측정되었다. 유리의 굴절률을 각각 1.50, 그리고 1.55로 할 때, 사용된 빛의 파장을 구하라.

▶ 그림 8.9의 소멸 간섭 식에서,

$\lambda = 2d/m = 2(1450\times10^{-9})/6 = 483.3\times10^{-9} = 483.3(nm)$.

11. 물속에서 두 개의 유리판을 그림 8.10처럼 겹쳐 놓은 상태에서, 수직 아래로 빛을 비추었다. 세 번째 어두운 간섭 무늬가 형성된 곳의 틈을 측정했더니 1200 nm가 나왔다. 물과 유리의 굴절률을 각각 1.33과 1.50으로 할 때, 사용된 빛의 파장을 구하라.

▶ 그림 8.9의 소멸 간섭 식을 이용하면, $\lambda_n = 2d/m$. 이를 λ 에 대해서 풀면,

$\lambda = 2nd/m = (2\times1.33)(1200\times10^{-9})/3 = 1064\times10^{-9} = 1064(nm)$. 유리의 굴절률은 불필요.

12. 그림 8.10처럼 두 개의 유리판을 비스듬하게 약간의 틈을 두고 붙여 놨다. 유리판 사이의 간격이 0인 곳에서는 어떤 간섭 무늬가 발생하는지 확인하라.

▶ 두 유리판이 서로 맞닿은 곳에서 경로차는 0. 따라서 소멸 간섭 조건만 성립.

13. 뉴턴의 고리 실험에서 중앙에서부터 네 번째 어두운 무늬가 맺힌 곳의 두께가 $0.75\,\mu m$로 측정되었다. 사용한 빛의 파장을 구하라.

▶ 그림 8.12의 소멸 간섭 식에서 $\lambda = 2d/m = 2(0.75\times10^{-6})/3 = 0.5\times10^{-6} = 0.5(\mu m)$.

14. 뉴턴의 고리 한가운데에서는 어떤 간섭 무늬가 형성되겠는가?

▶ 한가운데에서는 유리 렌즈와 유리판이 맞닿아 있기에, 경로차는 0. 따라서 소멸 간섭이 일어날 조건식만이 만족되며, 어두운 점이 형성되어야 한다. 이는 그림 8.13과도 일치.

15. 뉴턴의 고리 실험에서 세 번째 어두운 무늬가 형성된 곳에서 무늬의 반지름을 구하라. 단, 실험에 사용된 빛의 파장을 750 nm, 그리고 렌즈의 반지름은 5 m로 하라.

▶ 소멸 간섭이 형성되기 위한 조건을 r에 대해 정리하면, $r=\sqrt{m\lambda R}$ 가 된다. 따라서 $m=2$ 를 대입해서 풀면, $r=\sqrt{2(750\times10^{-9})(5)}=27\times10^{-4}=2.7(mm)$.

16. 뉴턴의 고리 실험에서 렌즈의 반지름이 5 m, 그리고 무늬의 반지름이 10 mm로 주어졌다. 파장 650 nm의 빛으로 한 실험에서 무늬의 반지름 안에 총 몇 개의 간섭 무늬가 생기겠는가?

▶ 그림 8.14의 소멸 간섭 식을 m에 대해 정리하면,

$m=r^2/R\lambda=(10\times10^{-3})^2/5(650\times10^{-9})=30$.

17. 굴절률을 알 수 없는 물질로 안경알을 코팅했더니 광택이 사라졌다. 이 물질의 굴절률이 안경알의 굴절률보다 크다고 가정했을 때, 가장 얇을 수 있는 막의 두께가 120 nm였다고 하자. 코팅 막의 굴절률을 구하라. 단, 720 nm 파장의 빛이 안경알 면에 수직으로 입사한다고 가정하라.

▶ 그림 8.15의 무광택 식을 λ_n 에 대해 정리하면, $\lambda_n=2d/(m+1/2)$. 이를 λ 에 대해 정리하면, $\lambda=2nd/(m+1/2)$.

따라서 $n=(m+1/2)\lambda/2d=(0+1/2)(720\times10^{-9})/2(120\times10^{-9})=1.5$.

빛의 특성 : 회절(Diffraction)

Chapter IX

(빛이 좁은 공간이나 날카로운 모서리를 지나며 넓게 퍼지는 현상)

기초광학 실험실에 가보면, 보통은 햇빛을 차단하기 위한 까만 색의 두꺼운 커튼이 내려져 있다. 아무리 커튼을 내려 햇빛을 가리지만, 햇빛은 종종 커튼 사이의 작은 틈으로 새어 들어 온다. 햇빛이 틈새를 통과하면서 넓게 퍼지며 진행하기 때문에, 광학 실험에 방해를 받곤 한다. 이렇게 빛이 퍼지는 현상을 회절이라고 한다.

흔히 양쪽이 막혀 있어야만 회절이 발생할 수 있다고 여기기 쉽다. 하지만 한쪽만 막혀 있어도 회절 현상은 발생한다. 좀더 일반화하면, 빛이 날카로운 모서리를 스칠 때 퍼져나가는 현상을 회절이라고 할 수 있다. 그렇다면 빛은 왜 한 곳으로 모이기 보다는 퍼지면서 진행하는 것인지, 그에 따른 빛의 특성을 알아보자.

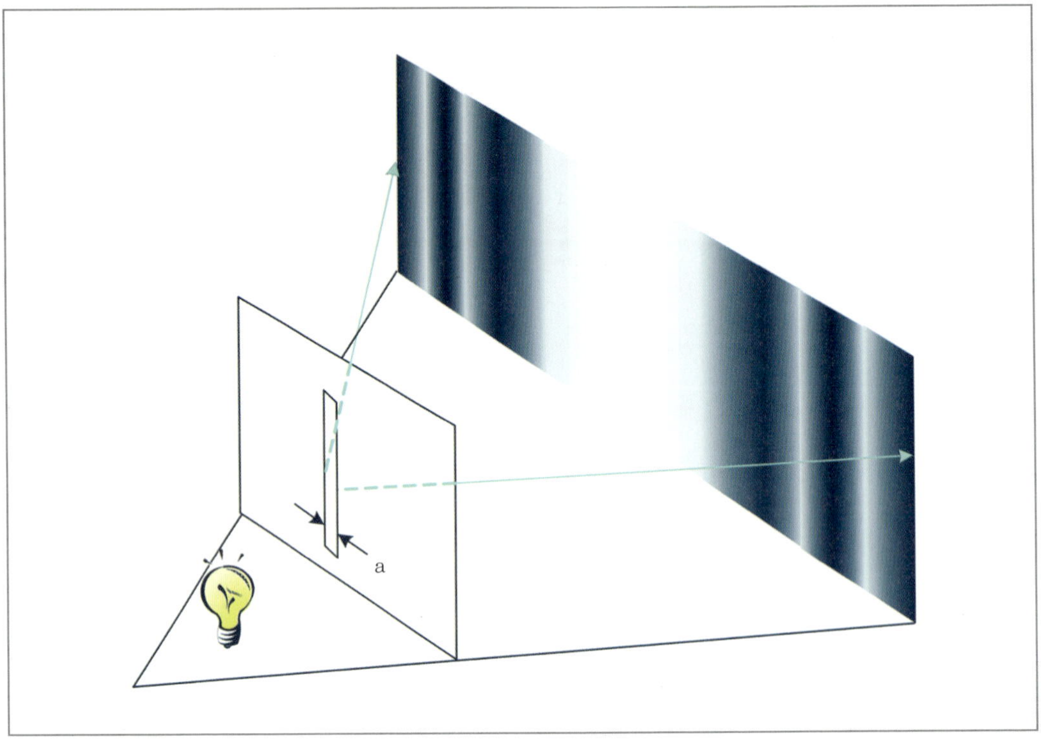

그림 9.1 회절 현상의 발생

§1. 회절 현상

빛의 넓게 퍼지는 성질로 인해, 빛을 구성하는 성분들이 서로 겹치며 만들어내는 것이 회절 무늬이다. 따라서 넓게 퍼질수록 회절성이 강하다고 표현한다. 회절을 이해하기 위해서는 호이겐스의 원리부터 이해를 해야 한다. 그러나 호이겐스의 원리에 대한 이해는 충분하다고 보고, 바로 회절로 넘어가자.

회절 실험을 해보면, 밝고 어두운 무늬가 스크린의 중심에서부터 가장자리 쪽으로 교대로 나타나는데, 이런 점은 간섭과 회절이 공통적으로 보이지만, 분명 차이점도 있다. 간섭(영의 실험)에서는 밝은 무늬건 어두운 무늬건, 무늬의 폭과 이웃 무늬 사이와의 거리가 일정했으며, 밝은 정도도 균일했지만, 회절에서는 가장자리로 갈수록 밝은 무늬의 폭이 좁아지게 될 뿐 아니라, 밝기도 현저하게 감소하게 된다. 이런 현상이 왜 발생하는지 알아보자.

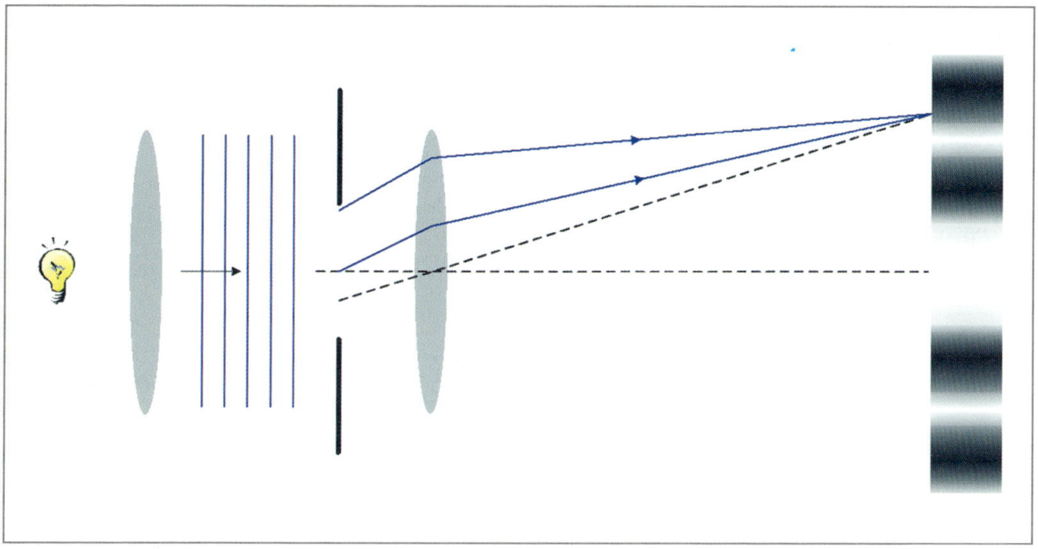

그림 9.2 회절 현상

회절 실험을 위한 배치도와 실험의 개념을 단순화해서 보여주고 있다. 스크린의 중앙에서 무늬가 제일 밝고 폭도 제일 넓으며(주최대치), 가장자리의 무늬일수록 밝기와 폭이 점차 줄어들고 있다(2차 최대치).

1. 실험 기구 배치

그림 9.2에서는 광원과 틈 사이, 그리고 틈과 스크린 사이에 렌즈를 설정했다. 이들 거리가 틈의 너비에 비해서 충분히 커야지만 빛줄기들이 서로에게 평행하다고 근사 시킬 수 있을 텐데, 비좁은 실험실에서는 평행한 광선을 만들어내기 쉽지 않다. 그래서 렌즈를 사용해서 평행한 빛줄기를 만들어내게 된다.[139]

회절을 이해하기 위해서는 간섭을 잘 이해하고 있어야 한다. 비록 회절과 간섭이 서로 다른 상황에서 발생하는 빛의 특성이지만, 빛줄기들의 상호작용으로 인한 현상이라는 점이 회절에도 그대로 적용되기 때문이다. 따라서 간섭을 응용해서 회절을 설명할 뿐 아니라, 용어 자체도, 간섭에서는 소멸 간섭이나 보강 간섭이라는 용어를 쓰지만, 소멸 회절이나 보강 회절 따위의 용어를 쓰지 않는다.

[139] 렌즈를 인위적으로 사용했다고 해서 회절의 근본 원리가 바뀌지 않으니까 안심해도 된다. 오히려 인위적으로 평행 광선을 만들어줌으로써, 경로차의 계산이 무척 간결해진다.

2. 빛의 경로차

각설하고, 우선 제일 단순한 경우를 고려해 보자. 마치 영의 실험처럼, 작은 틈을 통과하는 빛이 두 개의 줄기로만 구성되어 있다고 하자.

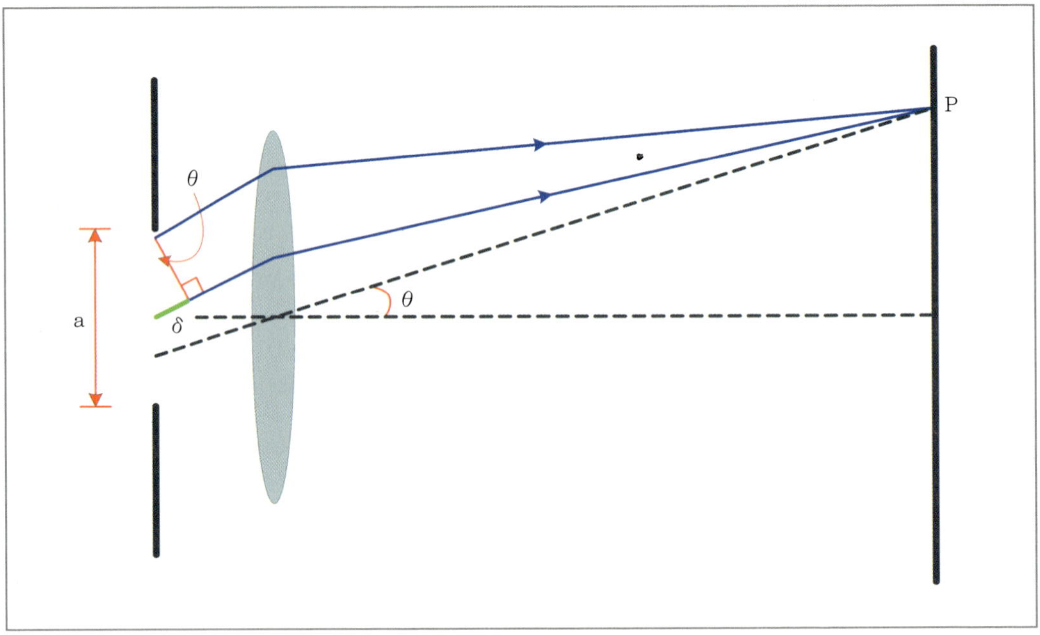

그림 9.3 회절 현상에 대한 설명 (빛줄기 두 개)

실제로는 빛줄기가 두 개 밖에 없을리 만무하지만, 초기 단계에서이므로 두 개의 빛줄기만을 고려하자. 다소 억지적이고 임의적으로 생각될 수 있지만, 이후로 짝수 개의 빛줄기만으로 회절을 설명하자.

틈을 통과한 두 줄기의 빛이 제각기 렌즈에 도착해서 굴절되는 과정을 거친 뒤, 스크린 P점에 어떤 무늬를 형성하게 된다. 이때 두 줄기의 경로는 경로차(δ)를 보이게 되는데, 경로차가 $\lambda/2$만큼 차이가 벌어지면 스크린 위에서 θ가 지정하는 곳에서 어두운 간섭 무늬(소멸 간섭), 그리고 경로차가 λ만큼 벌어지면 어두운 무늬 대신에 밝은 간섭 무늬(보강 간섭)가 형성된다.[140] 따라서 경로차 $\delta = \dfrac{a}{2}\sin\theta = \dfrac{\lambda}{2}$ 가 만족될 때 어두운 회절 무늬가 형성되는데, 이를 정리하면, $a\sin\theta = \lambda$ 가 된다.

이번에는 두 개의 빛줄기 대신에 네 개를 고려하자. 소멸과 보강을 발생시킬 수 있도록 앞으로도 짝수의 빛줄기만을 고려하자.

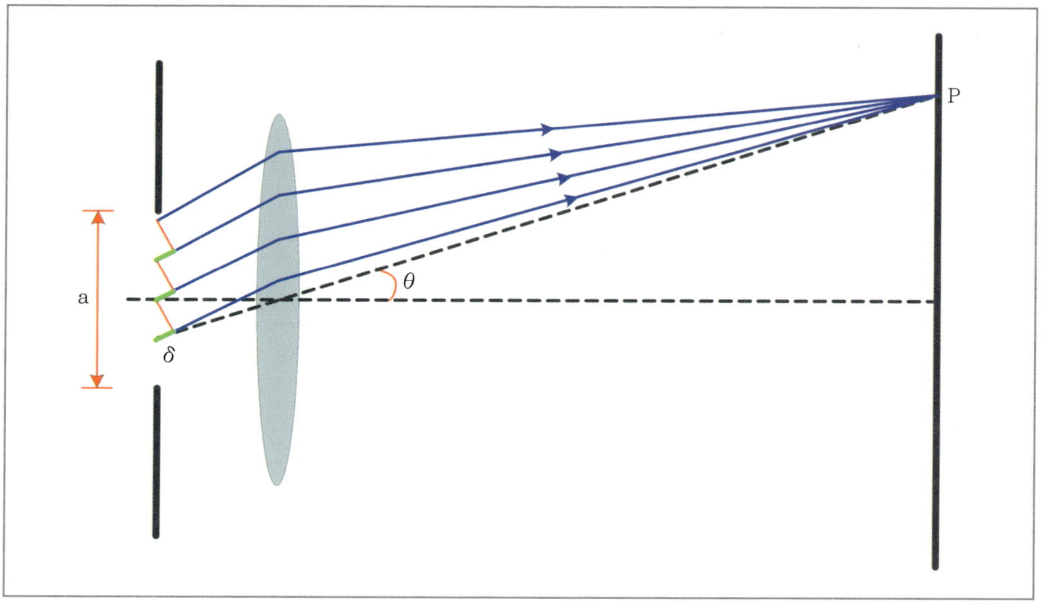

그림 9.4 회절 현상에 대한 설명 (빛줄기 네 개)
위에서부터 차례로 빛줄기 1, 2, 3, 그리고 4로 정하자. 반대의 순서로 정해도 상관 없다.

그림 9.4에서 경로차를 보면, 바로 옆 이웃하는 빛줄기끼리의 경로차는 $\delta = \frac{a}{4}\sin\theta$로써 일정하다는 것을 알 수 있다. 이때 굳이 이웃하는 빛줄기끼리만 고려하지 않고, 빛줄기 1과 2, 그리고 3과 4가 P점에서 서로 상쇄된다고 봐도 괜찮고, 1과 4, 그리고 2와 3이 각각 쌍을 이루어 상쇄된다고 봐도 상관없다. 물론 1과 3, 그리고 2와 4를 한 쌍으로 묶어도 무관하다. 1과 3이 한 쌍을 이루면 보강(∪+ ∪ = 2∪)이 되지만, 2와 4가 또 다른 쌍을 이루어 보강(∩ + ∩ = 2∩)된 후, 두 쌍이 서로 상쇄되기 때문이다. 어느 쌍을 고려하건, $\frac{a}{4}\sin\theta = \frac{\lambda}{2}$가 만족되면 θ가 지정하는 곳에 소멸 간섭이 형성된다. 즉, $a\sin\theta = 2\lambda$를 얻는다.

140 회절을 설명하는 중에 간섭 무늬라는 말이 툭 튀어나왔다고 해서 당황해 할 필요는 없다. 왜냐하면 회절 현상을 일으키는 근본도 빛줄기들의 상호작용, 즉 간섭이기 때문이다.

계속해서 빛줄기의 수를 증가시켜, 이번에는 총 여섯 개의 빛줄기를 고려해 보자.

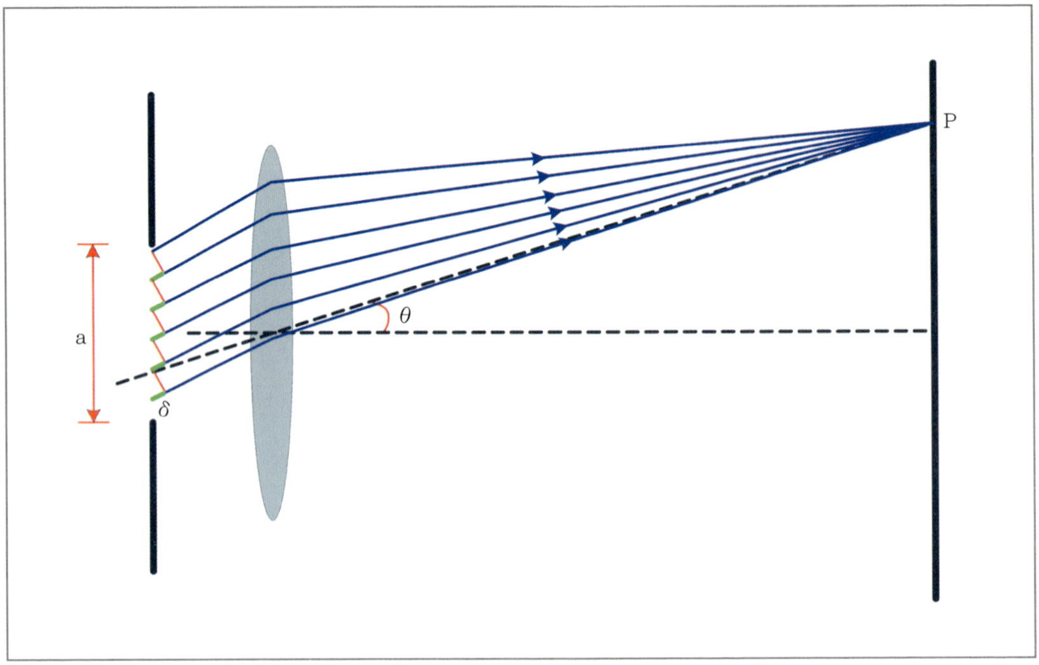

그림 9.5 회절 현상에 대한 설명 (빛줄기 여섯 개)

그림 9.5를 보면, 바로 옆에서 이웃하는 빛줄기끼리의 경로차는 $\delta = \frac{a}{6}\sin\theta$ 로써 일정하다. 지금까지와 같은 논리로 $\frac{a}{6}\sin\theta = \frac{\lambda}{2}$ 가 만족되면 θ가 지정하는 곳에 소멸 간섭이 형성된다는 것을 알 수 있다. 이를 정리하면 $a\sin\theta = 3\lambda$ 가 된다.

3. 회절 무늬

이제 빛줄기의 수를 증가시키는 것은 그치고, 지금까지의 자료를 바탕으로 회절 현상을 일반화하자.

표 9.1 회절에서 경로차와 위상차

빛줄기 수	경로차	결 과
2	$\frac{a}{2}\sin\theta = \frac{\lambda}{2}$	$a\sin\theta = \lambda$
4	$\frac{a}{4}\sin\theta = \frac{\lambda}{2}$	$a\sin\theta = 2\lambda$
6	$\frac{a}{6}\sin\theta = \frac{\lambda}{2}$	$a\sin\theta = 3\lambda$
…	…	…
n	$\frac{a}{n}\sin\theta = \frac{\lambda}{2}$	$a\sin\theta = \frac{n}{2}\lambda = m\lambda$

위의 표에서는 경로차가 λ/2인 경우만 고려했다. 간섭에서도 이미 다루었듯이, 경로차가 3λ/2, 5λ/2, 또는 7λ/2 등등의 경우에도 회절 현상이 당연히 일어난다. 하지만 그들을 고려하지 않은 이유는, λ/2 경우만으로도 회절을 충분히 설명할 수 있기 때문이다.

표 9.1의 제일 아래 칸에서는 빛줄기를 n개로 일반화했다. n이 짝수이기 때문에 $n/2 = m$ 정수라는 관계식을 설정했다. 따라서 소멸이 일어날 조건은 다음과 같다.

$$a\sin\theta = m\lambda, \quad m = 1, 2, 3, \cdots \tag{9.1}$$

그렇다면 보강은 이웃하는 소멸 사이에서 발생하게 될 것이고, 보강이 발생할 조건은 다음과 같다.

$$a\sin\theta = \left(m + \frac{1}{2}\right)\lambda, \quad m = 1, 2, 3, \cdots \tag{9.2}$$

소멸 조건식을 집중해서 보자. 소멸 조건식인 식 (9.1)을 만족시키는 θ가 가리키는 곳에서 어두운 회절 무늬가 형성된다. 여기에서 m(또는 n/2)은 1, 2, 3과 같은 정수값을 갖는데, 제일 중심부에 주최대치가 위치하기 때문에, 1이 첫 번째 최소치, 2가 두 번째 최소치에 해당된다. 따라서 m = 0도 포함되는 간섭의 경우와는 차이를 보인다.

결과식을 잠시 보면, $\theta \propto \lambda$가 성립한다는 것을 알 수 있다. 즉, 어떤 특정한 파장의 빛을 쪼였을 때, 틈의 크기 a가 작아질수록 θ는 커진다는 것이다. 따라서 회절성이 강해진다. 만일 a가 고정되었다면 긴 파장의 빛일수록 θ가 커지기 때문에, 회절성이 강해진다.

한편 실제 회절 현상에서 빛줄기가 두 개, 네 개, 또는 여섯 개나 여덟 개에 한정될 리 만무하다. 그래서 임의의 정수인 n개로 빛줄기의 수를 확장하게 된다. 비록 n개라는 수가 무한개의 수보다는 비교할 수 없을 만큼 작지만, 회절 현상을 설명하고 이해하기에 충분히 큰 수이다.

[예제 1] 너비가 a인 틈에 파장인 650 nm인 빛을 쪼였다면, 17° 인 곳에서 첫 번째 최소치를 관찰하기 위한 a를 구하라

▶ 첫 번째 최소치가 관찰되었으므로, m은 1. 따라서

$$a = \frac{m\lambda}{\sin\theta} = \frac{(1)(650\,nm)}{\sin 17^0} = 2223\,nm.$$

§ 2. 회절의 밝기

지금까지는 이웃하는 빛줄기들의 경로차를 중심에 두고 회절을 설명해왔다. 그런데 회절과 같이 무수히 많은 빛줄기들이 관여되어 있는 경우에는 이해를 위한 과정이 불가능할 정도로 복잡해지게 된다.[141] 그래서 경로차 대신에 위상차를 고려하게 된다. 이제 곧 알게 되겠지만, 각이 하나 더 추가되었다는 부작용에도 불구하고, 그에 대한 보답은 실로 향긋하다.

1. 위상계 : 경로차를 위상차로 전환

마치 물리를 좌표계의 공간에서 기술할 수도, 또 운동량 공간에서 기술할 수도 있듯이,

[141] 회절 현상을 구멍이 n개인 영의 실험과 비교할 수 있다. 밝기를 구하기가 얼마나 복잡할지 상상할 수 있을 것이다.

빛의 현상을 기술하는데 있어서 위상계에서 기술하면 편리할 경우가 많다. 특히나 수 많은 빛줄기들이 서로 얽히고 설킬 때는 위상계의 도입이 무척 편리하다.

간섭의 밝기를 구할 때와 마찬가지로, 위상계를 도입하기 위해서는 경로차를 위상차로 바꿔 주어야만 한다. 그러기 위해 파장인 λ와 각인 2π의 비례식을 도입하자.[142]

$$\lambda : 2\pi = \delta : \Delta\varphi \tag{9.3}$$

따라서

$$\begin{aligned} \Delta\varphi &= \frac{2\pi}{\lambda}\delta \\ &= \frac{2\pi}{\lambda}\left(\frac{a}{n}\sin\theta\right) \end{aligned} \tag{9.4}$$

위 식이 경로차(δ)를 위상차($\Delta\varphi$)로 전환시키고 있다. 편리를 위해 위상차를 도입했지만 우리가 고려해야 할 각은 θ외에도 φ가 더 추가된 셈이다. 이때 $\varphi = n\Delta\varphi$를 도입하면,

$$\varphi = \frac{2\pi}{\lambda}a\sin\theta \tag{9.5}$$

식 (9.5)에서 θ가 고정되면 위상차도 고정된다는 것뿐 아니라, 서로 비례한다는 것을 읽을 수 있다.[143] 여기에서 소멸 조건인 식 (9.1)을 대입하면,

142 간섭에서는 단 두 개의 빛줄기만 있었기 때문에, φ를 사용했지만, 회절에서는 무수히 많은 빛줄기를 고려해야 하기 때문에, φ 대신에 $\Delta\varphi$를 도입했다.

143 실험에서 위상차가 $90°$를 넘을 수 없기 때문에, θ와 φ가 비례하게 된다. 이들 둘의 비례 관계는 그림 9.6에서 확실하게 볼 수 있다.

$$\varphi = \frac{2\pi}{\lambda} m\lambda$$
$$= 2m\pi, \quad m = 1, 2, 3, \cdots \tag{9.6}$$

따라서 위상차의 합($\varphi = n\Delta\varphi$)이 2π의 정수배가 될 때, 어두운 무늬가 형성된다는 것을 알 수 있다. 그렇다면 이웃하는 어두운 두 무늬 사이에서 보강 간섭이 발생하게 되는데, 식 (9.2)로부터,

$$\varphi = \frac{2\pi}{\lambda}\left(m + \frac{1}{2}\right)\lambda$$
$$= 2\left(m + \frac{1}{2}\right)\pi, \quad m = 1, 2, 3, \cdots \tag{9.7}$$

한편 식 (9.5)와 (9.6), 그리고 (9.7)에서 스크린의 중심부에서 멀어질수록, 즉 θ가 증가할수록, 이웃하는 빛줄기 사이의 경로차 δ도 커지기 때문에, 위상차 φ와 더불어 m이 커진다는 것에 주목하자. 이들의 관계를 명확히 인식하면, 위상계가 쉽게 연상될 수 있기 때문이다.

[예제 2] 파장이 538 nm인 단색광이 너비 0.025 mm인 틈을 비추고 있고, 틈으로부터 3.5 m 떨어져서 스크린이 위치해 있다. 주최대치에서 1.1 cm 떨어진 지점에 대해 다음을 구하라.

a) θ를 구하라.

b) φ를 구하라.

▶ 길이 단위를 통일하면 $538\ nm = 5.38\times10^{-7}\ m$, $0.025\ mm = 2.5\times10^{-5}\ m$, $1.1\ cm = 1.1\times10^{-2}\ m$.

a) 틈에서 스크린까지의 거리와 주최대치에서 관찰 무늬까지의 거리가 $\tan\theta$를 이루므로,

$\tan\theta = \dfrac{1.1\times10^{-2}}{3.5}$ 으로부터 $\theta = \tan^{-1}\left(\dfrac{1.1\times10^{-2}}{3.5}\right) = 0.00314\ (radian)$.

b) 식 (9.5)에서 $\varphi = \frac{2\pi a}{\lambda}\sin\theta = \frac{2\pi(2.5\times10^{-5})}{5.38\times10^{-7}}\sin(0.00314) = 0.918\ (radian)$. 만일 이 결과치가 식 (9.6)이 제안한 조건인 $\varphi = 2m\pi$, 또는 $\frac{\varphi}{2} = m\pi$ 를 만족시키면 최소치, 즉 어두운 무늬가 형성될 것이다. 하지만 0.918 radian은 이에 합당하지 않다. 왜냐하면 $\pi = 3.14$ 이므로 자연수인 m이 어떤 값을 갖더라도 0.918 radian가 나올 수 없기 때문이다. 따라서 주어진 지점에 최소치가 발생하지 않는다.

2. 위상계에서의 회절

이웃하는 빛줄기들의 경로차는 모두 동일하기 때문에, 위상계에 쓰이는 위상차도 모두 동일하게 고정된다. 이제 우리가 할 일이라고는 관찰하고자 하는 회절 무늬의 위치를 θ로 정하면 된다. 이것이 굳이 하나의 각을 더 추가하면서까지 위상계를 사용해야 하는 이유이다. 다음에는 보강과 소멸이 위상계에서 어떻게 표현이 되는지, n = 6인 경우를 예로 들어, 구체적으로 살펴보자.

그림 9.6의 다양한 도형에서 알 수 있듯이, 회절 실험 장치의 중심선에서 회절 무늬가 형성되는 곳까지의 각 θ가 경로차(δ)를 거쳐서 위상차인 $\Delta\varphi$ 로 전환되고 있다. 이때 φ는 첫 번째 벡터와 마지막 벡터 사이의 각도에 해당된다. 여기에서 E_M은 벡터들의 총 길이, 즉 최대 진폭이 되는데, 그림 9.6에 보이는 다섯 가지 경우에서 모두 똑같다.

1) 주최대치 : 첫 번째 빛줄기와 마지막 빛줄기가 스크린의 가운데로 모이면(θ = 0), 이들 사이의 경로차가 없기 때문에, 위상차 $\Delta\varphi$는 0이 될 것이다(φ도 0). 따라서 여섯 개 벡터들 사이의 위상차가 0이 되고, 벡터들은 모두 정확히 일렬로 늘어서게 되므로, 총 길이는 E_M이 되어 최대가 된다. 첫 번째 그림이 주최대치에 해당된다. 밝기도 그림에서 보듯이, $E\varphi$ = E_M이 되어서 제일 밝다.

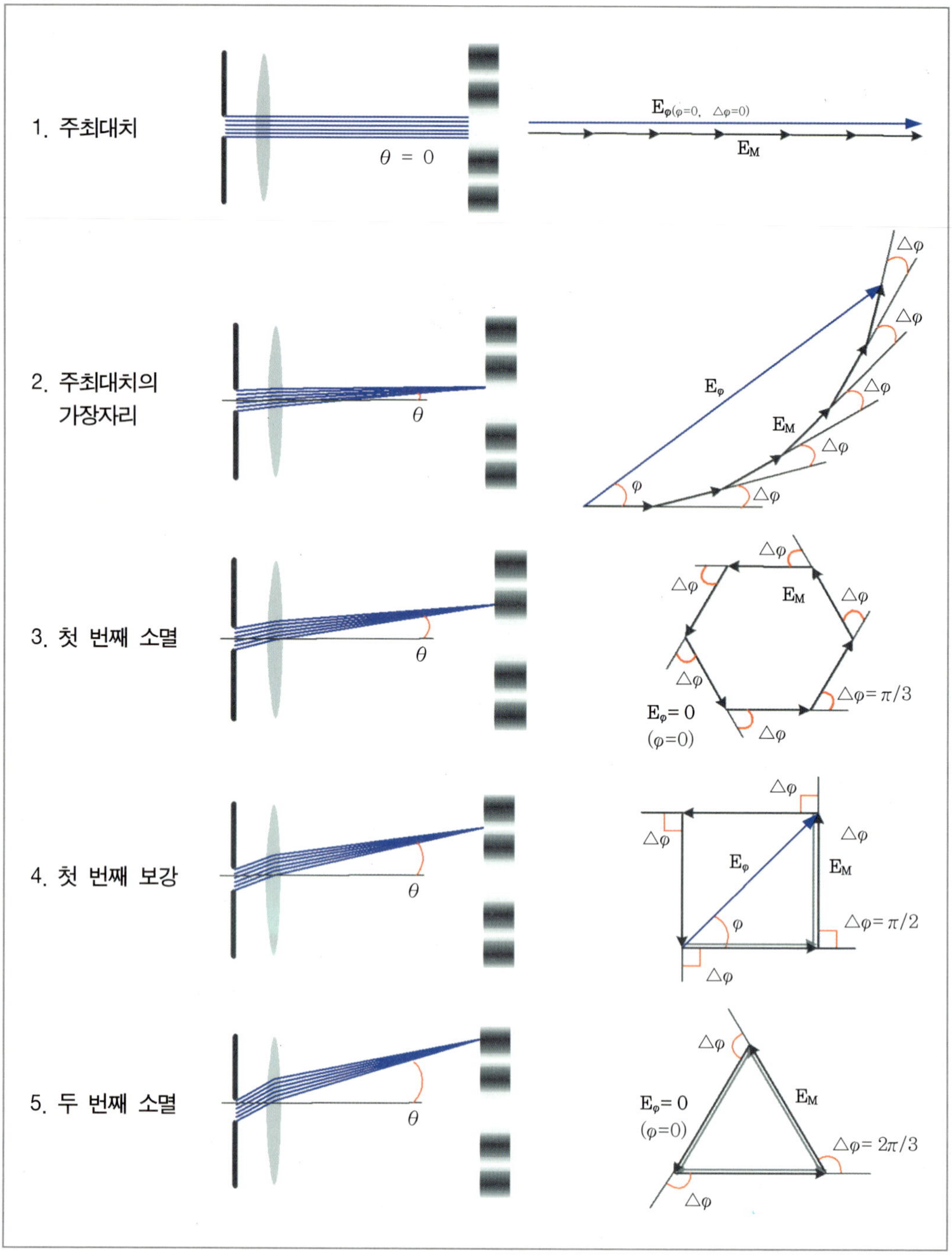

그림 9.6 n = 6인 경우 θ와 φ

왼쪽 그림들은 경로차에 따른 최대치와 최소치를, 그리고 오른쪽에는 위상차에 따른 최대치와 최소치를 위상계에서 그려내고 있다. 위상계에서 E_φ는 결과적으로 우리가 보는 밝기에 해당하며, E_M은 각각의 최대 밝기에 해당한다. 위상차인 $\Delta\varphi$는 $\varphi = n\Delta\varphi$의 관계에 놓이기 때문에, 이 그림에서는 $\varphi = 6\Delta\varphi$가 된다.

2) 주최대치의 가장자리 : 스크린의 중심에서 약간 벗어난 곳의 회절 무늬를 가리키는데(더 이상 θ는 0이 아니다), 주최대치의 경우와 E_M의 크기면에서 차이를 보이고 있다. 1과 비교해 보면, 밝기가 점차 어두워지고 있다는 것을 알 수 있다. 우리가 실제 관찰하게 되는 E_φ가 E_M보다 작게 나타난다는 것을 위상계가 보이고 있다.

3) 첫 번째 소멸 : 이에 그치지 않고 θ를 증가시키면, 즉 스크린의 한가운데에서 더욱 벗어나게 되면, 첫 번째 소멸 간섭이 형성되는 곳에 도달하게 된다. 한편 위상계에서는 꼬리에 꼬리를 문 벡터들이 완전한 원을 형성하면서, 마지막인 여섯 번째 벡터가 첫 번째 벡터의 꼬리에 맞닿아 있다. E_φ가 0이 되어 버린 것이다. 그림에서 위상차가 각각 $\pi/3$, 따라서 위상차의 합이 2π, 즉 0이 된다는 것을 확인하라. 어두운 무늬가 일어나기 위한 조건 $(\varphi = 2\pi)$이 성립한다. 한편 첫 번째 소멸이 형성되는 곳의 각 θ를 구해보자.[144] 첫 번째 소멸은 m = 1에 해당되므로, 식 (9.5)와 (9.6), 즉, $\varphi = \frac{2\pi}{\lambda} a \sin\theta = 2m\pi$ 로부터 $\frac{2\pi}{\lambda} a \sin\theta = 2\pi$ 가 된다. 따라서 $\sin\theta = \frac{\lambda}{a}$ 로부터 $\theta = \sin^{-1}\left(\frac{\lambda}{a}\right)$가 된다.

4) 첫 번째 보강 : 첫 번째 소멸을 넘어서 θ를 계속 증가시키면, 첫 번째 밝은 회절 무늬가 나타나기 시작한다. 첫 번째 밝은 무늬는 첫 번째 소멸과 두 번째 소멸의 중간에서 나타나므로, $\varphi = \frac{2\pi}{\lambda} a \sin\theta = 2\pi(m + 1/2)$ 를 짐작할 수 있다. 이때 m = 1일 때의 경우를 고려하면, $\frac{2\pi}{\lambda} a \sin\theta = 2\pi(1 + 1/2) = 2\pi(3/2) = 3\pi$ 가 된다. 따라서 $\sin\theta = \frac{3\lambda}{2a}$ 로부터 $\theta = \sin^{-1}\left(\frac{3\lambda}{2a}\right)$가 된다.

5) 두 번째 소멸 : 그러다가 이도 넘어서면서, 두 번째 어두운 무늬가 형성된다. 그림에서 위상차가 각각 $2\pi/3$, 그리고 위상차의 합이 3에서와 마찬가지로 2π, 또는 0이 된다는 것을 확인해 보면, 소멸 간섭이 일어나기 위한 조건이 성립하고 있다는 것을 알 수 있다.

[144] 이때의 계산은 현실성이 결여된 계산이라는 점을 말하고자 한다. 왜냐하면 n = 6이라는 가정 자체가 현실성이 없기 때문이다. 위상차와 실질적인 각인 θ와의 상관관계를 이해하는데 도움이 되리라 여기기에 계산 과정을 보이는 것이다.

이때 두 번째 소멸이 형성되는 곳의 각 θ는 다음과 같이 구해진다. 두 번째 소멸은 m = 2에 해당되므로, 식 (9.5) 또는 (9.6)로 부터 $\frac{2\pi}{\lambda}a\sin\theta = 4\pi$ 를 얻을 수 있다. 따라서 $\sin\theta = \frac{4\lambda}{a}$ 로부터 $\theta = \sin^{-1}\left(\frac{4\lambda}{a}\right)$가 된다.

지금까지 n = 6의 경우에 국한되어 회절 무늬를 다루었기 때문에 현실성은 거의 없지만, 위상계를 한 단계 더 깊이 이해할 수 있는 기회가 되었으리라 여긴다.

3. 회절의 밝기

이번에는 굳이 n = 6에 국한되지 말고, 우리가 관찰하게 되는 회절 무늬의 실제 밝기를 고려해 보자. 여러 번 언급했듯이, 우리가 보는 밝기는 진폭이 아니라 진폭의 제곱을 보게 된다. 따라서 위상계에서 고려하는 진폭의 제곱을 구해야 한다는 말이 된다.

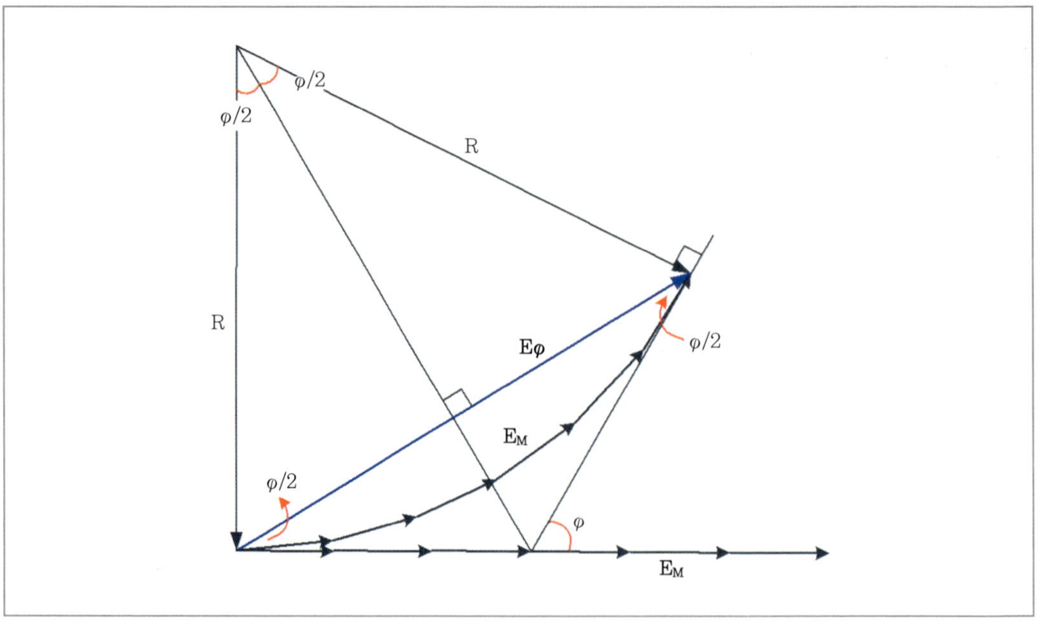

그림 9.7 위상계에서 회절 무늬의 진폭

비록 그림 자체는 n = 6의 경우에 해당되지만, 상징적인 그림일 뿐, 일반적 수식은 n = 6에 국한되지 않고 유도된다. 아래쪽에 수평으로 그려진 벡터들은 스크린 중심(θ = 0)에서의 밝은 무늬에 해당한다. 그 위로 벡터들이 곡선 형태로 그리고 있는데, 이것은 θ가 0이 아닌 곳, 즉 중심에서 약간 벗어난 곳에서의 밝은 무늬에 해당한다. 이 둘을 비교해 보면, 밝기에 차이가 있다는 것을 알 수 있다.

그림 9.7을 토대로, E_φ^2을 구해보자. 삼각형에서 $E_\varphi = 2R\sin(\varphi/2)$를 얻을 수 있으며, 원의 일부로부터 반지름에 각을 곱해서 원주율인 $R\varphi = E_M$를 얻을 수 있다. 따라서 R을 소거시키면,

$$E_\varphi = 2\frac{E_M}{\varphi}\sin(\varphi/2)$$
$$= E_M\frac{\sin(\varphi/2)}{\varphi/2} \tag{9.8}$$

이를 제곱하면, 우리가 실제 관찰하는 밝기가 된다. 이때 E_φ^2을 밝기 I로 바꿔주자.

$$I = I_M\left(\frac{\sin(\varphi/2)}{\varphi/2}\right)^2 \tag{9.9}$$

식 (9.9)에서 I_M은 주최대치(principal maximum)인데, 스크린 한가운데 형성되는 가장 밝고, 가장 폭이 넓은 부분의 밝기이다.

한편 I에는 sin 함수가 포함되어 있어서, 밝고 어두운 무늬가 생성될 조건을 제시한다. 만일 $\varphi/2 = m\pi$가 만족되면 밝기가 0이 된다. 이때 m은 1, 2, 3과 같은 정수. 그렇다면 위상계를 도입하기 이전의 결과가 위의 결과와 일치한다는 것을 확인해 보자. 애초에 위상자를 이용하기 위해 경로차를 위상차로 전환시켜 결과를 얻었으므로, 이번에는 원상태로 복귀시키자.

$$\varphi = \frac{2\pi}{\lambda}a\sin\theta = \frac{2\pi}{\lambda}m\lambda = 2m\pi \tag{9.10}$$

식 (9.10)에서 최소치가 발생하는 경로차를 고려했다. 이 값을 $\varphi/2$에 대입하면 같은 결과인 $m\pi$가 나온다는 것을 알 수 있다. 따라서 밝기는 다음과 같이 전환된다.

$$\text{최소치 : } I = I_M\left[\frac{\sin(m\pi)}{m\pi}\right]^2, \quad m = 1, 2, 3, \cdots \tag{9.11}$$

반면에 $\sin(\varphi/2)$는 $\varphi/2$가 90°, 270°와 같은 값에서 최대치를 가질 것이다. 따라서 $\varphi/2=(m+1/2)\pi$에서 밝은 무늬가 형성된다. 밝기는 다음과 같이 구해진다.

$$\text{최대치 }: I = I_m\left[\frac{\sin((m+1/2)\pi)}{(m+1/2)\pi}\right]^2, \quad m=1, 2, 3, \cdots \tag{9.12}$$

최대치에 대한 결과식 (9.12)를 보자. 분자에 있는 것이 sin 함수이다. 따라서 밝고 어두운 무늬가 주기적으로 나타나게 된다. 하지만 분모로 인해 밝기가 일정하지 않고, 스크린의 중심부에서 멀어질수록, 즉 θ가, 그래서 m이 커질수록 밝기가 희미해진다. 주최대치와 최대치의 밝기 정도를 그래프로 그리면 그림 9.8과 같다.

이쯤에서 짚고 넘어갈 것이 하나 있다. 회절 무늬의 밝기를 유도하는데 있어서, 개개의 빛줄기를 모두 벡터적으로 더한 후에, 그 결과를 제곱해서 밝기를 유도했다. 하지만 이는 어디까지나 결맞음인 빛줄기에 한정된다.

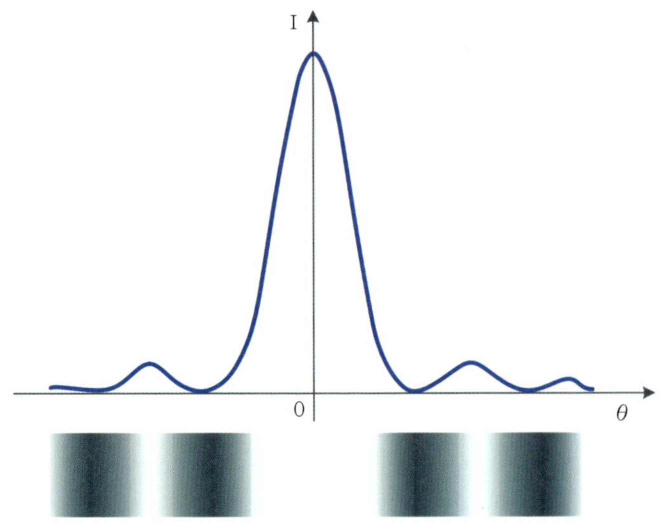

그림 9.8 회절의 밝기

회절의 밝은 무늬와 어두운 무늬를 기준으로 그 밝기를 곡선이 그려내고 있다. 세로축은 밝기를, 그리고 가로축은 회절 무늬가 맺히는 곳의 각을 가리킨다. 가운데에 높게 솟은 부분이 주최대치에 해당하며, 가로축과 닿은 부분들은 최소치에 해당한다.

[예제 3] 작은 틈을 통과한 빛이 회절을 일으키고 있다. 이때 첫 번째 밝은 무늬와 두 번째 밝은 무늬의 밝기를 비교하라.

▶ 식 (9.12)로부터 $I_1 = I_M\left[\dfrac{\sin(1+1/2)\pi}{(1+1/2)\pi}\right]^2 = I_M\left[\dfrac{\sin(3\pi/2)}{3\pi/2}\right]^2 = I_M\dfrac{4}{9\pi^2}$,

그리고 $I_2 = I_M\left[\dfrac{\sin(2+1/2)\pi}{(2+1/2)\pi}\right]^2 = I_M\left[\dfrac{\sin(5\pi/2)}{5\pi/2}\right]^2 = I_M\dfrac{4}{25\pi^2}$.

따라서 $\dfrac{I_2}{I_1} = \dfrac{4/25\pi^2}{4/9\pi^2} = \dfrac{9}{25} = 0.36$ 또는 36%. 이는 I_2가 I_1보다 대략 1/3가량 더 희미해진 것이다. 이때 첫 번째 밝은 무늬가 주최대치가 아니라는 점에 유의하라. I_M이 주최대치이다.

§ 3. 회절의 종류

지금까지 설명한 회절은 회절의 기본 원리에 해당한다. 하지만 상황이 달라지면, 예를 들어, 광원과 틈, 그리고 틈과 스크린 사이의 거리가 멀어지거나 가까워지면 다른 회절 현상이 발생하게 된다. 이에 대해서 간략하게 알아보도록 하자.

1. 근거리 회절(near-field diffraction) : 프레넬 회절(Fresnel[145] diffraction)

프레넬 회절을 관찰하기 위해 실험 기구를 설치하자. 광원, 틈, 그리고 스크린을 일렬로 배치한 후, 광원에 불을 켜면 스크린에 틈의 상이 맺히고, 그 주변으로 희미한 회절 무늬가 형성된다. 실험기구의 설치가 이제 끝났으니, 틈으로부터 스크린과 광원을 천천

[145] 프랑스의 물리학자 프레넬(Augustin Jean Fresnel 1788~1827)은 호이겐스의 뒤를 이어 빛의 파동설을 체계화했다. 한때는 토목기사로 일을 하기도 했지만, 광학에 몰두하면서 뉴턴이 제시한 빛의 미립자설을 비판하고 파동설을 부활시키려 했으나 인정을 받지 못한다.

히 멀리로 떼어놓자. 그러면 스크린에 맺힌 틈의 상과 회절 무늬가 점차 뚜렷하게 나타날 뿐 아니라, 틈의 상이 커지면서 복잡한 구조가 드러나고, 회절 무늬의 모양이 변한다. 더 이상은 거리를 넓히지 말자. 이렇게 비교적 가까운 거리에서 발생한 회절을 프레넬 회절 현상이라 부른다. 근거리 회절 현상을 설명하기 위해서는, 입사파를 구면파로 다루어야 한다.

2. 원거리 회절(far-field diffraction) : 프라운호퍼 회절 (Fraunhofer[146] diffraction)

이제 잠시 중단했던 거리 넓히기로 돌아가자. 근거리 회절이 설치된 상태에서, 틈으로부터 스크린과 광원을 더욱 멀리하면 회절 무늬가 퍼지면서 희미해지기 시작하고, 스크린에 맺힌 틈의 모양은 많이 변형된다. 여기가 근거리 회절과 원거리 회절의 경계에 해당한다. 이때 멈추지 말고 더욱 사이를 벌려 놓으면, 스크린에 맺힌 틈이 더 희미해지면서 크기는 커지지만, 모양은 더 이상 변하지 않는다. 이때 무늬를 발생시킨 회절을 원거리 회절인 프라운호퍼 회절이라고 부른다. 가장 이상적인 원거리 회절은 무한대 거리에 떨어져 있는 광원을 가정하는 것으로, 입사한 광선들이 서로 평행하며, 따라서 틈에 입사하는 빛을 완벽한 평면파로 가정할 수 있다.

실질적인 회절 실험에서 무한대의 거리를 얻기 위해서는 돋보기를 빛의 경로에 위치시켜서 평행 광선을 만들게 된다. 9장 1절에서 회절을 설명할 때, 돋보기를 틈과 스크린 사이에 위치시켰다는 것을 기억할 것이다. 프라운호퍼 회절을 유도한 것이다.

3. 프레넬 회절과 프라운호퍼 회절의 기준 : 프레넬 수

표 9.2에서 프레넬 회절과 프라운호퍼 회절의 특성을 비교했다.

[146] 독일의 물리학자 프라운호퍼(Joseph von Fraunhofer 1787~1826)는 유리 직공의 아들로 태어나 거울 제조공장에서 일을 했다. 그 뒤 광학 연구소를 세운 뒤 광학 장치 개발에 몰두하며, 해의 관측을 통해 천체의 스펙트럼을 연구했다. 스펙트럼 분석학의 기초를 세운 인물이기도 하다.

표 9.2 거리에 따른 회절의 형태 비교

회 절	틈과의 거리	입사파 형태	상의 크기	상의 모양
프레넬	가깝다.	구면파	커진다.	변형된다.
프라운호퍼	멀다.	평면파	커진다.	변함없다.

그렇다면 두 가지 종류의 회절에서 멀거나 가깝다는 기준이 무엇인지 의문이 들 수 있다. 회절 장치에는 두 종류의 거리가 있다. 광원에서 틈까지의 거리, 그리고 틈에서 스크린까지의 거리, 이들 중에 작은 거리를 R, 틈의 너비를 a라고 하면, 프라운호퍼 회절이 일어나는 기준은 다음과 같다.

$$R > \frac{a^2}{\lambda} \tag{9.13}$$

위의 식을 잠시 보면, 틈의 너비인 a가 커질수록 프라운호퍼 회절을 얻기 위해서는 R을 증가시켜야 한다는 것을 알 수 있다. 반면에 λ가 증가하면 오른쪽이 작아지면서 R을 변화시키지 않더라도 저절로 프라운호퍼 회절이 들어맞는다는 것을 알 수 있다. 이런 짐작들은 실험적으로 점검할 수 있다.

그 외 브레그 회절(Bragg diffraction), 전자 회절(electron diffraction), 중성자 회절(neutron diffraction), 그리고 엑스선 회절(X-ray diffraction) 등은 생략하기로 한다.

§4. 이중 틈에 의한 회절(double-slit diffraction)

지금까지는 하나의 틈에서 발생한 회절을 다루었지만, 틈이 하나 더 있는 경우에도 회절은 발생한다. 간섭을 위한 영의 실험을 되돌아보자. 스크린에 맺힌 무늬의 밝기와 폭이 일정했었다는 것을 기억할 것이다. 따로 언급하지는 않았지만, 이것은 회절에 의해 퍼져나간 빛줄기들이 중첩을 일으킨 결과이다. 틈 하나하나마다 분명히 회절이 발생했던 것이다. 특별한 설명은 없었지만, 당시에는 틈의 너비가 빛의 파장에 비해 작다는 가정($d << \lambda$)을 했기 때문에 굳이 회절 현상을 무시할 수 있었다. 이제 가정을 제거하고, 이중 틈에 의한 회절 현상을 고려해 보자.

영의 실험에서 각 구멍을 통과한 빛이 스크린에 맺히기까지의 여정을 순서적으로 보면, 구멍을 통과한 빛줄기들은 회절을 겪게 되면서 넓게 퍼지고, 퍼진 빛줄기들이 스크린에서 중첩되면서 간섭을 일으키게 된다. 그렇다면 우리는 이런 짐작을 할 수 있다. 스크린에 맺힌 무늬들의 밝기에는 회절뿐 아니라, 간섭에서 유도된 밝기 공식이 적절한 형태로 결합되어 있을 것이라고.[147] 실제로도 회절과 간섭이 연결되어 다음과 같이 나타난다.

$$I = I_M \cos^2(\varphi_i / 2)\left(\frac{\sin(\varphi_d / 2)}{\varphi_d / 2}\right)^2 \tag{9.14}$$

식 (9.14)에서 φ_i와 φ_d는 각각 다음과 같다.

$$\varphi_i = \frac{2\pi}{\lambda} d \sin\theta$$
$$\varphi_d = \frac{2\pi}{\lambda} a \sin\theta \tag{9.15}$$

이때 간섭에서 나온 d는 두 개의 틈 사이의 거리, 그리고 회절에서 나온 a는 틈의 너비이다. 스크린까지의 각 θ에 의해 φ_i와 φ_d가 결정된다는 것을 알 수 있다.

이중 틈에 의한 밝기에 대한 식 (9.14)를 다음의 관점으로 뜯어보자.

- 우선 간섭에 의한 부분만 떼어 놓고 보면, 간섭의 밝기는 cos 함수에만 의존하기 때문에, 밝고 어둡고, 다시 밝고 어두운 무늬가 주기적으로 나타나는데, 밝은 정도가 일정하다.

147 우리의 단순하기만 했던 짐작이 맞아 들어간 이유는, 빛줄기끼리의 상호작용이 없기 때문이다. 이에 대해서는 더 다루지 않겠다.

- 회절에 의한 부분이 sin 함수를 지니고 있어서, 간섭과 마찬가지로 밝고 어둡고의 주기성을 보인다. 하지만 sin 함수가 분모를 지니고 있기 때문에, 회절에 의한 밝기가 스크린의 중심으로부터 멀어질수록, 즉 θ가 커질수록 희미하게 나타난다.

그렇다면 두 현상이 모두 녹아 들어가 있는 밝기에 대한 식에서, 전반적인 밝기는 무엇이 결정하게 되는지 알기 위해, 실험적 결과를 보자.

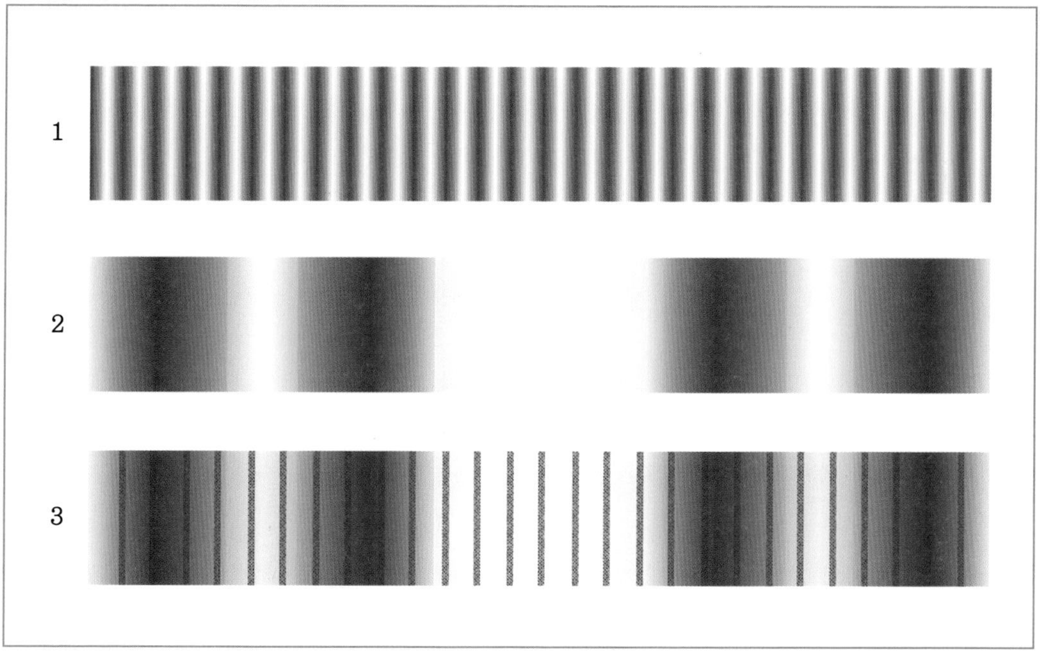

그림 9.9 회절의 밝기

- 그림 1 : 영의 실험을 그대로 보여주고 있다. 즉, 틈의 너비가 파장에 비해 매우 작은 경우에 해당한다.
- 그림 2 : 단일 틈에 의한 회절 현상을 보여주고 있다. 즉, 틈의 너비가 무시할 정도로 좁지 않은 경우에 해당한다.
- 그림 3 : 그림 1과 2의 경우를 합친 결과로써, 실제 영의 실험을 하게 되면 얻게 되는 결과이다. 1에서 소멸이 발생한 지점들이 3에 그대로 유전되고 있을 뿐 아니라, 전반

적인 밝기는 2에서처럼 회절에 전적으로 의존하고 있다. 어찌 보면, 지엽적인 부분에서는 1이 3에 큰 영향을 미치고, 전반적인 부분에서는 2가 3에 더 큰 영향을 미치는 것이라고 할 수 있다.

이중 틈에 의한 회절 현상을 다루었는데, 틈이 세 개도, 그리고 네 개 이상도 될 수 있다. 하지만 더 이상 다루지 않기로 하자.

[예제 4] 이중 틈에 의해 회절이 발생했다. 중앙에 맺힌 밝은 무늬의 범위 내에 7개의 어두운 무늬가 발생하기 위한 조건을 구하라.

▶ 이 문제는 다음과 같이 이해하면 된다. 간섭 무늬는 촘촘한 반면에, 회절 무늬는 크고 듬성듬성 생기므로, 간섭의 네 번째 어두운 무늬와 회절의 첫 번째 어두운 무늬가 일치하면 된다. 식 (8.14)에서 $\varphi_i = 2\left(4+\frac{1}{2}\right)\pi = 9\pi$. 한편 식 (9.5)에서 $\varphi_d = 2\pi$. 따라서 문제에서 요구한 조건은 다음과 같다. $\frac{\varphi_i}{\varphi_d} = \frac{9\pi}{2\pi} = \frac{9}{2}$.

§ 5. 회절의 응용 : 분해능(resolution)

지금까지 우리가 다룬 회절은 폭 a로 주어진 길고 좁은 틈이 일으키는 회절이었다. 이번에는 지름이 d인 동그란 구멍이 만들어내는 회절을 살펴보자. 이 경우 회절 무늬의 형태가 다르다.[148]

동그란 구멍이 만들어 내는 회절 현상은 우리의 일상에서 뿐 아니라, 천체 망원경에도 응용되고 있는데, 증명이나 유도 없이 결과만 인용해 보자.[149]

$$d\sin\theta = 1.22\lambda \tag{9.16}$$

[148] 길죽한 틈에 의한 회절 무늬인 그림 9.1 또는 9.8과 비교해 보라.

[149] 우리들의 눈, 쌍안경이나 망원경, 또는 천체 망원경을 구성하는 렌즈들은 원의 형태라는 것을 인식한다면, 지름이 d인 구멍에서 일어나는 회절 현상이 왜 중요한지 알 수 있다.

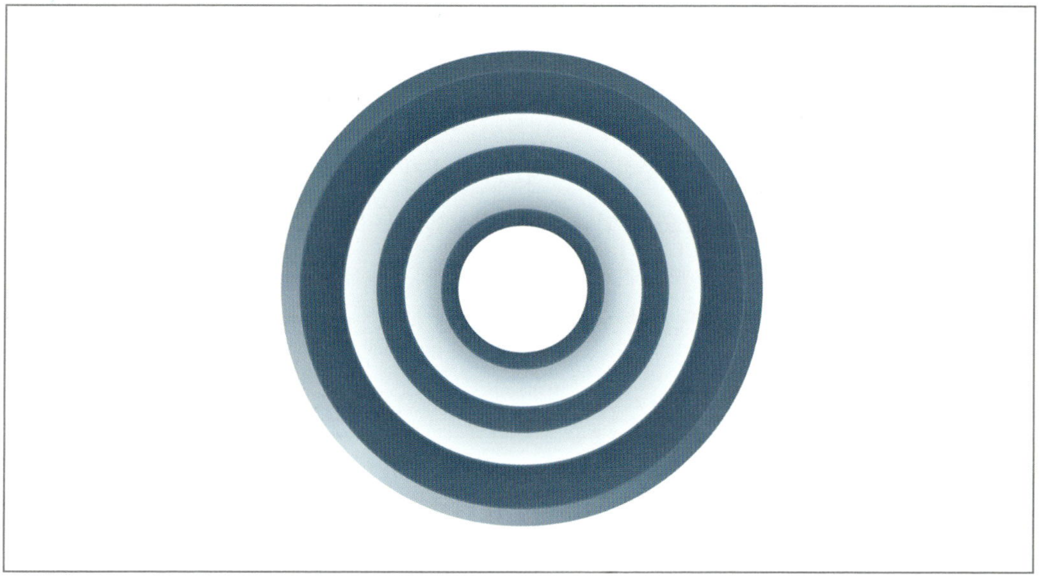

그림 9.10 둥근 틈에 의한 회절 무늬

한가운데에는 밝은 무늬, 그리고 가장자리로 갈수록 밝은 무늬가 희미해지면서, 어둠과 뒤섞이게 된다.

식 (9.16)은 첫 번째 어두운 회절 무늬가 형성되기 위한 구멍의 지름 d와 파장 λ의 관계를 규정하고 있다. 이제 이 식이 특별한 이유를 알아보자. 실험실 안에서 하는 실험과 같이 가까운 곳에 있는 광원을 관찰할 때, 식 (9.16)은 회절의 첫 번째 어두운 무늬가 형성될 조건을 제시할 뿐이다. 하지만 별과 같이 머나먼 광원을 관찰할 때는 특정한 기준을 제시 한다.

광원과 관찰자 사이의 거리가 매우 멀다는 말은 θ가 매우 작아진다는 말과 같다.[150] 즉, θ가 매우 작아질 경우 $\sin\theta \sim \theta$로 근사 시킬 수 있다. 따라서 식 (9.16)은 $d\theta \approx 1.22\lambda$가 되며, $\theta \approx 1.22\dfrac{\lambda}{d}$로 정리할 수 있다. 이를 레일리 기준(Rayleigh criterion)이라고 부른다. 레일리 산란[151]을 통해서 이미 익숙해진 이름이다.

[150] 회절 실험에서 틈과 스크린 사이의 거리가 멀수록 θ가 줄어든다.

[151] 레일리 산란은 10장에서 다루게 된다.

$$\theta_R = 1.22\frac{\lambda}{d} \tag{9.17}$$

관찰자와 멀리 떨어진 곳에 비슷한 밝기의 두 물체가 상대적으로 붙어 있는 경우, 우리들의 눈에 의해 각 물체에서 나오는 빛이 회절 현상을 일으키게 된다. 그러잖아도 거의 겹쳐 보일 수 있는 물체가 번져 보이기까지 하기 때문에, 두 물체를 따로 구별하기 쉽지 않다. 이에 대한 예를 올버스의 모순[152]을 통해서 보자.

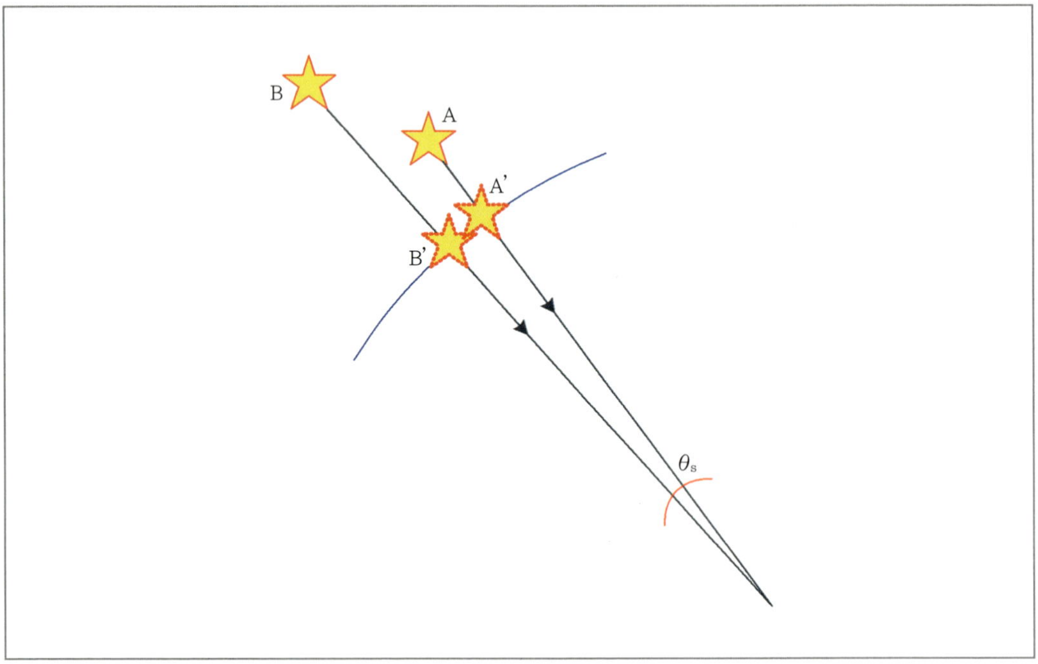

그림 9.11 올버스의 모순

노란색으로 그려진 별 A와 B를 지상에서 관찰하게 되면, 점선으로 그려진 별 A'와 B'로 보인다. 만일 별 A와 B가 같은 밝기라면, 가까이 있는 별의 겉보기 형상인 A'가 B'보다 더 밝게 보이기 마련이다.

[152] 우주가 알려진 대로 별들로 가득하다면, 밤하늘이 왜 어둡게만 보이는가 라는 의문이 천문학에서 회자되는 올버스의 모순(Olber's paradox)이다. 답은 간단하다. 별들이 비록 수 없이 많다고는 하지만, 모두 같은 거리에 위치해 있는 것이 아니다. 별들이 3차원에 분포해 있다는 점을 고려하면, 먼 별들도, 그리고 가까운 별들도 있기 마련이고, 아예 안 보이는 별들이 비교도 안 될 만큼 더 많다. 따라서 밤하늘이 별빛 때문에 밝아지지는 않는다.

그림 9.11에서 보이는 두 별을 구별할 수 있기 위해서는 회절에 의한 번짐을 고려해야 한다. 지리산 어느 기슭, 까마귀가 우는 밤에 논두렁의 누렁소가 별을 헤고 있다. 천체 망원경을 설치해 놓고, 밤하늘 이곳 저곳에서 오는 별빛을 관찰하고는 있지만, 별이 두 세 개의 희미한 별들이 겹쳐져 있는 것인지, 아니면 밝은 하나의 별이 있는 것인지 구별이 안 된다. 예로써, 우리의 전설 속에 곧잘 등장할 정도로 친숙한 북극성의 경우, 맨눈에는 하나의 밝은 별로 보이지만, 실제로는 세 개의 별들이 모여 있다는 사실이 밝혀졌다. 이렇게 서로 인접하게 몰려 있는 광원들을 구별해 내는 것을 분해능(resolution power)이라고 부른다. 그렇다면 분해할 수 있는 경우도, 그리고 분해할 수 없는 경우도 분명 있을 것이다. 이들 경우의 경계에서 분해해낼 수 없는 기준을 제시하는 것이 레일리 기준이다.

좀더 광학적인 표현을 보자. 두 물체 사이의 거리를 각으로 표현할 수 있다. 이를 각거리(θ_s : angular separation)라고 부른다. 각거리는 거리를 알 수 없는 광원들 사이의 거리를 재는데 매우 편리하게 이용된다. θ_s가 θ_R보다 훨씬 작으면 두 물체를 따로 구별해 낼 수 없고(분해 불가능), 이보다 크면 구별해 낼 수 있다는(분해 가능) 판단 기준을 레일리 기준이 제공한다.

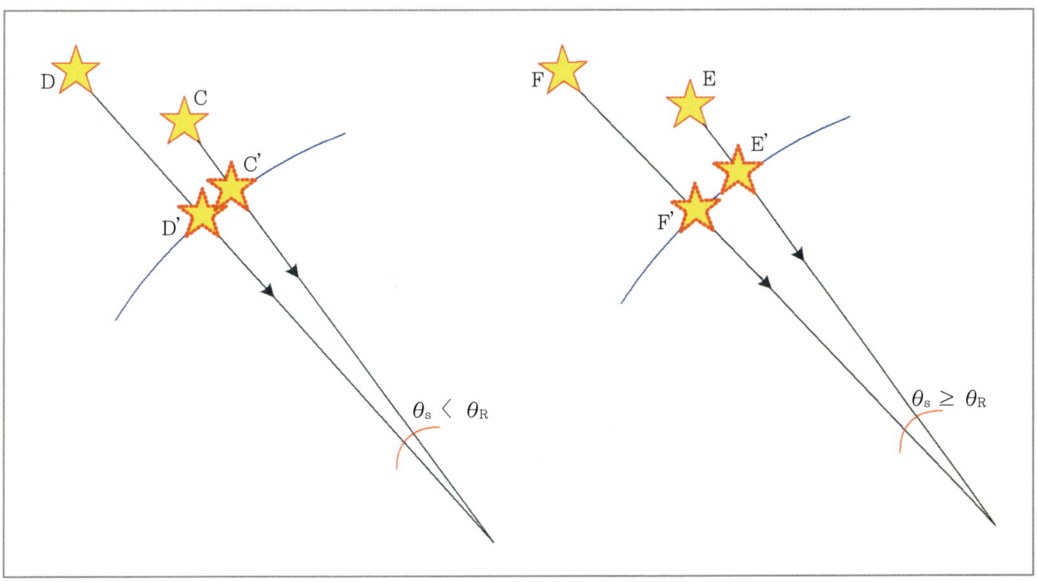

그림 9.12 각거리의 분해능

별 C와 D가 이루는 각거리는 레일리 기준보다 작아서 구별 불가능하지만, 별 E와 F가 이루는 각거리는 레일리 기준보다 크거나 같다. 따라서 구별해낼 수 있다.

그렇다면 분해능을 높이기 위해서는 회절 현상이 만들어내는 첫 번째 어두운 무늬를 최소화해야 할 것이다. 이를 레일리 기준에서 보자. 회절 무늬를 최소화하기 위해서는, 즉 θ_R을 최소화하기 위해서는 망원경 렌즈의 지름인 d를 증가시켜야 한다.[153] 그렇기 때문에, 어차피 회절 현상을 제거할 수 없다면, 성능이 좋은, 즉 구경이 큰 비싼 천체 망원경이 천체 관측에 필수가 된다.

[예제 5] 구경이 30 mm인 볼록 렌즈로 720 nm의 파장을 관찰할 때,

a) 레일리 기준을 구하라.

b) 이를 기준으로 30 m 떨어진 곳에 위치한 물체의 분리 가능한 폭을 구하라.

c) 이를 기준으로 30 km 떨어진 곳에 위치한 물체의 분리 가능한 폭을 구하라.

▶ a) 식 (9.17)에서 $\theta_R = 1.22\dfrac{\lambda}{d} = 1.22\dfrac{720\times10^{-9}}{3\times10^{-3}} = 292.8\times10^{-6}\,(radian)$.

b) 레일리 기준에 거리를 곱하면, 물체의 식별할 수 있는 폭이 구해진다.

$l = \theta_R \times D = (292.8\times10^{-6})(30) = 8784\times10^{-6} = 8.78(mm)$. 30 m 떨어진 곳에 위치한, 크기 8.78 mm의 물체를 식별할 수 있다는 말이 된다. 일상생활에서 보면, 상당히 작은 크기까지 구분하는 셈이다.

c) 마찬가지로, $l = \theta_R \times D = (292.8\times10^{-6})(30\times10^{3}) = 8784\times10^{-3} = 8.78(m)$.

따라서 30 km 떨어진 곳에 있는 8.78 m 크기의 물체를 식별할 수 있다.

[153] 하필이면 왜 첫 번째 어두운 무늬만 고려되는가 라는 의문이 떠오른다면, 회절에 의한 분해능을 아직 이해하지 못하고 있다는 말이 된다. 다시 읽어 보도록.

9장 연습을 위한 확인문제

Chapter IX

1. 너비가 2500 nm인 틈에 파장인 550 nm인 빛을 쪼였다. 이때 두 번째 최소치를 관찰하기 위한 각을 구하라.

▶ 식 (9.1)을 θ에 대해서 풀면, $\theta = \sin^{-1}(m\lambda / a)$. 따라서

$\theta = \sin^{-1}(m\lambda / a) = \sin^{-1}(2 \times 550 \times 10^{-9} / 2500 \times 10^{-9}) = 0.456\ (radian) = 26.103^0$.

2. 너비가 2500 nm인 틈에 빛을 쪼였다면, 21° 인 곳에서 두 번째 최소치가 관찰되었다. 빛의 파장을 구하라.

▶ 식 (9.1)을 λ에 대해서 풀면, $\lambda = a \sin\theta / m$. 따라서

$\lambda = (2500 \times 10^{-9}) \sin 21^0 / 2 = 447.96 \times 10^{-9} = 447.96 (nm)$.

3. 너비가 2500 nm인 틈에 파장인 540 nm인 빛을 쪼였다. 이때 24° 에서 최소치를 관찰하였다면, 몇 번째 최소치에 해당하는가.

▶ 식 (9.1)을 m에 대해서 풀면, $m = a \sin\theta / \lambda$. 따라서

$m = (2500 \times 10^{-9}) \sin 24^0 / (540 \times 10^{-9}) = 1.88 \sim 2$. 이는 두 번째 최소치에 해당한다.

4. 파장이 450 nm인 단색광이 너비 0.039 mm인 틈을 비추고 있고, 틈으로부터 3.5 m 떨어져서 스크린이 위치해 있다. 주최대치에서 4 cm 떨어진 지점에 대해 다음을 구하라.

a) θ를 구하라.

b) φ를 구하라.

c) m을 구하라.

▶ 길이 단위를 통일하면 $450\ nm = 4.50 \times 10^{-7}\ m$, $0.039\ mm = 3.9 \times 10^{-5}\ m$, $4\ cm = 4 \times 10^{-2}\ m$.

a) 틈에서 스크린까지의 거리와 주최대치에서 관찰 무늬까지의 거리가 $\tan\theta$를 이루므로, $\tan\theta = 4\times10^{-2}/3.5$ 으로부터 $\theta = \tan^{-1}\left(4\times10^{-2}/3.5\right) = 0.0114\ (radian)$.

b) 식 (9.5)에서 $\varphi = \dfrac{2\pi a}{\lambda}\sin\theta = \dfrac{2\pi(3.9\times10^{-5})}{4.50\times10^{-7}}\sin(0.0114) = 6.23\ (radian) = 2\pi$.

c) 만일 b의 결과치가 식 (9.6)이 제안한 조건을 만족시키면 최소치, 즉 어두운 무늬가 형성된다. 이 값은 대략 $m=1$에 해당. 따라서 첫 번째 최소치가 발생했다.

5. 작은 틈을 통과한 빛이 회절을 일으키고 있다. 이때 세 번째 밝은 무늬와 네 번째 밝은 무늬의 밝기를 비교하라.

▶ 식 (9.12)으로부터 $I_3 = I_M\left[\dfrac{\sin(3+1/2)\pi}{(3+1/2)\pi}\right]^2 = I_M\left[\dfrac{\sin(7\pi/2)}{7\pi/2}\right]^2 = I_M\dfrac{4}{49\pi^2}$,

그리고 $I_4 = I_M\left[\dfrac{\sin(4+1/2)\pi}{(4+1/2)\pi}\right]^2 = I_M\left[\dfrac{\sin(9\pi/2)}{9\pi/2}\right]^2 = I_M\dfrac{4}{81\pi^2}$. 따라서

$\dfrac{I_4}{I_3} = \dfrac{4/81\pi^2}{4/49\pi^2} = \dfrac{49}{81} = 0.604$ 또는 60%. I_4가 I_3보다 대략 3/5배 정도 더 희미해졌다.

6. 파장이 450 nm인 단색광이 너비 0.05 mm인 틈을 비추고 있고, 틈으로부터 3.8 m 떨어져서 스크린이 위치해 있다. 주최대치에서 3 cm 떨어진 지점에 대해 다음을 구하라.

a) θ를 구하라.

b) φ를 구하라.

c) 주최대치와의 상대적 밝기를 구하라.

▶ 길이 단위를 통일하면 $450\ nm = 4.50\times10^{-7}\ m$, $0.05\ mm = 5\times10^{-5}\ m$, $3\ cm = 3\times10^{-2}\ m$.

a) 틈에서 스크린까지의 거리와 주최대치에서 관찰 무늬까지의 거리가 $\tan\theta$를 이루므로, $\tan\theta = 3\times10^{-2}/3.8$ 으로부터 $\theta = \tan^{-1}\left(3\times10^{-2}/3.8\right) = 0.00789\ (radian)$.

b) $\varphi = \dfrac{2\pi a}{\lambda}\sin\theta = \dfrac{2\pi(5\times10^{-5})}{4.50\times10^{-7}}\sin(0.00789) = 5.51\ (radian)$. 식 (9.10)에서 만일 $\varphi = 2m\pi$가 성립하면 최소치, 즉 어두운 무늬가 형성될 것이다. 하지만 5.51 radian은 이에 합당하지 않다. 따라서 주어진 지점에 최소치가 발생하지 않는다.

c) 식 (9.12)으로부터 상대적 밝기는 $\dfrac{I}{I_M}=\left[\dfrac{\sin(\varphi/2)}{\varphi/2}\right]^2=\left[\dfrac{\sin(2.76)}{2.76}\right]^2=0.0186$, 또는 1.86%. 밝기는 0이 아닌 것을 봐도, 이 지점에서 밝은 무늬가 형성되었다는 것을 알 수 있다.

7. 파장이 538 nm인 단색광이 너비 0.025 mm인 틈을 비추고 있고, 틈으로부터 3.5 m 떨어져서 스크린이 위치해 있다. 주최대치에서 1.1 cm 떨어진 지점에 대해 다음을 구하라.

a) θ를 구하라.

b) φ를 구하라.

c) 주최대치와의 상대적 밝기를 구하라.

▶ 길이 단위를 통일하면 $538\ nm=5.38\times10^{-7}\ m$, $0.025\ mm=2.5\times10^{-5}\ m$, $1.1\ cm=1.1\times10^{-2}\ m$.

a) 틈에서 스크린까지의 거리와 주최대치에서 관찰 무늬까지의 거리가 $\tan\theta$를 이루므로, $\tan\theta=1.1\times10^{-2}/3.5$ 으로부터 $\theta=\tan^{-1}\left(1.1\times10^{-2}/3.5\right)=0.00314\ (radian)$.

b) $\varphi=\dfrac{2\pi a}{\lambda}\sin\theta=\dfrac{2\pi(2.5\times10^{-5})}{5.38\times10^{-7}}\sin(0.00314)=0.918\ (radian)$. 식 (9.10)에서 만일 $\dfrac{\varphi}{2}=m\pi$ 가 성립하면 최소치, 즉 어두운 무늬가 형성될 것이다. 하지만 0.459 radian은 이에 합당하지 않다. 따라서 주어진 지점에 최소치가 발생하지 않는다.

c) 식 (9.12)으로부터 상대적 밝기는 $\dfrac{I}{I_M}=\left[\dfrac{\sin(\varphi/2)}{\varphi/2}\right]^2$ 이므로 $\dfrac{I}{I_M}=\left[\dfrac{\sin(0.459)}{0.459}\right]^2=0.932$, 또는 93.2%. 이로부터도 주어진 지점에서 밝은 무늬가 형성된다는 것을 알 수 있다. 만일 어두운 무늬가 형성되었다면, 밝기는 0이 되었을 것이다.

8. 이중 틈에 의한 회절 실험에서 80 cm 떨어져 있는 스크린에 파장이 538 nm인 빛을 쪼였다. 이때 틈의 폭이 0.015 mm, 그리고 틈과 틈 사이의 간격이 0.23 mm로 주어졌다.

a) 간섭 무늬 사이의 간격을 구하라.

b) 회절 무늬에서 주최대치의 폭을 구하라.

c) 주최대치 안에 들어 있는 어두운 무늬의 수를 구하라.

▶ a) 간섭 무늬는 균일하게 형성되므로, 무늬와 무늬 사이의 간격은 일정하다. 식 (8.7)에서 $\Delta y_m = D\lambda / d = (80\times10^{-2})(538\times10^{-9})/(0.23\times10^{-3}) = 1.871\times10^{-3} = 1.871(mm)$.

b) 회절 무늬에서 주최대치의 폭은 한가운데에서 첫 번째 최소치까지의 간격에 해당한다. 따라서 첫 번째 최소치까지의 각을 구한 뒤에, 스크린까지의 거리를 곱해주면 폭을 구할 수 있다. 먼저 각을 구하기 위해, 식 (9.1)을 $\sin\theta$에 대해 정리해서 $m=1$을 대입하면, $\sin\theta = \lambda / a = (538\times10^{-9})/(0.015\times10^{-3}) = 3.587\times10^{-2}$. 이제 스크린까지의 거리를 곱해주면, 간격은 다음과 같다. $y = D\sin\theta = (80\times10^{-2})(3.587\times10^{-2}) = 286\times10^{-4} = 2(cm)$.

c) 주최대치의 폭을 간섭 무늬의 간격으로 나누면, $n = 20/1.871 = 10.6$. 따라서 10개의 어두운 무늬가 형성된다. 그렇다면 제일 가운데의 간섭 무늬, 즉 $m=0$인 경우를 고려하면, 총 11개의 어두운 무늬가 형성된다.

9. a) 가시광선 천체 망원경의 구경이 클수록 분해능이 높아진다는 것을 보여라.
b) 천체 망원경의 분해능을 높이기 위해 무슨 색깔의 빛이 더 적당한가?

▶ a) 식 (9.17)에서 θ_R와 d가 서로 반비례. 천체 망원경의 구경(지름)이 커질수록 θ_R이 작아진다. 즉, 천체 망원경이 구별할 수 없는 한계가 최소화 되므로, 더 작은 각의 차이까지도 구별할 수 있다.

b) θ_R와 d가 서로 비례하므로 파장이 긴 빛을 관찰하는 것이 분해능을 높이는데 도움이 된다.

10. 지상에서 200 km 상공에 떠있는 우주 정거장에서 우주인이 지상의 물체를 내려다 보고 있다. 우주인이 관찰하는 빛의 파장을 550 nm라고 국한하자. 만일 우주인의 눈동자 크기를 5 mm라고 한다면,
a) 레일리 기준을 구하라.
b) 지상에 있는 물체의 크기를 구하라.

▶ a) 식 (9.17)에서 $\theta_R = 1.22(550\times10^{-9})/(5\times10^{-3}) = 134.2\times10^{-6}(radian)$.

b) 레일리 기준에 거리를 곱하면 $l = \theta_R \times D = (134.2\times10^{-6})(200\times10^{3}) = 26.8(m)$. 지상에 위치한 물체의 크기는 26.8 m가 된다.

11. 구경 5.1 m의 천체 망원경으로 달 표면을 관찰하고 있다. 구별할 수 있는 물체의 크기를 구하라. 단, 빛의 파장은 580 nm, 그리고 지구에서 달까지의 거리는 $3.8\times10^5\ km$로 하라.

▶ 우선 식 (9.17)으로부터 $\theta_R = 1.22(580\times10^{-9})/5.1 = 138.7\times10^{-9}\ (radian)$. 따라서 레일리 기준에 달까지의 거리를 곱하게 되면, 달 표면에서 물체의 크기를 구할 수 있다. $l = \theta_R \times D = (138.7\times10^{-9})(3.8\times10^{8}) = 52.7\,(m)$.

Chapter X

산란과 분산 (Scattering & Dispersion)

빛을 과학적으로 분석하는데 능한 과학자들뿐 아니라, 일반인들을 포함한 거의 모든 시인들, 문학가들의 시선이 창공과 타오르는 석양에 머물며 글을 완성하거나, 흰구름과 먹구름 사이를 오가며 감탄을 토해낸다. 때로 비가 척척하게 온 뒤, 맑게 갠 하늘에 턱 하니 걸터앉아 있는 무지개에 속 깊은 탄성을 자아내기도 한다. 이렇듯 하나의 하늘이 다양한 색상의, 온갖 빛의 조화가 발생하는 이유를 감성을 떠나 한번쯤은 과학적으로 바라 볼 기회를 갖자.

§ 1. 산란

(빛이 입자와의 충돌로 인해 주변으로 흩어지는 현상)

아침 저녁으로 하늘의 색깔이 바뀌는 것이나, 안개가 뿌옇게 보이는 것, 또는 구름이 하얗게 보이는 것은 빛을 산란시키는 입자, 즉 공기 입자나 구름과 수증기 입자의 크기에 달려 있다. 이들을 각기 다른 산란으로 구분하게 되는데, 그렇다면 이들 현상을 이해하기 위해서는, 공기 자신을 포함해서 공기 중에 떠있는 입자들의 크기부터 알아야 한다.

우선, 대기성분에 의한 빛의 산란을 다루기 위한 목적으로, 전기쌍극자가 아닌 보통 입자에 의한 산란을 과정별로 보자.[154]

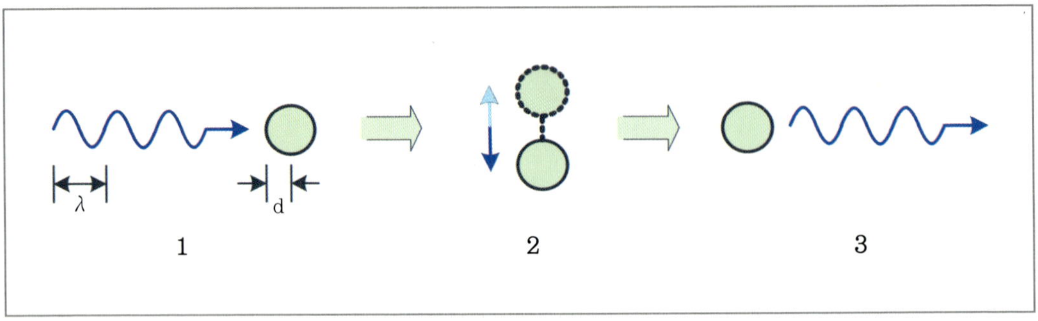

그림 10.1 빛의 산란

파란색 화살표의 빛이 옅은 연두색 입자에 입사하고 있다. 1 입자와의 충돌, 2 입자에 흡수, 3 입자에 의한 재방출이라는 과정을 거쳐서 빛이 산란된다.

그림 10.1에서 파장 λ와 입자의 반지름 d 중에 어느 쪽이 더 큰가에 따라 어떤 산란이 발생할지 결정된다. 빛의 파장보다 입자가 크면 미 산란이, 크기가 비슷하면 틴들 산란이, 그리고 입자가 작으면 레일리 산란이라고 불리는 현상이 발생한다.

표 10.1 산란 종류와 산란입자들 비교

산란 종류	산란입자 크기	입자 크기 순서
미 산란	10^{-6} m = 1 μm = 1000 nm	1
틴들 산란	10^{-7} m = 10 μm = 100 nm	2
레일리 산란	10^{-8} m = 100 μm = 10 nm	3

수치들이 위칸에서부터 10씩 줄어들고 있는데, 각 산란에 따른 산란입자들의 대략적인 크기를 짐작할 수 있다. 수치들은 정밀한 계산용이 아님을 밝힌다.

[154] 8장 편광의 그림 7.12와 비교해 볼 수 있다.

이제 이들 현상에 대해서 알아보자.

1. 미[155] 산란(Mie scattering) : 흰구름

미 산란은 빛을 산란시키는 산란입자의 지름, 또는 크기가 빛의 파장보다 큰 경우에 발생한다. 여기에서 크다는 말은 약 10배 정도를 말한다. 대표적인 예가 구름이다. 한여름 뭉게뭉게 피어 오르는 구름을 보면 솜사탕처럼 희다. 뭉게구름뿐 아니라, 하늘 높이 뜬 새털구름도 희고, 양떼구름도 탐스러울 정도로 뽀얗다.

그림 10.2 미 산란

무더운 여름날, 호반의 도시 춘천이 한눈에 내려다 보이는 구봉산 자락에는 흰구름이 하얗게 펼쳐져 있다.

[155] 독일의 물리학자 미(Gustav Adolf Feodor Wilhelm Ludwig Mie 1869~1957)는 주로 균일한 유전체 구에 의한 전자기파의 산란에 그의 연구를 집중했다. 미는 당시 독일의 시대상이었던 나찌에 반대하는 대학 모임에 참가하기도 했었다.

원자들의 크기는 흔히 10 pm[156]에 머물고, 원자들이 구성하는 분자들은 평균 nm의 수준에 머문다.[157] 이때 물 분자의 크기는 0.3 nm 정도 밖에 안 되지만, 무수히 많은 물 분자들이 뭉쳐서 하나의 물방울을 형성하기 때문에, 물방울의 크기는 실로 다양하다. 구름이나 안개와 같은, 우리가 일상생활에서 말하는 습기의 크기는 대략 10 μm가 된다. 이는 10^4 nm에 해당하는 크기이다. 이제 가시광선 영역에 속한 빛의 파장을 보자. 표 4.1을 보면, 가시광선 파장대에서 가장 길다는 빨간색 빛의 파장이 620~750 nm 정도이다. 이는 습기에 해당하는 물방울 크기가 약 14배 정도로 크다는 말이 된다. 미 산란을 일으키기 충분한 크기이다.

구름을 형성하는 물방울의 크기는 다양해서, 작은 물방울은 짧은 파장인 파란색 계통의 빛을 산란시킬 것이고, 좀 더 큰 물방울은 초록색 계통의 빛을, 그리고 가장 큰 물방울은 작은 물방울들이 산란시키지 못하고 있던 빨간색 계통의 빛들을 산란시키게 될 것이다. 이렇게 가시광선 영역의 모든 파장의 빛들이 산란되면서 구름이 희게 보이는 것이다. 그렇다고 구름이 항상 흰색으로 보이는 것은 아니다. 먹구름의 경우, 구름층이 너무 두꺼워 빛이 쉽게 통과하지 못하기 때문에 어둡게 보인다.

그렇다고 미 산란이 하늘의 자연 현상만을 설명하는 것은 아니고, 선박 사고로 인해 바다에 유출된 기름 덩어리나 오염 물질 덩어리를 탐지하는데 미 산란이 응용된다고 한다.

2. 틴들[158] 산란(Tyndall scattering) : 빛의 경로가 보이는 이유

미 산란과는 반대로 빛의 파장보다 작은 입자들이 산란시키는 현상도 있다. 안개 자욱한 새벽에 산책을 나서면 도로 옆에서도 달리는 자동차의 헤드라이트 불빛이 경로를 따라 진행하는 모습을 볼 수 있다. 원래는 옆에서는 빛이 안 보이지만, 빛의 경로에 있던 작은 산란입자들에 의해 빛의 일부가 산란되는 바람에 빛의 경로가 드러나는 것이다. 이러한

[156] p는 피코(pico)를 말하는데, 10^{-12}을 뜻한다. 따라서 10 pm는 10^{-2} nm가 된다. 부록1을 참조하라.

[157] 흔히 원자나 분자의 크기를 따질 때 지름이나 반지름이라는 말을 쓴다. 너무 작아서 동그랗게 보인다고 가정을 하기 때문일 것이다. 수소 원자(hydrogen atom)의 지름은 50 pm, 헬륨 원자(helium atom)는 62 pm, 그리고 은 원자(silver atom)는 다소 커서 306 pm에 이른다. 한편 수소 분자(hydrogen molecule)는 148 pm, 나트륨 분자(sodium molecule)는 0.2 nm, 그리고 염소 분자(clorine molecule)는 0.36 nm 정도 된다.

산란은 처음 연구한 틴들의 업적을 기념하기 위해서 틴들 산란, 또는 틴들 효과(Tyndall effect)라고 부른다.

그림 10.3 틴들 산란 (출처 미상)

들녘이 튀었다는 말로 오해하기 쉽지만, 들판이 튀지 않는다. 단지 사람들이 들판을 없앨 뿐이다. 사진의 광경이 고요한 무대 위를 비추는 조명처럼도 보인다. 잔잔한 샹송(chason)도 괜찮지만, 오히려 라라 파비안(Lara Fabian)의 격정적인 아다지오(Adagio)가 터져 나올듯한 대자연의 연출이다.

틴들 산란을 일으키는 산란입자들의 크기는 대략 5~200 nm 정도로 분자나 원자보다 크기가 큰데 반해, 가시광선 영역대에서 가장 짧은 파장인 보라색 빛은 390~425 nm이다. 따라서 틴들 산란의 입자들이 빨간색 보다는 7배 정도, 그리고 보라색 파장보다 평균 두 배 정도 작다. 이는 미 산란의 입자 크기보다도 5~6배 작은 셈이다.

때로 틴들 산란이 장엄해 보이는 장면을 연출하기도 한다. 특히 저녁 무렵, 구름이 잔뜩

[158] 틴들(John Tyndall 1820~1893)은 반자성(diamagnetism)을 연구하던 아일랜드의 물리학자로서 저명한 영국의 물리학자 패러데이(Michael Faraday 1791~1867)의 후계자로 그의 뒤를 이었다. 당시의 물리학자들이 그랬듯이, 틴들도 다소 엉뚱한 일에 종사했는데, 스위스의 빙하를 탐사하고 조사하는 일이었다. 그 와중에 오른 봉우리들 중에 그의 이름이 붙은 봉우리도 있다. 한편 정규 교육도 제대로 받지 못한 페러데이는 각고의 노력 끝에 페러데이의 유도 법칙(Faraday's law of induction)을 발표하기에 이르는데, 현재까지도 수력, 조력, 화력, 원자력, 파력 등등 거의 모든 형태의 발전소가 페러데이의 원리를 이용하고 있다.

낀 하늘에서 뚜렷이 나타난다. 마치 구름에서 내려온 기나긴 은빛 장대들이 땅을 향해 내리 꽂히듯, 햇빛이 구름 틈을 비집고 내려오는 경로가 밝게 빛나는 선으로 눈부시다.[159] 어찌 보면, 자연이라는 무대에 조명을 밝힌 듯 보이는 틴들 산란은 특히 여름철에 많이 목격할 수 있는데, 이는 공기 중에 수증기가 유난히 많아서, 구름들 틈을 비집고 내려오는 햇빛을 산란시키기 때문에 발생한다.

가시광선을 분산시킬 정도로 작은 입자들을 화학에서는 콜로이드 입자(colloidal particle)라고 따로 부르는데, 콜로이드 입자들이 클수록 틴들 산란이 짙어지는 점을 이용해서, 광학 현미경으로도 확인하기 쉽지 않을 콜로이드 입자들의 크기를 측정하기도 한다.

틴들이 연구한 틴들 산란을 나중에 이론적으로 정리한 사람이 있었다. 영국의 물리학자 레일리인데, 그 자신도 틴들 산란과 아주 비슷한 산란인 레일리 산란을 연구해서 발표하고 있다. 틴들 산란을 일으키는 산란입자들보다 훨씬 작은 분자나 원자가 일으키는 산란이 레일리 산란이다.

3. 레일리[160] 산란(Rayleigh scattering) : 파란 하늘과 붉은 노을

틴들 산란의 경우 산란입자들이 원자나 분자보다 크지만, 레일리 산란의 경우에는 원자나 분자들이 산란을 일으킨다. 즉, 빛을 산란시키는 입자(전기쌍극자)가 입사한 빛의 파장보다 작아서, 1/10 정도에 해당하는 경우 레일리 산란이 발생한다. 사실 틴들의 산란입자와 레일리의 산란입자들의 크기가 엇비슷해서, 두 산란의 경계가 모호하다. 그런 이유로 인해, 이들의 경계를 무시하고, 레일리 산란으로 통칭하는 경우가 많이 있고, 레일리 산란은 공기 중에 떠있는 부유물이 일으키는 것이 아니라, 공기 입자들이 일으키기 때문에 더 광범위하다고 구분해도 된다.

[159] 영어의 격언에 Every cloud has a silver lining라는 것이 있다. 쥐구멍에도 볕들 날 있다는 우리 속담에 견줄 수 있는데, 여기에서 말하는 a silver lining이 먹구름 틈을 비집고 내려오는 햇빛이다.

[160] 영국의 물리학자 레일리(John William Strutt, 3rd Baron Rayleigh 1842~1919)는 광학만 연구한 것이 아니라, 알곤(argon)이라는 원소를 발견하기도 했다. 19세기 말에서 20세기 초에 유명한 물리학자들이 대거 등장하게 되는데, 레일리는 그들 중의 하나였다. 특히 레일리의 업적은 광학 곳곳에 남아 위력을 발휘하고 있다. 한편 그들을 기념하고자 화성의 운석구에 미와 레일리의 이름이 명명되기도 했다.

지구를 감싸는 대기권은 공기 입자들로 구성되어 있는데, 대기의 상층부로 가면, 입자들이 굉장히 빠른 속도로 움직이면서 전기쌍극자화되어 있다. 빛과 전기쌍극자의 상호작용에 대해서는 편광에서 상세히 다루었는데, 전기쌍극자의 대기층에서의 역할을 하나 더 추가한 셈이다.

그림 10.4 레일리 산란

낙조로 유명한 안면도에 파란 하늘과 붉은 석양이 함께 보이고 있다. 2007년 말, 유조선의 기름 유출로 태안 반도가 오염되었다. 역시나 하늘은 변함없건만, 문제는 항상 지상에서 발생하고 있다.

입자가 일단 빛을 흡수한 뒤에 다시 방출하는 산란 과정에서 발생하는 빛의 스펙트럼 분포를 보면, 빨간색 빛보다 파란색의 산란이 더 잘 일어난다. 그 이유를 레일리 산란이 설명하고 있는데, 산란되는 빛들의 밝기를 보자. 전기쌍극자가 산란시키는 빛의 평균 에너지(밝기)는 다음과 같이 주어진다.

$$<I> \propto \frac{1}{\lambda^4} \tag{10.1}$$

〈I〉는 산란되는 빛의 밝기이다. 위의 식이 산란되는 빛의 밝기가 산란되는 λ의 네 제곱에 반비례한다는 말하고 있다. 즉, 파장이 짧을수록 빛의 밝기가 강해지고, 파장이 길수록 빛의 밝기가 미미해진다는 것이다. 따라서 여러 다양한 진동수의 빛이 공기 입자에 입사를 했더라도, 파장이 짧은 파란색 빛이 가장 큰 밝기로 분포한다.[161] 이것이 레일리 산란인데, 쉽게 말하면, 파란색 빛이 산란도 잘 되고, 산란된 후에도 다른 색깔에 비해 돋보인다는 것이다.

아래에는 무지개 빛에 해당하는 각 파장의 가시광선에 대한 레일리 산란 정도가 표에 나와 있다. 산란 정도가 제일 작은 빨간색을 1로, 그리고 제일 큰 보라색을 10으로 했을 때의 비교이다.

표 10.2 가시광선의 각 파장에 따른 레일리 산란의 밝기 비교

색 깔	산란 정도
빨간색	1
주황색	2
노란색	2.5
초록색	3
파란색	6
보라색	10

표에 따르면 대낮의 하늘이 파랗게 보일 수 밖에 없다. 하지만 대낮에도 빨간색 빛의 경우가 0이 아니라는 점에는 유의해야 한다. (인용한 곳 : Fundamentals of Optics, 4th edition, Jenkins & White)

[161] 이때 파란색보다는 보라색이 더 뚜렷해 보이지 않겠느냐고 생각할 수 있지만, 해에게서 발산되어 나오는 다양한 파장의 빛들이 모두 동일한 비율로 발산되지 않을 뿐 아니라, 대기층에 흡수되는 비율도 각기 다르고, 또한 보라색은 파란색과 빨간색의 혼합 색깔로 우리 눈이 인식하기 때문에 파란색이 단연 돋보인다. 그림 1.3을 참조하라.

[예제 1] 표 10.2에 따르면 파란색보다는 보라색이 더 잘 산란된다. 그렇다면 대낮의 하늘은 왜 보라색으로 보이지 않는 것일까?

▶ 그림 4.3에서 보듯이, 사람의 눈이 보라색보다 파란색에 더 민감하기 때문이다.

하지만 지구의 대기권으로 입사한 파란색 빛이 빨간색 빛보다 훨씬 더 잘 산란된다는 것이지, 파란색 빛 100%가 산란된다는 것은 아니다. 그림 10.5에서 보듯이, 대낮보다는 일몰의 시간에 빛은 더 긴 여정을 거쳐 추체세포에 맺히게 된다. 그 와중에 소수 남아서, 빨간색 빛의 뒤를 바짝 쫓던 파란색 빛마저 산란되기 때문에, 우리가 파란색 빛을 볼 수 있는 확률은 더욱 낮아진다. 저녁 노을이 지는 지평선이나 수평선이 붉게 채색되는 이유이다.

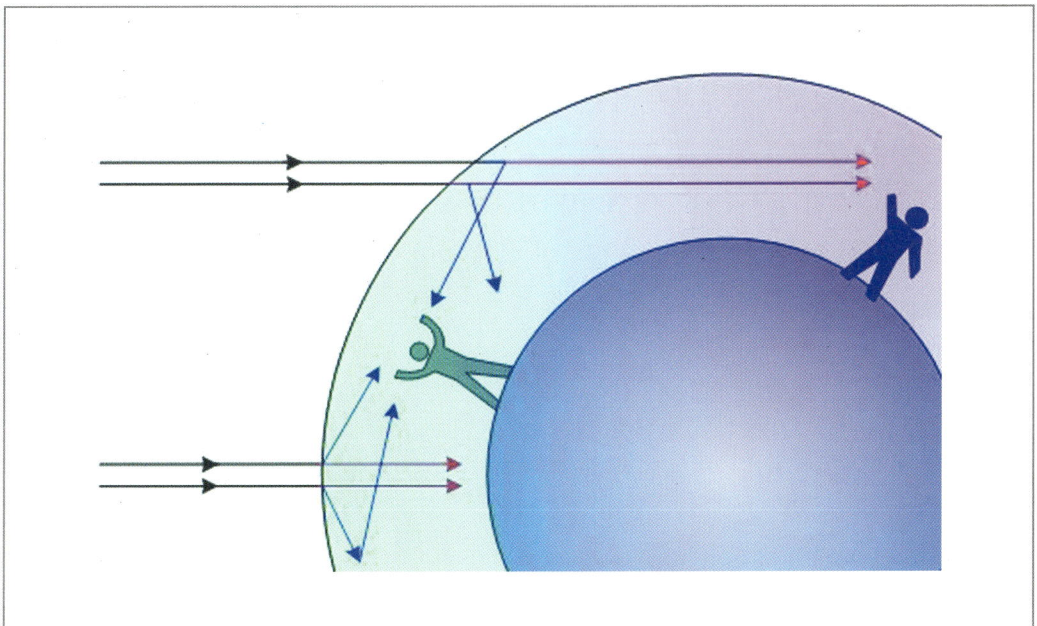

그림 10.5 레일리 산란 설명

가운데 위치한 작은 동그라미로 표시된 지구의 겉을 대기권이 둘러싸고 있다. 과장된 그림이지만, 왼쪽에 있는 헐크에게는 대낮이, 그리고 오른쪽 사람에게는 일몰이 한창 진행 중이다. 그렇다고 헐크에게 빨간 빛이 전혀 오지 않는 것도, 일몰이 내려 앉는 곳에 파란색 빛이 전혀 없는 것도 아니다. 이는 표 10.2에서 설명하고 있다.

한편 해가 바뀔 때마다 황사가 점점 심해지는 봄, 저녁 노을이 유별나게 붉게 보이는 수가 있다. 공기 중에 포함된 먼지 농도가 높아지면서, 평소보다 더 많은 파란색 빛이 산란되기 때문이다. 몽골과 중국에 있는 사막의 황폐화와 중국의 산업화가 한반도에 있는 우리들의 호흡기에 심각한 악영향을 미치는 것이다. 자연의 민감한 생태계 고리가 피부에 와 닿는다.

편광을 잠시 되돌아보자. 해를 눈높이에서 볼 기회는 해가 뉘엿뉘엿 서산에 걸려 있을 때이다. 이때는 공기 입자에 잘 산란되지 않는 빛인 빨간색 빛을 정면에서 직접 보게 되기 때문에 하늘이 붉게 보인다. 반면에 파란색 하늘을 바라볼 때는 산란된 빛을 다양한 각도로 보게 된다. 산란에 의한 편광과 우리의 시선 각도에 따른 겉보기 편광을 함께 보는 것이다. 따라서 우리 망막에 맺히는 대부분의 빛들은 편광 된 빛들이다.[162]

조금 벗어난 얘기이지만, 해저 깊숙한 곳을 통과하는 잠수함에서 지상의 관측소와 교신하기 위해서는 장파장의 전파를 이용해야 하는 것도 같은 이유로 설명할 수 있다. 단파장의 전파일수록 바닷물을 구성하는 물분자의 크기에 접근하기 때문에 산란이 잘 된다. 하지만 물분자의 크기보다 훨씬 긴 파장의 전파를 사용할 경우, 산란을 효과적으로 막을 수 있다. 그래서 잠수함의 꽁무니에서 뽑아낸 기나긴 도선을 안테나로 사용해서 장파장의 전파를 발생시킬 수 있다. 물론 교신이 끝나면 다시 감아 들이면 된다. 거미보다 한 단계 진보한 과학을 사용하는 셈이다.

§ 2. 분산

(여러 파장이 뒤섞였던 빛이 매질에 입사하면서 파장에 따라 분리되는 현상)

우리가 지금까지 배워온 광학 지식으로 지금부터 마주치게 될 현상들을 하나씩 풀어 볼 수 있을 것이다. 단, 여러 가지의 요소가 융합되어 풀리기 때문에, 아주 뛰어난 연습 문제가 될 수 있다.

162 그림 7.18을 참조하라.

1. 프리즘(prism)

프리즘에서의 빛의 경로를 이해하기 위해서는 굴절의 법칙을 정확하게 이해하고 있어야 한다. 백색광이 θ_i의 각으로 프리즘에 입사했다. 백색광의 대표적인 예가 햇빛인데, 햇빛은 색깔이 없지만 우리 눈이 볼 수 있는 가시광선 뿐 아니라, 맨눈으로는 볼 수 없는 자외선과 적외선을 포함해 다양한 파장의 빛이 섞여 있다. 비록 이들이 같은 각으로 프리즘에 입사했더라도 각기 다른 굴절률로 인해 파장별로 넓게 퍼지게 되는데, 이 현상을 분산이라고 부른다.

여기에서 다양한 파장 중에서 극명한 색의 대비를 이루는 빨간색과 파란색의 빛만을 고려하자. 이에 대한 기본적인 결과 유도는 이미 굴절에서 다루었지만, 연습 문제 푼다는 기분으로 방법만 약간 달리해서 다루고자 한다.

굴절에서 프리즘에 입사하기 전의 굴절률을 n_1, 그리고 프리즘에서의 빨간색 빛과 파란색 빛의 굴절률을 각각 n_r과 n_b라고 하고, 스넬의 법칙을 적용하자.

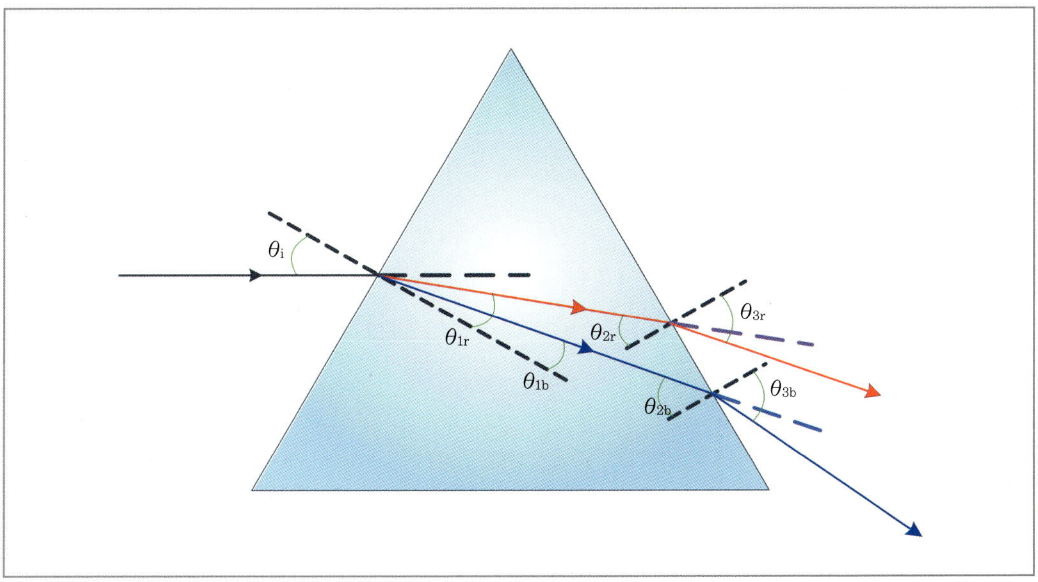

그림 10.6 프리즘의 분산

빛의 반사는 생략했다. 굴절된 각을 비교하기 위해, 프리즘의 앞쪽에 입사한 빛의 경로를 점선으로 연장해서 그렸다. 마찬가지로 프리즘 뒤쪽으로 빠져 나가는 빨간색 빛과 파란색 빛의 경로를 각각 점선으로 연장해서 공기 중의 굴절각을 비교했다. 입사각(임계각)에 따라서 프리즘 내부에서 일어날 수도 있는 내부 전반사는 고려하지 않았다.

$n_i \sin\theta_i = n_b \sin\theta_{1b}$ 로부터, 파란색 빛의 굴절각은 $\theta_{1b} = \sin^{-1}\left(\dfrac{n_i}{n_b}\sin\theta_i\right)$ 가 된다. 마찬가지로 $n_i \sin\theta_i = n_r \sin\theta_{1r}$ 로부터, 빨간색 빛의 굴절각은 $\theta_{1r} = \sin^{-1}\left(\dfrac{n_i}{n_r}\sin\theta_i\right)$ 가 된다. 공기 굴절률을 1로 근사 시키면, $\theta_{1r} = \sin^{-1}\left(\dfrac{1}{n_r}\sin\theta_i\right)$ 와 $\theta_{1b} = \sin^{-1}\left(\dfrac{1}{n_b}\sin\theta_i\right)$ 으로 정리된다. 이때 입사각 θ_i가 같기 때문에, 각각의 괄호 안에 있는 입사각은 무시하고, 두 각의 크기를 비교할 수 있다. 굴절률과 빛의 파장이 서로 반비례하므로, 즉 n_r 〈 n_b이므로 θ_{1r} 〉 θ_{1b}이 된다는 것을 알 수 있다. 백색광이 프리즘에 입사하면, 파장에 따라 굴절률이 달라지기 때문에, 백색광을 구성하던 여러 파장의 빛들이 다른 굴절각으로 갈라지면서 다른 경로를 따라 진행하게 된다. 그래서 빨간색 빛이 파란색 빛보다 더 큰 굴절각을 보이며, 위쪽 경로를 진행한다. 굴절각이 법선에서부터 시작된다는 것을 깜빡 하면, 정반대의 엉뚱한 결과가 나오게 되므로 주의해야 한다.

이번에는 프리즘 속을 진행하던 각 파장의 빛들이 프리즘을 빠져 나와서 진행하는 경로를 알아보자. 빨간색과 파란색 빛이 비록 같은 매질 속을 통과했지만, 프리즘의 뒷면에 도달한 빛들은 각기 다른 입사각으로 뒷면에 입사하게 된다. 따라서 이들이 공기 중에 빠져 나오면 더 큰 각으로 벌어지게 된다. 빨간색과 파란색 빛의 탈출각을 구해 보자. 우선 빨간색 빛만을 고려하면, $n_r \sin\theta_{2r} = n_1 \sin\theta_{3r}$ 로부터 $\theta_{3r} = \sin^{-1}(n_r \sin_{2r})$가 되며, 파란색 빛에 대해서도 마찬가지 방법으로 $\theta_{3b} = \sin^{-1}(n_b \sin\theta_{2b})$가 된다는 것을 알 수 있다.

이 책에서는 θ_{1r}과 θ_{2r}, 그리고 θ_{1b}과 θ_{2b}의 대략적인 크고 작음만을 구했고, 정확한 크기 비교는 생략한다.

2. 역프리즘(inverted prism)

프리즘을 거꾸로 세워 놓은 역프리즘에서 빛은 어떤 경로를 따라 진행하게 될까? 과연 프리즘의 경우와 같은 경로를 따라 진행할지, 아니면 거꾸로 진행할 지 아리송하게 와 닿기도 하지만, 굴절의 법칙을 제대로 이해하고 있다면 애매할 것도, 그래서 아쉬울 것도 없다.

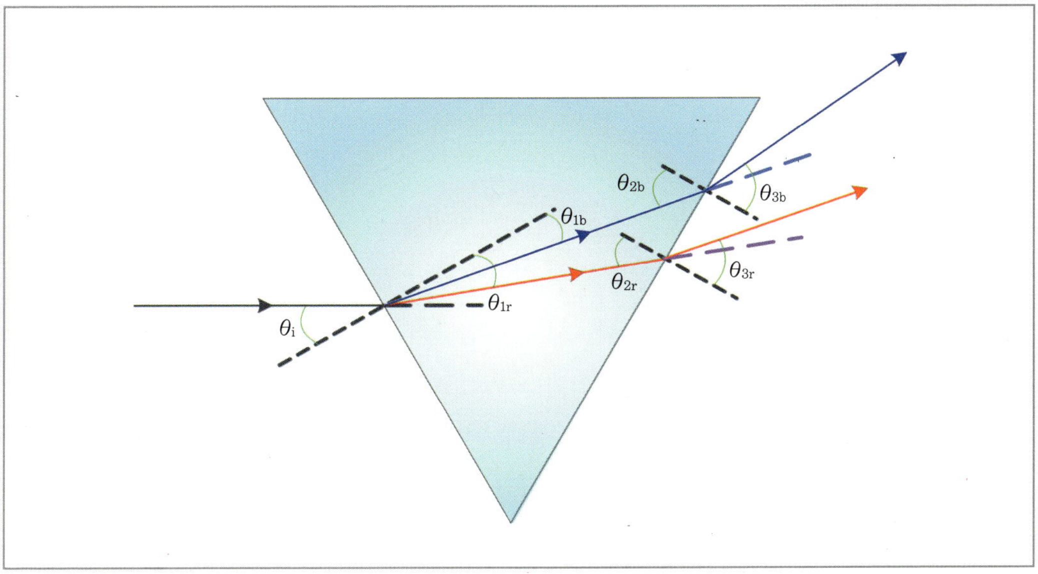

그림 10.7 역프리즘의 분산

입사각에 따라서 역프리즘 내부에서 일어날 수도 있는 내부 전반사는 고려하지 않았다.

프리즘의 경우와 마찬가지로, $\theta_{1r} = \sin^{-1}\left(\frac{1}{n_r}\sin\theta_i\right)$ 〈 $\theta_{1b} = \sin^{-1}\left(\frac{1}{n_b}\sin\theta_i\right)$이 된다. 또한 $\theta_{3r} = \sin^{-1}(n_r \sin_{2r})$와 $\theta_{3b} = \sin^{-1}(n_b \sin\theta_{2b})$가 된다는 것도 알 수 있다. 역프리즘은 무지개 빛깔의 색분포를 거꾸로 뒤집어, 프리즘의 경우와는 반대로 색의 분포를 보이고 있다.

3. 무지개(rainbow)[163]

서쪽에 무지개가 나타나면 강가에 누렁소를 매지 마라는 우리 속담이 있다. 서양에서는 무지개를 찾아 나선 소년의 얘기도 등장하는데, 이렇게 무지개는 인류의 문화와 밀접한

[163] 무지개의 어원을 찾아보면, 물로 된 문이라는 뜻이 나온다. 물이라는 말과 지게(문)라는 말이 합성되어 무지개가 되었고, 세월을 따라 변천되어 현재에 쓰이는 무지개가 되었다. 정작 우리가 눈으로 보는 것은 색깔이건만, 색에 대한 언급은 놔두고, 발생 원인에 집중하여 이름을 지은 우리 조상들의 지혜가 놀랍다.

관련이 있다. 하지만 과학이 보편화 되고 있는 현 시대에서는 감상적 얘깃거리를 뛰어 넘어, 무지개가 실은 빛의 분산이 자아낸 환상이라는 사실이 널리 알려져 있다. 무지개를 과학이라는 말로 훑어보자.

그전에 잠시 미 산란과의 비교를 보자. 10장 1절에서 미 산란의 대표적인 예가 흰구름이라고 했다. 그리고 비 온 뒤 공기 중의 물방울이 무지개를 만든다는 것은 누구나가 알고 있는 사실이다. 물방울이 어떤 경우에는 뽀얗게 탐스러운 구름을, 또 다른 경우에는 오색 영롱한 무지개를 만들고 있다. 여러 요인이 복합적으로 얽혀 있겠지만, 근본적 차이는 물방울의 크기에 있다. 구름의 경우에는 대기층에 떠있는 가벼운 수증기(미세한 물방울)라고 여기면 된다. 즉, 지상 가까운 곳까지 내려와 있는 무거운 물방울(상대적으로 큰 물방울)이 무지개를 형성하는 것이다.

1) 물방울의 분산 : 분산 → 반사 → 굴절

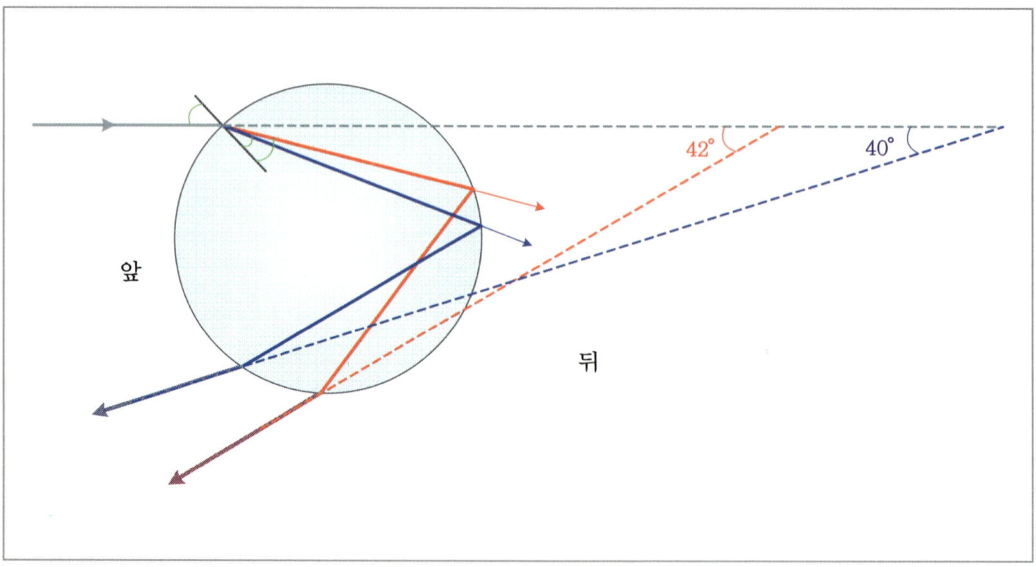

그림 10.8 물방울의 분산

하늘색 동그라미는 공기 중에 떠있는 물방울이다. 백색광(햇빛)이 물방울에 입사해서 파란색과 빨간색의 빛으로 분산되고 있다. 그림에서 편의상 물방울의 왼쪽을 앞, 오른쪽을 뒤로 표현했다. 한편 짧게 그려진 점선들은 법선이다.

무지개 형성의 원리는 프리즘에서 빛이 보이는 분산과 같다. 그 과정을 보자.

- 분산 : 공기에서 물방울로 입사한 햇빛이 두 매질의 경계에서 굴절을 일으키기 마련인데, 파장에 따라 각기 다른 굴절률을 겪게 되므로, 햇빛이 분산된다.
- 반사 : 분산된 빛이 물방울 안쪽에 진행하면서 물방울의 뒷면에서 반사된다. 그렇기 때문에 무지개는 관찰자를 중심으로 항상 해의 반대쪽에 형성된다. 이때 내부 전반사가 발생하지 않으므로 입사한 햇빛의 일정량이 물방울의 뒤쪽으로 빠져 나간다. 따라서 물방울의 뒤쪽에서도 빛을 목격하게 되지만, 빛이 너무 약하기 때문에 무지개를 관찰할 수는 없다.
- 굴절 : 분산된 빛이 다시 공기 중으로 빠져 나오는데, 색깔에 따른 탈출각의 간격이 더 벌어지면서 분산이 심화된다.

위의 세 단계를 거치는 와중에 파란색 계통의 색깔은 위쪽에, 그리고 빨간색 계통의 색깔은 아래쪽에 분포한다. 입사한 방향을 기준으로 대략 그 각을 보면, 빨간색 계통은 42°, 그리고 파란색 계통은 40° 정도가 된다. 따라서 둘 사이에 벌어진 각이 약 2° 정도에 머물고 있다. 역프리즘의 분산처럼, 아래로부터 빨주노초파남보 빛깔의 순서대로 분포하게 된다.[164]

2) 무지개 형성

하지만 실제 우리가 마주하는 무지개의 색분포는 그림 10.8이 보여주는 것과는 반대 순서로 형성된다. 이는 무지개가 멀리 떨어져 있기에 발생하는 현상이다.

비록 물방울 하나에서 발생하는 빨간색 계통의 빛과 파란색 계통의 빛이 이루는 각은 2° 밖에 벌어지지 않았지만, 멀리 떨어진 사람에게는 상당한 간격이 벌어진다. 따라서 물방울 한 개가 일으키는 분산을 우리가 목격하는 것이 아니라, 여러 개(그림에서는 두 개)의 물방울이 각기 만드는 분산이 조합되어 무지개가 형성된다.

[164] 무지개 주변을 자세히 관찰해 보면, 무지개 안쪽 하늘은 밝게 보이지만, 바깥쪽 하늘은 다소 어둡게 보이는 이유를 스스로 찾을 수 있을 것이다. 빛이 통과하지 못하고 물방울에 의해 분산되어 앞쪽으로 뱉어지기 때문이다.

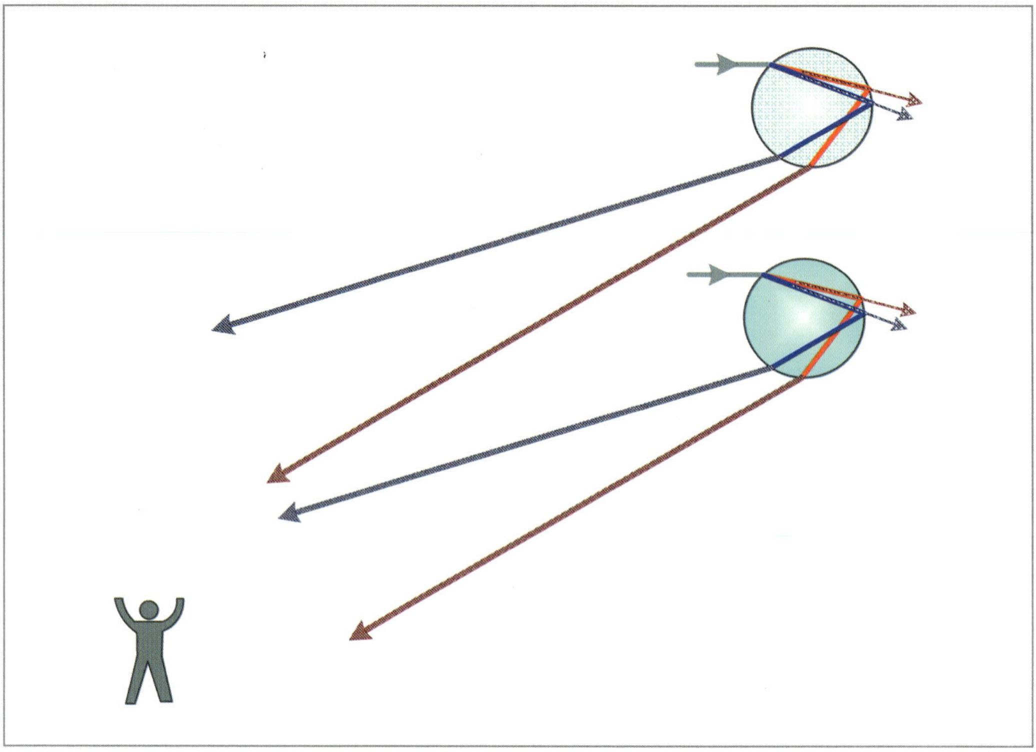

그림 10.9 무지개 형성

점선으로 그려진 동그라미 안에서 무지개가 형성되고 있다. 우리가 비온 뒤에 보는 무지개 색깔의 배열대로 색분포가 형성되었다.

이것이 무지개를 잡으려고 다가서면 이내 사라져 버리는 이유이기도 하다. 어느 정도까지는 접근해도 무지개가 뒤로 물러설 뿐 사라지지는 않지만,[165] 그 이상 접근하면, 지상에서 관찰할 수 있는 물방울 내부의 굴절각이 나오지 않게 되고, 무지개는 사라져 버린다. 비온 뒤 공기 중에 무수히 떠있는 물방울들이 똑같은 현상을 일으키지만, 해의 고도와 우리들의 위치에 적합한 물방울이 분산시키는 빛만 우리가 볼 수 있다.

같은 원리로 비행기에서 목격하는 무지개의 모양과 색의 분포가 어떨지 추론해 볼 수

[165] 공기 중에는 우리가 보고 있는 무지개를 형성하는 물방울만 있는 것이 아니라, 그 주변의 뒤쪽에도 물방울들이 분포해 있을 것이지만, 이를 무시하는 경우를 말한다. 이를 무시하지 않는다면 조금이라도 더 가야 무지개가 사라질 것이다.

있다. 땅 위에서 관찰할 때는 반원으로 보이지만, 어느 정도 고도를 높인 비행기에서는 동그랗게 분포한 무지개를 목격하게 된다. 색분포는 물론 빨간색 계통이 동그라미의 겉부분에, 그리고 파란색 계통이 동그라미 안쪽으로 형성된다.

한 발 다가서면 한 발 물러나는 무지개, 마치 감정이나 감성을 추구하는 것에 비유할 수 있을 것이다. 따라서 사랑이나 행복처럼 멀찌감치 떨어져 그냥 두고 보는 것이 현명한 처사가 아닐지. 산을 바라보며 접근하면 산이 물러서는 듯, 멀어지면 가까이 다가서는 듯이 보이는 것은 눈의 수정체의 수축과 이완에 관계되기 때문에, 무지개와는 다른 현상이다.

3) 쌍무지개(double rainbow) : 분산 → 반사 → 반사 → 굴절

무지개를 보고서 감탄을 했다면, 쌍무지개를 보고서는 마음을 온통 빼앗겨 감탄조차 할 수 없거나, 디지털 카메라를 찾느라 분주할지도 모른다. 하지만 무지개가 형성되는 상황이라면, 쌍무지개도 항상 발생하고 있다. 단지 우리가 그를 목격할 수 있느냐, 없느냐는 문제일 뿐이다.

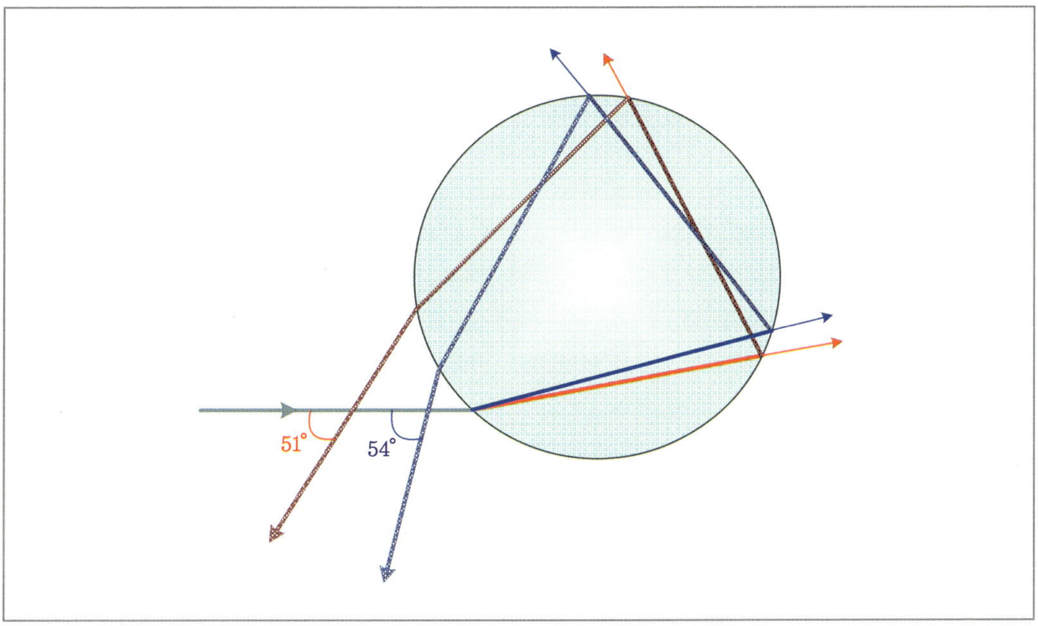

그림 10.10 쌍무지개에서 2차 무지개의 원리

입사한 햇빛이 물방울 내부에서 두 번의 반사를 일으키고 있다. 반사를 일으킬 때마다 굴절로 빠져나가는 빛 때문에 반사되는 빛의 밝기가 약해지고 있다.

쌍무지개는 입사한 햇빛이 물방울의 내부에서 한 번의 반사를 더 일으키는 바람에 발생하는 현상이다. 쌍무지개의 경우, 안쪽에 뚜렷이 보이는 무지개를 수무지개(primary rainbow : 1차 무지개), 그리고 그 바깥쪽에 희미하게만 보이는 무지개를 2차 무지개(secondary rainbow)라고 구분해서 부른다.

두 번의 반사를 겪은 빛을 지상에서 관찰할 수 있기 위해서는 햇빛이 물방울의 밑부분에 입사해서 윗부분으로 급격히 꺾여 나와야 할 것이다. 따라서 수무지개보다 높은 고도에 있던 물방울에서만 2차 무지개가 형성되며, 무지개의 크기도 2차 무지개가 더 크다. 한편 물방울 내부에서 내부 전반사는 일어나지 않으므로, 반사가 이루어질 때마다 일정량의 빛이 빠져나가게 된다. 따라서 2차 무지개는 더욱 희미해질 수 밖에 없다. 이것이 쌍무지개의 희소성을 높이는 이유이다.

쌍무지개는 홑무지개와는 달리, 빨간색 계통의 빛과 입사 방향과 이루는 각이 파란색 계통의 빛보다 더 커져서, 51°, 그리고 파란색은 54° 정도가 된다. 따라서 빨간색과 파란색 사이의 벌어진 폭이 3°로 수무지개보다 1° 정도 더 크다. 2차 무지개의 폭이 조금이라도 더 크게 보인다는 말이 된다. 하지만 수무지개와 2차 무지개가 공통적으로 보이는 부분도 있다. 계산에서는 2차 무지개의 색분포가 수무지개와 마찬가지로 거꾸로 나왔다. 하지만 그림 10.9에서의 설명을 그대로 적용시켜 보면, 우리가 실제로 목격하는 쌍무지개의 색분포를 설명할 수 있을 것이다.

때로 국가나 연구소끼리 무지개를 향해 자신들의 기술을 경쟁하기도 한다. 무지개가 달랑 하나만 뜨는 것 같지만, 쌍무지개(2차 무지개)가 존재한다는 것을 이미 봤다. 하지만 실험실에서는 그뿐 아니라, 수 많은 무지개를 인위적으로 만들어 내기도 한다. 1800년대에 19차 무지개를 관찰할 수 있는 위치의 각도를 계산한 학자(Felix Billet)도 있었고, 1979년에 와서는 최초로 6차 무지개를 관찰하게 된다. 물론 레이저를 사용한 실험이었지만, 그에 이어서 1998년에는 알곤 이온 레이저(Argon ion LASER) 빔을 이용해서 200차 무지개를 만들어내기도 했다.

지금까지 빛이 이루어내는 기막힌 조화에 대해서 몇 가지만을 알아 보았다. 그 동안은 일상생활에서 무심코 지나쳐 왔을 빛과 그의 색깔에 대한 관심이 예전보다는 더 높아졌을 것이고, 조금은 더 과학화 된 자신을 발견할 것이다. 앞으로 수 없이 마주칠 빛과 색에 대한 얘기와 그에 따른 과학적 분석은 각자의 몫으로 남겨 놓고자 한다. 누가 알랴, 거북이 타고 황새와 함께 무지개로 장작에 불을 붙이던 전설의 고대 종족이 있었을지.

그림 10.11 쌍무지개 (출처 미상)

안쪽 무지개의 색분포는 위에 빨간색이 형성되었지만, 그 바깥에 보이는 무지개는 이와는 반대로 아래쪽에 빨간색이 형성되어 있다.

10장 연습을 위한 확인문제

1. 우주 공간에 태양계보다 훨씬 큰 기체 덩어리들이 뭉쳐 있는 것을 천체 관찰에서 볼 수 있다. 이들을 성운(nebula)들이고 부르는데, 성운들은 대체적으로 파란색과 빨간색으로 보인다. 파란색 성운은 반사성운(reflection nebula), 그리고 빨간색 성운은 방출성운(emission nebula)이라고 부른다. 반사성운이 파랗게만, 그리고 방출성운이 빨갛게만 보이는 이유를 레일리 산란으로 설명하라.

▶ 광원에서 뿜어져 나온 빛이 주변에 위치해 있는 기체 덩어리를 만나게 되면, 기체 덩어리 속을 통과하거나, 기체에 의해 반사가 된다. 기체 속을 통과하는 빛 중에서 파장이 짧은 파란색 계통의 빛들은 레일리 산란에 의해 주변으로 흩어지게 되고, 파장이 긴 빨간색 계통의 빛들이 기체를 통과하게 된다. 만일 지구가 흩어지는 파란색 빛을 마주보는 위치에 있으면, 기체 덩어리가 파랗게 보이게 된다. 그렇지 않고, 지구가 기체 덩어리를 통과한 빨간색을 마주보는 위치에 있으면, 성운이 빨갛게 보일 것이다. 즉, 같은 성운이지만, 위치에 따라 반사 성운으로, 때로는 방출성운으로 보이게 된다. 물론 지구가 움직이는 거리가 머나먼 성운에 비해 너무도 작기 때문에, 반사성운이 어느 날 방출성운으로, 또는 반대로 방출성운이 몇 년 후에 반사성운으로 관찰될 일은 없다. 하지만 이런 경우 외에도, 기체 덩어리 내부에 광원이 위치해 있을 수 있다. 이런 경우는 어느 방향에서 관찰하건, 레일리 산란에 의해 빨간색으로만 보일 것이다. 또 다른 개념의 방출성운이기도 하다.

2. 공기 중의 물방울에 햇빛이 입사해서, 무지개가 생겼다.

a) 물방울의 내부에서 내부 전반사가 발생하지 못하는 이유를 설명하라.

b) 빛이 공기 중의 물방울에 입사하면 물방울의 표면에서 반사되는 빛도 있다. 편광의 유무를 설명하라.

▶ a) 공기에서 물방울로 입사한 빛이 물방울 내부에서 내부 전반사를 일으킨다는 가정하에 그 과정을 두 단계로 나누어 스넬의 법칙을 적용시키자.

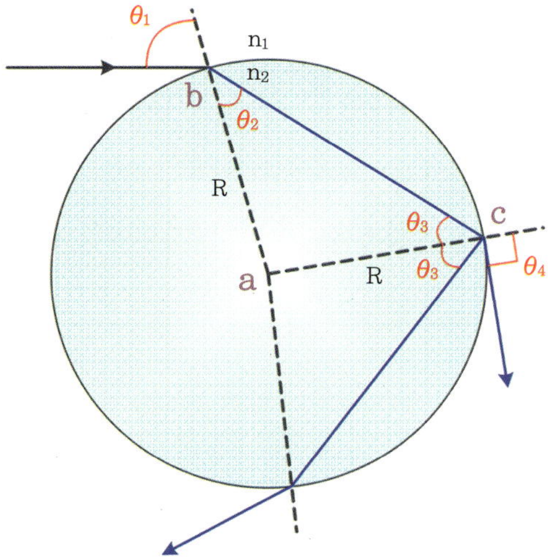

그림 10.12 무지개 물방울의 내부 전반사?

- 입사 : $n_1 \sin\theta_1 = n_2 \sin\theta_2$
- 내부 전반사 : $n_2 \sin\theta_3 = n_1 \sin\theta_4 \quad \rightarrow \quad n_2 \sin\theta_3 = n_1 \quad \rightarrow \quad n_2 \sin\theta_2 = n_1$

  내부 전반사는 $\theta_4 = 90^0$ 에서 성립한다. 삼각형abc에서 두 변은 원의 반지름이기 때문에 삼각형abc는 이등변삼각형이다. 따라서 $\theta_2 = \theta_3$.
- 입사와 내부 전반사 비교 : $n_1 \sin\theta_1 = n_1 \quad \rightarrow \quad \theta_1 = 90^0$

지금까지 물방울 내부에서 내부 전반사가 일어나기 위해서는 햇빛이 90° 로 입사해야 된다는 것을 보였다. 실질적으로는 내부 전반사가 일어나기 위한 내부 입사각이 임계각인 θ_3보다 조금이라도 더 커야 하고, 따라서 입사각 θ_1도 90° 보다 조금이라도 더 커야 한다. 하지만 θ_1이 90° 보다 더 커질 수 없고, 결국 물방울에서 내부 전반사는 불가능하다는 결론이 나온다. 만일 햇빛이 90° 에 아슬아슬하게 못 미치는 각으로 입사했다면, 물방울 내부로 침투한 빛은 물방울 내부 벽을 따라 표면에 흐르면서, 반사될 때마다 빛이 약간씩 굴절되어 새어나갈 것이다. 그러는 와중에 희미해져 가는 빛의 본줄기도 언젠가는 물방울 밖으로 빠져 나올 기회를 잡을 것이다. 이 경우에는 2차 무지개까지는 아니라도, 4차나 5차 무지개의 형성에 기여할 것이라는 짐작을 할 수 있다. 비록 물방울이 찌그러짐 없이 아주 동그랗게 생겼고, 또한 내부에 불순물도 없다는 식의 이상적인 상황을 가정하고 추론했지만, 내부 전반사는 무지개 형성과는 상관없다는 결론을 내리게 된다.

b) 물과 공기라는 매질에서 부르스터의 편광이 일어나기 위해서는 입사각이 다음과 같아야 한다.[166] $\tan\theta_B = \dfrac{n_2}{n_1} \;\; \rightarrow \;\; \theta_B = \tan^{-1}\left(\dfrac{1.33}{1}\right) = 0.925\,(radian) = 53^0$. 53° 라는 각은 그리 어려운 각은 아니다. 따라서 햇빛이 이 각으로 물방울에 입사하게 되면, 물방울의 표면에서 공기로 반사된 빛은 완전 편광 된 빛이며, 물방울 내부의 빛은 부분적으로 편광 된 빛이 된다.

[166] 7장 3절 부르스터의 각을 참고하라.

부록 1

너무 크거나 너무 작은 수는 기호로 표시를 한다. SI 단위계에서 제일 작은 수인 ym에서부터 제일 큰 수인 Ym까지를 표에 실었다.

표 1 수의 지칭

약수(submultiples)					배수(multiples)				
뜻	기호	이름	발음	예	뜻	기호	이름	발음	예
10^{1}	d	deci	데시	dm	10^{1}	da	deca	데카	dam
10^{2}	c	centi	센티	cm	10^{2}	h	hecto	헥토	hm
10^{3}	m	milli	밀리	mm	10^{3}	k	kilo	킬로	km
10^{6}	μ	micro	마이크로	μm	10^{6}	M	mega	메가	Mm
10^{9}	n	nano	나노	nm	10^{9}	G	giga	기가	Gm
10^{12}	p	pico	피코	pm	10^{12}	T	tera	테라	Tm
10^{15}	f	femto	펨토	fm	10^{15}	P	peta	페타	Pm
10^{18}	a	atto	아토	am	10^{18}	E	exa	엑서	Em
10^{21}	z	zepto	젭토	zm	10^{21}	Z	zetta	제타	Zm
10^{24}	y	yochto	요크토	ym	10^{24}	Y	yotta	요타	Ym

표에 나오는 예는 길이(meter)에 대한 예이다.

부록 2

책을 공부하는데 있어서 가장 고통스러운 요인들 중의 하나가 수식에 쓰인 기호일 것이다. 책의 저자들마다 선호하는 기호가 다를 수 있기 때문에, 같은 공식을 책마다 다른 기호로 표현하는 경우가 의외로 많다. 수식이 길어서 하나의 식을 두 줄 또는 세 줄에 걸쳐서 쓰는 경우가 허다한 고등물리에서는 더욱 심해진다. 예를 들어, $K = LN^2$이 $E = mC^2$임을 깨닫는 순간의 고통은 공부해야 하는 책의 두께를 먼저 확인하게 만든다.

오래 전에 그리스 국어 사전을 뒤적거리다가 우리의 수학 책과 별로 달라 보이지 않는 통에 웃었던 기억도 나지만, 기초 광학에서는 저자에 상관없이 기호들이 거의 통일되어 있기 때문에, 광학에 나오는 그리스 문자(Greek Alphabet)들은 알고 있으면 여러모로 편리하다.

표 2 그리스 알파벳

대문자	소문자	영어	발음	대문자	소문자	영어	발음
A	α	alpha	알파	N	ν	nu	누우
B	β	beta	베타	Ξ	ξ	xi	크시(자이)
Γ	γ	gamma	감마	O	o	omicron	오미크론
Δ	δ	delta	델타	Π	π	pi	파이
E	ε	epsilon	엡실론	P	ρ	rho	로우
Z	ζ	zeta	제타	Σ	σ	sigma	시그마
H	η	eta	에타	T	τ	tau	타우
Θ	θ	theta	쎄타	Υ	υ	upsilon	입실론
I	ι	iota	이오타	Φ	φ	phi	피(파이)[167]
K	κ	kappa	카파	X	χ	chi	카이(키)
Λ	λ	lambda	람다	Ψ	ψ	psi	(프)사이
M	μ	mu	뮤우	Ω	ω	omega	오메가

표에서 단어 앞에 있는 괄호는 묵음을 해도 좋은 발음이며, 뒤에 있는 괄호는 또 다른 발음을 의미한다.

그리스 알파벳은 Times New Roman 활자에서 가장 뚜렷하게 구별할 수 있다.

167 f 발음이 없는 우리말에서는 π와 φ의 구분이 안 되기 때문에 굳이 피라고 발음하곤 했다. 영어권에서는 파이(fai)로 발음하며, 그리스에서도 요즘은 φ를 파이(fai) 대신 피(fi)라고 발음한다.

부록 3

삼각함수는 여러 모로 편리하기 때문에, 그렇기 때문에 기초 물리에서뿐 아니라, 여러 분야에서 심심찮게 등장하곤 한다. 하지만 그때마다 중고등학교에서 보던 수학책을 들춰보기도 좀 민망하고, 그렇다고 해서 우리들 몸이 컴퓨터처럼 한 번 저장되면 삭제하기 전까지는 그대로 남아 있는 것도 아니다.

증명은 생략하고, 꼭 필요한 삼각함수 법칙 몇 가지만을 간단하게 나열하고자 한다.

$$\sin(\alpha \pm \beta) = \sin\alpha\cos\beta \pm \cos\alpha\sin\beta \tag{A3.1}$$

$$\cos(\alpha \pm \beta) = \cos\alpha\cos\beta \mp \sin\alpha\sin\beta \tag{A3.2}$$

$$\sin\alpha + \sin\beta = 2\sin\frac{\alpha+\beta}{2}\cos\frac{\alpha-\beta}{2} \tag{A3.3}$$

$$\sin\alpha - \sin\beta = 2\cos\frac{\alpha+\beta}{2}\sin\frac{\alpha-\beta}{2} \tag{A3.4}$$

$$\cos\alpha + \cos\beta = 2\cos\frac{\alpha+\beta}{2}\cos\frac{\alpha-\beta}{2} \tag{A3.5}$$

$$\cos\alpha - \cos\beta = -2\sin\frac{\alpha+\beta}{2}\sin\frac{\alpha-\beta}{2} \tag{A3.6}$$

위의 식들에 대한 증명은 일괄적으로 지수함수(exponential function)를 쓰면 간단히 할 수 있다.

$$e^{i\alpha} = \cos\alpha + i\sin\alpha \tag{A3.5}$$

$$e^{-i\alpha} = \cos\alpha - i\sin\alpha \tag{A3.6}$$

원하는 사람들은 각자가 해 볼 수 있을 것이다.

부록 4

비록 쓴 일은 별로 없었지만, 그 동안 지니고 다니던 전자 계산기를 귀국하면서 잃어버리고 한동안은 고생을 했다. 특히나 광학을 다루면서 자주, 원망스러울 정도로 너무도 자주 마주치는 삼각함수 계산에서는 당황할 수 밖에 없었다. 그렇다고 매번 프로그래밍을 해서 돌릴 수도 없는 노릇. 궁하면 통한다고 하더니, 우연찮게도 엑셀(Excel)에서 삼각함수를 간단히, 정말이지 간단히 계산할 수 있는 방법을 찾아냈다. 순간 쾌재를 불렀다. 소리도 질렀다. 환호성이었다. 야밤에.

요즘은 어디를 가도 pc를 쉽게 접할 수 있으며, 웬만해서는 MS의 엑셀이 깔려 있다. 휴대용 전자 계산기보다는 못하겠지만, 아쉬운 대로 그 계산법을 알리고자 한다.

* 엑셀에서는 특별한 명령이 없으면, 자료가 라디안으로 입력되고, 출력된다.
* 아래에서 A1은 입력자료를 뜻한다.
* 아래에 나오는 모든 영문은 소문자로 써도 무방하다.

1. A1이 라디안인 경우 : 그대로 넣어준다.

=sin(A1)

=cos(A1)

=tan(A1)

=1/sin(A1)

=1/cos(A1)

=1/tan(A1)

2. A1이 각도인 경우 : 라디안으로 바꿔서 입력하기 위해 radians(A1)를 넣어준다.

=sin(radians(A1)) : 라디안을 붙여줬으므로, 엑셀은 A1이 각도라고 인식한다.

=cos(radians(A1))

=tan(radians(A1))

=1/sin(radians(A1))

=1/cos(radians(A1))

=1/tan(radians(A1))

3. 입력자료가 각이 아닌 경우

1) 출력을 라디안으로 표현해야 하는 경우 : 그냥 출력자료를 얻으면 라디안으로 자동 표현된다.

=asin(A1)

=acos(A1)

=atan(A1)

2) 출력을 각도로 표현해야 하는 경우 : 계산 끝부분에 *180/pi( )를 붙여주면 출력자료가 각으로 표현된다. 이때 빈 괄호 ( )를 꼭 붙여줘야 한다.

=asin(A1)*180/pi( )

=acos(A1)*180/pi( )

=atan(A1)*180/pi( )

4. 라디안을 각도로, 또는 각도를 라디안으로 바꿔주는 방법

1) =degrees(180) : degrees를 붙였기 때문에, 엑셀이 180을 라디안으로 인식한다. 계산 결과는 10313.24031°.
2) =radians(180) : radians를 붙였기 때문에, 엑셀이 180을 각도로 인식한다. 계산 결과는 3.141592654라디안.
3) =radians(degrees(180)) : 결과는 180라디안.
4) =degrees(radians(180)) : 결과는 180°.

[주의 사항]

엑셀에서의 삼각함수 계산이 간단하지만 아주 정밀한 것은 아니다. 하지만 학부 과정에서 마주치는 정도의 정밀도는 있으니, 그리 염려하지 않아도 된다. 예를 들어 6.12574E 17과 같은 숫자가 나오면 0으로 간주해도 좋다. 또한 1.63246E+16가 나오면 무한대로 간주하라.

참고 문헌

[1] Fundamentals of Physics, vol. 1, 2,
David Halliday & Robert Resnick,
3rd edition, John Wiley & Sons, 0-471-61917-5, 1988

[2] Optics,
Eugene Hecht,
2nd edition, Addison Wesley, 0-201-11611-1, 1987

[3] Classical Electrodynamics,
John David Jackson,
2nd edition, John Wiley & Sons, 0-471-43132-X, 1975

[4] Concepts of Modern Physics,
Arthur Beiser,
4th edtion, McGraw Hill, 0-07-100144-1, 1987

[5] Quantum Mechanics,
Eugene Merzbacher,
2nd edtion, John Wiley & Sons, 0-471-59680-9, 1961

[6] Spacetime Physics
Edwin F. Taylor & John Archibald Wheeler,
W.H. Freeman and Company, 0-7167-0336-X, 1966

[7] Mathematical Physics
Eugene Butkov,
Addison Wesley, 0-201-00727-4, 1968

찾아보기

ㅊ

ㅋ

ㅌ

ㅍ

ㅎ

저자 소개

• 김형진(Kim, Raphael)

인하대학교 물리학과 졸업
미국 South Dakota State University에서 물리학 석사
미국 Illinois Institute of Technology에서 이론 입자물리 박사
성균관 대학교 기초 과학 연구소 선임 연구원

메일 주소 : glade@ymail.com

• 이혜정(Lee, Hae Jung)

연세대학교 교육학과 졸업
연세대학교 대학원 교육심리 전공 교육학 석사
성균관대학교 대학원 물성물리 전공 이학 석사
성균관대학교 대학원 물성물리 전공 이학 박사
대한시과학회 학술 사업 부회장 및 편집위원

메일 주소 : hilee93@daum.net

물리광학 이론

2009년 1월 10일 초판 발행

저 자 ▸ 김형진·이혜정
발행인 ▸ 윤진영
발행소 ▸ 도서출판 대학서림
주소 : (110-530) 서울시 종로구 혜화동 78-2
전화 : 02)744-2811, 763-1220
팩스 : 02)744-1210
등록 : 1965. 1. 20.
번호 : 1-88
www.daihaks.com

ISBN 978-89-8016-747-0 93510

가 격 28,000원